国家精品课程教材

中国石油和化学工业优秀教材奖一等奖

陶瓷工艺学

第二版

张　锐　王海龙　许红亮　主编

化学工业出版社

·北京·

本书为《陶瓷工艺学》的第二版，从陶瓷材料的主要原料、陶瓷粉体的加工和处理、陶瓷坯体的成型、陶瓷材料的烧成四个方面出发，对陶瓷材料的制备工艺和原理进行了系统的介绍，目的是力求使学生充分掌握制备高精度、高性能陶瓷制品与材料的常用方法和工艺原理。

本书可作为无机非金属材料及复合材料专业本科生、研究生专业基础课教材，也可作为陶瓷材料实验指导教师的参考资料以及陶瓷生产企业技术指导参考书。

图书在版编目（CIP）数据

陶瓷工艺学/张锐，王海龙，许红亮主编．—2版．—北京：化学工业出版社，2013.7（2024.5重印）

国家精品课程教材

ISBN 978-7-122-17436-9

Ⅰ.①陶…　Ⅱ.①张…②王…③许…　Ⅲ.①陶瓷-工艺学-高等学校-教材　Ⅳ.①TQ174.6

中国版本图书馆 CIP 数据核字（2013）第 109862 号

责任编辑：王　婧　杨　菁　　　文字编辑：颜克俭

责任校对：宋　夏　　　装帧设计：杨　北

出版发行：化学工业出版社（北京市东城区青年湖南街 13 号　邮政编码 100011）

印　　装：北京科印技术咨询服务有限公司数码印刷分部

787mm×1092mm　1/16　印张 15¾　字数 382 千字　　2024 年 5 月北京第 2 版第11次印刷

购书咨询：010-64518888　　　售后服务：010-64518899

网　　址：http://www.cip.com.cn

凡购买本书，如有缺损质量问题，本社销售中心负责调换。

定　　价：39.00 元

第一版序

陶瓷，这一传统材料，以其特有的性能得到了长期的发展。早在远古时代，人类祖先就懂得利用石器作为工具，这是陶瓷制品的最初级产品。随着人类社会文明的不断发展，中国的陶瓷制品及其制造技术的出现可以追溯到约一万年，到三千多年前的商代即有原始瓷的出现。到了汉代，开辟了瓷器的时代；经过唐、宋、元、明历代的不断发展。到了清代，陶瓷制造技术已经达到了极高的水平。陶瓷制品精美华贵，不仅是实用的器皿，而且是高超的艺术藏品。近几十年，随着陶瓷技术的发展，陶瓷制品的应用领域也广泛拓展，逐渐由传统的陶瓷形成了日用陶瓷、艺术陶瓷、建筑陶瓷和特种陶瓷等系列。奇妙的显微结构和功能特性使其在高技术领域得到广泛的应用。陶瓷材料也从传统的氧化物系列发展为氮化物、碳化物、硼化物及各类复合材料，广泛应用于信息、能源、环境等新型领域。

以张锐教授为代表的年轻陶瓷材料科学工作者针对目前陶瓷制备工艺中的要点、热点和发展趋势，编写了这本教材。系统介绍传统陶瓷材料如日用陶瓷、建筑陶瓷材料的制备、加工和改性工艺，同时介绍了先进陶瓷及复合材料的制备工艺过程。既包括基本知识和传统工艺，又涵盖了当今陶瓷制备领域的一些新兴技术。为加深对理论知识的理解和对新型陶瓷的了解，书中适量融入了国内外最新的研究成果，通过实例介绍相关基础理论和基本工艺路线；系统介绍粉体的特征及复合粉体合成工艺；融入了材料改性的知识体系；增加了先进陶瓷制备工艺及表面改性方法。教材既注重理论的基础性和前沿性，更注重实用性。

教材可作为高等院校材料科学与工程各专业本科生、研究生的专业教材和参考书，也可供从事相关学科领域的工程技术人员参考。

希望该教材的出版为当代陶瓷材料的制备新技术、新方法、新路线提供理论参考和技术指导。

祝愿中国的陶瓷材料事业发展更快、水平更高、实力更强。

中国科学院院士 郭景坤

2007 年 5 月于上海

第二版前言

《陶瓷工艺学》是2007年国家精品课程建设教材，第一版于2007年7月出版后，深受广大读者的欢迎，多次重印，并于2009年获得了第九届中国石油和化学工业优秀教材一等奖。光阴似箭，日月如梭，六年过去了，陶瓷领域的科研、生产技术取得了很大的进步，各高等学校对该课程的教学要求也更严格，为适应新的教学形势，并反映本领域生产现状、科研及技术发展趋势，笔者组织编写了《陶瓷工艺学》第二版。

《陶瓷工艺学》第二版仍以陶瓷材料制备的工艺过程为主线组织教材的内容体系，全书共分为7章，分别介绍陶瓷原料、粉体的制备与合成、坯体和釉料的配料计算、陶瓷坯体的成型、坯体的干燥、陶瓷材料的烧结、陶瓷的加工及改性等。全书内容既包括基本知识和传统工艺，又涵盖了当今陶瓷制备领域的一些新兴技术，如粉体的特征及粉体的制备、合成工艺，陶瓷材料特色烧结方法，材料改性的知识体系，新型陶瓷的有关内容等。为加深对理论知识的理解和对新型陶瓷的了解，第二版还适量调整、融入了国内外最新的研究成果，通过实例介绍相关基础理论和基本工艺路线；补充、增加了相关的英语专业术语；充分体现出教材的基础性、前沿性和实用性。使学生能够兼顾掌握传统陶瓷、特种陶瓷以及复合陶瓷材料等的制备基础理论、方法以及相关技术，为后续各类材料专业课程学习提供必要的理论和技术支撑。

总之，通过第二版修订，使该教材内容上具有完整性、系统性、科学性和先进性，既有较高的学术水平，又有较强的教学适应性；既有突出的学术特色，又具有鲜明的时代特点。

本教材适用于材料科学与工程类专业如无机非金属材料、复合材料等方向的本科生教学，也可供相关专业的研究生、高职高专学生及相关学科领域的工程技术人员参考。

本书第二版由张锐、王海龙、许红亮主编，其中第1章由许红亮、范冰冰编写；第2章由许红亮、陈德良、郭晓琴编写；第3章由杨道媛、郭晓琴编写；第4章由杨道媛、王海龙编写；第5章由范冰冰编写；第6章由王海龙编写；第7章由卢红霞和范冰冰编写。谨向以上各位老师表示感谢。

由于笔者知识面和实际理论水平有限，书中不足之处难免，敬请各位读者和专家批评指正。

张　锐

2013年3月于郑州大学

第一版前言

目前，人类社会正面临着资源匮乏、能源短缺、环境污染等的威胁，而解决这些严重问题的根本出路在于研制、开发、循环利用新的材料。作为与人类日常生活密切相关的重要材料类型之一——陶瓷及其复合材料越来越受到关注。

本书在国内现有教材内容体系的基础上，注重融入当代最新的陶瓷材料制备工艺技术、方法及设备，更加具有系统性、基础性、前沿性、实用性。因此，可以作为材料科学与工程专业学生专业基础课参考教材，实现“宽口径、厚基础、高素质、强能力”的现代创新人才培养理念。

全书从陶瓷材料的主要原料、陶瓷粉体的加工和处理、陶瓷坯体的成型、陶瓷材料的烧成四个方面出发，对陶瓷材料的制备工艺和原理进行了系统的介绍，目的是使学生充分掌握制备高精度、高性能陶瓷制品与材料的常用方法与工艺原理，顺应材料科学，特别是我国特种陶瓷工业迅速发展形式，满足陶瓷相关专业人才培养的需求。教材融入了材料改性的知识体系；增加了先进陶瓷制备工艺及表面改性方法。既注重理论的基础性和前沿性，更注重实用性。通过本课程的学习，既可使学生掌握传统陶瓷、特种陶瓷以及复合陶瓷材料等的制备基础理论、方法以及相关技术，为后续各类材料专业课程学习提供必要的理论和技术支撑，也可初步培养学生的创新观念和创新思维。

本书可以作为无机非金属材料及复合材料专业本科生、研究生专业基础课教材；也可以作为陶瓷材料实验指导教师的参考资料以及陶瓷生产企业技术指导参考书。

本书参编人员主要有：郑州大学材料科学与工程学院卢红霞博士、许红亮博士、杨道媛博士、王海龙博士、陈德良博士，最后，关绍康教授对本书进行了全面审阅，郑州大学图书馆袁志华老师为书中参考文献查阅给予了大力支持，谨向以上各位老师表示感谢。

本书作为国家精品课程“陶瓷工艺原理”的配套教材，其相关的电子课件可登录化学工业出版社教学资源网 www. cipedu. com. cn 免费下载。

由于笔者知识面和实际理论水平有限，书中不足之处难免，敬请各位读者和专家批评指正。

张　锐

2007 年 4 月于郑州大学

目录

第1章 陶瓷原料

众所周知，原料是陶瓷生产的基础。从陶瓷工业发展的历史上看，人们最初使用的主要是天然的矿物原料或岩石原料。矿物是地壳中的一种或多种化学元素在各种地质作用下形成的天然单质或化合物，是组成岩石和矿石的基本单位。岩石是一种或多种矿物在各种地质作用下形成的、具有一定结构和构造的集合体，是构成岩石圈的基本物质。这些天然原料多为硅酸盐矿物，且种类繁多，资源蕴藏丰富，分布广泛。但是，由于地质成矿条件复杂多变，天然原料很少以单一的、纯净的矿物产出，往往共生或伴生有不同种类、含量的杂质矿物，使得天然原料的化学组成、矿物组成和工艺性能产生波动。因此，只使用天然原料已经不能满足陶瓷工业生产的要求。另外，随着陶瓷工业的发展，新型陶瓷材料及新的品种不断涌现，伴随对陶瓷性能日益增高的要求，对陶瓷原料的要求也越来越高，一般需要采用均一而又高纯的人工合成原料，这又推动了原料合成工业的发展。

事实上，陶瓷制品的性能和品质，既取决于所选用的原料，也有赖于所采用的生产工艺过程。优质原料是生产优质陶瓷制品的基础，但不同性能的陶瓷制品并不要求完全采用优质的原料。对于某些陶瓷制品来讲，选用一般品质的原料即可满足陶瓷生产工艺及制品性能的需求。因此，了解和掌握原料的品质和特性，是充分利用物质资源、做到物尽其用的关键。

1.1 黏土类原料

黏土（clay）是一种颜色多样、细分散的多种含水铝硅酸盐矿物的混合体，其矿物粒径一般小于 2μm，主要由黏土矿物以及其他一些杂质矿物组成。黏土在自然界中分布广泛，种类繁多，储量丰富，是一种宝贵的天然资源。

黏土的种类不同，物理化学性能也各不相同。黏土可呈白、灰、黄、红、黑等各种颜色。有的黏土疏松柔软，且可在水中自然分散；有的黏土则呈致密坚硬的块状。黏土具有独特的可塑性与结合性，调水后成为软泥，能塑造成型，烧结后变得致密坚硬。黏土的这种性能，构成了陶瓷生产的工艺基础，赋予陶瓷以成型性能与烧结性能以及一定的使用性能。因此它是陶瓷生产的基础原料，也是整个传统硅酸盐工业的主要原料。

黏土的可塑性主要取决于其所含黏土矿物的结构与性能。黏土矿物主要是一些含水铝硅酸盐矿物，其晶体结构是由 $[SiO_4]^{4-}$ 四面体组成的 $[Si_4O_{10}]^{4-}$ 层和由 $[AlO_2(OH)_4]$ 组成的 $[AlO(OH)_2]_n$ 层相互以顶角连接起来的层状结构，这种层状结构在很大程度上决定了各种黏土矿物的性能。除可塑性外，黏土通常还具有较高的耐火度、良好的吸水性、膨胀性和吸附性。

1.1.1 黏土的成因与产状

地球外壳的主要成分为硅酸盐，从地表至地下 15km 处的地层几乎均由各种硅酸盐矿物构成，其平均成分如下：SiO_2 59.1%，Na_2O 3.8%，MgO 3.5%，Al_2O_3 15.4%，K_2O 3.1%，Fe_2O_3 6.9%，TiO_2 1.1%，CaO 5.1%，P_2O_5 0.3%。地壳中的硅酸盐矿物大致为

碱类及碱土类的铝硅酸复盐，如长石、云母、辉石及角闪石等。黏土是自然界产出的多种矿物混合体，普遍存在于各种类型的沉积岩中，约占沉积岩矿物组成的40%以上，是地壳的重要组成部分。

各种富含铝硅酸盐矿物的岩石，如长石、伟晶花岗岩、斑岩、片麻岩等，经过漫长地质年代的风化或热液蚀变作用，均可形成黏土。这类经风化或蚀变作用而生成黏土的岩石统称为黏土的母岩。母岩经风化作用而形成的黏土产于地表或不太深的风化壳以下；而经热液蚀变作用而形成的黏土常产于地壳较深处。

例如，长石及绢云母通过风化作用转化为高岭石的反应大致如下：

$$\underset{\text{(钾长石)}}{2KAlSi_3O_8} + H_2O + H_2CO_3 = \underset{\text{(高岭土)}}{Al_2Si_2O_5(OH)_4} + 4SiO_2 + K_2CO_3 \tag{1.1}$$

$$\underset{\text{(水铝石)}}{Al_2Si_2O_4(OH)_4} = \underset{\text{(蛋白石)}}{Al_2O_3 \cdot nH_2O + SiO_2 \cdot nH_2O} \tag{1.2}$$

$$\underset{\text{(钙长石)}}{CaAl_2Si_2O_8} + H_2O + H_2CO_3 = \underset{\text{(高岭土)}}{Al_2Si_2O_5(OH)_4} + CaCO_3 \tag{1.3}$$

$$\underset{\text{(绢云母)}}{2[KAl_3Si_3O_{10}(OH)_2]} + 3H_2O + H_2CO_3 = \underset{\text{(高岭土)}}{3Al_2Si_2O_5(OH)_4} + K_2CO_3 \tag{1.4}$$

从上述反应可看出，反应后生成的基本产物是 $Al_2Si_2O_5(OH)_4$，称为高岭石，主要由高岭石组成的黏土就是高岭土。此外，还有可溶性的 K_2CO_3、难溶性的 $CaCO_3$ 以及游离的 SiO_2。其中，K_2CO_3 易被水冲走，$CaCO_3$ 在富含 CO_2 的水中逐渐溶解后也被水冲走，剩下的 SiO_2 以游离石英状态存在于黏土中。

上述反应的端点矿物是水铝石和蛋白石。但常因受条件的限制，反应往往尚未进行到底就生成一系列的中间产物，成为不同类型的黏土。

此外，母岩不同，风化与蚀变条件不同，常形成不同类型的黏土矿物。由火山熔岩或凝灰岩在碱性环境中经热液蚀变则形成蒙脱石类黏土，由白云母在中性或弱碱性条件下风化可形成伊利石类（或水云母类）黏土。这些过程必须经过漫长的地质时期，并要有适当的条件才能使黏土矿物形成工业矿床。对于风化型黏土矿床来说，需要平缓的丘陵山地和低凹的地貌，以利于黏土矿物的就地储藏。对于沉积黏土矿床，则要有丰富的黏土物质来源、稳定的沉积环境以及适宜的沉积盆地。

黏土的成因大致可以分为以下几种类型。

① 风化残积型　指深成的岩浆岩（如花岗岩、伟晶岩、长英岩等）在原地风化后即残留在原地，多成为优质高岭土的主要矿床类型。有时，火山岩（如火山凝灰岩、火山熔岩）会就地风化，一般形成膨润土矿床。风化型黏土矿床主要分布在我国南方，一般称为一次黏土（也称为残留黏土或原生黏土）。在风化型黏土矿床中，有时候会发现母岩岩体与下层或沿层面活动的地下水作用，形成潜蚀淋积矿床。风化残积型黏土矿多以脉状、覆盆状或帽状产出。潜蚀淋积型则以层状或扁豆状产出。景德镇高岭村、晋江白安、潮州飞天燕矿属风化残积型；叙永六拐河矿属风化淋积型。

② 热液蚀变型　高温岩浆冷凝结晶后，残余岩浆中含有大量的挥发分及水，当温度进一步降低时，水分则以液态存在，但其中溶有大量其他化合物。当这种热液（水）作用于母岩时，会形成黏土矿床，这就称为热液蚀变型黏土矿。矿体多呈层状、脉状、透镜状等。苏州阳山、衡阳界牌矿属此类型。

③ 沉积型黏土矿床 是指风化了的黏土矿物借雨水或风力的搬运作用搬离原母岩后，在低洼的地方沉积而成的矿床，称为二次黏土（也称沉积黏土或次生黏土）。它们多呈层状或透镜状产出，面积大而厚度小是其特点。南安康垅、清远源潭矿属此类型。

1.1.2 黏土的组成

黏土的性能取决于黏土的组成，包括黏土的矿物组成、化学组成和颗粒组成。

1.1.2.1 黏土的化学组成

黏土是主要由黏土矿物组成的多种矿物混合体，因此其主要化学成分为 SiO_2、Al_2O_3 和结晶水（H_2O）。随着生成的地质条件不同，黏土还含有少量的碱金属氧化物 K_2O、Na_2O，碱土金属氧化物 CaO、MgO，以及着色氧化物 Fe_2O_3、TiO_2 等。通常，对黏土原料进行上述 9 个项目的化学分析，即可满足生产上的参考需要。有时为了研究工作的需要，还需测定 CO_2、SO_3、有机物以及其他微量元素的含量。在实际生产中，结晶水一项一般不进行直接测定，而以“灼烧减量”（或称烧失量，简写 I. L.）的形式测定。灼烧减量除了包括结晶水外，还包括碳酸盐的分解和有机物的分解、挥发等所引起的质量减轻。当黏土比较纯净、杂质含量少时，灼烧减量可近似地作为结晶水的量。

不同成因的黏土，所含黏土矿物、杂质矿物的种类、含量也不同，由此导致其化学组成也不同。例如，风化残积型黏土矿床一般 SiO_2 含量高，而 Al_2O_3 含量低，铁含量高于钛，富含游离石英及未风化的残余长石，化学组成和矿物组成很不稳定。海陆交替相沉积黏土及浅海相沉积黏土多为硬质黏土岩，极少为半软质的，Al_2O_3 含量高而 SiO_2 含量低，铁、钛含量普遍偏高。热液蚀变型黏土的 Al_2O_3 含量高，而 SiO_2 含量较低，钛和碱（碱土）金属氧化物含量都低，但常含有少量的黄铁矿、明矾石等含硫杂质。表 1.1 是我国陶瓷工业常用黏土的化学组成。

黏土的化学组成可在一定程度上反映其工艺性质。如果黏土的化学组成与高岭石的化学组成很接近，则可推断该黏土主要由高岭石组成，属于高岭土。当黏土中碱性氧化物含量较高时，则可能以蒙脱石类或伊利石类黏土矿物为主。黏土中含有以胶体状态存在的 SiO_2，以及较多的游离状态的结晶 SiO_2-石英颗粒。黏土中 SiO_2 含量变化很大，当石英含量多时，这种黏土的可塑性不会太好，但干燥和烧成收缩会小一些。当黏土含碱金属、碱土金属和铁的氧化物较多时，则其耐火度就较低，烧结温度也较低。当 Al_2O_3 含量高（如在 35%以上）时，通常属高岭石类黏土，说明其耐火度较高，难于烧结。黏土中的 Fe_2O_3 和 TiO_2 的含量会严重影响烧成后产品的颜色，若铁的氧化物含量少于 1%、TiO_2 少于 0.5%，则烧后坯体仍呈白色；若铁的氧化物含量少于 1%～2.5%、TiO_2 达 0.5%～1%，则坯体烧后的颜色为浅黄或浅灰色，电绝缘性能也差；若 Fe_2O_3、TiO_2 的含量继续增高时，坯体颜色会呈红褐色。表 1.2 所示为在氧化气氛下煅烧时，黏土中 Fe_2O_3 含量对其煅烧后颜色的影响。在还原气氛下进行煅烧时，部分 Fe_2O_3 被还原成为 FeO，因此烧后一般呈青、蓝灰到蓝黑色，同时降低黏土的耐火度。在氧化气氛下、1230～1270℃以上的温度下烧成时，则 Fe_2O_3 易发生分解而放出气体，从而引起膨胀。此外，当黏土中含有云母时，会导致 Na_2O 和 K_2O 含量升高，而云母的结晶水是在较高温度下（1000℃以上）排出的，这也是引起黏土膨胀的一个原因。

灼烧减量对黏土工艺性能也有影响。如果高岭石类黏土的灼烧减量大于 14%、叶蜡石黏土的大于 5%、多水高岭石和蒙脱石类黏土的大于 20%、瓷石的大于 8%，则说明黏土中所含的有机物质或碳酸盐过多，这种黏土的烧成收缩必然较大，应在配料和烧成工艺上加以

表 1.1 我国常用黏土原料的化学组成 单位：%

产地及黏土	SiO_2	Al_2O_3	Fe_2O_3 (TiO_2)	CaO	MgO	K_2O	Na_2O	I. L.	合计
景德镇高岭村高岭土	47.28	37.41	0.78	0.36	0.10	2.51	0.23	12.03	100.70
唐山碱干	43.50	40.09	0.63 (0.30)	0.47	—	0.49	0.22	14.28	99.98
唐山紫木节	41.96	35.91	0.91 (0.96)	2.10	0.42	0.37	—	16.96	99.58
界牌桃红泥	68.52	20.24	0.60	0.15	0.75	1.42		7.49	99.17
淄博焦宝石	45.26	38.34	0.70 (0.78)	0.05	0.05	0.05	0.10	14.46	99.80
大同土	43.25	39.44	0.27 (0.09)	0.24	0.38	—		16.07	100.34
广东飞天燕原矿	76.03	14.82	0.80	0.10	1.02	2.82	0.37	3.19	99.15
清远浸潭洗泥	47.96	35.27	0.52	1.05	0.42	5.48	0.51	9.06	100.27
苏州土	46.92	37.50	0.15	0.56	0.16	0.08	0.05	14.52	100.13
福建连城膨润土	66.05	17.99	0.70 (0.10)	0.10	2.83	0.50	0.10	11.43	99.89
焦作碱石	43.76	40.75	0.27	1.31	0.53	0.35	0.31	13.16	100.42
陕西上店土	45.64	37.50	0.83 (1.16)	0.46	0.56	0.11	0.02	13.81	100.59
辽宁黑山膨润土	68.42	13.12	2.90 (1.57)	1.84	1.74	0.33	1.38	9.34	100.64
吉林水曲柳黏土	56.85	27.53	1.81 (1.47)	0.92	0.11	0.58	0.20	1.07	100.17
贵阳高坡高岭土	46.42	39.40	0.10 (0.03)	0.09	0.09	0.05	0.09	13.80	100.17
四川汉源小堡高岭土	45.18	36.36	0.67	0.09	0.86	0.70	0.20	15.78	99.86
景德镇南港瓷石	76.35	15.43	0.55	0.77	0.26	3.03	0.54	3.09	100.02
景德镇三宝蓬瓷石	75.80	14.16	0.55	0.86	0.27	2.42	3.93	1.86	99.85
安徽祁门瓷石	75.67	15.89	0.56	0.54	0.13	3.35	2.02	1.67	100.60

表 1.2 Fe_2O_3 含量对黏土煅烧后呈色的影响

Fe_2O_3 含量/%	在氧化焰中烧成时的呈色	适于制造的品种	Fe_2O_3 含量/%	在氧化焰中烧成时的呈色	适于制造的品种
<0.8	白色	细瓷，白炻瓷，细陶器	4.2	黄色	炻瓷，陶器
0.8	灰白色	一般细瓷，白炻瓷器	5.5	浅红色	炻瓷，陶器
1.3	黄白色	普通瓷，炻瓷器	8.5	紫红色	普通陶器，粗陶器
2.7	浅黄色	炻器，陶器	10.0	暗红色	粗陶器

考虑解决。

黏土中的 CaO、MgO 常以碳酸盐或硫酸盐的形式存在，如果含量高时，在煅烧时碳酸盐或硫酸盐分解后会产生 CO_2、SO_3 等气体，控制不当时易导致陶瓷坯体出现针孔和气泡。

应当指出，黏土原料的化学组成并不能完全反应矿物的类质同象取代、离子交换能力和吸附性等工艺性能。黏土矿中混有的各种黏土矿物及其他硅酸盐矿物也难以从化学组成上加以区别，所以不能仅从原料的化学组成上对其作出工业应用的评价。

1.1.2.2　黏土的矿物组成

黏土很少由单一矿物组成，而是多种微细矿物的混合体。因此，黏土所含各种微细矿物的种类和数量是决定其工艺性能的主要因素。为了便于研究黏土的矿物组成，通常根据黏土中矿物的性质和数量将其分成两类：黏土矿物和杂质矿物。

黏土矿物是一些含水铝硅酸盐矿物，它们是黏土的主要组成矿物，其种类、含量是决定黏土类别、工业性质的主要因素。黏土矿物主要为高岭石类（包括高岭石、多水高岭石等）、蒙脱石类（包括蒙脱石、叶蜡石等）和伊利石类（也称水云母），等等。一种黏土并不全是只含有一种黏土矿物，往往同时含有两种或多种黏土矿物。根据所含主要黏土矿物的种类，可将黏土分为高岭土、蒙脱土（膨润土）、伊利石黏土等类型。

在黏土形成过程中，常由于母岩风化未完全，或由于其他因素而混入一些非黏土矿物和有机物质，这些物质统称为杂质矿物。杂质矿物通常以细小晶粒及其集合体分散于黏土中，影响甚至决定着黏土的工艺性能。黏土的成因不同，所含杂质矿物的种类、含量和性质也不同。就陶瓷工业讲，黏土中的石英、长石等是有益杂质矿物，碳酸盐、硫酸盐、金红石和铁质矿物则为有害杂质矿物。

（1）主要黏土矿物

① 高岭石类　高岭石族矿物包括高岭石、地开石、珍珠陶土和多水高岭石等。

高岭石（Kaolinite）是黏土中常见的黏土矿物，主要由高岭石组成的黏土称为高岭土。高岭土这一名称源于我国江西省景德镇东部的高岭村，因在那里最早发现了适于制造瓷器的优质黏土而得名。现在国际上都把这种有利于成瓷的黏土称为高岭土，它的主要矿物成分是高岭石和多水高岭石。高岭石的理论化学通式是：$2Al_2O_3 \cdot 4SiO_2 \cdot 4H_2O$，晶体结式为 $Al_4(Si_4O_{10})(OH)_8$，化学组成为：Al_2O_3 39.50%，SiO_2 46.54%，H_2O 13.96%。

高岭石属三斜晶系，常为细分散状的晶体（一般粒径$<2\mu m$），外形常呈六方鳞片状、粒状、杆状（图 1.1）和蠕虫状（图 1.2）。二次高岭土中粒子形状不规则，边缘折断，尺寸较小。高岭石的密度为 2.61～2.68g/cm³，莫氏硬度 1～3，{001} 解理完全。高岭石在加热过程中，低温下首先失去吸附水；至 550～650℃会排出结晶水；至 950℃以后高岭石晶格结构完全解体，至 1200～1250℃则形成莫来石。其热分析曲线如图 1.3。

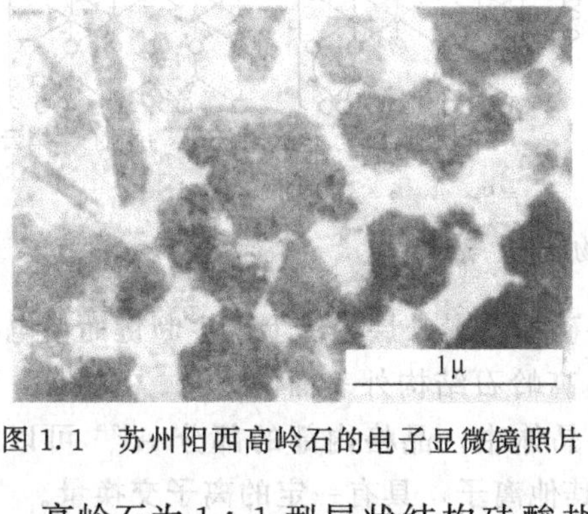

图 1.1　苏州阳西高岭石的电子显微镜照片

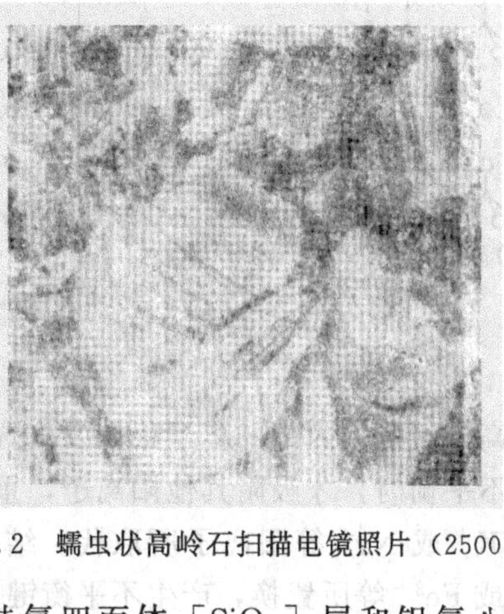

图 1.2　蠕虫状高岭石扫描电镜照片（2500×）

高岭石为 1∶1 型层状结构硅酸盐矿物，是由硅氧四面体［SiO_4］层和铝氧八面体［$AlO_2(OH)_4$］层通过共用的氧原子联系而成的双层结构（图 1.4，图 1.7），从而构成高岭

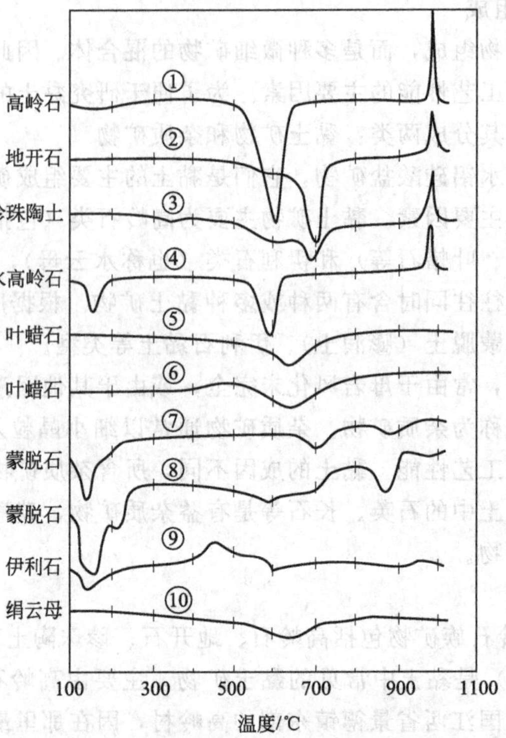

图 1.3 各种黏土矿物的差热曲线

石晶体的基本结构单元层。基本结构单元层在 a 轴和 b 轴方向延续，在 c 轴方向堆叠，相邻的结构单元层通过八面体的羟基和另一层四面体的氧以氢键相联系，因而它们之间的结合力较弱，晶层解理完整而缺乏膨胀性。

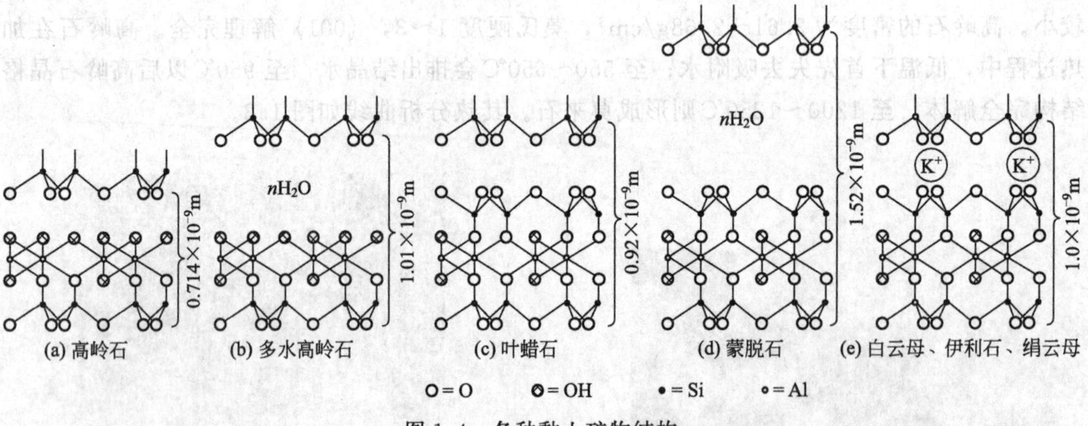

图 1.4 各种黏土矿物结构

高岭石晶格内部的离子很少发生置换。当其晶格破裂，最外层边缘上产生断键而使电荷出现不平衡时，才吸附其他阳离子，重新建立平衡。高岭石结构外表面的 OH^- 中的 H^+ 可以被 K^+ 或 Na^+ 等阳离子所取代。结晶差的高岭石晶体中，晶格内部的部分 Al^{3+} 可以被 Ti^{4+} 或 Fe^{3+} 等所置换，产生不平衡键力，从而吸附其他离子，具有一定的离子交换量。

我国四川省叙永县盛产以多水高岭石（又称埃洛石）为主的黏土，这种多水高岭石是世界上公认的典型晶体类型，故又定名为叙永石（hydro-endellite）。多水高岭石的化学通式为

$Al_2O_3 \cdot 2SiO_2 \cdot nH_2O$（$n=4\sim6$），其晶体结构与高岭石的不同之处在于晶层间填充着按一定取向排列的水分子（层间水），因而沿 c 轴方向晶格常数增大。层间水能抵消大部分氢键结合力，使得晶层只靠微弱的分子键相连，故层间有一定的自由活动能力，使水分子进入层间形成层间水，且易吸附水化离子与有机物，改善可塑性。多水高岭石为单斜（或三斜）晶系晶体，外形常呈微细空管状或卷曲片状出现，颗粒大小约为 1μm 以下（图 1.5），密度为 2.0～2.2g/cm³，莫氏硬度 1～2，有滑感。多水高岭石的可塑性及结合性比高岭石强，干燥收缩较大，加热时在较低温度下（110～200℃）会大量脱水（其差热曲线见图 1.3），从而易使坯体开裂。

高岭土一般质地细腻，纯者为白色，含杂质时呈黄色、灰色或褐色。高岭土中高岭石类黏土矿物的含量愈多，杂质愈少，其化学组成愈接近高岭石的理论组成。纯度愈高的高岭土其耐火度愈高，烧后愈白，莫来石晶体发育愈多，从而其力学强度、热稳定性、化学稳定性愈好。但其分散度较小，可塑性较差。反之，杂质愈多，耐火度愈低，烧后不够洁白，莫来石晶体较少，但可能其分散度较大，可塑性较好。

② 蒙脱石类　蒙脱石（Montmorillonite）也是一种常见的黏土矿物，因最早发现于法国蒙脱利龙地区而得名。长期以来，一直把这个命名用于除蛭石以外的具有膨胀晶格的一切黏土矿物，总称为蒙脱石类矿物（或微晶高岭石矿物），为避免混乱，现在把蒙皂石作为族名，而把蒙脱石用作 Al、Mg 二八面体蒙皂石的名称。

以蒙脱石为主要组成矿物的黏土称为膨润土（bentonite），一般呈白色、灰白色、粉红色或淡黄色，被杂质污染时呈现其他颜色。蒙脱石的密度为 2.2～2.9g/cm³，莫氏硬度 1～2，晶粒呈不规则细粒状或鳞片状，颗粒较小，一般小于 0.5μm，结晶程度差，轮廓不清楚（图 1.6）。蒙脱石晶体为单斜晶系，理论化学通式为 $Al_2O_3 \cdot 4SiO_2 \cdot nH_2O$（一般 $n>2$），晶体结构式为 $Al_4(Si_8O_{20})(OH)_4 \cdot nH_2O$。

图 1.5　多水高岭石的电镜照片

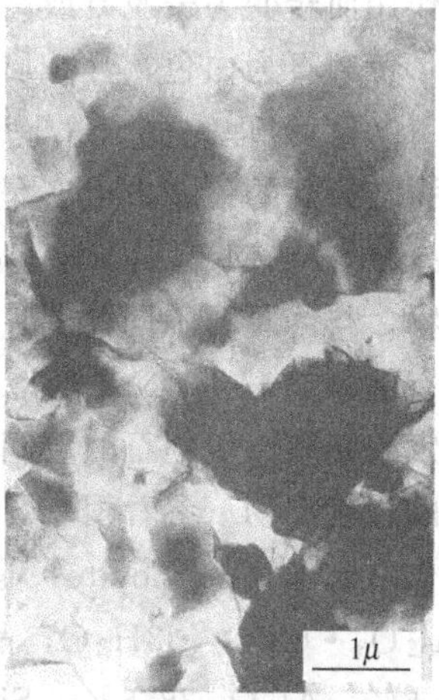

图 1.6　钠蒙脱石的电镜照片

蒙脱石是具有 2∶1 型层状结构的黏土矿物，其基本结构单元晶层由二层硅氧四面体层中间夹着一层铝氧八面体层而组成（图 1.4，图 1.7）。四面体的顶端氧指向结构层中央，与八面体共用，并将三层联结在一起。在 c 轴方向上，基本结构单元晶层间的氧层与氧层的联系力很小，可形成良好的解理面，而且水分子或其他极性分子容易进入晶层中间形成层间水。随着外界环境的温度和湿度的变化，层间水的数量也发生相应的变化，从而引起 c 轴方向的膨胀与收缩，这是蒙脱石吸水性强、吸水后体积膨胀的主要原因。以蒙脱石为主要矿物组成的膨润土，吸水后体积可膨胀20～30倍，因此得名膨润土。

蒙脱石晶格中四面体层的小部分Si^{4+}可被Al^{3+}、P^{5+}等置换，八面体层内的Al^{3+}常被Mg^{2+}、Fe^{3+}、Zn^{2+}、Li^{+}等置换。置换的结果使得晶格中的电价不平衡，促使晶层之间吸附Ca^{2+}、Na^{+}等阳离子，以平衡晶格内的电价。由于吸附离子，晶层之间的距离增大，使得蒙脱石更易吸收水分而膨胀，而且这些被吸附的阳离子易于被置换，使蒙脱石具有较强的阳离子交换能力。由于离子置换、离子交换的原因，蒙脱石的化学成分很复杂。膨润土可根据蒙脱石所吸附的离子不同进行分类，如吸附钠离子的称为钠膨润土，吸附钙离子的称为钙膨润土。钠膨润土吸水速率慢，但吸水率与膨胀倍数大，阳离子交换量高，在水中分散性强，悬浮液的触变性和润滑性好，在较高温度下能保持其膨胀性和一定的阳离子交换量。所以钠膨润土的经济使用价值较高。钙膨润土分散性差，在水中不易形成稳定的悬浮液，矿物颗粒多凝聚成集合体。

膨润土的可塑性大，因此常被用作陶瓷生产中的增塑剂。当黏土的可塑性差时，常加入少量膨润土提高坯料的可塑性与结合能力，一般用量为5%左右。膨润土的干燥收缩大，但干燥后强度高。由于蒙脱石中Al_2O_3的含量较低，又吸附了其他阳离子，杂质较多，故烧结温度较低，烧后色泽较差。此外，釉浆中可掺用少量膨润土作为悬浮剂。但是，膨润土的触变性强，会严重地影响泥浆性能，使用时需要加以注意。

我国膨润土资源多分布在东部地区，辽宁黑山膨润土、江苏祖堂山泥、浙江宁海黏土都是以蒙脱石为主要矿物的黏土。我国已发现的膨润土矿床，其地表部分多数是钙膨润土。

③ 伊利石类　伊利石（illite）是沉积岩中分布最广的一种黏土矿物，从矿物结构上来讲它属于云母类，组成成分与白云母相似，但比正常的白云母多SiO_2和H_2O，而少K_2O。与高岭石相比，伊利石含K_2O较多而含H_2O较少。因此，伊利石是白云母经强烈的化学风化作用而转变为蒙脱石或高岭石过程中的中间产物。

伊利石为白色，含杂质者可呈黄、绿、褐等色，密度2.65～2.75g/cm³，莫氏硬度1～2，{001}解理完全。由于成因及产状的不同，伊利石晶体呈厚度不等的鳞片状，有时带有劈裂与折断的痕迹，也有呈边界圆滑的片状及板条状。伊利石属单斜晶系，晶体结构式为$K_{<2}(Al,Fe,Mg)_4[(Si,Al)_8O_{20}](OH)_4 \cdot nH_2O$。伊利石也是2∶1型层状结构的铝硅酸盐矿物，与蒙脱石不同的是，其硅氧四面体中的Al^{3+}比蒙脱石多，层间阳离子通常为K^{+}，也有部分被H^{+}、Na^{+}所取代。K^{+}的离子半径大小正好嵌入层间，故其晶格结合牢固，不致发生膨胀。伊利石的层间键比白云母弱、比蒙脱石强，所以可把伊利石看作白云母与蒙脱石的过渡产物（参看图1.4和图1.7）。

白云母（muscovite）是典型的2∶1型层状结构的硅酸盐矿物，化学通式为：$K_2O \cdot 3Al_2O_3 \cdot 6SiO_2 \cdot 2H_2O$，晶体结构式为$KAl_2[AlSi_3O_{10}](OH)_2$，理论化学组成为：$K_2O$ 11.8%，Al_2O_3 38.5%，SiO_2 45.2%，H_2O 4.5%。此外，还含有少量的Ca、Mg、Fe、Na、F等。白云母晶体属单斜晶系，呈假六方片状或板状产出，结构与蒙脱石基本相似，只是在蒙脱石的间层中为层间水和可交换阳离子，而在白云母中是K^{+}，依靠K^{+}将两个晶层联结在一起，K^{+}是由于Al^{3+}置换了1/4的Si^{4+}以后的剩余键吸附的，它的位置恰好在氧层的四面体网眼中。白云母抗风化能力很强，母岩风化后的白云母鳞片可被水搬运很远，常与黏土一起沉积下来。在强烈风化作用下，白云母可水化成水白云母、伊利石等。

绢云母（sericite）是与白云母和伊利石晶体结构相似的矿物，它是由热液或变质作用形成的一种细小鳞片状的白云母，外观呈土状，表面呈丝绢光泽，故而得名绢云母。绢云母的化学通式与白云母的相同，其 SiO_2 含量略高于白云母，K_2O 含量低于白云母、但高于伊利石，含水量介于白云母与伊利石之间。因此，绢云母是一种白云母水化不完全的中间产物，即白云母与伊利石之间的过渡产物。绢云母类黏土能单独成瓷。

伊利石类矿物构成的黏土，一般可塑性较低、干后强度差、干燥和烧成收缩小、烧结温度低、烧结范围窄，生产中应注意这些特点。

我国各地含伊利石类矿物的黏土的矿物组成不一。河北邢台章村土由伊利石和少量石英、钠长石、白云母等矿物组成。我国南方各地（如景德镇南港、三宝蓬、安徽祁门等）生产传统细瓷的原料——瓷石，由石英、绢云母及少量其他矿物组成。湖南醴陵默然塘泥为水云母类黏土，它含有少量杆状高岭石和游离石英。

黏土矿物是具有层状结构的硅酸盐矿物，其基本结构单位是硅氧四面体层和铝氧八面体层，由于四面体层和八面体层的结合方式、同形置换以及层间阳离子等不同，从而构成了不同类型的层状结构黏土矿物，如图1.7所示的结构模型。

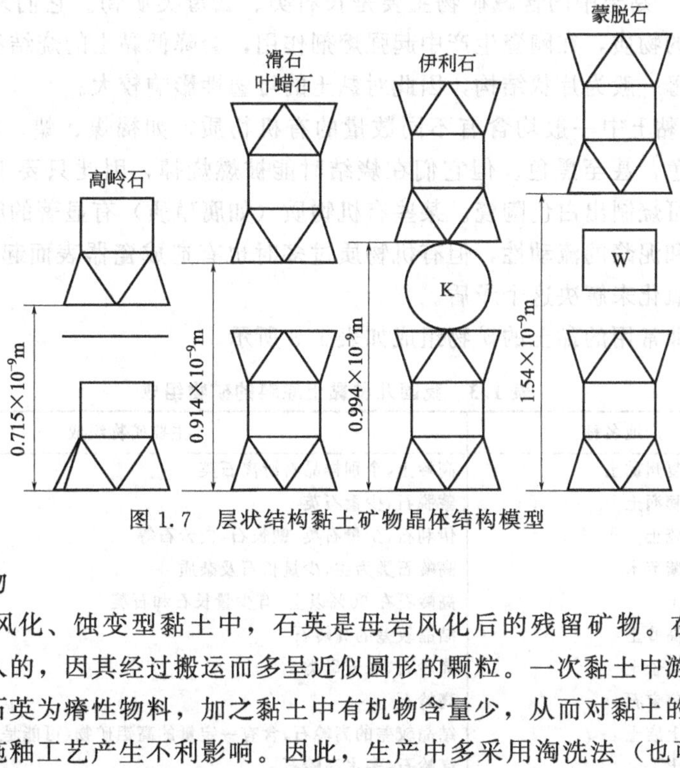

图1.7　层状结构黏土矿物晶体结构模型

（2）杂质矿物

① 石英　在风化、蚀变型黏土中，石英是母岩风化后的残留矿物。在沉积型黏土中，石英则是机械混入的，因其经过搬运而多呈近似圆形的颗粒。一次黏土中游离石英是常见的杂质之一。由于石英为瘠性物料，加之黏土中有机物含量少，从而对黏土的可塑性、干燥后强度甚至随后的施釉工艺产生不利影响。因此，生产中多采用淘洗法（也可用水力旋流器）将黏土中的石英粗颗粒杂质分离除去。事实上，如果在原料细碎和配方上采取措施，也可不经淘洗工序，直接将含石英多的黏土配料后进入下一道工序，这样可提高原料利用率和降低成本。

② 含铁矿物和含钛矿物　黏土中的含铁矿物有黄铁矿（FeS_2）、褐铁矿（$HFeO_2 \cdot nH_2O$）、菱铁矿（$FeCO_3$）、赤铁矿（Fe_2O_3）、针铁矿（$HFeO_3$）和钛铁矿（$FeTiO_3$）等，它们都能使坯体呈色，同时降低黏土的耐火度，也会严重影响制品的介电性能、化学稳定性等。因此，陶瓷生产中采取各种方法降低铁质矿物的含量。其中，呈结核状存在的铁质矿物可用淘洗等方法去除，分散度大、易于被磁铁吸引的含铁杂质可用电磁选矿来除去，而黄铁

矿的晶体细小而又坚硬，既不易粉碎，也难于被电磁除去，往往在烧成中造成坯体出现深黑斑点。

黏土中的含钛矿物主要是金红石、锐钛矿和钛铁矿（TiO_2）等。纯净的 TiO_2 原是白色的，但与铁的化合物共存时，在还原焰中烧成后呈灰色，在氧化焰中烧成后则呈浅黄色或象牙色。

③ 碳酸盐及硫酸盐矿物　黏土中的碳酸盐矿物主要是方解石（$CaCO_3$）、菱镁矿（$MgCO_3$）。混入的硫酸盐矿物主要是石膏（$CaSO_4 \cdot 2H_2O$）、明矾石［$KAl_3(SO_4)_2(OH)_6$］及 K_2SO_4、Na_2SO_4 等。$CaCO_3$、$MgCO_3$ 如果以很微细的颗粒分布于黏土中，其影响不大；如以较粗的颗粒存在，则往往使坯体烧成后吸收空气中的水分而局部爆裂。碳酸盐在高温下（低于 1000℃）分解产生 CaO、MgO 等，起熔剂作用，能降低陶瓷的烧成温度。

黏土中的可溶性硫酸盐能使制品表面形成一层白霜。这是由于坯体在干燥时，可溶性盐随水的蒸发而在表面析出所致。硫酸盐在氧化气氛下的分解温度较高，容易引起坯泡。石膏细块还会和黏土熔化形成绿色的玻璃质熔洞。

④ 含碱矿物　黏土中的含碱矿物主要是长石类、云母类矿物。它们来源于母岩未风化完全而残留下来的物质，在陶瓷生产中起强熔剂作用，会降低黏土的烧结温度。由于它们是瘠性物料，且云母一般为片状结构，因此对黏土的可塑性影响较大。

⑤ 有机质　黏土中一般均含有不同数量的有机物质，如褐煤、蜡、腐殖酸衍生物等，从而使黏土呈暗色，甚至黑色。但它们在烧结时能被燃烧掉，因此只要不含其他的着色物质，黑色黏土仍可烧制出白色陶瓷。某些有机物质（如腐殖质）有显著的胶体性质，可以增加黏土的可塑性和泥浆的流动性，但有机物质过多时也有造成瓷器表面起泡与针孔的可能，需在烧成中加强氧化来解决这个矛盾。

我国陶瓷工业常用的黏土的矿物组成如表 1.3 所示。

表 1.3　我国几种黏土原料的矿物组成

序号	产地名称	主要矿物组成
1	辽宁大连复州黏土	高岭土，个别样品有游离石英
2	辽宁黑山膨润土	蒙脱石，少量石英
3	河北章村瓷土	伊利石，少量石英，钠长石，白云石等
4	河北唐山紫节木	高岭石类为主，少量长石及杂质
5	山西大同土	高岭石在 90%以上，有少量长石和石英
6	河南巩县高岭土	结晶较差的高岭石
7	山东潍坊坊子土	高岭石，水云母类
8	山东淄博焦宝石	高岭石
9	陕西铜川上店土	结晶较差的高岭石，含有一定量的高铝矿物(可能是水铝英石)
10	江苏苏州土	高岭石，多水高岭石
11	江苏南京王府山土	水云母及埃洛石的混合层矿物
12	浙江青田蜡石	叶蜡石
13	江西景德镇明沙高岭	高岭石 65%～70%，水云母 25%～30%，余为石英，多水高岭石
14	江西南巷瓷石	石英 58%～62%，高岭石 10%，绢云母 25%～28%
15	安徽祁门瓷石	绢云母 50%～60%，余为石英，少量方解石
16	湖南衡阳界牌泥	杆状结构的高岭石 60%～65%，余为石英
17	湖南衡阳东湖泥	高岭石 90%～95%，石英
18	广东潮安飞天燕瓷土	高岭石为主，含有较多的石英和一定量的水白云母
19	广东清远浸潭洗泥	高岭石，石英为主，少量长石，水云母
20	四川叙永土	多水高岭石(叙永石)

1.1.2.3 颗粒组成

黏土的颗粒组成是指黏土中所含的不同大小颗粒的质量、体积或数量百分比。陶瓷坯料的一些工艺性质常常受其颗粒组成的影响。由于细颗粒的比表面积大，其表面能也大，因此当黏土中的细颗粒越多时，其可塑性越强，干燥收缩越大，干后强度越高，而且烧结温度低，烧成后的气孔率亦小，从而有利于制品的力学强度、白度和半透明度的提高。

黏土中的黏土矿物颗粒很细，其颗粒大小一般在1～2μm以下。不同类型的黏土矿物，其颗粒大小也不同，蒙脱石和伊利石的颗粒要比高岭石的小。黏土中的非黏土矿物的颗粒一般较粗，可在1～2μm以上。在颗粒分析时，其细颗粒部分主要是黏土矿物的颗粒，而粗颗粒部分中大部分是杂质矿物颗粒。所以在进行黏土原料的分级处理时，往往可以通过淘洗等手段，富集细颗粒部分，从而得到较纯的黏土。

此外，黏土的颗粒形状和结晶程度也会影响其工艺性质，片状结构比杆状结构的颗粒堆积致密、塑性大、强度高；结晶程度差的颗粒较细，可塑性也大。

表1.4表示黏土颗粒的大小对其工艺性能的影响。

表1.4 黏土颗粒大小对工艺性能的影响

颗粒平均直径/μm	100g颗粒表面积/cm^2	干燥收缩/%	干后强度/MPa	相对可塑性
8.50	13×10^4	0.0	0.46	无
2.20	392×10^4	0.0	1.4	无
1.20	744×10^4	0.6	4.7	4.40
0.55	1750×10^4	7.8	6.4	6.30
0.45	2710×10^4	10.0	13.0	7.60
0.28	3880×10^4	23.0	29.6	8.20
0.14	7100×10^4	39.5	45.8	10.20

1.1.3 黏土的工艺性质

黏土是陶瓷工业的主要原料，黏土的性质对陶瓷的生产有很大的影响。因此掌握黏土的性质，尤其是工艺性质，是稳定陶瓷生产工艺的基本条件。黏土的工艺性质主要取决于黏土的矿物组成、化学组成与颗粒组成，其中矿物组成是基本的因素。研究黏土的工艺性质时，不但要了解各种黏土的工艺性质指标，而且要将黏土的工艺性质与其组成、结构密切联系起来，以便深入地了解和掌握黏土的工艺性质，正确地指导我们合理地选用黏土、拟定配方。

1.1.3.1 可塑性

可塑性是指黏土粉碎后用适量的水调和、混练后捏成泥团，在一定外力的作用下可以任意改变其形状而不发生开裂，除去外力后，仍能保持受力时的形状的性能。

可塑性是黏土能够制成各种陶瓷制品的成型基础。黏土处于可塑状态时，是由固体分散相和液体分散介质所组成的多相系统，因此黏土可塑性的大小主要决定于固相与液相的性质和数量。

固相的性质主要是指固体物料类型、颗粒形状、粒度及粒度分布、颗粒的离子交换能力等，液相性质主要是指液相对固相的浸润能力和液相的黏度。一般说来，固体颗粒越小，分散度越高，比表面积越大，可塑性就越好。黏土中是否含有胶体物质，对其可塑性的影响尤其大，所以黏土中水铝英石（$x\mathrm{Al_2O_3}\cdot y\mathrm{SiO_2}\cdot n\mathrm{H_2O}$，一种非晶态的高岭石族矿物，可视为自然界中的一种硅-铝凝胶）含量高，可塑性亦好。对于具有层状结构的黏土矿物来讲，呈薄片状的颗粒要比呈杆状或棱角状的颗粒具有更好的可塑性。此外，黏土矿物的离子交换能力较大者，其可塑性也较高。对于液相来说，对黏土颗粒具有较大浸润能力的液相，一般都是含有羟基（如水）的液体，黏土与其拌和后就呈较高的可塑性。此类液体的黏度越大，坯料的可塑性就越高。

固相与液相的相对数量对黏土的可塑性也有很大的影响。当黏土中加入的水量较少时，黏土因未进入可塑状态而容易散碎，只有当含水率提高至一定程度时，黏土才形成具有可塑性的泥团，这时泥团的含水率称为塑限含水率（塑限）。如果继续在泥团中加入水分，泥团的可塑性会逐渐增高，而后再逐渐降低，直至泥团能自行流动变形，此时的含水率称为液限含水率（液限）。陶瓷生产中塑性成型时使用的泥团，含水量一般都在其塑限与液限之间，称为工作泥团的可塑水量。各种黏土的可塑水量并不一致，可塑性越大的黏土所需的水量也越多，高可塑性黏土的可塑水量可达28%～40%，中可塑性的为20%～28%，低可塑性的为15%～20%。

在陶瓷生产中，为了获得成型性能良好的坯料，除了选择适宜的黏土外，还常将黏土原矿淘洗、风化、坯料进行真空练泥及陈腐、加入无机或有机塑化剂［如糊精、胶体 SiO_2、$Al(OH)_3$、羧甲基纤维素等］，以提高坯料的可塑性。如果要降低坯料的可塑性，以减少干燥收缩，可以加入非可塑性原料，如石英、熟料、瓷粉或瘠性黏土等。

1.1.3.2 结合性

黏土的结合性是指黏土能结合非塑性原料形成良好的可塑泥团、有一定干燥强度的能力。黏土的结合性是坯体干燥、修坯、上釉等得以进行的基础，也是配料调节泥料性质的重要因素。黏土的结合性主要表现为其黏结其他瘠性物料的结合力的大小，这种结合力在很大程度上决定于黏土矿物的结构。一般说来，可塑性强的黏土结合力大，但也有例外，毕竟黏土的结合力与可塑性是两个概念，是两个不完全相同的工艺性质。

生产上常用测定由黏土制作的生坯的抗折强度来间接测定黏土的结合力。在实验中通常以能够形成可塑泥团时所加入标准石英砂（颗粒组成为：0.15～0.25mm占70%，0.09～0.15mm占30%）的数量及干后抗折强度来反映黏土的结合性。加砂量可达50%的为结合力强的黏土，加砂量达25%～50%的为结合力中等的黏土，加砂量在20%以下的为结合力弱的黏土。

1.1.3.3 离子交换性

黏土颗粒带有电荷，其来源是其表面层的断键和晶格内部被取代的离子，因此必须吸附其他异号离子来补偿其电价。在水溶液中，这种被吸附的离子又可被其他相同电荷的离子所置换。这种离子交换反应发生在黏土粒子的表面部分，而不影响硅铝酸盐晶体的结构。

离子交换的能力一般用交换容量来表示。它是100g干黏土所吸附能够交换的阳离子或阴离子的量。

由于所含矿物的晶格内部离子置换的程度以及矿物颗粒大小不同，各种黏土的离子交换的能力也不同。不同黏土矿物的离子交换容量见表1.5。黏土颗粒大小与离子交换容量的关系示于表1.6。

表1.5 不同黏土的离子交换容量 单位：$\times10^{-1}$mmol/g

黏土种类	吸附离子种类		黏土种类	吸附离子种类	
	阳离子	阴离子		阳离子	阴离子
高岭土	3～9	—	叙永土	15～40	—
高岭土类黏土	9～20	7～20	膨润土	40～150	20～50
伊利石类黏土	10～40	—			

表 1.6　黏土颗粒大小与离子交换容量的关系　单位：$\times10^{-1}$mmol/g

矿物	颗粒大小/μm							
	10～20	5～10	2～4	1.0～0.5	0.5～0.25	0.25～1	0.1～0.05	<0.05
高岭石	2.4	2.6	3.6	3.8	3.9	5.4	9.5	—
伊利石	—	—	—	—	13～20	—	20～30	27.5～41.7

黏土的阳离子交换容量大小一般情况下可按下列顺序排列，即左面的离子能置换右面的离子，自右至左交换容量逐渐增大：

$$H^+ > Al^{3+} > Ba^{2+} > Sr^{2+} > Ca^{2+} > Mg^{2+} > NH^+ > K^+ > Na^+ > Li^+ \quad (1.5)$$

黏土除阳离子交换能力外，阴离子也会被黏土颗粒吸附，但吸附能力较小，且只发生在黏土矿物颗粒的棱边上。黏土吸附阴离子的能力较小，可按下列顺序排列：

$$OH^- > CO_3^{2-} > P_2O_7^{4-} > PO_4^{3-} > CNS^- > I^- > Br^- > Cl^- > NO_3^- > F^- > SO_4^{2-} \quad (1.6)$$

即左面的阴离子能在离子浓度相同的情况下从黏土上交换出右面的阴离子。

此外，黏土中有机物的含量和黏土矿物的结晶程度也影响其交换容量。如唐山紫木节土的阳离子交换容量达 2.52mmol/g，远远超过纯高岭石的阳离子交换容量（苏州土为 0.7mmol/g）。这是由于紫木节土中有机物含量多，而有机物中的—OH、—COOH 活性基团具有吸附阳离子的能力，且紫木节土的结晶程度差，晶格内存在类质同晶的取代。

黏土吸附的离子种类不同，对黏土泥料的其他工艺性质会有不同的影响，表 1.7 列出了黏土吸附不同离子对可塑泥团及泥浆性质的影响。

表 1.7　吸附离子的种类对黏土泥料性质的关系

性　质	吸附离子种类和性质变化的关系
结合水数量（膨润土）	$K^+ < Na^+ < H^+ < Ca^{2+}$
湿润热：膨润土	$K^+ < Na^+ < H^+ < Mg^{2+}$
高岭土	$H^+ < Na^+ < K^+ < Ca^{2+}$
ζ-电位（高岭土，膨润土）	$Ca^{2+} < Mg^{2+} < H^+ < Na^+ < K^+$
触变性、干燥速率和干后气孔率	$Al^{3+} < Ca^{2+} < Mg^{2+} < K^+ < Na^+ < H^+$
可塑泥团的液限（高岭土）	$Li^+ < Na^+ < Ca^{2+} < Ba^{2+} < Mg^{2+} < Al^{3+} < K^+ < Fe^{2+} < H^+$
泥团破坏前的扭转角	$Fe^{2+} < H^+ < Al^{3+} < Ca^{2+} < K^+ < Mg^{2+} < Ba^{2+} < Na^+ < Li^+$
泥团干后强度	$H^+ < Ba^{2+} < Na^+$；$H^+ < Ca^{2+} < Na^+$；$Cl^- < CO_3^{2-} < OH^-$
水中溶解下列电解质时泥浆的过滤速率	$NaOH < Na_2CO_3 = H_2O < KCl = NaCl = Na_2SO_4 < CaCl_2 = BaCl_2 < Al_2(SO_4)_3$

1.1.3.4　触变性

黏土泥浆或可塑泥团受到振动或搅拌时，黏度会降低，而流动性增加，静置后又能逐渐恢复原状。反之，相同的泥料放置一段时间后，在维持原有水分的情况下会增加黏度，出现变稠和固化现象。上述情况可以重复无数次。黏土的上述性质统称为触变性，也称为稠化性。

泥料处于触变状态时，是由于黏土片状颗粒的活性边表面上尚残留少量电荷未被完全中和，以致形成局部边-边或边-面结合，使黏土之间常组成封闭的网络状结构，这时泥料中大部分自由水被分隔和封闭在网络的空隙中，使整个黏土-水系统形成一种好像水分减少、黏度增加、变稠和固化的现象。但是，这样的网络结构是疏松和不稳定的，当稍有剪切力的作用或震动时，即能破坏这种网络状结构，使被分隔和封闭在网络中的“自由水”得以解脱出来，于是整个黏土-水系统又变成一种水分充足、黏度降低且流动性增加的状态。当放置一定的时间后，上述网络状结构又重新建立，这时又重新出现变稠和固化现象。

泥料的触变性与含水量有关，含水量大的泥浆，不易形成触变结构；反之，易形成触变结构而呈触变现象。温度对泥料的触变性亦有影响，温度升高，黏土质点的热运动剧烈，使黏土颗粒间的联系力减弱，不易建立触变结构，从而使触变现象减弱。

黏土泥料的触变性常以厚化度（或稠化度）来表示。厚化度以泥料的黏度变化之比或剪切应力变化的百分数来表示，泥浆的厚化度是泥浆静置 30min 和 30s 后的相对黏度之比：

$$泥浆厚化度=t_{30\text{min}}/t_{30\text{s}} \tag{1.7}$$

式中 $t_{30\text{min}}$——100mL 泥浆放置 30min 后，由恩氏黏度计中流出的时间；

$t_{30\text{s}}$——100mL 泥浆放置 30s 后，由恩氏黏度计中流出的时间。

可塑泥团的厚化度为静置一段时间后，球体或圆锥体压入泥团达到一定深度时剪切强度增加的百分数：

$$泥团厚化度=(F_n-f_n)/F_0\times 100\% \tag{1.8}$$

式中 F_0——泥团开始承受的负荷，N；

F_n——经过一定时间后，球体或锥体压入相同深度时泥团承受的负荷，N。

在陶瓷生产中，希望泥料有一定触变性。当泥料触变性过小时，成型后生坯的强度不够，影响成型、脱模与修坯的质量。而触变性过大的泥浆在管道输送过程中会带来不便，成型后生坯也易变形。因此控制泥料的触变性，对满足生产需要、提高生产效率和产品品质有重要意义。

1.1.3.5 膨胀性

膨胀性是指黏土吸水后体积增大的现象。这是由于黏土在吸附力、渗透力、毛细管力的作用下，水分进入黏土晶层之间或者胶团之间所致，因此可分为内膨胀性与外膨胀性两种。

① 内膨胀性

内膨胀性是指水进入黏土矿物的晶层内部而发生的膨胀现象。如蒙脱石 $d_{(001)}=1.54\text{nm}$，如果加水成胶状，可增大到 2.2nm 左右。

② 外膨胀性

外膨胀性是水存在于颗粒与颗粒之间而产生的膨胀现象，因为大部分黏土矿物都属于层状硅酸盐，因此，它们的表面积主要是底表面积，也就是说，水主要存在于小薄片与小薄片之间，而使其发生膨胀，这种膨胀性称为外膨胀性。

膨胀性能通常用膨胀容来表征。它是指黏土在水溶液中吸水膨胀后，单位质量（g）所占的体积（cm^3）。

黏土的矿物组成、离子交换能力、表面结构特性、液体介质的极性等因素均会影响其膨胀性能。

1.1.3.6 收缩

黏土泥料干燥时，因包围在黏土颗粒间的水分蒸发、颗粒相互靠拢而引起的体积收缩，称为干燥收缩。黏土泥料煅烧时，由于发生一系列的物理化学变化（如脱水作用、分解作用、莫来石的生成、易熔杂质的熔化以及熔化物充满质点间空隙等），因而使黏土再度产生的收缩，称为烧成收缩。这两种收缩构成黏土泥料的总收缩。

黏土的收缩情况主要取决于它的组成、含水量、吸附离子交换能力及其他工艺性质等。细颗粒的黏土及呈长形纤维状粒子的黏土收缩较大。表 1.8 所列为黏土矿物组成与其收缩的关系。

表 1.8　各类黏土的收缩范围　　单位：%

线收缩＼黏土	高岭石类	伊利石类	蒙脱石类	叙永石类
干燥收缩	3～10	4～11	12～23	7～15
烧成收缩	2～17	9～15	6～10	8～12

收缩测定以直线长度或体积大小的变化来表示。体积收缩近似等于直线收缩的 3 倍（误差 6%～9%）。

生产中，设计坯体尺寸、石膏模型尺寸时，应考虑收缩值。测定时采用实验方法，先测出干燥前、后及烧成前、后的尺寸，然后通过以下公式计算干燥收缩率（S_d）、烧成收缩率（S_f）和总收缩率（S）：

$$S_d=\frac{a-b}{a}\times 100(\%) \tag{1.9}$$

$$S_f=\frac{b-c}{b}\times 100(\%) \tag{1.10}$$

$$S=\frac{a-c}{a}\times 100(\%) \tag{1.11}$$

式中　a——干燥前尺寸；
b——干燥后尺寸；
c——烧成后尺寸。

线收缩（S_L）与体积收缩（S_V）的关系可用式（1.12）表示：

$$S_L=\left(1-\sqrt[3]{1-\frac{S_V}{100}}\right)\times 100\% \tag{1.12}$$

由于干燥线收缩是以试样干燥前的原始长度为基础，而烧成线收缩是以试样干燥后的长度为基准，因此黏土试样的总收缩 S_t 并不等于干燥线收缩 S_{Ld} 与烧成线收缩 S_{Lf} 之和，它们之间的数学关系为：

$$S_{Lf}=\frac{S_t-S_{Ld}}{100-S_{Ld}}\times 100\% \tag{1.13}$$

1.1.3.7　烧结性能

黏土是由多种矿物组成的混合物，没有固定的熔点，而是在相当大的温度范围内逐渐软化。黏土在烧结过程中，当温度超过 900℃以上时，开始出现低熔物，低熔物液相填充在未熔颗粒之间的缝隙中，并在其表面张力的作用将未熔颗粒进一步拉近，使体积急剧收缩，气孔率下降，密度提高。这种体积开始剧烈变化的温度称为开始烧结温度（见图 1.8 中 t_1）。随着温度的继续升高，黏土的气孔率不断降低，收缩不断增大，当其密度达到最大状态时（一般以吸水率等于或小于 5%为标志），称为完全烧结，相应于此时的温度叫烧结温度（图 1.8 中的 t_2）。

从烧结温度开始，体积密度和收缩等会在一个温度范围内不发生明显的变化。温度继续上升后，由于黏土中的液相不断增多，以至于不能维持黏土原试样的形状而变形，同时也会因发生一系列高温化学反应，使黏土试样的气孔率反而增大，出现膨胀。出现这种情况时的最低温度称为软化温度（图 1.8 中的 t_3），通常把烧结温度到软化温度之间黏土试样处于相对稳定阶段的温度范围称为烧结范围（图 1.8 中的 t_2～t_3）。生产中常用吸水率来反映原料的烧结程度。一般要求黏土原料烧后的吸水率＜5%。

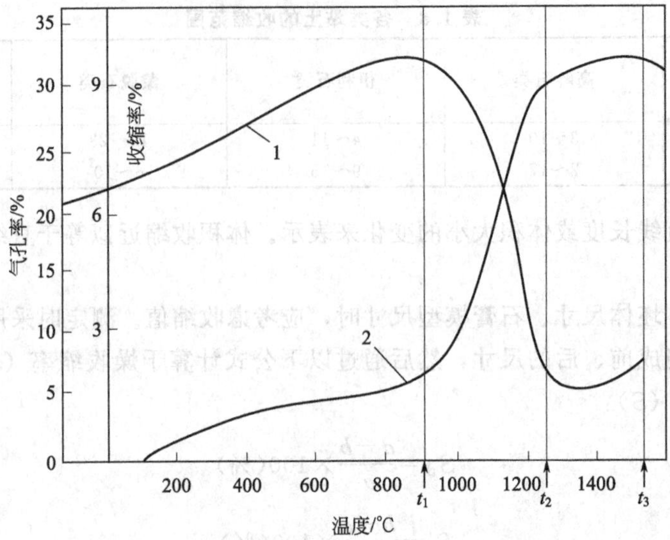

图 1.8　黏土加热时的收缩率与气孔率曲线

1—气孔率曲线；2—收缩率曲线

黏土的烧结属液相烧结。影响烧结的因素很多，其中主要是黏土的化学组成与矿物组成。从化学组成上看，碱性成分多、游离石英（SiO_2）少的黏土易于烧结，烧结温度也低。从矿物组成来看，膨润土、伊利石类黏土比高岭土易于烧结，烧结后的吸水率也较低。

黏土的烧结范围在陶瓷生产中十分重要。烧结范围愈宽，陶瓷制品的烧成操作愈容易掌握，也愈容易得到烧成均匀的制品。因此，它是制定烧成制度、选择烧成温度范围、决定坯料配方、选择窑炉等的参考和依据之一。

1.1.3.8　耐火度

耐火度是耐火材料的重要技术指标之一，它表征材料无荷重时抵抗高温作用而不熔化的性能。在一定程度上，它指出了材料的最高使用温度，并作为衡量材料在高温下使用时承受高温程度的标准，是材料的一个工艺常数（熔点是一个物理常数）。

由于天然黏土是多组分的混合物，加热没有一定的熔点，只能随着温度的上升在一定温度范围内逐渐逐渐软化熔融，直至全部熔融变为玻璃态物质。

耐火度的测定是将一定细度的原料制成一截头三角锥（高 30mm，下底边长 8mm，上顶边长 2mm），在高温电炉中以一定的升温速率加热，当锥内复相体系因重力作用而变形，以至于顶端软化弯倒至锥底平面时的温度，即是试样的耐火度，如图 1.9。

图 1.9　试样的耐火度测定

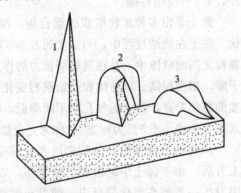

1—熔融开始之前；2—开始熔融，顶端触及底座，到达耐火度；3—高于耐火度的温度下全部熔融

黏土的耐火度主要取决于其化学组成。Al_2O_3 含量高，其耐火度就高，而碱类氧化物却使黏土的耐火度降低。通常可根据黏土原料中的 Al_2O_3/SiO_2 比值来判断耐火度，比值越大，耐火度越高，烧结范围也越宽。

黏土原料可以根据其耐火度区分为以下几种。

易熔黏土：耐火度＜1300℃。

难熔黏土：耐火度1300～1580℃。

耐火黏土：耐火度>1580℃。

黏土的耐火度也可根据黏土的化学组成用经验式（1.14）和式（1.15）来计算：

$$t=360+(w_{A}-w_{MO})/0.228 \quad (1.14)$$

式中 t——耐火度，℃；

w_{A}——黏土中 Al_2O_3 和 SiO_2 总量换算为100%时，Al_2O_3 的质量分数，%；

w_{MO}——黏土中 Al_2O_3 和 SiO_2 总量换算为100%时，相应带入的其他杂质氧化物的总的质量分数，%。

式（1.14）适用于 Al_2O_3 质量分数为20%～50%的黏土。

$$t=1534+5.5w_{A}-30(8.2w_{F}+2w_{MO})/w_{A} \quad (1.15)$$

式中 w_{A}——Al_2O_3 质量分数，%；

w_{F}——Fe_2O_3 质量分数，%；

w_{MO}——TiO_2、CaO、MgO 和 R_2O 等杂质质量分数，%。

式（1.15）适用于 Al_2O_3 质量分数在15%～50%的黏土，计算时各质量分数须换算为无灼减量的质量分数。

表1.9列出了我国陶瓷工业一些常用黏土的主要工艺性能指标，供查阅参考。

表1.9　几种黏土的主要工艺性能指标

原料名称	相对密度	液限/%	塑限/%	可塑指数	可塑指标		干燥收缩/%		烧成收缩/%		干燥强度/MPa	资料来源
					数值	相应含水率/%	直线	体积	直线	体积		
苏州二号土	—	70.6	29.3	41.3	2.0	43～47	7.2	19.4	—	—	约1	《矽酸盐》1958，2卷2期
界牌土	—	42.55	21.72	20.83	2.05	39.05	4.55	16.98	2.90	9.00	—	《电瓷避雷器》1974，4期
星子高岭土（精泥）	2.59	—	—	—	0.60	30.58	4.20	12.60	12.00	36.20	0.821	《瓷器》1975，1期
紫木节土	—	—	—	17.30	2.44	—	—	7.80	—	—	—	《河北陶瓷》1975，4期
大同土	2.512	—	—	—	—	—	0.59	—	6.94	—	0.163	《陶瓷科技资料》1964，64001
青草岭土	—	69.30	26.00	43.30	1.37	34.40	6.90	27.90	11.80	37.00	0.883	《电瓷避雷器》1975，4期
叙永土	2.516	65.30	42.00	23.30	—	—	9.19	28.06	试样开裂	—	2.93	《电瓷避雷器》1975，4期
祖堂山黏土	—	81.90	26.70	55.20	太黏无法成球室温下阴干开裂				—	—	—	《电瓷避雷器》1975，2期
黑山膨润土	2.27	87	52	35	1.06	—	—	16.0	9	—	—	《河北陶瓷》1975，4期
南港瓷石（精泥）	2.35	—	—	—	1.05	25.69	5.80	17.80	12.25	36.75	2.12	《瓷器》1975，1期
章村土	2.83	17.30	10.94	6.36	—	—	3.0	—	10.98	—	0.64	《电瓷避雷器》1980，1期
广东飞天燕（洗泥）	2.67	—	—	—	3.04	25.20	4.58	—	12.35	—	0.654	《广东黏土原料试验报告》1977
广东浸潭泥	2.53	—	—	—	3.24	35.53	6.2	—	11.21	—	3.526	《广东黏土原料试验报告》1977

1.1.4 黏土在陶瓷生产中的作用

黏土是陶瓷生产中的主要原料，它可赋予坯料可塑性和烧结性，从而保证了陶瓷制品的成型、烧结和较好的性能。因此，黏土在陶瓷生产中具有重要的作用，概括如下。

① 黏土的可塑性是陶瓷坯泥赖以成型的基础。黏土可塑性的变化对陶瓷成型的品质影响很大，因此选择各种黏土的可塑性或调节坯泥的可塑性，已成为确定陶瓷坯料配方的主要依据之一。

② 黏土使注浆泥料与釉料具有悬浮性与稳定性。这是陶瓷注浆泥料与釉料所必备的性质，因此选择能使泥浆有良好悬浮性与稳定性的黏土，也是注浆泥料配料和釉料配料中的重点之一。

③ 黏土一般呈细分散颗粒，同时具有结合性。这可在坯料中结合其他瘠性原料并使坯料具有一定的干燥强度，有利于坯体的成型加工。另外细分散的黏土颗粒与较粗的瘠性原料相结合，可得到较大堆积密度而有利于烧结。

④ 黏土是陶瓷坯体烧结时的主体。黏土中的 Al_2O_3 含量和杂质含量是决定陶瓷坯体的烧结程度、烧结温度和软化温度的主要因素。

⑤ 黏土是形成陶器主体结构和瓷器中莫来石晶体的主要来源。黏土的加热分解产物和莫来石晶体是决定陶瓷器主要性能的结构组成。莫来石晶体能赋予瓷器以良好的力学性能、介电性能、热稳定性和化学稳定性。

1.2 石英类原料

1.2.1 石英矿石的类型

二氧化硅（SiO_2，silica）在地壳中的丰度约为 60%。含二氧化硅的矿物种类很多，部分以硅酸盐化合物的状态存在，构成各种矿物、岩石。另一部分则以独立状态存在，成为单独的矿物实体，其中结晶态二氧化硅统称为石英（quartz）。由于经历的地质作用及成矿条件不同，石英呈现多种状态，并有不同的纯度。

1.2.1.1 水晶

水晶（quartz crystal）是一种最纯的石英晶体，外形呈六方柱锥体，无色透明，或含一些微量元素而呈现一定的色泽。水晶因在自然界的蕴藏量不多而产量很少，且在工业上有更重要的用途，一般不作陶瓷原料使用。

1.2.1.2 脉石英

脉石英（vein quartz）是由含二氧化硅的热液填充于岩石裂隙之间，冷凝之后而成为致密块状结晶态石英（有的凝固为玻璃态），一般呈矿脉状产出。脉石英呈纯白色，半透明状，油脂光泽，贝壳状断口，其 SiO_2 含量可达 99%，是生产日用细瓷的良好原料。

1.2.1.3 砂岩

砂岩（sandstone）是由石英颗粒被胶结物结合而成的一种碎屑沉积岩。根据胶结物性质可分为石灰质砂岩、黏土质砂岩、石膏质砂岩、云母质砂岩和硅质砂岩等。陶瓷工业中，仅硅质砂岩有使用价值。砂岩一般呈白、黄、红等色，SiO_2 含量为 90%～95%。

1.2.1.4 石英岩

石英岩（quartzite）是硅质砂岩经变质作用后，石英颗粒发生再结晶作用的岩石。SiO_2 含量一般在 97%以上，常呈灰白色，光泽度高，断面致密，硬度高。加热过程中其晶型转化比较困难。石英岩是制造一般陶瓷制品的良好原料，其中杂质含量少的可用作细瓷原料。

1.2.1.5　石英砂

石英砂（quartz sand）是由花岗岩、伟晶岩等岩石经过风化作用后的风化产物再经过水流冲洗、搬运、淘选等一系列地质作用后，石英颗粒自然富集而成。利用石英砂作为陶瓷原料，可省去破碎这一生产环节，降低成本，但由于其杂质含量较高，成分波动也大，使用时必须加以控制。

除上述一些石英矿之外，在成矿过程中由于化学沉积作用，使 SiO_2 填充在岩石裂隙中，形成隐晶质的玉髓和燧石，玉髓呈钟乳状、葡萄状产出，燧石呈结核状与瘤状产出，玛瑙是由玉髓与石英或蛋白石构成。上述三种隐晶质石英，因其硬度高，可作为研磨材料、球磨机内衬等，质量好的燧石也可代替石英作为细陶瓷坯、釉的原料。

此外，一些溶解在水中的二氧化硅被微细的硅藻类水生物吸取后，通过硅藻的遗骸沉积演变而成硅藻土。硅藻土本质上是含水的非晶质二氧化硅，常含少量黏土，具有一定可塑性，并有很多空隙，是制造绝热材料、轻质砖、过滤体等多孔陶瓷的重要原料。

1.2.2　石英的性质

石英的主要化学成分为 SiO_2，但是常含有少量的 Al_2O_3、Fe_2O_3、CaO、MgO、TiO_2 等杂质成分。这些杂质是成矿过程中残留的其他夹杂矿物中带入的，杂质矿物主要有碳酸盐（白云石、方解石、菱镁矿等）、长石、金红石、板铁矿、云母、铁的氧化物等。此外，石英中可能含有一些微量的液态和气态包裹物。我国主要产地石英原料的化学组成列于表 1.10。

表 1.10　我国各地石英的化学组成　　单位：%

序号	原料名称	产地	化学组成								
			SiO_2	Al_2O_3	K_2O	Na_2O	Fe_2O_3	TiO_2	CaO	MgO	灼减
1	石英	山东泰安	99.48	0.36	—	—	0.010	—	—	—	0.03
2	石英	河南铁门	98.94	0.41	—	—	0.19	—	痕迹	痕迹	—
3	石英砂	江苏宿迁	91.90	4.64	—	—	0.21	—	0.20	0.10	0.24
4	石英	湖南湘潭	95.31	1.93	—	—	0.26	—	0.39	0.40	1.74
5	石英	广东桑浦	99.53	0.19	—	—	—	—	痕迹	0.04	—
6	石英	江西星子	97.95	0.53	痕迹	0.44	0.19	—	0.33	0.63	0.29
7	石英	江西景德镇	98.24	—	—	—	—	—	—	—	—
8	石英	广西	98.24	—	—	—	1.02	—	—	—	—
9	石英	山西五台	98.71	0.65	—	—	0.16	—	—	—	—
10	石英	四川青川	98.89	1.03	—	—	0.032	—	0.17	—	—
11	石英	贵州贵阳	98.23	0.18	—	—	0.02	—	—	—	微
12	石英砂	贵州普定	96.77	0.46	—	—	0.57	—	—	—	—
13	石英	新疆尾亚	98.4	0.18	—	0.02	0.80	—	—	—	—
14	石英	云南昆明	97.07	—	—	—	0.56	—	—	—	—
15	石英	陕西凤县	97.0	1.41	—	—	—	—	—	—	—
16	石英	山西闻喜	98.05	—	—	—	0.10	—	—	—	—
17	石英	北京	99.02	0.024	—	—	—	—	—	—	—
18	石英	内蒙古包头	98.08	0.84	—	—	0.34	—	0.19	—	—

二氧化硅在常压下有 7 种结晶态和 1 个玻璃态。结晶态是 α-石英、β-石英；α-鳞石英、β-鳞石英、γ-鳞石英；α-方石英、β-方石英。石英的宏观特征随种类不同而异，一般呈乳白色或灰白色半透明状，具有玻璃光泽或脂肪光泽，莫氏硬度为 7。石英的密度因晶型而异，一般在 2.22～2.65g/cm^3。石英的结晶形态及性质见表 1.11。

表 1.11　石英的晶型及性质

结晶形态	晶系	折射率 N_e N_g	折射率 N_m	折射率 N_o N_p	密度 /(g/cm³)	线膨胀系数α (0～100℃) (×10⁻⁶/℃)	该状态的稳定温度范围
β-石英	三方	1.553	—	1.544	2.651(20℃)	12.3	573℃以下
α-石英	六方	1.546	—	1.538	2.533(570℃)	—	573～870℃
γ-鳞石英	斜方	1.473	1.470	1.469	2.31(20℃)	21.0	117℃以下
β-鳞石英	六方	—	—	—	2.24(117℃)	—	117～163℃
α-鳞石英	六方	—	—	—	2.228(163℃)	—	870～1470℃
β-方石英	四方	1.484	—	1.487	2.34(20℃)	10.3	150～270℃以下
α-方石英	等轴	—	—	—	2.22(300℃)	—	1470～1713℃
石英玻璃	非晶质	—	—	1.460	2.21	0.5	1713℃以上

石英具有很强的耐酸侵蚀能力（氢氟酸除外），但与碱性物质接触时能起反应而生成可溶性的硅酸盐。高温下，石英易与碱金属氧化物作用生成硅酸盐与玻璃态物质。

石英材料的熔融温度范围取决于二氧化硅的形态和杂质的含量。硅藻土的熔融终了点一般为1400～1700℃，无定形二氧化硅约在1713℃即开始熔融。脉石英、石英岩和砂岩在1750～1770℃熔融，但当杂质含量达3%～5%时，在1690～1710℃时即可熔融。当含有5.5%的Al_2O_3时，其低共熔点温度会降低至1595℃。

1.2.3　石英的晶型转化

石英是由$[SiO_4]^{4-}$四面体互相以顶点连接而成的三维空间架状结构。连接后在二维空间扩展，由于它们以共价键连接，连接之后又很紧密，因而空隙很小，其他离子不易侵入网穴中，致使晶体纯净，硬度与强度高，熔融温度也高。在不同的条件与温度下，石英中$[SiO_4]^{4-}$四面体之间的连接方式不同，从而呈现出多种晶型和形态，具体的转变温度如图1.10所示。

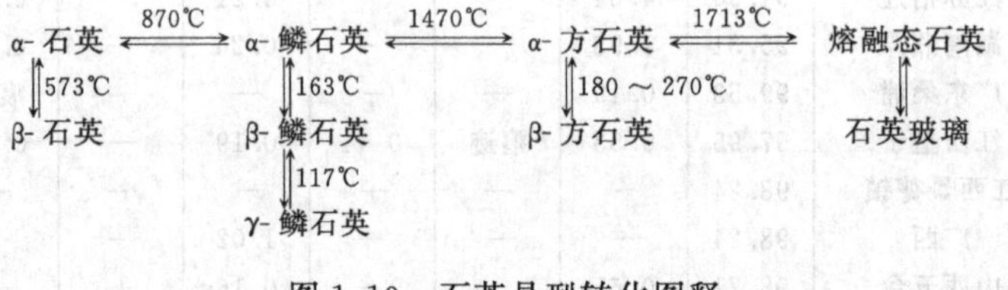

图 1.10　石英晶型转化图释

自然界中的石英大部分以β-石英的形态稳定存在，只有很少部分以鳞石英或方石英的介稳状态存在。上述的石英晶型转化，根据其转化时的情况可以分为高温型的缓慢转化（图1.10中的横向转化）和低温型的快速转化（图1.10中的纵向转化）两种。

（1）高温型的缓慢转化　这种转化由表面开始逐步向内部进行，转化后发生结构变化，形成新的稳定晶型，因而需要较高的活化能。转化进程缓慢，需要较高的温度与较长的时间，同时发生较大的体积变化。为了加速转化，可以添加细磨的矿化剂或助熔剂。

（2）低温型的快速转化　这种转化进行迅速，在达到转化温度之后，晶体的表里瞬间同时发生转化，但其结构不发生改变，因而转化较容易进行，体积变化不大，且为可逆转化。

石英的晶型转化会引起一系列的物理化学变化，如体积、密度、强度等，其中对陶瓷生产影响较大的是体积变化。石英晶型转化过程中的体积变化可由相对密度的变化计算出其转化的体积效应（表1.12）。

表 1.12　石英晶型体积转化时的效应（计算值）

缓慢转化	计算转化效应时的温度/℃	该温度下晶型转化时的体积效应/%	快速转化	计算转化效应时的温度/℃	该温度下晶型转化时的体积效应/%
α-石英→α-鳞石英	1000	+16.00	β-石英→α-石英	573	+0.82
α-石英→α-方石英	1000	+15.04	γ-鳞石英→β-鳞石英	117	+0.20
α-石英→石英玻璃	1000	+15.05	β-鳞石英→α-鳞石英	163	+0.20
石英玻璃→α-方石英	1000	−0.09	β-方石英→α-方石英	150	+2.80

由上表可以看出，属于缓慢转化的体积效应值大，如在α-石英向α-鳞石英的转化过程中，体积膨胀可达到16%；而属于快速转化的体积变化则很小，如573℃时β-石英向α-石英的转化，体积膨胀仅0.82%。

单纯从数值上看，缓慢转化似乎会对陶瓷材料的性能产生严重的不利影响，但实际上由于该转化速率非常缓慢，同时转化时间也很长，再加上液相的缓冲作用，因而使得体积的膨胀进行缓慢，抵消了固体膨胀应力所造成的破坏作用，对制品性能的危害反而不大。相反，虽然低温下的快速转化的体积膨胀很小，但因其转化迅速，又是在无液相出现的所谓干条件下进行，因而破坏性强，危害更大。

事实上，石英在烧成过程中的实际转化与理论转化有所不同，如图1.11所示。

从实际转化示意图中可以看出，不论有无矿化剂存在，由α-石英转化为α-方石英或α-鳞石英时，都需要先经过半安定方石英阶段，然后才能在不同的温度与条件下继续转化下去。

在转化为半安定方石英的过程中，石英颗粒会发生开裂。如果此时有矿化剂存在，矿化剂产生的液相就会沿着裂缝侵入石英颗粒内部，促使半安定方石英转化为α-鳞石英。如果无矿化剂存在或矿化剂很少时，就转化为α-方石英，而颗粒内部仍保持部分半安定方石英。

上述转化过程均在1200℃之后明显发生，而在1400℃之后则强烈进行。就日用陶瓷来讲，烧成温度达不到使之继续充分转化的条件，因而实际上是无法保证全部转化完成。所以，日用陶瓷制品烧成后，得到的是半安定方石英晶型和少量其他晶型。在这一转化过程中，体积变化可高达15%以上，无液相存在时破坏性很强；有液相存在时，由于表面张力的作用，可减缓不良影响。

一般认为，半安定方石英是一种在鳞石英稳定温度范围内形成的、具有光学各向同性的方石英，结构接近方石英。形成温度在1200～1250℃，处于稳定状态，冷却后可以保持下来。

掌握石英的理论转化与实际转化对于指导实际生产有一定的意义。利用其加热时的体积膨胀作用，可以预先煅烧块状石英，然后急速冷却，使其组织结构破坏，以利于粉碎。一般预烧温度为1000℃左右，具体情况需视其温度高低、时间长短、冷却速率等因素而定。总的体积膨胀2%～4%，这样的体积变化能使块状石英疏松开裂。此外，在陶瓷制品的烧成和冷却过程中，当温度处于石英晶型转化的温度范围时，应适当控制升温与冷却速率，以保证制品不开裂。

1.2.4　石英在陶瓷生产中的作用

石英是日用陶瓷的主要原料之一，在陶瓷生产中具有重要的作用，现概括如下。

① 石英是瘠性原料，可对泥料的可塑性起调节作用。石英颗粒常呈多角的尖棱状，提供了生坯水分快速排出的通路，增加了生坯的渗水性，有利于施釉工艺，且能缩短坯体的干

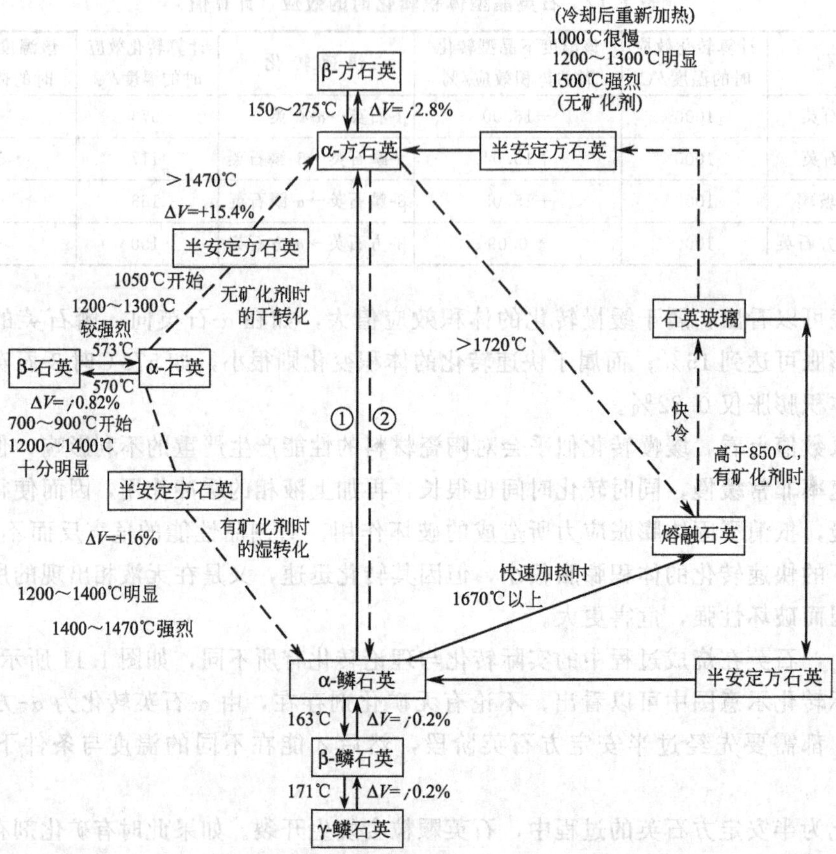

注：①1470～1500℃缓慢，长时间保温时转化完全，高于1500℃时转化迅速。

②1300℃以上可以看得出转化，1400～1470℃转化强烈（无矿化剂时），ΔV—体积膨胀值。

图 1.11　石英实际转化示意

燥时间、减少坯体的干燥收缩，并防止坯体变形。

② 在陶瓷烧成时，石英的体积膨胀可部分地抵消坯体收缩的影响，当玻璃质大量出现时，在高温下石英能部分溶解于液相中，增加熔体的黏度；而未熔解的石英颗粒，则构成坯体的骨架，可防止坯体发生软化变形等缺陷。但在冷却过程中，若在熔体固化温度以下降温过快，坯体中未反应的石英（称为残余石英）以及方石英会因晶型转化的体积效应给坯体产生相当大的内应力而产生微裂纹，甚至导致开裂，影响陶瓷产品的抗热震性和机械强度。

③ 在瓷器中，石英对坯体的力学强度有着很大的影响，合适的石英颗粒粒度能大大提高瓷器坯体的强度，否则效果相反。同时，石英也能使瓷坯的透光度和白度得到改善。

④ 在釉料中，二氧化硅是生成玻璃质的主要组分，增加釉料中的石英含量能提高釉的熔融温度与黏度，并减少釉的热膨胀系数。同时，它是赋予釉以高的力学强度、硬度、耐磨性和耐化学侵蚀性的主要因素。

1.3　长石类原料

长石（feldspar）是陶瓷生产中的主要熔剂性原料，一般用作坯料、釉料、色料熔剂等的基本成分，用量较大，是日用陶瓷的三大原料之一。

1.3.1　长石的种类和性质

长石是地壳上一种最常见、最重要的造岩矿物。长石类矿物是架状结构的碱金属或碱土金属的铝硅酸盐。自然界中纯的长石较少，多数是以各类岩石的集合体产出，共生矿物有石英、云母、霞石、角闪石等，其中云母（尤其是黑云母）与角闪石为有害杂质。

自然界中长石的种类很多，归纳起来都是由以下 4 种长石组合而成：

钠长石(Ab)　$Na[AlSi_3O_8]$ 或 $Na_2O \cdot Al_2O_3 \cdot 6SiO_2$

钾长石(Or)　$K[AlSi_3O_8]$ 或 $K_2O \cdot Al_2O_3 \cdot 6SiO_2$

钙长石(An)　$Ca[Al_2Si_2O_8]$ 或 $CaO \cdot Al_2O_3 \cdot 2SiO_2$

钡长石(Cn)　$Ba[Al_2Si_2O_8]$ 或 $BaO \cdot Al_2O_3 \cdot 2SiO_2$

这几种基本类型的长石，由于其结构关系，彼此可以混合形成固溶体，它们之间的互相混溶有一定的规律。钠长石与钾长石在高温时可以形成连续固溶体，但在低温条件下，可混溶性降低，连续固溶体会分解，只能有限混溶，形成条纹长石；钠长石与钙长石能以任何比例混溶，形成连续的类质同象系列，低温下也不分离，就是常见的斜长石；钾长石与钙长石在任何温度下几乎都不混溶；钾长石与钡长石则可形成不同比例的固溶体，但在地壳上分布不广。

长石类矿物的化学组成与物理性质见表 1.13。

表 1.13　长石类矿物的化学组成与物理性质

名　称		钾长石	钠长石	钙长石	钡长石
化学通式		$K_2O \cdot Al_2O_3 \cdot 6SiO_2$	$Na_2O \cdot Al_2O_3 \cdot 6SiO_2$	$CaO \cdot Al_2O_3 \cdot 2SiO_2$	$BaO \cdot Al_2O_3 \cdot 2SiO_2$
晶体结构式		$K[AlSi_3O_8]$	$Na[AlSi_3O_8]$	$Ca[Al_2Si_2O_8]$	$Ba[Al_2Si_2O_8]$
理论化学组成/%	SiO_2	64.70	68.70	43.20	32.00
	Al_2O_3	18.40	19.50	36.70	27.12
	$RO(R_2O)$	K_2O 16.90	Na_2O 11.80	CaO 20.10	BaO 40.88
晶系		单斜	三斜	三斜	单斜
密度/(g/cm^3)		2.56～2.59	2.60～2.65	2.74～2.76	3.37
莫氏硬度		6～6.5	6～6.5	6～6.5	6～6.5
颜色		白、肉红、浅黄	白、灰	白、灰或无色	白或无色
热膨胀系数 $\alpha/(\times 10^{-8}/℃)$		7.5	7.4		
熔点/℃		1150(异元熔融)	1100	1550	1725
备注		碱性长石系列：$KAlSi_3O_8$-$NaAlSi_3O_8$，包括透长石、正长石，微斜长石、歪长石、条纹长石及钠长石			
			斜长石系列：$NaAlSi_3O_8$-$CaAl_2Si_2O_8$，包括钠长石、更长石、中长石、拉长石、培长石及钙长石		

1.3.2　长石的熔融特性

在陶瓷工业中，长石主要是作为熔剂使用的，它也是釉料的主要原料，因此，其熔融特性对于陶瓷生产具有重要的意义。一般要求长石具有较低的始熔温度、较宽的熔融范围、较高的熔融液相黏度和良好的熔解其他物质的能力，这样可使坯体在高温下不易变形，便于提高烧成的合格率。

从理论上讲，各种纯的长石的熔融温度分别为：钾长石 1150℃，钠长石 1100℃，钙长石 1550℃，钡长石 1715℃。实际上，陶瓷生产中使用的长石经常是几种长石的互熔物，且又含有石英、云母、氧化铁等杂质，所以没有固定的熔点，只能在一个不太严格的温度范围内逐渐软化熔融，变为玻璃态物质。煅烧实验证明，长石变为滴状玻璃体时的温度并不低，一般在1220℃以上，并依其粉碎细度、升温速率、气氛性质等条件而异，其一般的熔融温度范围为：钾长石1130～1450℃；钠长石1120～1250℃，钙长石1250～1550℃。

从上述可看出，钾长石的熔融温度不是太高，且其熔融温度范围宽。这与钾长石的熔融反应有关。钾长石从1130℃开始软化熔融，在1220℃时分解，生成白榴子石与SiO_2共熔体，成为玻璃态黏稠物，其反应如下：

$$K_2O \cdot Al_2O_3 \cdot 6SiO_2 \longrightarrow \underset{\text{(白榴子石)}}{K_2O \cdot Al_2O_3 \cdot 4SiO_2} + 2SiO_2 \tag{1.16}$$

温度再升高，逐渐全部变成液相。由于钾长石的熔融物中存在白榴子石和硅氧熔体，故黏度大，气泡难以排出，熔融物呈稍带透明的乳白色，体积膨胀7%～8.65%。高温下钾长石熔体的黏度很大，且随着温度的增高其黏度降低较慢，在陶瓷生产中有利于烧成控制和防止变形。所以，在陶瓷坯料中以选用钾长石类的正长石、微斜长石为宜，它们含Na_2O量低，熔点也较低，液相黏度大，熔融温度范围也较宽。

钠长石的开始熔融温度比钾长石低，其熔化时没有新的晶相产生，液相的组成和未熔长石的组成相似，即液相很稳定，但形成的液相黏度较低。钠长石的熔融范围较窄，且其黏度随温度的升高而降低的速率较快，因而在烧成过程中易引起产品的变形。但钠长石在高温时对石英、黏土、莫来石的熔解却最快，溶解度也最大，以之配制釉料是非常合适的。也有人认为钠长石的熔融温度低、黏度小，助熔作用更为良好，有利于提高瓷坯的瓷化程度和半透明性，关键在于控制好快成制度，根据具体要求制订出适宜的升温曲线。

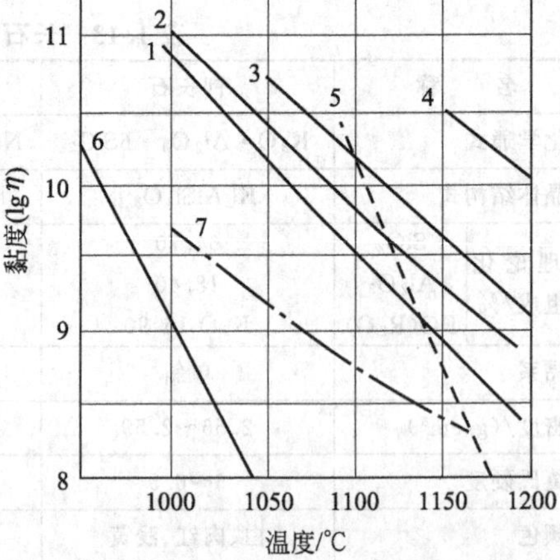

图1.12　不同长石的高温黏度变化值

1—钾长石；2—钾长石75%+石英25%；3—钾长石60%+石英40%；4—钾长石40%+石英60%；5—钠长石；6—钾长石98%+CaO 2%；7—钾长石98%+MgO 2%

由于长石类矿物经常相互混溶，钾长石中总会固溶部分钠长石。如果将长石原矿煅烧至熔融状态时，可得到白色乳浊状和透明玻璃状的层状熔体。白色层为钾长石，而透明层为钠长石。在钾钠长石中，若K_2O含量多，熔融温度较高，熔融后液相的黏度也大。若钠长石较多，则完全熔化成液相的温度就剧烈降低，即熔融温度范围变窄。另外，若加入氧化钙和氧化镁，则能显著地降低长石的熔化温度和黏度。图1.12显示出了不同长石的高温黏度变化值。

钙长石的熔化温度较高，熔融温度范围窄，高温下熔体不透明、黏度也小。冷却时容易析晶，化学稳定性也差。斜长石的化学组成波动范围较大，无固定熔点，熔融范围窄，熔液黏度较小，配制成瓷件的半透明性好，强度较大。

钡长石的熔点更高，其熔融稳定范围不宽，普通陶瓷产品不采用它。但在无线电陶瓷中的钡长石瓷则以它为主要原料，使坯体形成钡长石为主晶相。这时钡长石就不是起熔剂的作用了。由于钡长石在自然界中的储量很少，多采用合成方法制成。

我国长石资源丰富，分布各地，其中一些地区所产的钾长石的化学组成见表1.14。

表1.14　我国长石原料的化学组成

产　地	SiO_2	Al_2O_3	Fe_2O_3	CaO	MgO	K_2O	Na_2O	I. L.
辽宁海城长石	65.52	18.59	0.40	0.58	—	11.80	2.49	0.21
湖北平江长石	63.41	19.18	0.17	0.76	—	13.97	2.36	0.46
山西祁县长石	65.66	18.38	0.17	—	—	13.37	2.64	0.33
内蒙古包头长石	65.02	19.30	0.09	—	—	12.22	1.47	—
广东揭阳长石	63.19	21.77	0.14	0.48	0.30	11.76	0.42	0.33
广西资源长石	65.74	13.79	0.43	0.87	1.70	6.25	4.33	0.29

日用陶瓷一般选用含钾长石较多的钾钠长石，一般要求Al_2O_3含量为15%～20%，K_2O与Na_2O总量不小于12%，其中K_2O与Na_2O的质量比大于3，CaO与MgO总量不大于1.5%，Fe_2O_3含量在0.5%以下为宜。在选用时，应对长石的熔融温度、熔融温度范围及熔体的黏度作熔烧实验。陶瓷生产中适用的长石要求共熔融温度低于1230℃，熔融范围应不小于30～50℃。

1.3.3　长石在陶瓷生产中的作用

长石在陶瓷生产中是作为熔剂使用的，因而长石在陶瓷生产中的作用主要表现为它的熔融和熔化其他物质的性质。

① 长石在高温下熔融，形成黏稠的玻璃熔体，是坯料中碱金属氧化物（K_2O，Na_2O）的主要来源，能降低陶瓷坯体组分的熔化温度，有利于成瓷和降低烧成温度。

② 熔融后的长石熔体能溶解部分高岭土分解产物和石英颗粒（见表1.15）。液相中Al_2O_3和SiO_2互相作用，促进莫来石晶体的形成和长大，赋予了坯体的力学强度和化学稳定性。

表1.15　长石熔体对黏土和石英的溶解度　　单位：%

被熔解的物质	1300℃的溶解度		1500℃的溶解度	
	钾长石	钠长石	钾长石	钠长石
黏土分解产物	15～20	25～33	40～50	60～70
石英	5～10	8～15	15～25	18～28

③ 长石熔体能填充于各结晶颗粒之间，有助于坯体致密和减少空隙。冷却后的长石熔体，构成了瓷的玻璃基质，增加了透明度，并有助于瓷坯的力学强度和电气性能的提高。

④ 在釉料中长石是主要熔剂。

⑤ 长石作为瘠性原料，在生坯中还可以缩短坯体干燥时间、减少坯体的干燥收缩和变形等。

1.4　其他矿物原料

1.4.1　瓷石

在我国的传统细瓷生产中，特别是江西、湖南、福建等地的一些瓷区，均以瓷石作为主要原料。瓷石（china stone）是一种由石英、绢云母组成，并含有若干高岭石、长石等的岩石状矿物集合体。由于其本身就含有构成瓷的各种成分，并具有制瓷工艺与烧成所需要的性质，在我国和日本很早就用来生产瓷器。如江西南港、三宝蓬瓷石，湖南马劲坳瓷石，安徽祁门瓷石以及山东大昆仑瓷石等。

瓷石的矿物组成大致为：石英 40%～70%、绢云母 15%～30%、长石 5%～30%、高岭石 0～10%。瓷石中的云母质矿物集中在细粒部分，石英、长石及其他矿物呈大颗粒状态存在。绢云母加热至 500～700℃间有特征吸热效应，在 600～700℃之间急剧失重。

瓷石的可塑性不高，结合强度不大，但干燥速率快。玻化温度受绢云母及长石量的影响，一般玻化温度在 1150～1350℃之间，玻化温度范围较宽。烧成时绢云母兼有黏土及长石的作用，能生成莫来石及玻璃相，起促进成瓷及烧结作用。

瓷石类原料还可用来配制釉料。这种适用于配釉的瓷石称为"釉果"或"釉石"，其化学与矿物组成和制坯的瓷石相近。

1.4.2 叶蜡石

叶蜡石（pyrophylite）的结构和蒙脱石相似，都属于 2∶1 型层状结构硅酸盐矿物（图 1.4），其与蒙脱石的不同在于三层结构中四面体中的 Si^{4+} 和八面体中的 Al^{3+} 并未被置换，晶层间不易吸附水分和阳离子，各晶层之间由范德瓦尔斯力联结，结合很弱，容易滑动解理，所以硬度低，易裂成挠性薄片，有滑腻感（但少弹性）。

叶蜡石属单斜晶系，化学通式为 $Al_2O_3 \cdot 4SiO_2 \cdot H_2O$，晶体结构式为：$Al_2(Si_4O_{10})(OH)_2$，理论化学组成为：$Al_2O_3$ 28.30%，SiO_2 66.70%，H_2O 5.00%。叶蜡石通常呈白色、浅黄或浅灰色，一般为由细微的鳞片状晶体构成的致密块状，质软而富于脂肪感，密度为 2.66～2.90g/cm³，莫氏硬度为 1～2。叶蜡石含较少的结晶水，加热至 500～800℃脱水缓慢，总收缩不大，且膨胀系数较小，基本上是呈线性的，具有良好的热稳定性和很小的湿膨胀，宜用于配制快速烧成的陶瓷坯料，是制造要求尺寸准确或热稳定性好的制品的优良原料。

浙江青田蜡石是一种较纯的叶蜡石质原料，在电子显微镜下它由扁平状的不规则颗粒组成，夹杂着六角形晶体，可能是混入的高岭石晶体，另外还夹杂少量无定形微细粒子和胶态物质。此外，我国的福建寿山及浙江上虞、昌化等地均以产隐晶质致密块状蜡石出名。

1.4.3 高铝质矿物原料

这类原料主要是高铝矾土及硅线石族矿物，可用于制造高铝陶瓷、窑具和砌筑窑炉的耐火材料。

1.4.3.1 高铝矾土（铝土矿）

从成因来划分，高铝矾土（high alumina bauxite）有沉积和风化两种类型。沉积型矾土的主要矿物为一水型，如一水硬铝石（水铝石）α-$Al_2O_3 \cdot H_2O$，一水软铝石（波美石）γ-$Al_2O_3 \cdot H_2O$，均属斜方晶系。风化型矾土主要矿物为三水型，如三水铝石（又称水铝氧石，三水铝矿）$Al_2O_3 \cdot 3H_2O$，属单斜晶系。高铝矾土经常与赤铁矿、针铁矿伴生，还有锐钛矿、高岭石、多水高岭石、绿泥石等黏土矿物。有时还见到一些碳酸盐及铁的硫化物、铝的硫酸盐、含钛矿物等。从矿石的结构和外观看，高铝矾土有的粗糙、有的致密；有的呈豆状、鲕状或杏仁状。

高铝矾土在煅烧过程中会发生一系列物理化学变化，其实质是组成矾土的各矿物的加热变化的综合反映。水铝石-高岭石类型矾土的加热变化大致可分为 3 个阶段，即分解、二次莫来石化及重结晶烧结，具体过程如图 1.13。

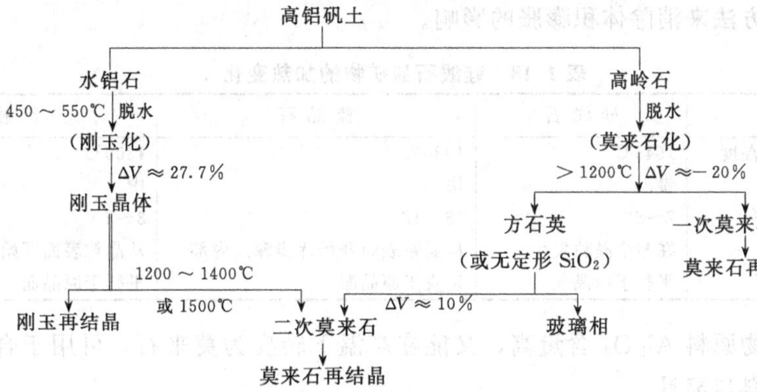

图 1.13　高铝矾土（D-K 型）加热的变化

我国主要产地一级矾土化学组成见表 1.16。

表 1.16　我国主要产地一级矾土化学组成　　单位：%

产地	SiO_2	Al_2O_3	Fe_2O_3	TiO_2	CaO	MgO	K_2O	Na_2O	灼减
古冶	3.91～11.98	69.56～76.23	0.62～2.42	2.14～3.61	<0.18	<0.25	—	—	14.22～14.95
阳泉	7.00	73.76	0.93	2.71	0.11	0.10	0.05	0.10	14.47
河南巩县	6.68～10.18	73.12～73.65	0.96～1.74	—	0.20～0.47	0.57～0.60	0.87～1.21	0.06～0.07	6.96～13.20
贵阳	1.18	78.68	1.22	3.45	0.43	—	0.33(K_2O+Na_2O)		14.45

1.4.3.2　硅线石族原料

硅线石族矿物属于无水铝硅酸盐矿，化学式为 $Al_2O_3\cdot SiO_2$，理论组成为 Al_2O_3 62.9%和 SiO_2 37.1%。它包括硅线石（sillimanite）、蓝晶石（kyanite）和红柱石（andalusite）三种同质异形体，它们的化学组成完全相同，但晶体结构不同，阳离子配位有差别，区别在于物理化学性质，见表 1.17。

表 1.17　硅线石族矿物的性质

性　质	硅线石	蓝晶石	红柱石
晶系	斜方	三斜	斜方
Al 配位数	4,6	6	5,6
硅酸盐结构	链状	岛状	岛状
密度/(g/cm³)	3.23～3.27	3.53～3.65	3.13～3.16
莫氏硬度	7	6.6～7 不同方向硬度不同	6.5～7.5
颜色	灰、白、也有黄色、粉红色	青、蓝	红、淡红
晶形	长柱状、针状或纤维状集合体	柱状、板状或长条状集合	柱状或放射状集合体
解理	{010}解理完全	{100}解理完全	{110}解理完全

硅线石族矿物是由氧化铝质水成岩受变质作用形成的，均存在于变质岩中。硅线石、蓝晶石大部分产于区域变质岩内，红柱石则产于接触变质岩内。一般矿床中含量较少，大都在 10%～40%，所以都需要选矿后使用。

硅线石族矿物原料加热后均会转变为莫来石和方石英或熔融二氧化硅（石英玻璃）：

$$3(Al_2O_3\cdot SiO_2)\longrightarrow 3Al_2O_3\cdot 2SiO_2+SiO_2 \tag{1.17}$$

但它们的转化温度、速率和体积膨胀各不相同（参阅表 1.18）。一方面和原来的矿物结构有关，另一方面受细度和杂质的影响。由于蓝晶石和硅线石在加热过程的体积膨胀较大，一般采取预烧的方法来消除体积膨胀的影响。

表 1.18　硅线石族矿物的加热变化

变化参数	硅线石	蓝晶石	红柱石
开始转变为莫来石的温度	1545℃	1330℃	1300℃
转化温度	慢	快	中
转化时的体积膨胀/%	7～8	16～18	3～5
莫来石结晶过程	在整个晶粒发生	从晶粒表面开始逐步深入内部	从晶粒表面开始逐步深入内部
莫来石结晶方向	平行于原晶面	垂直于原晶面	平行于原晶面

硅线石族矿物原料 Al_2O_3 含量高，又能在高温下转变为莫来石，可用于合成莫来石或配制高铝耐火材料与窑具。

我国许多地方有硅线石族矿物的矿床，其化学组成见表 1.19。

表 1.19　我国一些地区硅线石类矿床的化学组成　单位：%

产地	Al_2O_3	SiO_2	TiO_2	Fe_2O_3	RO	R_2O	灼减	料别
黑龙江鸡西	58.58	38.30	0.24	0.61	0.11	0.26	0.64	硅线石精矿
河南镇平	57.05	33.19	3.21	5.37	—	—	—	硅线石精矿
福建莆田	54.80	39.83	2.60	0.59	0.12	0.05	1.28	硅线石精矿
内蒙古土贵乌拉	56.56	37.98	0.03	1.68	0.21	0.06	—	硅线石精矿
吉林二道甸子	56.88	38.60	0.17	1.18	1.85	0.80	0.28	红柱石精矿
河北邢台	58.72	36.77	0.20	1.44	0.39	0.39	—	蓝晶石精矿

1.4.4　碱土硅酸盐类原料

1.4.4.1　滑石与蛇纹石

滑石和蛇纹石均属于镁的含水层状硅酸盐矿物，是制造镁质瓷的主要原料，在普通陶瓷的坯料中也可加入少量以改善性能。

(1) 滑石　滑石 (talc) 由天然的含水层状硅酸镁矿物组成，其化学式为 $3MgO \cdot 4SiO_2 \cdot H_2O$，晶体结构式是 $Mg_3[Si_4O_{10}](OH)_2$，理论化学组成为：MgO 31.88%，SiO_2 63.37%，H_2O 4.74%，常含有铁、铝、锰、钙等杂质。

滑石属于 2∶1 型层状结构硅酸盐矿物，其晶体结构与叶蜡石十分相似。叶蜡石八面体中的两个 Al^{3+} 被三个 Mg^{2+} 所替代，就成为滑石。它是由两个四面体层加着一个八面体层而构成结构单元。层内各离子电价已中和，故连续牢固。但层间仅以微弱的键力吸引，联系很不牢固，在层间极易裂成薄片，这就是极完全的 {001} 解理，因有滑腻感而得名。滑石属单斜晶系，晶体呈六方或菱形板状，常呈两种形态产出，一种为粗鳞片状，另一种为细鳞片致密块状集合体（称块滑石）。纯净的滑石为白色，含有杂质时一般为淡绿、浅黄、浅灰、淡褐等。具有脂肪光泽，密度 2.7～2.8g/cm³，莫氏硬度为 1。图 1.14 为滑石的晶体结构与叶蜡石的比较。

滑石在加热过程中，于 600℃左右开始脱水，在 880～970℃结构水完全排出，滑石分解为偏硅酸镁和 SiO_2，反应式如下：

$$3MgO \cdot 4SiO_2 \cdot H_2O \longrightarrow 3(MgO_2 \cdot SiO_2) + SiO_2 + H_2O \qquad (1.18)$$

偏硅酸镁有三种晶型，即原顽火辉石、顽火辉石及斜顽火辉石。滑石加热脱水后先转变为顽火辉石，顽火辉石可在 1260℃左右转变为原顽火辉石，原顽火辉石是高温稳定形态，在冷却时，原顽火辉石可转变为低温稳定的斜顽火辉石或顽火辉石。在原顽火辉石变为斜顽火辉石或顽火辉石时，伴随有较大的体积变化。斜顽火辉石为斜短柱状无色晶体，莫氏硬度

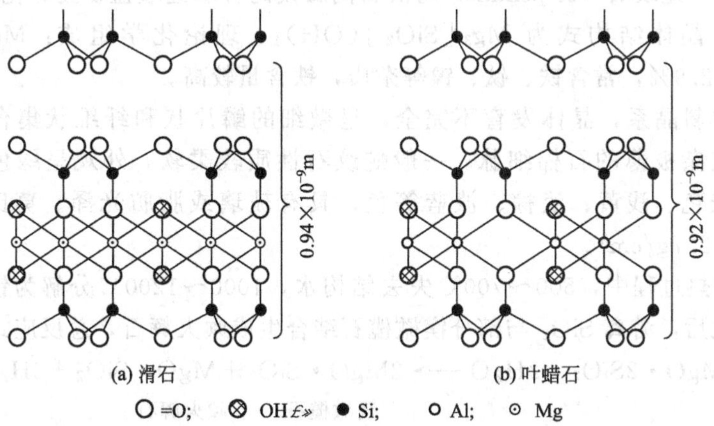

图 1.14　滑石、叶蜡石结构示意

6，熔融温度 1557℃。

滑石在普通日用陶瓷生产中一般作为熔剂使用，在细陶瓷坯体中加入少量滑石，可降低烧成温度，在较低的温度下形成液相，加速莫来石晶体的生成，同时扩大烧结温度范围，提高白度、透明度、力学强度和热稳定性。在精陶坯体中如用滑石代替长石（即镁质精陶），则精陶制品的湿膨胀倾向将大为减少，釉的后期龟裂也可相应降低。釉料中加入滑石可改善釉层的弹性，提高热稳定性、白度、透明度，降低烧成温度，使釉的流动性增加。

滑石是生产镁质瓷的主要原料。滑石在镁质瓷中不仅是瘠性原料，而且能在高温下与黏土反应生成镁质瓷的主晶相。根据滑石与黏土的使用比例不同（滑石用量可达 34%～90%），可制成堇青石（$2MgO \cdot 2Al_2O_3 \cdot 5SiO_2$）质耐热瓷、用于高频绝缘材料的原顽火辉石-堇青石质瓷和块滑石瓷（原顽火辉石瓷），以及日用滑石质瓷等。

由于滑石多是片状结构，破碎时易呈片状颗粒并较软，故不易粉碎。在陶瓷制品成型过程中极易趋于定向排列，导致干燥、烧成时产生各向异性收缩，往往引起制品开裂。因此，生产中常采用预烧的方法破坏滑石原有的片状结构，预烧温度随各产地原料组织结构不同而变化，一般为 1200～1410℃。

我国具有丰富的优质滑石矿资源，且 Fe_2O_3 和碱金属氧化物含量都较低。辽宁海城和山东栖霞等地所产的滑石驰名海内外，此外，山西、广东、广西、湖北等地均有滑石矿床。我国各地滑石的化学组成列于表 1.20。

表 1.20　我国滑石的化学、矿物组成　　单位：%

产地	化学组成									矿物组成
	SiO_2	Al_2O_3	Fe_2O_3	TiO_2	CaO	MgO	K_2O	Na_2O	I. L.	
辽宁海城	60.24	0.17	0.06	0.03	0.22	32.58	0.09	0.04	6.44	滑石为主，还有菱镁矿、白云石、少量绿泥石
山东掖南	59.56	1.51	0.38	0.11	0.40	32.37	0.02	0.05	5.99	
山西太原	57.90	0.96	0.18	—	1.18	32.95	0.25		6.84	
广西陆川	61.75	0.65	0.57	—	0.77	30.44	2.30		2.46	—
广东高州	62.12	0.36	0.63	—	0.80	31.74	0.04	0.07	4.08	滑石为主，还有白云石、蛇纹石及绿泥石
湖南新化	61.30	0.27	6.13	—	1.02	31.16	1.46		5.18	
四川滑石	60.38	1.08	1.07	—	0.61	32.40	—	—	3.47	

(2) 蛇纹石　蛇纹石（serpentine）与滑石同属镁的含水硅酸盐矿物，化学式为 $3MgO \cdot 2SiO_2 \cdot 2H_2O$，晶体结构式为 $Mg_3[SiO_2](OH)_4$，理论化学组成：MgO 43%，SiO_2 44.1%，H_2O 12.9%，常含铁、钛、镍等杂质，铁含量较高。

蛇纹石属单斜晶系，晶体发育不完全，呈微细的鳞片状和纤维状集合体，有的呈致密块状，有时夹杂极薄的石棉细脉。一般蛇纹石性质较柔软，外观呈绿色或暗绿色，叶片状蛇纹石呈灰色、浅黄、淡棕、淡蓝等色，具有玻璃或脂肪光泽。莫氏硬度 2.5～3，相对密度 2.5～2.7g/cm³。

蛇纹石在加热过程中，500～700℃失去结构水，1000～1200℃分解为镁橄榄石与游离 SiO_2，1200℃之后，游离 SiO_2 与部分镁橄榄石结合生成顽火辉石，总反应式如下：

$$3MgO \cdot 2SiO_2 \cdot 2H_2O \longrightarrow \underset{\text{镁橄榄石}}{2MgO \cdot SiO_2} + \underset{\text{顽火辉石}}{MgO \cdot SiO_2} + 2H_2O \tag{1.19}$$

镁橄榄石（forsterite）是一种橄榄绿色的、硬度很高（莫氏硬度 6.5～7）的架状硅酸镁，熔点 1910℃。

蛇纹石的成分与滑石有一定的相似之处，但由于其铁含量高（可达 7%～8%），一般只用作碱性耐火材料，也可用以制造有色的炻瓷器、地砖、耐酸陶器等。与滑石一样，蛇纹石在使用时也需预烧以破坏其鳞片状和纤维状结构，预烧温度约 1400℃。

1.4.4.2　硅灰石

天然硅灰石（wollastonite）是典型的高温变质矿物，通常产于石灰岩和酸性岩浆的接触带，由 CaO 与 SiO_2 反应而成。其化学通式为 $CaO \cdot SiO_2$，晶体结构式为 $Ca[SiO_3]$，理论化学组成为 CaO 48.25%、SiO_2 51.75%。天然硅灰石常与透辉石、石榴石、绿帘石、方解石、石英等矿物共生，故还含有 Fe_2O_3、Al_2O_3、MgO、MnO 及 K_2O、Na_2O 等杂质。

硅灰石矿物包括 $CaSiO_3$ 的两种同质多相变体。高温变体即 β-$CaSiO_3$，属于三斜晶系，具有三个 $[SiO_4]^{4-}$ 四面体形成的三方环 $[Si_3O_9]^{6-}$ 结构，称为环硅灰石；低温变体即 α-$CaSiO_3$，有三斜晶系、单斜晶系两种形态，都具有由 $[SiO_4]^{-}$ 四面体形成的单链 $[Si_3O_9]^{6-}$ 结构，但单链的堆积方式有所不同。β-$CaSiO_3$ 和 α-$CaSiO_3$（单斜晶系）在自然界中较少见，因此，通常所说的硅灰石指的是 α-$CaSiO_3$（三斜晶系）。硅灰石通常呈白色、灰白色，片状、纤维状、块状或柱状等，玻璃光泽，莫氏硬度 4.5～5，密度 2.87～3.09g/cm³，熔点 1540℃。

硅灰石在陶瓷工业中的用途广泛，可用于制造釉面砖、日用陶瓷、低损耗无线电陶瓷等，也可用于生产卫生陶瓷、磨具、火花塞等。硅灰石作为碱土金属硅酸盐，在普通陶瓷坯体中可起助熔作用，降低坯体的烧结温度。由于硅灰石本身不含有机物和结构水，而且干燥收缩和烧成收缩都很小，仅为 6.7×10^{-6}/℃（室温～800℃），因此，利用硅灰石与黏土配成的硅灰石质坯料，很适宜快速烧成，特别适用于制备薄陶瓷制品。另外，在烧成后生成的硅灰石针状晶体，在坯体中交叉排列成网状，使产品的力学强度提高，同时所形成的含碱土金属氧化物较多的玻璃相，其吸湿膨胀也小。用硅灰石代替方解石和石英配釉时，釉面不会因析出气体而产生釉泡和针孔，但若用量过多会影响釉面的光泽。

硅灰石坯体存在的主要问题是烧成范围较小。加入 Al_2O_3、ZrO_2、SiO_2 或钡锆硅酸盐等可提高坯体中液相的黏度，可以扩大硅灰石质瓷的烧成范围。

我国一些硅灰石矿床的化学组成见表 1.21。

表 1.21　我国一些地区硅灰石矿床的化学组成　单位：%

产地	SiO_2	Al_2O_3	Fe_2O_3	CaO	MgO	K_2O	Na_2O	TiO_2	灼减
江西上饶	51.26	0.61	0.50	41.42	0.86	0.08	0.02	—	5.26
湖北大冶	50.23	0.46	0.82	44.90	1.00	—	—	0.01	2.47
福建漳州	48.47	0.81	0.15	45.86	1.66	0.09	0.10	—	2.87
吉林四平	44.34	1.41	0.14	45.94	0.91	—	—	—	7.25
江西新余	52.29	0.83	0.50	42.65	1.53	—	0.2	—	2.32
湖南常宁	51.32	5.29	1.41	38.91	1.24	0.87	0.32	—	0.63

1.4.4.3　透辉石

透辉石（diopside）的化学式为 $CaO \cdot MgO \cdot 2SiO_2$，晶体结构式为 $CaMg[SiO_3]$，理论化学组成为：CaO 25.9%，MgO 18.5%，SiO_2 55.6%。透辉石主要形成于接触交代过程，也可是硅质白云岩热变质的产物，常与含铁的钙铁辉石系列矿物共生，故常含有铁、锰、铝等成分。透辉石属于链状结构硅酸盐矿物，单斜晶系，晶体无色，但因杂质可呈绿色至深褐色，晶体呈短柱状，集合体呈粒状、枚状、放射状。玻璃光泽，莫氏硬度 6～7，密度 3.27～3.38g/cm³，熔点 1391℃。

透辉石也用作陶瓷低温快速烧成的原料，尤其在釉面砖生产中得到了广泛应用。原因之一是它本身不具有多晶转变，没有多晶转变时所带来的体积效应；其二是透辉石本身不含有机物和结构水等挥发性组分，故可快速升温；其三是透辉石是瘠性料，干燥收缩和烧成收缩都较小；其四是透辉石的膨胀系数不大（250～800℃时为 7.5×10^{-6}/℃），且随温度的升高而呈线性变化，也有利于快速烧成；其五是从透灰石中引入钙、镁组分，构成了硅-铝-钙-镁为主要成分的低共熔体系，可大为降低烧成温度。另外，透辉石也用于配制釉料，由于钙镁玻璃的高温黏度低，对釉面光泽和平整度都有改善。

我国一些地区的透辉石矿床的化学组成见表 1.22。

表 1.22　我国一些地区透辉石矿床的化学组成　单位：%

产地	SiO_2	CaO	MgO	K_2O	Na_2O	Al_2O_3	TiO_2	Fe_2O_3	FeO	灼减
江西新余	54.11	21.36	20.20	0.81	0.10	1.51	0.04	0.54	0.49	0.84
青海平安	50.28	22.52	13.67	0.69	0.59	4.28	—	6.78		0.44

1.4.5　含碱金属硅酸铝类

1.4.5.1　霞石正长岩

陶瓷工业中常用霞石正长岩（nepheline syenite）替代长石。它的主要矿物组成为长石类（正长石、微斜长石、钠长石）及霞石（Na，K）$AlSiO_4$ 的固溶体，次要矿物为辉石、角闪石等，外观呈浅灰绿或浅红褐色，脂肪光泽。霞石正长岩的化学组成举例如表 1.23。

表 1.23　霞石正长岩的化学组成　单位：%

序号＼化学组成	SiO_2	TiO_2	P_2O_5	Al_2O_3	Fe_2O_3	CaO	MgO	K_2O	Na_2O	灼减
1	57.6	0.38	—	23.9	0.96	0.85	0.23	6.53	8.25	0.91
2	36.70	1.77	5.90	22.70	3.60	11.35	2.20	6.60	7.90	1.33

霞石正长岩除引入 Na_2O、K_2O 外，还能引入 Al_2O_3 及 SiO_2，这些都是陶瓷的主要成分。霞石正长岩在 1060℃左右开始熔化，随着碱金属含量的不同，在 1150～1200℃内完全熔融，因此它是降低烧成温度的主要原料。由于霞石正长岩中 Al_2O_3 的含量比正长石高

(一般在 23%左右)，几乎不含游离石英，而且高温下能溶解石英，故其熔融后的黏度较高。以霞石正长岩代替长石，可使坯体烧成时不易沉塌，制得的产品不易变形，热稳定性好，力学强度有所提高。但它的含铁量往往较高，故需要精选。

在国外，俄罗斯和美国常采用霞石正长岩作为陶瓷坯体的原料。实践表明，含有 20%霞石正长岩、10%锂辉石时，可将坯体的烧成温度降低为 1050℃。

1.4.5.2　锂质矿物原料

天然的含锂矿物种类很多，但常用的含锂矿物只有锂辉石和锂云母两种。

(1) 锂辉石　锂辉石 (spodumene) 的化学式为 $Li_2O \cdot Al_2O_3 \cdot 4SiO_2$，晶体结构式为 $LiAl(SiO_3)_2$，理论化学组成为：Li_2O 8.02%，SiO_2 64.58%，Al_2O_3 27.40%，含有钾、钠、镁、锰、铁等杂质。锂辉石有三种同质多相变体，即 α-锂辉石、β-锂辉石及 γ-锂辉石，其中 α-锂辉石是低温稳定变体，仅存在于自然界，在地质学上通常称为锂辉石，属于单斜晶系，链状结构。β-锂辉石是高温稳定变体，属于四方晶系，架状结构。γ-锂辉石为高温亚稳态变体，属于六方晶系，架状结构。自然界中的锂辉石为浅灰白色，常带浅绿和黄绿等色调，晶粒粗大，常呈长柱状，集合体呈板状和致密块状，莫氏硬度为 6.5～7，密度 3.03～3.22g/cm^3。

锂辉石 (α-锂辉石) 在加热过程中，于 850℃开始转化为 β-锂辉石，1000℃时转化趋于完全，此时出现亚稳态 γ-锂辉石，1100℃时 γ-锂辉石转化为 β-锂辉石，加热到 1430℃时达到不一致熔融，其中的 β-锂辉石视矿物杂质含量多少可为 β-锂辉石固溶体。

(2) 锂云母　锂云母 (lepidolite) 又称为鳞云母，是一种富含挥发成分的三层型结构状硅酸盐，其化学式为 $LiF \cdot KF \cdot Al_2O_3 \cdot 3SiO_2$，晶体结构式为 $K(Li,Al)_3[(Al,Si)Si_3O_{10}](F,OH)_2$，化学组成不定，$Li_2O$ 1.2%～5.9%，SiO_2 46.9%～60.6%，Al_2O_3 11.3%～28.8%，K_2O 4.8%～13.9%，H_2O 0.6%～3.2%，成分中常含有氟，有时含有铷和铯。锂云母为单斜晶系，晶体呈厚板状或短柱状，一般以片状或细鳞片状集合体产出，颜色呈玫瑰色、浅紫色，莫氏硬度 2.5～4，密度 2.8～2.9g/cm^3。熔化温度范围为 1168～1177℃。

在金属元素中，锂的相对原子质量最小，化学活性比钾、钠强，且 Li^+ 具有很高的静电场，因此有非常强的熔剂化作用，能显著降低材料的烧结和熔融温度。其熔体的表面张力小，故可降低釉的成熟温度、增强釉的高温流动性。而且，Li^+ 的半径最小，一般含锂矿物都具有很低的甚至负的热膨胀特性。在陶瓷坯釉中引用含锂矿物，能改善釉面性能，如降低热膨胀系数、提高耐热急变性、消除针孔，提高釉的显微硬度、平整度、光泽度及釉的化学稳定性。如果在陶瓷坯料中加入 60%～80%的锂辉石，瓷坯的热膨胀系数可以小于 2×10^{-6}/℃，甚至接近于零膨胀。瓷坯的热膨胀率主要取决于瓷坯中生成的 β-锂辉石固溶体的数量，以及固溶体中 SiO_2 的含量。在锂辉石、高岭土和石英组成的配方中，随着锂辉石、石英加入量的增加，瓷坯的热膨胀系数减小。

含锂矿物广泛用于抗热震性能好、尺寸公差小的工业陶瓷领域，如窑炉的加热部件、汽轮机叶片、火花塞、喷气飞机的喷嘴、微波炉托盘、耐热炊具等。

我国部分含锂矿物的化学组成见表 1.24 所示。

1.4.6　碳酸盐类

陶瓷工业中常用的天然碳酸盐类矿物有方解石 ($CaCO_3$)、菱镁矿 ($MgCO_3$) 和白云石 ($CaCO_3 \cdot MgCO_3$)。

表 1.24 部分锂辉石、锂云母矿物的化学组成 单位：%

产地及种类	LiO_2	K_2O	Na_2O	SiO_2	Al_2O_3	Fe_2O_3	MgO	CaO	P_2O_5	MnO	F	Rb_2O	Cs_2O	TiO_2
新疆阿尔泰锂辉石	6.5	0.21	0.33	63.31	27.54	0.15	0.50	0.35	0.93	—	—	—	—	—
澳大利亚锂辉石精砂	7.70	1.0	1.0	68.0	22.0	0.07	0.2	0.25	0.30	0.2	—	—	—	0.2
江西宜春锂云母	4.82	8.16	1.60	55.04	22.91	0.30	0.18	0.06	5.23	1.38	0.23	—	—	—
美国锂云母	5.00	17.81	—	51.09	23.23	—	0.16	0.18	1.22	0.99	0.31	—	—	—

1.4.6.1 方解石

方解石（calcite）是石灰岩、大理岩的主要矿物，其理论组成为 CaO 56%、CO_2 44%，但常含混入物镁、铁、锰、锌等杂质。属于此组成的天然碳酸盐原料还包括：冰洲石、钟乳石、石笋、白垩等。

方解石属三方晶系，晶体呈菱面体，有时呈粒状或板状。纯净的方解石呈无色，一般呈白色，含杂质时可呈灰、黄、浅红、绿、蓝、紫和黑色等，玻璃光泽，解理面为珍珠光泽，性脆，莫氏硬度 3，密度 2.72g/cm^3。在高温下（860～970℃）分解生成 CaO 及 CO_2 气体。在冷的稀盐酸中能剧烈反应起泡，放出 CO_2。

在陶瓷的坯体或釉料中常以方解石的形式引入 CaO。它在坯料中于高温分解前起瘠化作用，分解后起熔剂作用。在较低温度下能和坯料中的黏土及石英发生反应，缩短烧成时间，并能增加产品的透明度，使坯釉的中间层形成得较好，增强坯釉结合。在制造石灰质釉陶器时，方解石的用量可达 10%～20%；制造软质瓷器时，为 1%～3%。

方解石是石灰釉的主要原料，它能提高釉的折射率、光泽度，并能改善釉的透光性。但如果在釉料中配合不当，则易出现乳浊（析晶）现象，单独作熔剂时，在煤窑或油窑中易引起阴黄、吸烟。

石灰石是石灰岩的俗称，为方解石微晶或潜晶聚集块体，无解理，多呈灰白色、黄色等。质坚硬，其作用与方解石相同，但纯度较方解石差。

1.4.6.2 菱镁矿

菱镁矿（magnesite）的化学通式是 $MgCO_3$，理论化学组成为 MgO 47.82%、CO_2 52.18%。菱镁矿呈白色或灰白色，含铁者为褐色，玻璃光泽。密度为 2.9～3.1g/cm^3，莫氏硬度 3.4～5.0，沿棱面解理完全，集合体多呈细粒致密块状产出。菱镁矿可与菱铁矿形成连续固溶体，随着铁含量的增加，相对密度和折射率也提高。

菱镁矿在加热过程中，从 350℃开始分解生成 CO_2 及 MgO，伴有很大的体积收缩，当温度达到 550～650℃时，反应速率加剧，至 1000℃时分解完全。生成的轻烧 MgO，质地疏松，化学活性大。继续升温，MgO 体积收缩，化学活性减小，密度增加。同时菱镁矿中 CaO、SiO_2、Fe_2O_3 等杂质与 MgO 逐步生成低熔点化合物。至 1550～1650℃时，MgO 晶格缺陷得到校正，晶粒逐渐发育长大，组织结构致密，生成以方镁石为主要矿物的烧结镁石。

菱镁矿是制造耐火材料的重要原料，也是新型陶瓷工业中用于合成尖晶石（MgO · Al_2O_3）钛酸镁（MgO · TiO_2）和镁橄榄石瓷（2MgO · SiO_2）等的主要原料，同时作为辅助原料和添加剂被广泛应用。在釉料中加入菱镁矿可引入 MgO，其作用与滑石相似，可提高釉的白度、抗热震性、改善釉的弹性，降低釉的成熟温度。

1.4.6.3 白云石

白云石（dolomite）是 $CaCO_3$ 和 $MgCO_3$ 的复盐，化学通式为 $CaMg(CO_3)_2$，其理论

组成为 CaO 30.41%、MgO 21.87%，$m(CaO)/m(MgO)=1.39$，密度 2.8～2.9g/cm^3，莫氏硬度 3.5～4.0，性脆，遇稀酸微微起泡。白云石纯者并不多见，通常有少量的 Fe^{2+}、Mn^{2+} 取代 Mg^{2+}，故化学组成中常有铁、锰，偶含镍、锌等成分。

白云石一般呈白色或无色，含铁者为黄褐色，玻璃光泽至珍珠光泽。多以三方菱面体产出，晶形自形程度较高，有时菱形晶面常弯曲，集合体常呈粗粒至细粒状或块状。

白云石在高温下会分解生成 CaO、MgO 及 CO_2，大约在 800℃开始，先是 $MgCO_3$ 分解出 MgO 及 CO_2，到 950℃时 $CaCO_3$ 再行分解成 CaO 及 CO_2。

在陶瓷工业中，白云石的使用能同时引入 CaO 及 MgO，它们一般起熔剂作用，能降低烧成温度，促进石英的熔解和莫来石的生成。在釉中能提高透光性能，釉不易乳浊，但慢冷时釉中会析出少量针状莫来石，并能提高釉的热稳定性，以及在一定程度上防止吸烟。

此外，陶瓷工业中使用的天然原料还有硼砂、硼酸、伟晶花岗岩、透闪石、骨灰、磷灰石、锆英石等。

1.5 新型陶瓷原料

1.5.1 氧化物类原料

氧化物陶瓷是发展较早、应用广泛的高温结构陶瓷材料。制备氧化物陶瓷常用的原料有氧化铝、氧化镁、氧化铍、氧化锆等，分别介绍如下。

1.5.1.1 氧化铝（Al_2O_3）

（1）氧化铝的主要晶型与性能　从晶体结构的角度来看，氧化铝（alumina）存在许多结晶形态，大部分是由氢氧化铝脱水转变为稳定结构的 α-Al_2O_3 时所生成的中间相，这些中间相的结构不完整，且高温下不稳定，最终都转变为 α-Al_2O_3。与陶瓷生产关系密切的变体有 3 种：α-Al_2O_3、β-Al_2O_3 和 γ-Al_2O_3。Al_2O_3 的结构不同，性质也各异，在 1300℃以上的高温下几乎完全转变为 α-Al_2O_3，具体的转化关系如图 1.15 所示。

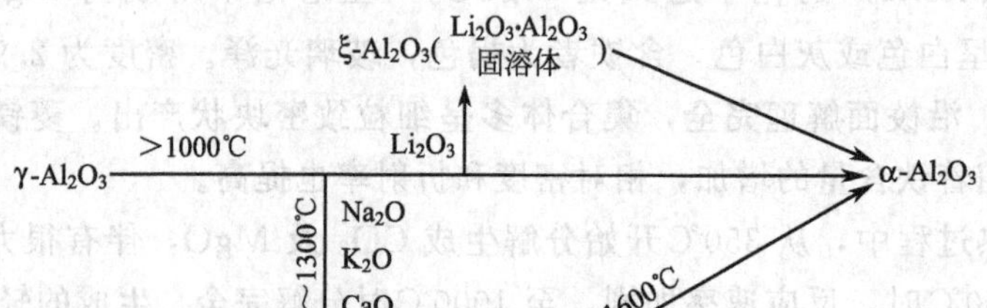

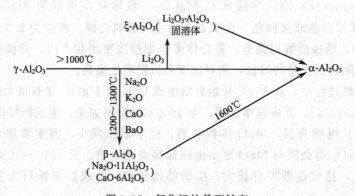

图 1.15　氧化铝的晶型转变

① α-Al_2O_3　属三方晶系，单位晶胞是一个尖的菱面体（如以六方大晶胞表示，则晶格常数为 $a=0.475$nm，$b=1.297$nm），密度 3.96～4.01g/cm^3，莫氏硬度为 9，熔点 2050℃。α-Al_2O_3 结构最紧密，活性低，高温稳定。在自然界中以天然刚玉、红宝石、蓝宝石等矿物存在。由于 α-Al_2O_3 具有熔点高、硬度大、耐化学腐蚀、优良的介电性能，是氧化铝各种晶型中最稳定的，所以用 α-Al_2O_3 为原料制造的陶瓷材料，其力学性能、高温性能、介电

性能及耐化学腐蚀性能都是非常优越的。

② β-Al_2O_3 是一种 Al_2O_3 含量很高的多铝酸盐矿物的总称。它的化学组成可近似地用 RO·6Al_2O_3 和 R_2O·11Al_2O_3 来表示（RO 为碱土金属氧化物，R_2O 为碱金属氧化物）。钠 β-Al_2O_3 是最具实用价值的一种变体，它属于六方晶系，a=0.56nm，c=2.25nm，密度 3.25g/cm^3，莫氏硬度 5.5～6.0。由于 Na^+ 可在晶格内（在垂直于 c 轴的平面内）迁移、扩散和离子交换，所以 β-Al_2O_3 具有较高的离子导电能力和松弛极化现象，可作为钠硫电池的导电隔膜材料。

β-Al_2O_3 是一种不稳定的化合物，在加热时会分解出 Na_2O（或 RO）和 α-Al_2O_3，而 Na_2O 则挥发逸出。其分解温度取决于高温煅烧时的气氛和压力，在空气或氢气中，1200℃便开始分解，超过 1600℃则剧烈挥发；在真空或氩气中，1300℃开始分解，1650℃以上则更加剧烈；在煤气发生炉中，1600℃剧烈分解。因此制造 β-Al_2O_3 或烧结 β-Al_2O_3 材料时，必须有足够甚至过量的 Na_2O，以保证在 Na_2O 气氛下使 β-Al_2O_3 得以稳定。

③ γ-Al_2O_3 是氧化铝的一种低温形态，等轴晶系（a=0.791nm），尖晶石型结构，晶体结构中氧原子呈立方密堆积，铝原子填充在间隙中。由于晶格松散，堆积密度小，因此密度也较小，为 3.42～3.48g/cm^3。

γ-Al_2O_3 是一种白色松散粉状的晶体，是由许多小于 0.1μm 的微晶组成的多孔球状集合体，其平均粒径为 40～70μm，空隙率达 50%，故吸附力强。

γ-Al_2O_3 不存在于自然界中，只能用人工方法制取。但它是低温形态的 Al_2O_3，在高温下不稳定，在 950～1500℃范围内不可逆地转化为稳定型的 α-Al_2O_3，同时发生体积收缩。因此，实际生产中常需要预烧，其目的主要是使 γ-Al_2O_3 全部转变为 α-Al_2O_3，从而减少陶瓷坯体的烧成收缩。此外，预烧还可以排除所含的 Na_2O 杂质，提高原料的纯度，保证产品的性能。从实践来看，预烧方法不同，添加剂不同，气氛不同，效果也不同，预烧质量也不一样。因此，预烧是 Al_2O_3 陶瓷生产中的重要环节之一。对于工业氧化铝，通常要加入适当的添加剂，如氟化物（NH_4F、CaF_2、AlF_3）或硼酸（H_3BO_3）等，加入量一般为 0.3%～3%（质量分数），图 1.16 为 H_3BO_3 对 Al_2O_3 转化及 Na_2O 含量的影响情况。预烧质量与预烧温度有关，预烧温度偏低，则不能完全转变成 α-Al_2O_3，且电性能降低；若预烧温度过高，粉料发生烧结，不易粉碎，且活性降低。

(2) Al_2O_3 原料的制备 制取氧化铝的方法是澳大利亚的化学家拜耳（Karl Joseph Bayer）于 1889～1892 年发明的。

制取工业 Al_2O_3 的原料为铝土矿，主要步骤为：烧结、溶出、脱硅、分解和煅烧。铝土矿中的 Al_2O_3 成分以一水硬铝石（Al_2O_3·H_2O）、一水软铝石（Al_2O_3·H_2O）和三水铝石（Al_2O_3·3H_2O）等氧化铝水化物的形式存在，它们可以溶解于氢氧化钠（NaOH）中。这时，铝土矿中的杂质、氧化铁和氧化钛等都不溶于 NaOH。虽然 SiO_2 能溶解，但与氧化钠（Na_2O）、氧化铝结合生成钠长石（3Na_2O·3Al_2O_3·5SiO_2），后者也不溶解于 NaOH 中。将得到的偏铝酸钠（$NaAlO_2$）溶液冷却至过

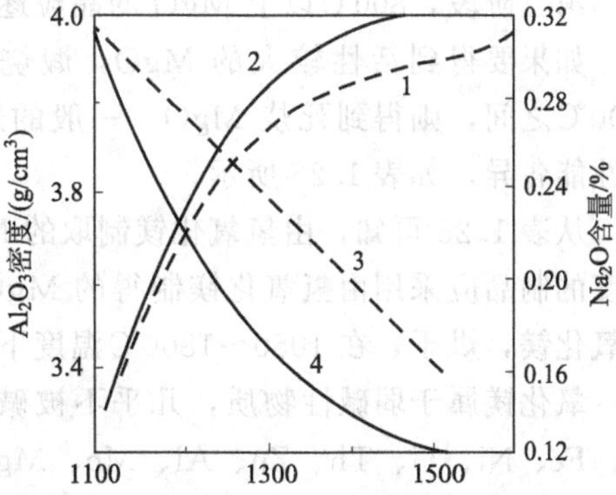

图 1.16 工业氧化铝的密度（曲线 1、2）和 Na_2O 含量（曲线 3、4）与预烧温度的关系

实线为工业氧化铝+1%硼酸；虚线为工业氧化铝

饱和态，加水分解，就会析出氢氧化铝[$Al(OH)_3$] 的沉淀。再将它煅烧，即得到工业氧化铝。

工业氧化铝以 γ-Al_2O_3 为主，其次是 α-Al_2O_3 和少量的 β-Al_2O_3，所含杂质主要是 SiO_2、Fe_2O_3、Na_2O。

电熔刚玉是以工业氧化铝或富含铝的原料在电弧炉中熔融，缓慢冷却使晶体析出来的，它的 α-Al_2O_3 含量可达 99%以上，Na_2O 含量可少于 0.1%～0.3%。电熔刚玉的矿物组成主要是 α-Al_2O_3，纯正的电熔刚玉呈白色，称为白刚玉；熔制时加入氧化铬，可制成红色的铬刚玉；加入氧化锆时可制成锆刚玉；电熔刚玉中含有氧化钛则称为钛刚玉。由于各种电熔刚玉熔点高、硬度大，因此是制造高级耐火材料、磨料磨具的好原料。

一般来讲，对于纯度要求不高的 Al_2O_3，可通过上述化学方法来制备。但是，对于制备超纯、超细 Al_2O_3，一般需要采取液相法制备。

1.5.1.2 氧化镁（MgO）

MgO（magnesium oxide）属立方晶系 NaCl 型结构，熔点 2800℃，密度 3.58g/cm^3。MgO 在高温下（大于 2300℃）易挥发，且易被碳还原成金属镁，因此一般在 2200℃以下使用。MgO 化学活性强，易溶于酸，水化能力强，因此制造 MgO 陶瓷时必须考虑原料的这种特性。

MgO 在空气中容易吸潮，水化生成 $Mg(OH)_2$，在制造及使用过程中必须注意。为了减少吸潮，应适当提高煅烧温度，增大粒度，也可添加一些添加剂，如 TiO_2、Al_2O_3、V_2O_5等。MgO 晶体的水化能力随粒度的减小而增大，当粒径由 0.3～0.5μm 减小到 0.05μm 时，水化能力由 6%～23%增大到 93%～99%。随着煅烧温度的提高，MgO 晶体的水化能力逐渐降低，且可降低 MgO 的活性，但煅烧温度超过 1300℃时，对 MgO 水化能力影响不大。

工业上主要从菱镁矿、白云石、滑石等矿物中提取 MgO，近来已开始从海水中提取。一般先制出氢氧化镁或碳酸镁，然后经煅烧分解成 MgO，将这种 MgO 通过进一步化学处理或热处理可得到高纯 MgO。制取 MgO 的煅烧分解过程大体可分为 3 个阶段。

第一阶段，200～300℃开始分解，放出气体。

第二阶段，500～600℃，分解激烈，800℃时分解基本完成。这时得到很不完整的 MgO 结晶。

第三阶段，800℃以上 MgO 的晶粒逐渐长大并完整。

如果要得到活性较大的 MgO，煅烧温度则在 1000℃以上，如果煅烧温度在 1700～1800℃之间，则得到死烧 MgO。一般的煅烧温度为 1400℃左右。不同方法制得的 MgO，其性能各异，如表 1.25 所示。

从表 1.25 可知，由氢氧化镁制取的 MgO，体积密度最大，因此，要想得到高纯度、高密度的制品应采用由氢氧化镁制得的 MgO，在实际中，往往将 MgO 用蒸馏水充分水化成氢氧化镁，烘干，在 1050～1800℃温度下煅烧，再在刚玉球磨罐内磨细。

氧化镁属于弱碱性物质，几乎不被碱性物质侵蚀，对碱性金属熔渣有较强的抗侵蚀能力，Fe、Ni、U、Th、Zn、Al、Mo、Mg、Cu、Pt 等都不与 MgO 起作用，因此 MgO 陶瓷可用作熔炼金属的坩埚、浇注金属的模子、高温热电偶的保护套以及高温炉的炉衬材料。

1.5.1.3 氧化铍（BeO）

氧化铍（BeO，beryllium oxide）晶体为无色，属六方晶系，与纤锌矿晶体结构类型相

表 1.25　不同方法制得的 MgO 的主要性能

项目	煅烧温度/℃	线收缩/%	体积密度/(g/cm^3)	气孔率/%	晶粒平均直径/μm
由氢氧化镁制得的 MgO	1350	15.7	2.42	31.6	2.0
	1450	22.4	3.24	4.2	8.0
	1600	24.2	3.30	2.8	22.0
由硝酸镁制得的 MgO	1350	1.1	1.84	48.2	1
	1450	10.1	2.46	30.5	5
	1600	15.1	2.86	20.1	10
由碱式碳酸镁制得的 MgO	1350	12.6	1.72	50.8	1.5
	1450	10.1	2.29	35.8	6.0
	1600	15.2	2.45	31.8	7.5
由氯化镁制得的 MgO	1350	1.1	1.83	48.5	1.0
	1450	7.3	2.18	28.8	4.0
	1600	12.5	2.64	26.2	6.0

同，Be^{2+} 与 O^{2-} 的距离很小，为 0.1645nm，说明 BeO 晶体很稳定，很致密，且无晶形转变。BeO 熔点高达 (2570±30)℃，密度 $3.03g/cm^3$，莫氏硬度 9，高温蒸气压和蒸发速率较低。因此，在真空中 1800℃下可长期使用，在惰性气氛中 2000℃下可长期使用。在氧化气氛中，1800℃时有明显挥发，当有水蒸气存在时，1500℃即大量挥发，这是由于 BeO 与水蒸气作用形成 $Be(OH)_2$ 之故。

BeO 具有与金属相近的热导率，约为 309.34W/(m·K)，是 α-Al_2O_3 的 15～20 倍。BeO 具有好的高温电绝缘性能，600～1000℃的电阻率为 $(0.1\sim4)\times10^{12}\Omega\cdot cm$。介电常数高，而且随着温度的升高略有提高，例如 20℃时为 5.6，500℃时为 5.8。介质损耗小，也随温度升高而略有升高。BeO 热膨胀系数不大，20～1000℃的平均热膨胀系数为 $(5.1\sim8.9)\times10^{-6}/K$，机械强度不高，约为 α-Al_2O_3 的 1/4，但在高温时下降不大，1000℃时为 248.5 MPa。

因此，利用 BeO 制备的 BeO 陶瓷可用来作散热器件、熔炼稀有金属和高纯金属 Be、Pt、V 等的坩埚、磁流体发电通道的冷壁材料、高温比体积电阻高的绝缘材料。而且，BeO 陶瓷具有良好的核性能，对中子减速能力强，对 α 射线有很高的穿透力，可用来作原子反应堆中子减速剂和防辐射材料等。

但是，BeO 有剧毒，这是由粉尘和蒸气引起的，操作时必须注意防护，但经烧结的 BeO 陶瓷是无毒的，在生产中应有安全防护措施。

1.5.1.4　氧化锆 (ZrO_2)

(1) ZrO_2 的性质与晶型转变　较纯的 ZrO_2 (zirconia) 粉呈黄色或灰色，高纯 ZrO_2 为白色粉末，但常含二氧化铪 (HfO_2) 杂质，两者化学性质相似，不易分离，但它们对材料的电性能影响也相似。

ZrO_2 有 3 种晶型，常温下为单斜晶系，密度 $5.68g/cm^3$；在约 1170℃以上转化为四方晶系，密度 $6.10g/cm^3$；更高温度下转变为立方晶系，密度 $6.27g/cm^3$，其转化关系为：

$$\text{单斜相} \underset{1000℃，膨胀}{\overset{1170℃，收缩}{\rightleftharpoons}} \text{四方相} \overset{2370℃}{\rightleftharpoons} \text{立方相} \overset{2715℃}{\rightleftharpoons} \text{液相}$$

这种转变是可逆的，且单斜相与四方相之间的转变伴随有7%左右的体积变化。加热时由单斜ZrO_2转变为四方ZrO_2，体积收缩，冷却时由四方ZrO_2转变为单斜ZrO_2，体积膨胀。但这种收缩与膨胀并不发生在同一温度，前者约在1200℃，后者约在1000℃，伴随着晶型转变，有热效应产生。如图1.17、图1.18所示。

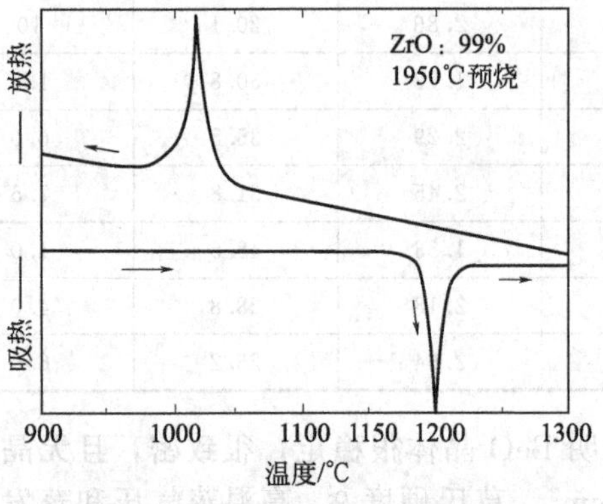

图1.17　ZrO_2的差热分析曲线

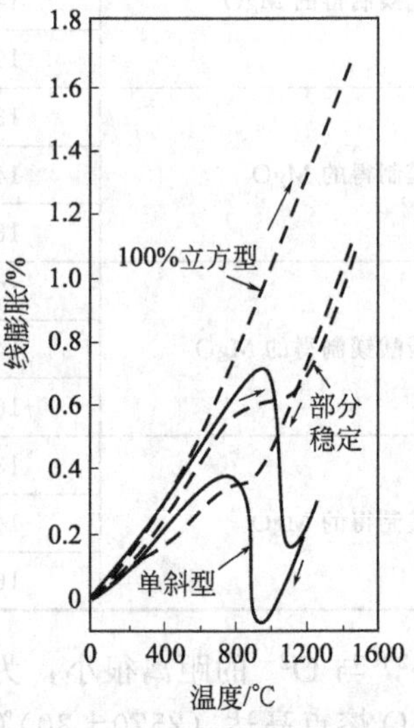

图1.18　ZrO_2的热膨胀曲线

在差热曲线上的吸热谷相当于单斜相转化为四方相，同时体积收缩。当加热到2300℃以上会转化为立方相晶体。

由于四方相和单斜相之间的可逆转化会带来体积效应，往往造成含ZrO_2的陶瓷制品烧成时出现裂纹。因此，需要加入某些适量的稳定剂（如Y_2O_3、CaO、MgO、La_2O_3、CeO_2等）可使ZrO_2变成无异常膨胀、收缩的立方晶型的稳定ZrO_2（stabilized zirconia，或SZ），它在很宽的组成范围和温度范围内维持固有结构，不发生晶型转变，无体积变化。如果将原来用于稳定ZrO_2所需加入的稳定剂数量减少（约50%），则得到部分稳定的四方相ZrO_2（Partially Stabilized Zirconia或PSZ）。利用稳定化ZrO_2和部分稳定ZrO_2备料，能获得性能良好的ZrO_2陶瓷。如Y_2O_3-PSZ（Y_2O_3部分稳定ZrO_2）是将原来稳定ZrO_2所需的量从8%（摩尔分数）以上降低到2%～4%（摩尔分数），据报道，Y_2O_3含量为3%（摩尔分数）的组成能明显提高ZrO_2陶瓷的强度，如图1.19所示。

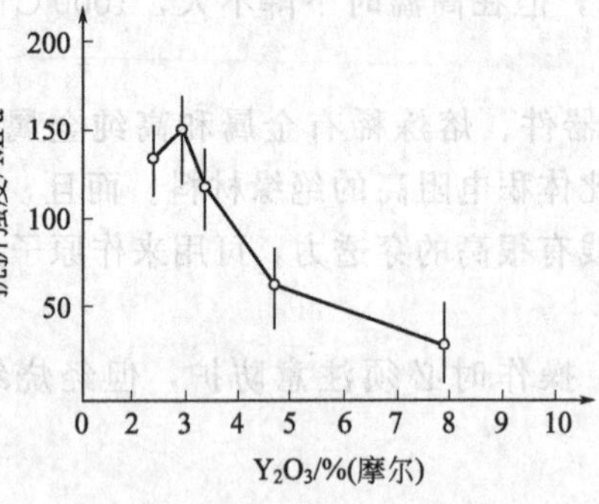

图1.19　Y_2O_3-PSZ的强度

全稳定的ZrO_2热膨胀系数大，其抗热震性不如部分稳定的ZrO_2好。此外，部分稳定ZrO_2还可用来增韧陶瓷材料。因为脆性材料的裂纹尖端存在着应力场，它有利于未稳定的四方相向单斜相转变，相变区域的体积膨胀在材料中形成压力，抑制裂纹的扩展，达到增强韧性的目的。

(2) ZrO_2粉末的制备　自然界中含锆的矿石主要有两种：斜锆石（ZrO_2）和锆英石（$ZrSiO_2$）。工业上使用的ZrO_2都是化工原料，一般是由锆英石精矿提炼出来的，方法有很多种，现介绍以下两种。

① 氯化、热分解法　反应式如下：

$$ZrO_2 \cdot SiO_2 + 4C + 4Cl_2 \longrightarrow ZrCl_4 + SiCl_4 + 4CO \quad (1.20)$$

其中 $ZrCl_4$ 和 $SiCl_4$ 以分馏法分离，再用水解法形成氧氯化锆（$ZrOCl_2$），将其煅烧后可得 ZrO_2 粉末。

② 碱金属氧化物分解法　其反应式如下：

$$ZrO_2 \cdot SiO_2 + 4NaOH \longrightarrow Na_2ZrO_3 + Na_2SiO_3 + 2H_2O \quad (1.21)$$

$$ZrO_2 \cdot SiO_2 + Na_2CO_3 \longrightarrow Na_2ZrSiO_5 + CO_2 \quad (1.22)$$

$$ZrO_2 \cdot SiO_2 + 2Na_2CO_3 \longrightarrow Na_2ZrO_3 + Na_2SiO_3 + 2CO_2 \quad (1.23)$$

反应后经水洗产出复杂的水合氢氧化物，再用硫酸类溶液洗涤并稀释，以氨水调整其 pH 值，则得 $Zr_5O_8(SO_4)_2 \cdot xH_2O$ 沉淀，将其煅烧可得到 ZrO_2 粉末。

1.5.2　碳化物类原料

碳化物是以通式 Me_xC_y（Me：金属元素或非金属元素等）表示的一类化合物，熔点、硬度非常高。在高温下，所有碳化物都会氧化，变成 CO_2 与金属的氧化物，并受还原气氛的侵蚀。除少数外，均是电、热的导体。碳化物主要包括碳化硅（SiC）、碳化硼（B_4C）、碳化钛（TiC）等。

1.5.2.1　碳化硅

（1）SiC 的晶型与性质　SiC（silicon carbide）为共价键化合物，属金刚石型结构，有多种变体。Si—C 间键力很强，从而决定了具有稳定的晶体结构和化学特性，以及非常高的硬度等性能。

碳化硅晶体结构中的单位晶胞由相同的 Si—C 四面体［SiC_4］构成，硅原子处于中心，周围为碳原子。所有结构均由 SiC 四面体堆积而成，所不同的只是平行结合或者反平行结合，如图 1.20 所示。

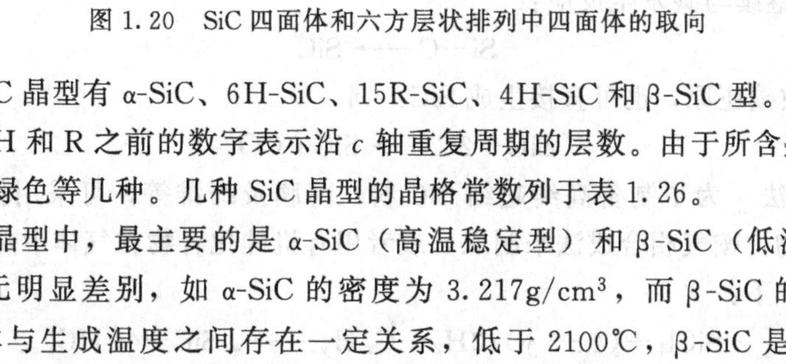

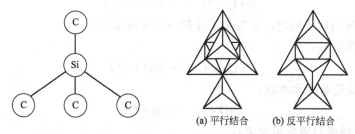

图 1.20　SiC 四面体和六方层状排列中四面体的取向

最常见的 SiC 晶型有 α-SiC、6H-SiC、15R-SiC、4H-SiC 和 β-SiC 型。H 和 R 代表六方或斜方六面型，H 和 R 之前的数字表示沿 *c* 轴重复周期的层数。由于所含杂质不同，SiC 有绿色、灰色和墨绿色等几种。几种 SiC 晶型的晶格常数列于表 1.26。

在各种 SiC 晶型中，最主要的是 α-SiC（高温稳定型）和 β-SiC（低温稳定型）。各类 SiC 变体的密度无明显差别，如 α-SiC 的密度为 $3.217g/cm^3$，而 β-SiC 的密度为 $3.215g/cm^3$。SiC 各变体与生成温度之间存在一定关系，低于 2100℃，β-SiC 是稳定的，因此在 2000℃以下合成的 SiC，主要是 β-SiC。当温度超过 2100℃时，β-SiC 开始向 α-SiC 转化，但转变速率很小，2300～2400℃时转变速率急剧增大，所以在 2200℃以上合成的 SiC 主要是 α-SiC，而且以 6H 为主。15R 变体在热力学上是不稳定的，是低温下发生 β 向 6H 转化时生

表 1.26 几种 SiC 晶型的晶格常数

晶型	晶体结构	晶格常数/$\times10^{-10}$m	
		a	c
α-SiC	六方	3.0817	5.0394
6H-SiC	六方	3.073	15.1183
4H-SiC	六方	3.073	10.053
15R-SiC	菱方	12.69	37.70(角度 $\alpha=13°54.5'$)
β-SiC	面心立方	4.349	

成的中间相，高温下不存在。β-SiC 向 α-SiC 转化是单向的，不可逆的，只有在特定条件下（高温、高压）才发现 β-SiC 向 α-SiC 的转变。SiC 没有熔点，在 0.1MPa 下于 (2760±20)℃分解。

SiC 的硬度很高，莫氏硬度为 9.2～9.5，显微硬度为 33.4GPa，仅次于金刚石、立方氮化硼、B_4C 等少数几种材料。

SiC 具有高的导热性和负的温度系数，500℃时热导率 $\lambda=67W/(m\cdot K)$，875℃时 $\lambda=42W/(m\cdot K)$。SiC 的热膨胀系数介于 Al_2O_3 和 Si_3N_4 之间，约为 $4.7\times10^{-6}/K$，随着温度的升高，其热膨胀系数增大。高的热导率和较小的热膨胀系数使得它具有较好的抗热冲击性能。

(2) SiC 原料的合成　合成 SiC 的方法有二氧化硅碳热还原法、碳-硅直接合成法、气相沉积法、聚合物热分解法等，其中的几种方法简述如下。

① 二氧化硅碳热还原法　工业上碳化硅的主要生产方法是用石英砂（SiO_2）、焦炭、锯末等，在电弧炉里直接通电还原合成，通常 1900℃以上合成产物是 α-SiC 和 β-SiC 的混合物，其反应式为：

$$SiO_2+3C\longrightarrow SiC+2CO \tag{1.24}$$

由于炉子各区温度不均匀，会发生下述的一些中间反应。

首先生成一氧化硅：

$$SiO_2+C\longrightarrow SiO+CO \tag{1.25}$$

SiO 随后被碳还原为元素硅：

$$SiO+C\longrightarrow Si+CO \tag{1.26}$$

最后 Si 蒸气继续与碳发生反应：

$$Si+C\longrightarrow SiC \tag{1.27}$$

同时，SiO 被碳还原，也可直接生成 SiC：

$$SiO+2C\longrightarrow SiC+CO \tag{1.28}$$

② 气相沉积法　为了制备高纯超细 SiC 粉、薄膜及纤维等，可采用挥发性的卤化物、氢气及碳氢化合物，按气相合成法来制取，或者用有机硅化合物在气体中热分解的方法来制取，其反应通式如下：

$$xSiCl_4+(4x-y)/2H_2+C_xH_y\longrightarrow xSiC+4xHCl \tag{1.29}$$

用气相法制取 SiC 的方法主要用于：a. 半导体用单晶的制备；b. 在难熔金属、难熔金属化合物及石墨上制取致密的保护层；c. 制取复合材料用高强度晶须及纤维。所得碳化硅制品的性能取决于制备条件（温度、组分比例、压力及气体混合物速度）。

1.5.2.2 碳化硼

（1）碳化硼（B_4C）的结构与性质 碳化硼（B_4C，boron carbide）属于六方晶系，其晶胞中碳原子构成的链位于立体对角线上，同时碳原子处于充分活动的状态，这就使它有可能由硼原子代替，形成置换固溶体，并使其有可能脱离晶格，形成有缺陷的碳化硼。因此，碳化硼的电位能受这些缺陷的影响很大。例如准确符合 B_4C 成分的碳化硼其电阻率约为 $10^{-2}\Omega \cdot m$，而随着碳含量的改变，可降低到 $10^{-3}\Omega \cdot m$。

碳化硼晶体密度 $2.52g/cm^3$，在 2350℃左右分解，其显著特点是高熔点（约 2450℃）；低密度，其密度仅是钢的1/3；高导热［100℃时的热导率为 0.29W/(℃·cm)］；高硬度和高耐磨性，其硬度仅次于金刚石和立方 BN，是金刚石的 60%～70%，超过碳化硅的 50%，是刚玉耐磨能力的 1～2 倍。碳化硼的热膨胀系数很低（4.5×10^{-6}/℃，20～1000℃），因此，它具有较好的热稳定性。

碳化硼在 1000℃时能抵抗空气的腐蚀，但在较高温度下的氧化气氛中是很容易氧化的。另外，碳化硼有高的抗酸性与抗碱性，且能抗大多数金属的熔融侵蚀，和这些物质接触时具有比较高的稳定性。

根据 B_4C 优良的特性，B_4C 粉可直接用来研磨，加工硬质陶瓷。B_4C 烧结体可作为切削工具、耐磨零件、喷嘴、轴承、车轴等。利用它导热性好、热膨胀系数低、能吸收热中子的特性，可以制造高温热交换器、核反应堆的控制剂。利用它耐酸碱性好的特性，可以制作化学器皿、熔融金属坩埚等。

（2）B_4C 粉末的合成 B_4C 原料粉末的主要合成方法有：硼碳元素直接合成法、硼酐碳热还原法、镁热法、BN＋碳还原法、BCl_3 的固相碳化和气相沉积。

① 硼碳元素直接合成法 将纯硼粉和石油焦（或活性炭粉）严格按 B_4C 的化学计量比配料，混合均匀，在真空或气氛保护下在 1700～2100℃反应生成 B_4C。其反应式为：

$$4B+C \longrightarrow B_4C \tag{1.30}$$

由于该固相反应的反应激活能大，必须在较高温度下才能使反应物发生活化，并得到 B_4C。本方法合成碳化硼的 B、C 比可严格控制，但生产效率低，不适合工业化生产。

② 硼酐碳热还原法 工业上一般采用过量碳还原硼酐（或硼酸）的方法合成碳化硼。将硼酐（或硼酸）与石油焦或人造石墨混合均匀，在电弧炉或电阻炉中于 1700～2300℃反应合成，反应式如下：

$$2B_2O_3+7C \longrightarrow B_4C+6CO \tag{1.31}$$

$$4H_3BO_3+7C \longrightarrow B_4C+6H_2O+6CO \tag{1.32}$$

将合成得到的碳化硼粗碎、磨粉、酸洗、水洗，再用沉降和串联水选法得到不同粒度的 B_4C 粉料。电弧炉法产量大，但由于电弧炉内温度分布不均，造成合成 B_4C 的成分波动较大，同时由于电弧熔炼法合成温度高（高于 2200℃），存在碳化硼的分解，所得到的碳化硼含有大量游离碳，甚至高达 20%～30%；但在电阻炉中，可以控制在较低的温度合成，以避免碳化硼的分解，所得到的碳化硼含有很少量的游离碳，且有时会存在约 1%～2%的游离硼。

③ 镁热还原法 将炭粉，过量 50%的 B_2O_3 和过量 20%的 Mg 粉混合均匀，在 1000～1200℃按式（1.33）进行反应：

$$2B_2O_3+6Mg+C \longrightarrow B_4C+6MgO \tag{1.33}$$

此反应式为强烈放热反应，最终产物用硫酸或盐酸酸洗，然后用热水洗涤，可获得纯度较高且粒度较细（0.1～5μm）的 B_4C 粉末。

1.5.3 氮化物类原料

氮化物的晶体结构大多属立方晶系和六方晶系，密度在 2.5～16g/cm^3 之间。氮化物种类很多，主要包括氮化硅（SiN_4）、氮化硼（BN）、氮化钛（TiN）、氮化铝（AlN）和赛隆（sialon）等，均为人工合成原料。

1.5.3.1 氮化硅

氮化硅（Si_3N_4，silicon nitride）是共价键化合物，它有两种晶型，即 α-Si_3N_4（颗粒状晶体）和 β-Si_3N_4（长柱状或针状晶体），两者均属六方晶系。都是由［SiN_4］四面体共用顶角构成的三维空间网络。β 相是由几乎完全对称的 6 个［SiN_4］四面体组成的六方环层在 c 轴方向的重叠而成，而 α 相是由两层不同且有变形的非六方环层重叠而成。α 相结构对称性低，内部应变比 β 相大，故自由能比 β 相高。表 1.27 列出了氮化硅两种晶型的晶格常数、密度及硬度。

表 1.27 两种 Si_3N_4 晶型的晶格常数，密度和显微硬度

晶型	晶格常数/$\times10^{-10}$m		单位晶胞分子数	计算密度/(g/cm^3)	显微硬度/GPa	平均膨胀系数/($\times10^{-6}$/K)
	a	*c*				
α-Si_3N_4	7.748±0.001	5.617±0.001	4	3.184	16～10	3.0
β-Si_3N_4	7.608±0.001	2.910±0.001	2	3.187	32.64～29.5	3.6

将高纯 Si 在 1200～1300℃下氮化，可得到白色或灰白色的 Si_3N_4，而在 1450℃左右氮化时，可得到 β-Si_3N_4。

α-Si_3N_4 在 1400～1600℃下加热，会不可逆地转变成 β-Si_3N_4，因而人们曾认为，α 相和 β 相分别为低温和高温两种晶型。但随着深入的研究，发现在低于相变温度的反应烧结 Si_3N_4 中，α、β 两相几乎同时出现，且 α 相占 10%～40%。在 $SiCl_4$-NH_3-H_2 系统中加入少量 $TiCl_4$，1350～1450℃可直接制备出 β-Si_3N_4，若该系统在 1150℃生成沉淀，然后于 Ar 气中 1400℃热处理 6h，得到的仅是 α-Si_3N_4。因此，该系统中的 β-Si_3N_4 不是由 α-Si_3N_4 相转变过来的，而是直接生成的。

研究证明，α 相→β 相是重建式转变，并认为 α 相和 β 相除了在结构上有对称性高低的差别外，并没有高低温之分，只不过 β 相在温度上是热力学稳定的。α 相对称性低，容易形成。在高温下，α 相发生重建式转变，转化为 β 相，而某些杂质的存在有利于 $\alpha\rightarrow\beta$ 相的转变。

在常压下，Si_3N_4 没有熔点，而是于 1870℃左右直接分解。氮化硅的热膨胀系数为 2.35×10^{-6}/K，几乎是陶瓷材料中除 SiO_2（石英）外最低的，约为 Al_2O_3 的 1/3。它的热导率大，为 18.4W/(m·K)，同时具有高强度，因此其抗热震性十分优良，仅次于石英和微晶玻璃，热疲劳性能也很好。室温电阻率为 1.1×10^{14} Ω·cm，900℃时为 5.7×10^{6} Ω·cm，介电常数为 8.3，介质损耗为 0.001～0.1。

Si_3N_4 的化学稳定性很好，除不耐氢氟酸和浓 NaOH 侵蚀外，能耐所有的无机酸和某些碱液、熔融碱和盐的腐蚀。在正常铸造温度下，Si_3N_4 对多数金属（如铝、铅、锡、锌黄铜、镍等）、所有轻合金熔体，特别是非铁金属熔体是稳定的，不受浸润或腐蚀。对于铸铁和碳钢，只要被完全浸没在熔融金属中，抗腐蚀性能也非较好。

氮化硅具有优良的抗氧化性能，抗氧化温度可高达 1400℃，在 1400℃以下的干燥氧化

气氛中保持稳定，使用温度一般可达 1300℃，而在中性或还原气氛中甚至可成功地应用到 1800℃，在 200℃的潮湿空气或 800℃干燥空气中，氮化硅与氧反应形成 SiO_2 的表面保护膜，阻碍 Si_3N_4 的继续氧化。

氮化硅粉末的主要制备方法如表 1.28 所示。

表 1.28 Si_3N_4 粉末的制备方法

序号	方法	化学反应式	工艺要点
1	硅的直接氮化法（固-气）	$3SiO_2+2N_2 \rightleftharpoons Si_3N_4+3O_2$	硅粉中 Fe，O_2，Ca 等杂质＜2%，加热温度≤1400℃，并注意硅粉细度与氮气的纯度；1200～1300℃时，α-Si_3N_4 含量高
2	二氧化硅还原法（固-气）	$3SiO_2+6C+2N_2 \rightleftharpoons Si_3N_4+6CO$	工艺操作较易，α-Si_3N_4 含量较高，颗粒较细
3	热分解法（液相界面反应法）	$3Si(NH)_2 \rightleftharpoons Si_3N_4+2NH_3$ $3Si(NH_2)_4 \rightleftharpoons Si_3N_4+8NH_3$	亚氨基硅 $Si(NH)_2$ 和氨基硅[$Si(NH_2)_4$]是利用 $SiCl_4$ 在 0℃干燥的乙烷中与过量的无水氨气反应而成，NH_4Cl 可真空加热，并在 1200～1350℃下于氨气中分解，也可用液氨多次洗涤除去
4	气相合成法（气-气）	$3SiCl_4+16NH_3 \rightleftharpoons Si_3N_4+12NH_4Cl$ $3SiH_4+4NH_3 \rightleftharpoons Si_3N_4+12H_2$	1000～1200℃下生成非晶 Si_3N_4，再热处理而得高纯、超细 α-Si_3N_4 粉末，但含有害的 Cl^-

1.5.3.2 氮化铝

氮化铝（AlN，aluminium nitride）是共价键化合物，属于六方晶系，纤锌矿型结构，白色或灰白色，密度为 3.26g/cm³，无熔点，在 2450℃下升华分解，是一种高温耐火材料，热硬度很高，即使在分解温度前也不软化变形。在 2000℃以内的非氧化气氛中具有良好的稳定性，其室温强度虽比 Al_2O_3 低，但高温强度比 Al_2O_3 高，且随温度继续升高强度一般不发生变化。AlN 热膨胀系数为（4.0～6.0）×10^{-6}/K，比 MgO（14.0×10^{-5}/K）和 Al_2O_3（8×10^{-6}/K）的小，但多晶 AlN 具有高达 260W/(m·K）的热导率，所以 AlN 具有优异的抗热震性和耐冲击性，能耐 2200℃的高温。AlN 对 Al 和其他熔融金属、砷化镓等具有良好的耐蚀性，尤其对熔融 Al 液具有极好的耐侵蚀性。此外，AlN 还具有优良的电绝缘性和介电性质，但 AlN 的高温（＞800℃）抗氧化性差，在大气中易吸潮、水解。

AlN 粉末主要是通过反应法合成，目前采用的方法如下。

（1）铝和氮（或氨）直接反应法 工业上常采用该法，一般首先进行预处理，以除去铝的氧化膜，将铝和氮气（或氨）直接反应制备 AlN 粉末，反应式如下：

$$2Al+N_2 = 2AlN \tag{1.34}$$

反应在 580～600℃之间进行，经常添加少量氟化钙或氟化钠等氟化物作为催化剂，防止反应过程中发生未反应铝粉的凝聚。

（2）碳热还原氮化法 Al_2O_3 和 C 的混合粉末在 N_2 或 NH_3 气氛中加热，反应式如下：

$$Al_2O_3+3C+N_2 = 2AlN+3CO \tag{1.35}$$

（3）铝的卤化物（$AlCl_3$、$AlBr_3$）和氨反应法，其反应式如下：

$$AlCl_3+NH_3 = AlN+3HCl \tag{1.36}$$

（4）铝粉和有机氮化合物（双氰二胺或三聚氰酰胺）反应法 将铝粉和有机氮化合物按 1∶1（物质的量之比）充分混合后，在氮化炉内中逐步升温氮化，最终在 1000℃保温 2h，可获得 90%以上的 AlN 粉末。

不论何种方法制备得到的 AlN 粉料都容易发生水解反应：

$$AlN+3H_2O = Al(OH)_3+NH_3 \tag{1.37}$$

因此，必须对制备好的 AlN 粉末进行处理，以降低粉料表面活性。通常将 AlN 粉在 Ar 气中加热到 1800～2000℃处理，以降低其活性。

1.5.4 硼化物类原料

硼化物主要是指金属硼化物，如二硼化钛（TiB_2）、二硼化锆（ZrB_2）、六硼化钙（CaB_6）等，它们具有高熔点、高强度、高化学稳定性等性质，因此在高温结构陶瓷、复合材料、耐火材料等领域中得到了较好的应用。

1.5.4.1 二硼化钛

(1) 二硼化钛的晶体结构与性质　二硼化钛（TiB_2，titanium diboride）具有六方晶型，理论密度 4.52g/cm³，相对分子质量 69.54，硼含量为 31.12%，钛含量为 68.88%。二硼化钛粉末呈灰色，烧结体呈金属样灰色。二硼化钛具有高熔点（3230℃）、高硬度、耐熔融金属腐蚀等，且具有很好的导电性。

二硼化钛常用于制备金属真空镀膜用的蒸发舟。二硼化钛还可在武器、装甲车中使用，提高其防护力；在高温结构陶瓷中也被广泛地应用。

(2) 二硼化钛的制备方法　二硼化钛的制备方法主要有以下几种。

① 直接合成法　通过钛粉和高纯硼粉的反应直接合成硼化钛。该方法成本高，适用于在实验室条件下制备，反应方程式如下：

$$Ti+2B \xlongequal{} TiB_2 \tag{1.38}$$

② 碳热还原法　该法以氧化硼或碳化硼为硼源，二氧化钛为钛源，活性炭为还原剂，通过高温还原反应制备二硼化钛，反应温度一般在 1800～1900℃，设备多采用真空碳管炉。反应方程式如下：

$$TiO_2+B_2O_3+5C \xlongequal{} TiB_2+5CO\uparrow \tag{1.39}$$

$$2TiO_2+B_4C+3C \xlongequal{} 2TiB_2+4CO\uparrow \tag{1.40}$$

目前生产中常采用此法，通过控制配料比和反应温度，可以得到纯度较高的产品。在配料中，一般要将硼源和碳稍微过量，以弥补高温下硼和碳的损失。

③ 自蔓延高温合成法（SHS）或燃烧合成法（CS）　该法采用铝粉或镁粉作为还原剂，利用反应产生的高温，使反应在引发后可以自动进行，无需外加热源即可完成反应。反应方程式如下：

$$TiO_2+5Mg+B_2O_3 \xlongequal{} TiB_2+5MgO \tag{1.41}$$

$$3TiO_2+10Al+3B_2O_3 \xlongequal{} 3TiB_2+5Al_2O_3 \tag{1.42}$$

1.5.4.2 二硼化锆

(1) 二硼化锆的晶体结构与性质　在硼-锆系统中存在有三种组成的硼化锆，即一硼化锆（ZrB）、二硼化锆（ZrB_2）、十二硼化锆（ZrB_{12}），其中 ZrB_2（zirconium diboride）在很宽的温度范围内是稳定相，工业生产中制得的硼化锆多以 ZrB_2 为主。ZrB_2 属于六方晶系，晶格常数 $a=0.3169$nm，$c=0.3530$nm，图 1.21 为 ZrB_2 晶体结构示意。晶体结构中 B 原子面和 Zr 原子面交替出现构成二维网状结构，这种类似于石墨结构的 B 原子层状结构和 Zr 外层电子构造决定了 ZrB_2 具有良好的导电性和金属光泽，而 B 原子面和 Zr 原子面之间的 Zr—B 离子键以及 B—B 共价键的强键性决定了 ZrB_2 的高硬度、高脆性和稳定性。

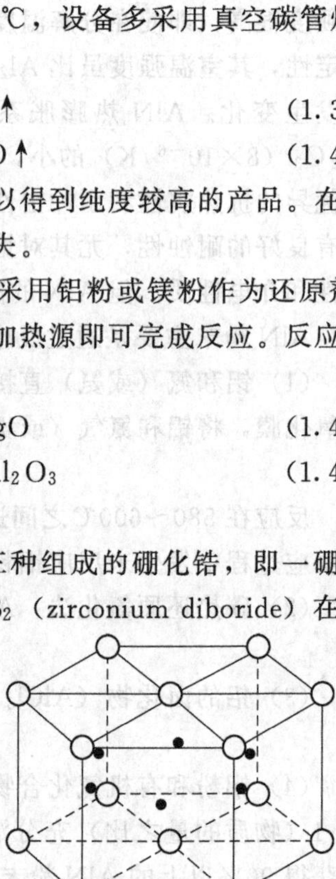

图 1.21　ZrB_2 晶体结构示意

ZrB_2 的密度为 $6.09g/cm^3$，具有高熔点（3245℃）、高硬度（显微硬度 22.1GPa）和高强度（抗压强度 1555.3MPa，抗弯强度 460MPa，弹性模量 343.0GPa）等特点，导电性好（电导率 1.0×10^7 S/m）且电导率温度系数为正，导热性好［热导率（20℃）为 60W/(m·K)］，且热膨胀系数低（5.9×10^{-6}/K）。此外，ZrB_2 还具有好的化学稳定性、阻燃、耐热耐腐蚀、轻质和良好的中子控制能力等特殊性质。

目前，ZrB_2 在高温结构陶瓷材料、复合材料、耐火材料及核控制材料等领域中得到了较好的应用，如用于制备熔融金属测温用热电偶保护套管、冶金坩埚、蒸发舟、耐磨耐腐蚀抗氧化涂层、热中子堆核燃料的控制材料、包裹材料、耐火材料添加剂，等等。

(2) 二硼化锆粉末的制备方法　ZrB_2 粉末的主要制备方法如表 1.29 所示。

表 1.29　二硼化锆粉末的制备方法

制备方法	反应式	工艺要点
直接合成法	$B+2Zr \longrightarrow ZrB_2$	在惰性气体或真空中高温直接合成。合成粉末纯度高，合成条件简单，但成本较高，难以实现工业化
碳或碳化硼还原法	$ZrO_2+B_2O_3+5C \longrightarrow ZrB_2+5CO$ $2ZrO_2+B_4C+3C \longrightarrow 2ZrB_2+4CO$ $3ZrO_2+B_2O_3+B_4C+8C \longrightarrow 3ZrB_2+9CO$	还原剂为 C 或 B_4C，加入 B_2O_3 的目的是降低产物的碳化物含量。原料较易获得，成本低，工艺简单，常用于工业化生产
电解含锆金属氧化物和 B_2O_3 的熔融盐浴法	$2ZrO_2+2B_2O_3 \longrightarrow 2ZrB_2+5O_2$	加热 ZrO_2 和 B_2O_3 的混合物至熔融状态，用惰性电极电解，再经过后处理可得到 ZrB_2 粉末。适合于工业化生产
自蔓延高温合成法	$Zr+B_2O_3+3Mg \longrightarrow ZrB_2+3MgO$ $Zr+B_2O_3+2Al \longrightarrow ZrB_2+Al_2O_3$	利用原料发生化学反应放出的热量来进行材料合成与制备。产物酸洗后可得到纯度很高的 ZrB_2 粉末
气相法	$ZrX_4+5H_2+2BCl_3 \longrightarrow ZrB_2+6HCl+4HX$	主要用于制备 ZrB_2 薄膜和涂层，可以提高基体的致密度、高温强度、硬度、耐磨性等，但其生长过程缓慢，质量和厚度的均匀程度较难控制
机械合金化法	$3ZrO_2+10B \longrightarrow 3ZrB_2+2B_2O_3$	以高纯度 ZrO_2、非晶 B 粉为原料，反应温度不超过 1100℃

1.5.4.3　六硼化钙

(1) 六硼化钙的晶体结构与性质　六硼化钙（CaB_6，calcium hexaboride）属于立方晶系，晶格常数 $a=0.4145$nm，晶体结构如图 1.22 所示。体积小的硼原子形成三维的框架结构。硼原子之间以共价键连接，导致其有高的熔点。同时钙原子与周围的硼原子之间没有价键连接，钙原子被包围在硼原子的网格结构中，钙原子是自由的，所以具有一定的电导率和优异的防电磁辐射的性能。

CaB_6 为黑色固体，密度 $2.33g/cm^3$，具有高熔点、高强度和化学稳定性高等特点。在空气中高温时稳定，不溶于盐酸、氢氟酸、稀硫酸，不与水反应，能被氯、氧、硝酸、过氧化氢等强氧化剂所侵蚀，与碱反应很慢。CaB_6 还具有许多特殊的功能性，如低的电子功函数、比电阻恒定，在一定温度范围内热膨胀值为零、不同类型的磁序以及高的中子吸收系数等。同时，CaB_6 还是一种新型的半导体材料。CaB_6 可用于制备

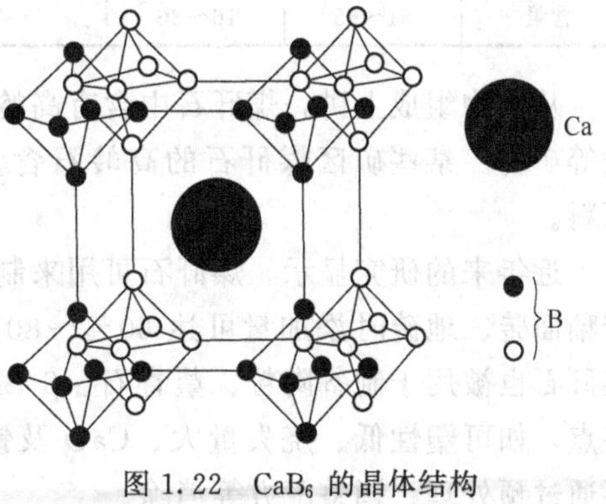

图 1.22　CaB_6 的晶体结构

耐火材料、电子材料、中子防护材料，以及用作铜冶炼工业中的脱氧剂。

(2) 六硼化钙粉末的制备方法　主要的制备方法如下。

① 由三氧化二硼和碳化钙的混合物经高温反应制得。将所得粗品用稀酸处理，再用热水洗涤后制得精品。

② 由偏硼酸钙和钙在减压下高温反应制得。粗品用稀酸处理，再用热水洗涤精制。

③ 由氯化钙或氟化钙和元素硼经高温反应制得。粗品用稀酸处理，再用热水洗涤精制。

④ 在高温 1400～1600℃下用含碳物质煅烧还原硼酸钙，然后将烧结体浸取制得。

⑤ 将金属铝、三氧化二硼和氧化钙按一定比例装入坩埚加热，反应后破碎，用盐酸浸几次，除渣制得。

⑥ 在 800℃时用铝化钙（CaAl）还原三氧化二硼制得。

⑦ 将金属钙与元素硼混合加热制得。

⑧ 将氧化钙、三氧化二硼、碱金属或碱土金属之氟化物溶液进行电解制得。

⑨ 将氧化钙、氧化硼和氯化钙的混合物进行电解制得。

1.6 工业固体废弃物

目前，高岭土、瓷土等传统矿产资源的储量日益减少，优质原料渐显匮乏，这已引起世界陶瓷行业的重视。另外，工业固体废弃物的排放量、积存量逐年增加，不仅占用大量的土地资源，而且导致严重的环境污染。因此，工业固体废弃物的处理和综合利用也是一个急需解决的问题。研究表明，煤矸石、粉煤灰、高炉矿渣等工业固体废弃物可在一定程度上替代传统的矿产资源制备陶瓷材料。

1.6.1 煤矸石

煤矸石（coal gangue）是煤炭开采、洗选加工过程中产生的一种固体废弃物，主要是成煤过程中形成的、与煤层伴生的一种含碳量较低、比煤坚硬的黑灰色岩石。

煤矸石是无机物（岩石）和有机物（含碳物质）组成的混合物，其化学成分复杂，且随形成时的地质条件、煤炭开采和加工方法以及矿区的不同而有较大波动。煤矸石的主要化学组成为 SiO_2 和 Al_2O_3，它们的含量一般为 60%～85%，其次还含有 Fe_2O_3、K_2O、Na_2O、CaO、MgO、TiO_2、SO_3 等。我国煤矸石的一般化学组成如表 1.30 所示。

表 1.30　我国煤矸石的化学组成　　单位：%

组分	SiO_2	Al_2O_3	CaO	MgO	K_2O+Na_2O	Fe_2O_3	I. L.
含量	51～65	16～36	1～7	1～4	1～2.5	2～9	2～17

从矿物组成上讲，煤矸石中含有高岭石、石英、蒙脱石、长石、伊利石、方解石、硫化铁等矿物。某些矿区煤矸石的高岭石含量甚至高达 90%以上，可作为传统高岭土的替代原料。

近年来的研究显示，煤矸石可用来制备建筑陶瓷，如釉面砖、地砖、烧结砖等，其中生产釉面砖、地砖时添加量可达 60%～80%，生产烧结砖时添加量还可以继续提高。此外，煤矸石也被用于制备陶粒、堇青石、β-SiC、Sialon 等陶瓷材料。当然，煤矸石自身的一些特点，如可塑性低、烧失量大、CaO 及铁、钛杂质含量高等，对其应用产生不利影响，需要通过预处理、调整配方等消除。

1.6.2 粉煤灰

粉煤灰（coal fly ash）是火力发电厂燃烧煤粉锅炉排出的废渣，它来源于成煤过程中混入煤层中的黏土矿物、石英、长石等杂质矿物。受化学组成、细度、含水量等的影响，特别是含碳量的变化，粉煤灰的颜色从乳白色到灰黑色变化。

粉煤灰的化学组成由原煤的成分和燃烧条件决定。我国火电厂粉煤灰的主要氧化物组成为 SiO_2、Al_2O_3、$FeO+Fe_2O_3$、CaO、TiO_2、MgO、K_2O、Na_2O、SO_3、MnO，此外还含有 P_2O_5 等。其中 SiO_2、Al_2O_3 和 TiO_2 主要来自黏土、页岩；$FeO+Fe_2O_3$ 主要来自黄铁矿；CaO 和 MgO 来自与其相应的碳酸盐和硫酸盐。我国粉煤灰中主要化学组成如表 1.31 所示。

表 1.31 我国粉煤灰的基本化学组成 单位：%

SiO_2	Al_2O_3	Fe_2O_3	CaO	MgO	SO_3
38～54	23～38	4～6	3～10	0.5～4	0.1～1.2

一般认为，粉煤灰的物相组成包括玻璃体 50%～80%，莫来石 5%～30%，石英 3%～20%，$Fe_2O_3+Fe_3O_4$ 1%～6%。其中，玻璃体中 SiO_2 20%～45%、Al_2O_3 3%～25%。

粉煤灰具有一定的活性，可用于生产建筑材料和粉煤灰硅酸盐水泥，也可以用于制作釉面砖。由于粉煤灰为瘠性原料，无黏结性，烧结温度较高，因此在使用时要加入黏土以提高可塑性和黏结性，同时加入助熔剂以降低烧结温度。

1.6.3 高炉矿渣

高炉矿渣（blast furnace slag）是冶炼生铁时从炼铁高炉中排出的一种废渣。在高炉炼铁过程中，不仅要加入铁矿石和焦炭，还要加入相当数量的石灰石、白云石等作为助熔剂。助熔剂分解所得的CaO和MgO与铁矿石中的杂质成分、焦炭中的灰分于高温下相互熔化在一起，生成组成主要为硅酸钙（镁）和铝硅酸钙（镁）的熔融体，排出、冷却后成为高炉矿渣。

从化学成分来看，高炉矿渣属于硅酸盐质材料，化学组成主要为 CaO、SiO_2、Al_2O_3，其总量一般在90%以上。此外，还含有少量 MgO、FeO 和一些硫化物。各组分的含量大致为：CaO 38%～46%，SiO_2 26%～42%，Al_2O_3 7%～20%，MgO 4%～13%，FeO 0.2%～1%，MnO 0.1%～1%，S 1%～2%。

根据冶炼生铁的种类，高炉矿渣可分为铸铁矿渣、炼钢生铁矿渣、特种生铁矿渣（如锰矿渣、镁矿渣等）。根据矿渣中碱性氧化物与酸性氧化物的比值大小，可分为碱性矿渣（比值>1）、中性矿渣（比值为1）、酸性矿渣（比值<1）。根据冷却方法可分为缓冷渣和急冷渣。

高炉矿渣的矿物组成取决于原料、冶炼生铁种类和冷却方法。在慢冷结晶态的矿渣中，碱性矿渣主要由硅酸二钙和钙铝黄长石组成；而酸性矿渣则主要由硅酸一钙和钙长石组成。

高炉矿渣可以作为生产建筑陶瓷的原料，比如用于生产釉面砖，但是要注意防止釉面出现针孔等缺陷。由于它是一种瘠性原料，因此可减少制品的烧成收缩。

1.6.4 赤泥

赤泥（red mud）是从铝土矿中提炼氧化铝后排出的工业固体废物，属于强碱性的有害残渣。一般每生产1t氧化铝，平均排出1.0～2.0t赤泥。赤泥一般含氧化铁量大，外观与赤色泥土相似，因而得名赤泥，亦称红泥。但有的因含氧化铁较少而呈棕色，甚至灰白色。

根据氧化铝的生产工艺，赤泥可以分为拜尔法赤泥、烧结法赤泥、联合法赤泥。赤泥典型的化学成分如表 1.32 所示。

表 1.32 赤泥的典型化学成分 单位：%（质量）

化学成分	Al_2O_3	SiO_2	Fe_2O_3	CaO	Na_2O	TiO_2	K_2O	MgO	灼减
拜尔法	19.10	9.18	32.20	14.02	4.38	9.39	0.039	1.36	6.15
烧结法	7.68	22.67	10.97	40.78	2.93	3.26	1.38	1.77	11.77
联合法	8.10	20.56	12.10	44.86	2.77	5.09	1.35	2.02	8.18

赤泥的矿物成分比较复杂，主要矿物为文石和方解石，含量为 60%～65%，其次是蛋白石、三水铝石、针铁矿，以及少量的钛矿石、菱铁矿、天然碱、水玻璃、铝酸钠和火碱等。此外，赤泥还含有多种微量元素，具有一定的放射性，其放射性主要来自于镭、钍、钾，一般内外照射指数均在 2.0 以上，属于危险固体废物。

赤泥可以用来生产水泥、人工轻骨料混凝土、免烧结、空心砖、烧结砖、绝热蜂窝砖、玻璃瓦、陶粒、保温板材、陶瓷釉面砖，用于路坝修筑及工程回填，用作土壤改良剂、硅钙农用肥，以及回收其中的钪、钇、镓、钛等稀有元素。但是，由于赤泥结合的化学碱难以脱除，易产生严重的“碱集料反应”，而且又含有铁及其他多种杂质等原因，要彻底解决赤泥污染和赤泥的资源化再利用，仍需要继续进行大量的研究。

1.6.5 高岭土与瓷石尾砂

高岭土尾砂（kaolin tailing）是高岭土矿山开采高岭土过程中排放的尾砂，可达原矿的 80%。如江西抚州的高岭土尾砂，主要矿物组成为石英、白云母、长石等矿物，并含有一定量高岭石，外观呈淡黄色，颗粒较粗。

瓷石尾砂是瓷石矿山在生产精矿后排放的尾砂矿，可达原矿的 30%。如江西贵溪上祝瓷石尾砂，主要矿物组成为石英，其次是绢云母及长石，以及微量的高岭土、褐（赤）铁矿、黄铁矿等。高岭土和瓷石尾砂的化学组成如表 1.33 所示。

表 1.33 高岭土、瓷石尾砂的化学组成 单位：%

原料种类	SiO_2	Al_2O_3	Fe_2O_3	CaO	MgO	K_2O	Na_2O	TiO_2	灼减
江西抚州高岭土尾矿	81.12	10.45	0.84	0.10	1.20	3.57	1.20	—	2.08
江西上祝瓷石尾砂	80.47	11.61	0.48	0.42	0.35	3.66	1.48	0.10	2.45

此外，磷矿渣、萤石矿渣、陶瓷及玻璃废品等都可作为陶瓷原料使用。通过适当调整配方，可以利用工业固体废弃物制备出性能合格的陶瓷制品，这样既能降低产品成本、提高市场竞争力，又能治理环境污染、造福社会，符合国家发展循环经济、构建资源节约型、环境友好型社会的政策，而且具有明显的经济效益、环境效益和社会效益。

习题与思考题

1. 评价黏土工艺性能的指标有哪些？
2. 黏土在陶瓷生产有哪些作用？
3. 常压下二氧化硅有哪些结晶态？
4. 石英在陶瓷生产中的作用是什么？
5. 长石在陶瓷工业生产中有何作用？钾长石和钠长石的熔融特性有何不同？
6. 氧化铝有哪些结晶形态？为什么要对工业氧化铝进行预烧？

7. 氧化锆有哪些结晶形态？各种晶型之间的相互转变有何特征？

8. 简述碳化硅原料的结晶形态及物理性能。

9. 简述氮化硅原料的结晶形态及物理性能。

10. 简述利用工业固体废弃物制备陶瓷材料的意义与可行性。

参考文献

[1] 刘康时. 陶瓷工艺原理. 广州：华南理工大学出版社，1990.
[2] 李家驹，廖松兰，马铁成等. 陶瓷工艺学. 北京：中国轻工业出版社，2001.
[3] 西北轻工业学院主编. 陶瓷工艺学. 北京：轻工业出版社，1980.
[4] 华南工学院，南京化工学院，武汉建筑材料学院编著. 陶瓷工艺学. 北京：中国建筑工业出版社，1981.
[5] 马铁成主编. 陶瓷工艺学. 第2版. 北京：中国轻工业出版社，2011.
[6] 苏文静，张道洪编著. 陶瓷化学分析. 北京：轻工业出版社，1984.
[7] 杜海清，唐绍英编著. 陶瓷原料与配方. 北京：轻工业出版社，1986.
[8] 任磊夫编. 黏土矿物与黏土岩. 北京：地质出版社，1992.
[9] W.E. 沃罗尔著. 黏土与陶瓷原料. 张焰译. 北京：轻工业出版社，1980.
[10] 王成兴编著. 硅酸盐矿物原料基础知识. 北京：轻工业出版社，1984.
[11] 张天乐. 中国黏土矿物电子显微镜研究. 北京：地质出版社，1978.
[12] 苏云卿. 硅酸铝质耐火材料. 北京：冶金工业出版社，1989.
[13] 素木洋一著. 硅酸盐手册. 刘达权，陈世光译. 北京：轻工业出版社，1982.
[14] 轻工业部第一轻工业局编. 日用陶瓷工业手册. 北京：轻工业出版社，1984.
[15] 张冠英. 非金属矿产矿物学. 武汉：武汉工业大学出版社，1989.
[16] 田煦等. 非金属矿产地质学. 武汉：武汉工业大学出版社，1991.
[17]《陶瓷墙地砖生产》编写组. 陶瓷墙地砖生产. 北京：建筑工业出版社，1983.
[18] 郭靖远，相清请编著. 日用陶瓷. 北京：轻工业出版社，1984.
[19] 桥本谦一，滨野键也著. 陈世光译. 陶瓷基础. 北京：轻工业出版社，1986.
[20] 南京化工学院，华南工学院，清华大学等编. 陶瓷物理化学. 北京：建筑工业出版社，1981.
[21] 李世普主编. 特种陶瓷工艺学. 武汉：武汉工业大学出版社，1990.
[22] 刘维良，喻佑华等. 先进陶瓷工艺学. 武汉：武汉理工大学出版社，2004.
[23] 尹衍升，陈守刚，李嘉编著. 先进结构陶瓷及其复合材料. 北京：化学工业出版社，2006.
[24] 郭瑞松，蔡舒，季惠明等. 工程结构陶瓷. 天津：天津大学出版社，2002.
[25] 刘钦甫，张鹏飞著. 华北晚古生代煤系高岭岩物质组成和成矿机理研究. 北京：海洋出版社，1997.
[26] 郑学家主编. 金属硼化物与含硼合金. 北京：化学工业出版社，2012.
[27] 宋希文，赛音巴特尔等编著. 特种耐火材料. 北京：化学工业出版社，2011.
[28] 郑学家主编. 硼化合物手册. 北京：化学工业出版社，2010.
[29] 韩怀强，蒋挺大编著. 粉煤灰利用技术. 北京：化学工业出版社，2001.
[30] 马红周，张朝晖主编. 冶金企业环境保护. 北京：冶金工业出版社，2010.
[31] 牛冬杰，孙晓杰，赵由才主编. 工业固体废物处理与资源化. 北京：冶金工业出版社，2007.

第 2 章　粉体的制备与合成

2.1　概述

所谓粉体（powder），就是大量固体粒子的集合系。它表示物质的一种存在状态，既不同于气体、液体，也不完全同于固体。因此，有人将粉体看做是气、液、固三态之外的第四相。粉体由一个个固体颗粒组成，它仍有很多固体的属性，如物质结构、密度、颜色、几何尺寸等。组成粉体的固体颗粒的粒径大小对其性质有很大影响，其中最敏感的有粉体的比表面积（specific surface area）、可压缩性（coercibility）和流动性（castablity）。同时粉体颗粒的粒度（particle size）决定了粉体的应用范畴，是粉体诸物性中最重要的特征值。例如，在陶瓷生产中，原料粉体颗粒的尺寸对制备工艺过程［成型（modelling）、干燥（dry）、烧结（sintering）等］都有很大影响；而陶瓷制品的显微结构（microstructure）在很大程度上也由粉体的特性，如形状、粒度和粒度分布（particle size distribution）等决定。长期以来，许多材料科学工作者把精力集中在研究材料粉体的特征，如形状、粒度、粒度分布、比表面积等，因此学习和掌握好陶瓷粉体的基本特征、制备方法是制备性能优良陶瓷制品的重要前提。

粉体的制备方法一般可分为粉碎法（grinding method）和合成法（synthetic method）两种。粉碎法是由粗颗粒来获得细粉的方法，通常采用机械粉碎（mechanical comminution）、气流粉碎（jet milling）、球磨（ball-milling）和高能球磨（high energy ball milling）。但是，在粉碎过程中难免混入杂质，另外，无论哪种粉碎方式，都不易制得粒径在 1μm 以下的微细颗粒。合成法是由离子、原子或分子通过反应（reaction）、成核（nucleation）和生长（grow）、收集（collect）、后处理（post-treatment）来获得微细颗粒的方法。这种方法的特点是纯度、粒度可控，均匀性好，颗粒微细，并且可以实现颗粒在分子级水平上的复合、均化。通常合成法包括固相法（solid-phase method）、液相法（liquid phase method）和气相法（vapor phase method）。

2.2　粉体的物理性能及其表征

2.2.1　粉体的粒度与粒度分布

2.2.1.1　粉体颗粒

粉体颗粒是指在物质的结构不发生改变的情况下，分散或细化得到的固态基本颗粒。其特点是不可渗透，一般是指没有堆积、絮联等结构的最小单元，即一次颗粒（primary particulate）。

尽管如此，一次颗粒由完整单晶物质构成的情况还比较少见，很多外形比较规则的颗粒，都常常是以完整单晶体的微晶镶嵌结构出现；即使是单晶颗粒，也在不同程度上存在一些缺陷，如表面层错等。在实际应用的粉体原料中，往往都存在有在一定程度上团聚了的颗粒，即二次颗粒（secondary particulate）。新型陶瓷的粉体原料一般都比较细小，表面活性（surface activity）也比较大，更容易发生一次粒子间的团聚。

粉体颗粒之间的自发团聚是客观存在的一种现象，引起团聚的主要原因有：①分子间的范德瓦尔斯引力（Vander Waals force）；②颗粒间的静电引力（electrostatic attraction）；③吸附水分产生的毛细管力（capillary force）；④颗粒间的磁引力；⑤颗粒表面不平滑引起的机械纠缠力。

所以，必须对一次颗粒和二次颗粒加以区别和认识。通常认为一次颗粒直接与物质的本质结构相联系；而二次颗粒则往往是作为研究和应用工作中的一种对颗粒的物态描述指标。

2.2.1.2　粉体颗粒的粒度

粒度是颗粒在空间范围所占大小的线性尺寸（linear dimension）的大小。粒度越小，颗粒微细程度越大。但是，粉体通常不可能由单一大小的颗粒组成，而是由许多大小不同的颗粒群构成，因此，所有颗粒的平均大小被定义为该粉体的粒度。

事实上，实际的粉体颗粒，其颗粒形状和不均匀程度都是千差万别的。绝大多数颗粒并非球形，而是条状、多边形状、片状或各种形状兼而有之的不规则体，从而导致粒度表示的复杂性。换句话说，这使得表示颗粒群平均大小的方法多种多样。

球形颗粒只有一个线性尺寸，即其直径，粒度就是直径；正方体颗粒的粒度可用边长来表示。对于其他一些不规则形状的颗粒，可按某种规定的线性尺度来表示其粒度，通常是利用某种意义的相当球或相当圆的直径（即等当直径）作为其粒度的。表 2.1 为一组等当直径的定义。

表 2.1　一组等当直径的定义

符号	名　称	定　义
d_v	体积直径	与颗粒同体积的球直径
d_s	表面积直径	与颗粒同表面积的球直径
d_f	自由下降直径	相同流体中,与颗粒同密度和相同自由下降速率的球直径
d_{st}	Stoke's 直径	层流颗粒的自由下落直径,即斯托克斯径
d_e	周长直径	与颗粒投影轮廓相同周长的圆直径
d_u	投影面积直径	与处于稳态下颗粒相同投影面积的圆直径
d_A	筛分直径	颗粒可通过的最小方孔宽度
d_M	马丁径(Martin)	颗粒投影的对开线长度,也称定向径
d_F	费莱特径(Feret)	颗粒投影的二对边切线(相互平行)之间距离

下面就其中的两种表示方法进行简要介绍。

(1) 体积直径　即某种颗粒所具有的体积用同样体积的球来与之相当，这种球的直径，就代表该颗粒的大小，即体积直径，其大小一般采用如下公式表示：

$$d_v=\sqrt[3]{\frac{6V}{\pi}} \tag{2.1}$$

式中，d_v 为体积直径；V 为颗粒体积。

(2) Stoke's 直径（斯托克斯径）　斯托克斯径也称为等沉降速率（sedimentation velocity）相当径。斯托克斯假设：当速率达到极限值时，在无限大范围的黏性流体（viscosity fluid）中沉降的球体颗粒的阻力，完全由流体的黏滞力（viscous force）所致。这时可用式

(2.2) 表示沉降速率与球径的关系：

$$v_{stk}=\frac{(\rho_s-\rho_f)g}{18\eta}\cdot D^2 \tag{2.2}$$

式中，v_{stk}为斯托克斯沉降速率；D为斯托克斯径；η为流体介质的黏度；ρ_s、ρ_f分别是颗粒及流体的密度。

这里必须指出，斯托克斯公式的应用受颗粒-介质系统的阻力系数 C_D 及雷诺数 R_e 的限制。图 2.1 表示了式（2.1）的适用范围。式（2.1）适用于 $R_e\leqslant 0.2$ 的系数。

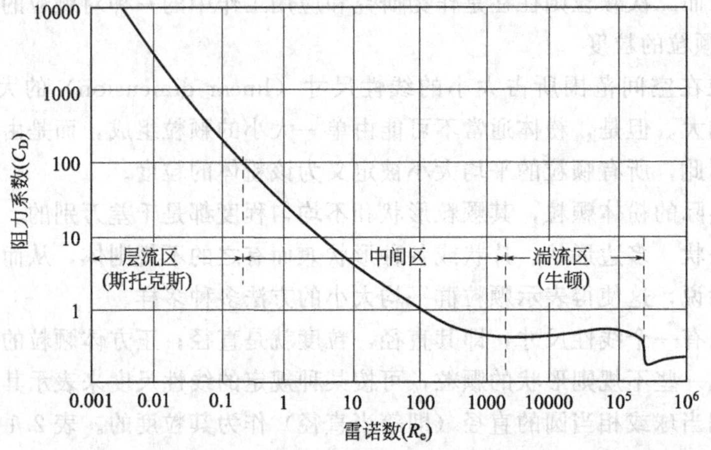

图 2.1 球体颗粒在液体中沉降时雷诺数 R_e 和阻力系数 C_D 的实验关系曲线

利用式（2.1），只要测得颗粒在介质中的最终沉积速率 v_{stk}（而实际应用中，往往取平均速率来计算）就可以求得 D。该 D 实际上是斯托克斯的所谓相当球径。这种方法应用得很广泛。利用该原理生产的测试仪很多，诸如移液管（pipetter）、各类沉降天平等。

必须明确：我们所说的颗粒径，并非仅对一次颗粒而言，作为粉体性态参数，团聚颗粒往往更接近实际。粒径小到一定程度后，几乎所有粉体都具有不同程度的团聚。因此，在提到颗粒度的时候，要注意测量方法。比如斯托克斯径测定时，团聚颗粒常常是作为一个运动单位表示其沉降行为的。唯有显微镜法，可以有目的地将一次颗粒径与团聚颗粒径分开。

2.2.1.3 粉体颗粒的粒度分布

粉体的平均粒度（average particle size）是表征颗粒体系的重要几何参数，但所能提供的粒度特性信息则非常有限。因为两种平均粒度相同的粉体，完全可能有极不一样的粒度组成，何况现代科学技术往往要求掌握精确的粒度特性，才能正确地评价技术效果和分析生成过程。描述粒度特性的最好方法是查明粉体的粒度分布，它反映了粉体中各种颗粒大小及对应的数量关系。

粒度分布用于表征多分散颗粒体系中，粒径大小不等的颗粒的组成情况，分为频率分布（frequency distribution）和累积分布（cumulative distribution）。频率分布表示与各个粒径相对应的粒子占全部颗粒的百分含量；累积分布表示小于或大于某一粒径的粒子占全部颗粒的百分含量。累积分布是频率分布的积分形式。其中，百分含量一般以颗粒质量、体积、个数等为基准。颗粒分布常见的表达形式有粒度分布曲线（size distribution curve）、平均粒径、标准偏差（standard deviation）、分布宽度等。

粒度分布曲线，包括累积分布曲线和频率分布曲线，如图 2.2 所示。其中，(a) 为频率分布曲线，(b) 为累积分布曲线。

颗粒粒径包括众数直径 (d_m)、中位径 (d_{50}或 $d_{1/2}$) 和平均粒径 ($\overline{d}$)。众数直径是指颗粒出现最多的粒度值，即频率曲线的最高峰值；d_{50}、d_{90}、d_{10}分别指在累积分布曲线上占颗粒总量为 50%、90%及 10%所对应的粒子直径；Δd_{50} 指众数直径即最高峰的半高宽 (FWHM)。

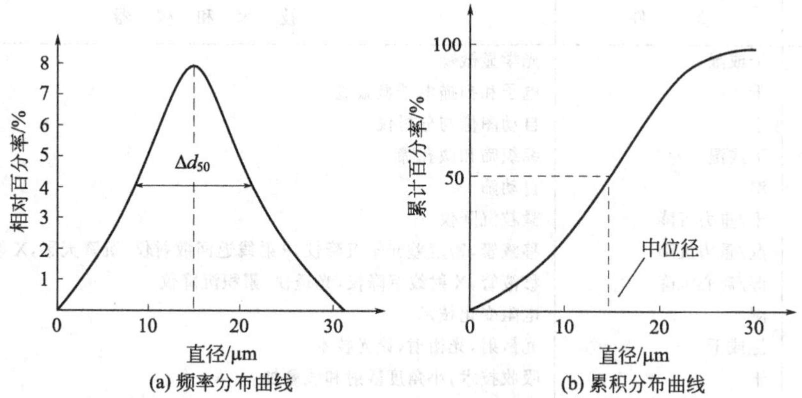

(a) 频率分布曲线　　(b) 累积分布曲线

图 2.2　粒度分布曲线

平均粒径：

$$\overline{d}=\sum_{i=1}^{n} f_{d_i} d_i \tag{2.3}$$

式中　n——粒度间隔的数目；

d_i——每一间隔内的平均径；

f_{d_i}——颗粒在粒度间隔的个数或质量分数。

标准偏差 σ 用于表征体系的粒度分布范围：

$$\sigma=\sqrt{\frac{\sum n(d_i-d_{50})^2}{\sum n}} \tag{2.4}$$

式中　n——体系中的颗粒数；

d_i——体系中任一颗粒的粒径；

d_{50}——中位径。

体系粒度分布范围也可用分布宽度 SPAN 表示：

$$\mathrm{SPAN}=\frac{d_{90}-d_{50}}{d_{10}} \tag{2.5}$$

粉体的颗粒尺寸及分布、颗粒形状等是其最基本的性质，对陶瓷的成型、烧结有直接的影响。因此，做好颗粒的表征具有极其重要的意义。另外，由于团聚体对物体的性能有极重要的影响，所以一般情况下将团聚体的表征单独归为一类讨论。

2.2.1.4　粉体颗粒的测试方法及原理

表 2.2 给出了可使用到亚微米领域中的粉体颗粒的一般测定法。

从表 2.2 可知，除了电子显微法外，测定粒度分布的许多方法都是把试样分散在水中来进行的，即都是以颗粒在水中存在的状态为对象，但这未必与干燥状态的颗粒行为相对应。因此，认为仅仅用一个测定值得到粉体颗粒的所有信息是不确切的。在选择颗粒测试方法时，首先要了解待测样品是否符合实验要求和环境，如X射线沉降法不适于测量不吸收X射线的物质；同时还要了解测试方法所基于的原理与被测参数和颗粒尺寸之间的数学关系。在建立这些关系时，曾作了哪些假设，这些假设对仪器的要求，它有哪些优点和局限性。其次，还必须明确所得到数据是以哪种为基准的粒径分布，是颗粒的数量分布、质量分布还是表面积分布等。下面就目前测定粉体颗粒粒度的几种主要方法加以介绍。

表 2.2　粒度测定分析的一般方法

方法	条件	技术和仪器
显微镜法	干或湿	光学显微镜
	干	电子和扫描电子显微镜
	干	自动图像与分析仪
筛分法	干或湿	编织筛和微孔筛
	湿	自动筛
沉降法	干/重力沉降	微粒沉降仪
	湿/重力沉降	移液管，密度差光学沉降仪，β射线返回散射仪，沉降天平，X射线沉降仪
	湿/离心沉降	移液管，X射线沉降仪，光透仪，累积沉降仪
感应区法	湿	电阻变化技术
	湿或干	光散射，光衍射，遮光技术
X射线法	干	吸收技术，小角度散射和线叠加
	湿	β射线吸收
表面积法	干	外表面积渗透
	干	总表面积、气体吸收或压力变化，重力变化，热导率变化
	湿	脂肪酸吸收，同位素，表面活性剂，溶解热
其他方法	干或湿	全息照相，超声波衰减，动量传递，热金属丝蒸发与冷却

(1) 筛分（sieving）　筛分的方法很快、很简单，容易操作。适合用于大于37μm的颗粒的表征和分级。通常，按照开口直径逐渐降低的顺序将一系列筛网安装在一起，一次操作即可将不同粒度范围的颗粒及其所占的体积或重量百分比的测定完成。筛分过程中需要一些机械振动设备。这种方法的分辨率低，精确度小，因此，只能用于粉料大小的定性测定或粗略分级。

(2) 沉降法（sedimentation method）　沉降法测定颗粒尺寸是以Stoke's方程为基础的。该方程表达了球形颗粒在层流状态的流体中自由下降速率与颗粒尺寸的关系。所测得的尺寸为等当stoke's直径。

沉降法测定颗粒尺寸分布有增值法和累计法两种。前一种方法测定初始均匀的悬浮液在固定已知高度处颗粒浓度随时间的变化或固定时间测定浓度-高度的分布；累计法是测量颗粒从悬浮液中沉降出来的速率。目前以高度固定法使用得最多。

依靠重力沉降的方法，一般只能测定＞100nm的颗粒尺寸，因此在用沉降法测定纳米粉体的颗粒时，需借助于离心沉降法。在离心力的作用下使沉降速率增加，并采用沉降场流分级装置，配以先进的光学系统，以测定100nm甚至更小的颗粒。这时粒子的stoke's直径d_{st}可表示为：

$$d_{st}=\frac{18\eta\ln\frac{r}{s}}{(\rho_s-\rho_t)\omega^2 t} \tag{2.6}$$

式中　η——分散体系的黏度；

ρ_s——固体粒子的密度；

ρ_t——分散介质的密度；

ω——离心转盘角速度。

沉降法的优点是可分析颗粒尺寸范围宽的样品，颗粒大小比率为 100∶1，缺点是分析时间长。

(3) 感应区法　感应区法分两种：电阻变化法、光学方法（optical method)。

电阻变化法用于快速测定电解质溶液里颗粒或液滴的粒度。测量时悬浮液里的颗粒随液体流经两边具有电极的小孔。为保证颗粒流经小孔时不出现重叠现象，悬浮液的浓度不能太高。颗粒流经孔时，将取代小孔中液体位置，从而使两电极之间的电阻产生变化，引起一个电压脉冲。其脉冲振幅的大小正比于颗粒的体积。从一系列的脉冲可以计算颗粒的数目和颗粒的粒度分布。市场上可以购买到相关的仪器如 Coulter 计数器。该方法适合测定的颗粒直径范围是 0.3～700μm。

第二种感应区方法是应用光学原理测量颗粒的粒度。当光束照射到气体或液体里的细颗粒时，光将向各个方向散射；另一方面当颗粒通过光束时，在颗粒的背面将产生瞬时阴影。而在这照射的瞬间部分照射光将被颗粒吸收，一些光产生衍射。光的散射和衍射特征与颗粒的粒度有一定关系。根据这种关系发展了测定颗粒粒度的光学仪器。商业的颗粒计数器可以测定的粉体颗粒直径范围是 0.3～100μm。

沉降分析法和感应区法要求样品具有良好的稳定性，分散在液体里的样品需在 15min 至几个小时的时间保持稳定。样品的分散分为两个阶段，但两阶段同时进行，第一阶段团聚的粉料依靠外能使其分开。应用超声波和混合器等都可以引入外能，但引入外能时必须确保颗粒不破裂。另外，颗粒分散之后必须使其稳定，其方法是通过调节 pH 值使表面具有最佳表面电荷（surface charge）或加入添加剂。

(4) 吸附法（adsorption method）　可以采用低温气体吸附和溶液吸附方法进行粒度测定。它得到的是粉体的总的表面积，可以根据粉体的总表面积来计算平均颗粒尺寸（假定颗粒的形状和气孔数）。气体吸附情况下，假设气体分子的截面积体积是一个常数，吸附的气体量与相对压力有关，通常在等温状态下，如 BET 进行，同时要考虑多层吸附现象。

(5) X 射线小角度散射法　小角度 X 射线是指 X 射线衍射中倒易点阵（reciprocal-lattice coordinates）原点附近的相干散射（coherence scattering）现象。散射角 ε 大约为十分之几度到几度的数量级。ε 与颗粒尺寸 d 及 X 射线波长 λ 的关系为：

$$\varepsilon=\frac{\lambda}{d} \tag{2.7}$$

假定粉体粒子大小均匀，则散射强度 I 与颗粒的重心转动惯量的回转半径 $\overline{R}$ 的关系为

$$\ln I=a-\frac{4\pi\,\overline{R^2}\varepsilon^2}{3\lambda^2} \tag{2.8}$$

式中　a——常数。

如得到 $\ln I$-ε^2 直线，由直线斜率 σ 得到 $\overline{R}$：

$$\overline{R}=\sqrt{\frac{3\lambda^2}{4\pi}}\sqrt{-\sigma} \tag{2.9}$$

X 射线波长约为 0.1nm，而可测量的 ε 为 10^{-2}～10^{-1}rad，故可测的颗粒尺寸为几纳米到几十纳米。用此种方法测试时按 GB/T 13221—91《超细粉末粒度分布的测定，X 射线小角散射法》进行，从测试结果可知平均粒度和粒度分布曲线。

(6) X射线衍射线线宽法　用一般的表征方法测定得到的是颗粒尺寸，而颗粒不一定是单个晶粒，而X射线衍射线线宽法测定的是微细晶粒尺寸。同时，这种方法不仅可用于分散颗粒的测定，也可用于晶粒极细的纳米陶瓷的晶粒大小的测定。

当晶粒度小于一定数量级时，由于每一个晶粒数目的减少，使得 Debye 环宽化并漫射(同样使衍射线条宽化)，这时衍射线宽度与晶粒度的关系可由谢乐（Scherrer）公式表示：

$$B=\frac{0.89\lambda}{D\cos\theta} \tag{2.10}$$

式中　B——半峰值强度处所测得到的衍射线条的宽化度，以弧度计；

D——晶粒直径；

λ——所用单色X射线波长；

θ——入射束与某一组晶面所成的半衍射角或称布拉格角。

谢乐公式的适用范围是微晶的尺寸在1～100nm之间。晶粒较大时误差增加。用衍射仪对衍射峰宽度进行测量时，由于仪器条件等其他原因也会有线条宽化。故上式的使用中，B值应校正，即由晶粒度引起的宽化度为实测宽化与仪器宽化之差。

(7) 光学显微镜法　光学显微镜可以通过观察处于其焦距（focal distance）平面上的颗粒的二维图像来直接测量颗粒的大小。然而，光学显微镜的垂直分辨率限制了该方法的精确度。同时需要很多分散状态良好的颗粒才能使统计的数据体现颗粒的真实性。可以将显微镜下的微区照片按一定比例放大来测量颗粒尺寸；也可以将图像传输到一个图像处理系统进行半自动或全自动统计计数。受可见光波长分辨率（resolution）的影响，光学显微镜测定的颗粒尺寸范围一般大于0.25μm。

(8) 透射电子显微镜（transmission electron microscope）（TEM）　电子显微镜利用电磁透镜（electromagnetic lens）使显微镜物镜平面图像放大10～200倍；而投影棱镜又可以将图像放大50～400倍。大多数电子显微镜的实际分辨率大约为3nm。粉体样品放在一个薄膜或具有栅格结构的基片上，或者将样品进行复制，而将复模放在栅格上。有时也可以将粉料嵌在聚酯介质内，做成薄片。微加工技术可以将样品制成100nm宽的条带，在电子显微镜下可以直接观察到这些条带中的粉体颗粒。

(9) 扫描电子显微镜（scanning electron microscope）（SEM）　用于透射电子显微镜观察的样品必须非常薄（＜500nm），才能直接获得所需的图像。对于大块样品，或样品不能破坏加工，则需要应用扫描电子显微镜来观察。入射电子束到达样品表面时被散射，产生二次电子（secondary electron）或特征X射线（characteristic X ray），通过收集这些电子产物信息成像获得相应的显微结构照片。扫描电子显微镜的分辨率大约是10nm，小于TEM。但是SEM的强度代表样品表面信息状况。样品的高分辨率（high resolution）图像可以通过显示屏来观察，从中不仅可以测定颗粒尺寸，也可以观察到颗粒的形状以及颗粒之间的相互连接状况。此外，SEM过程中产生的特征X射线可以用来分析样品被检测区域的组成成分。

2.2.2　颗粒形状、表面积和扫描技术

如果将颗粒看做是球形颗粒，则颗粒大小、表面积和体积之间的几何关系可以通过计算确定。这种假设一直作为材料研究的颗粒模型。虽然只在极其少数情况下，粉体的颗粒才会是球形，但了解颗粒的大小仍十分重要，在多数情况下，通过颗粒尺寸而推断颗粒的表面积和体积，因为烧结过程中发生的大多数固相反应都取决于表面积，在一定程度上也与颗粒的

体积有关系。因此，通过了解有关颗粒尺寸的信息来预测反应速率。尽管对于实际过程中使用的非球形并且不规则的颗粒进行球形颗粒假设计算得到的有关表面积和体积存在很大误差，但这种误差并不影响有关反应动力学和热力学的近似描述。

可以用很多种方法对颗粒形状进行数学描述，也有很多种试验方法来表征颗粒的总体形状或一些特殊的形状特点。实质上，基本的测定方法即是对颗粒图形或投影的线性测量，从中可以获得组成参数、形状参数或形状因子等信息。如果对一个三维物体进行平行切片，这些连续截面按照原始顺序重新排列起来，则可以重新构成原来的物体。可以通过描绘、模型、连续图片、电影技术和数学分析等方法使原来的物体形状复原。这些方法可以利用现代计算机绘图工具很轻松完成。

实际上，获取颗粒形貌的主要目的是获取颗粒反应活性的信息，要准确知道颗粒尺寸、颗粒尺寸分布、总的表面积和颗粒的体积分布等变量。有关的图像处理计数软件很多，如 Kontron MOP 和 Leitz ASM、LEICA 等。还可以根据颗粒尺寸分布状况来判断烧成过程中收缩的影响因素，判断细颗粒的含量对烧成收缩的影响等。

描述粒径分布的方式很多，其中之一是将获得的数据拟合成标准的函数分布，最常用的有两种：标准分布，也叫 Gaussian 频率分布；对数标准分布。将数据进行标准拟合的优点在于：

① 粒度分布可以用简单的几个参数来描述，通常是 2～3 个参数；

② 可以得到不同尺寸的颗粒数量和相应的权重；

③ 每一级的粒度分布都可以用不同的矩来表示，比如，第一矩与平均尺寸有关、第二矩衡量与平均值的偏差、第三矩指示分布的偏斜程度等。

另一种方法是利用绘图来表示有关结果。一些隐含的性能可以从图中分析出来。比如，在标准几率图中，颗粒尺寸为 x 轴，以 Gaussian 积分或误差函数的累计值作为 y 轴。标准曲线的累计结果在图中是一条直线。如果 x 轴以对数形式表示，则该图用于对数标准分布分析。如果画出的结果是一条曲线，该图则代表与标准或对数标准分布的偏差。

2.2.3　粉体颗粒的化学表征

2.2.3.1　粉体化学成分确定

（1）分析化学方法　结合相关的发射谱（emission spectroscopy），利用分析化学方法可以定量分析粉体样品内的总体化学组成成分。所使用的比色法（colorimetry）分析灵敏度可以达到 0.01ppm（1ppm＝10^{-6}），在某些特殊情况下可以达到 ppb（1ppb＝10^{-9}）范围。

（2）X 射线荧光技术（X-ray fluorescence technique）（XRF）　对于常规分析，XRF 方法简单快捷，但是需要进行标准校正（calibrations）并且了解元素之间的相互干涉结果。该方法的局限在于只能检测比钠元素重的元素。该方法的灵敏度大约为 10～200ppm。

（3）质谱（mass spectroscopy）（MS）　MS 方法可以用于样品中所有元素的定量分析，其灵敏度小于 1ppm。通常采用质谱方法检测微量（minor）杂质的含量。质谱方法获得的数据不精确，但检测过程很快，适合于粉体成分的常规检测，是研究粉体总体成分变化的有效方法之一。

（4）中子激活分析（neutron activation analysis）　该方法通常用于几种元素的检测。将样品暴露在中子源中，其中的某些元素转变成放射性同位素（radioactive isotopes），通过测量辐射强度可以确定元素的数量和种类。该方法最大的优点是不破坏样品，是无损检测的方法，缺点则是可以检测出的元素种类有限，只有那些能够发生同位素转变的元素才适合采用这种方法；同时产生同位素的反应只是通过推测来判断，而不具有绝对的准确性。

(5) 电子微探针（electron probe microanalyzer）（EPMA） 电子微探针采用电子枪将具有足够能量的电子束轰击样品表面，部分表面原子离子化（ionized），当离子化的原子恢复到低能状态时，将发射出特征 X 射线谱，检测系统对这些不同元素放射的特征 X 射线信号进行分析，从而实现微区化学成分的测定。通过大量的校正步骤运算，可以将强度数据转变成化学成分，对样品进行点分析，可以实现 $1\mu m^3$ 范围内的微区定量分析。然而，电子束有时会破坏样品表面。EPMA 中存在扫描电子成像系统，可以对电子照射的样片表面进行形貌观察。电子微探针结合扫描电子显微镜使得这种微区分析方法广泛地应用于粉体样品的成分表征。

(6) 离子微探针（ion probe microanalyzer）（IPMA） 离子微探针与电子微探针的主要区别在于：气体离子撞击样品表面，使表面原子离子化，并以相当大的动能从表面溅射出来，通过一个双聚焦质谱仪（double-focusing spectrometer）分析这些溅射离子。IPMA 可以分析所有元素。随着原子序数和结合能（cohesive energy）增加，元素溅射出的离子数量减少。离子数量的变化需要经过大量的内部标准校正步骤。由于它实际上是一种质谱技术，因此非常精确，分辨率大约为 $1\mu m$。

2.2.3.2 表面化学成分（surface chemical composition）

上面所介绍的探针技术在样品内的穿透深度大约是 $1\mu m$，有些探针技术可以用于样品表面化学成分分析。一般来讲，表面分析要求电子束或离子束在样品内的传统深度小于 200nm。在现代工业实践中，对粉体表面化学成分的分析要求不高，尽管在粉体制造和处理过程中使表面成分可能产生变化。粉体的表面成分对粉体加工过程中的行为有非常显著的影响。最近，随着超高真空（$<10^{11}$ torr）设备和分光计仪器的不断发展，各种分光技术不断被开发、完善，从而样品小于 200nm 的表面化学成分分析可以采用成熟的技术路线来完成。此外，这些表面分析还可以提供大量有关表面组成的一些结构信息（structural information），如离子的价态（valence state）、化学物类（chemical species）等。实质上，光谱是对入射能量的反应，体现入射电子、散射电子和放射电子（emitted electrons）的特征。

通常，表面分光技术存在一个激发源，一束光子、电子、离子或 X 光量子（X-ray quanta）从激发源照射到样片表面。入射束的动能使样品表面原子发生电子跃迁过程（electron transition processes），能量和动量转换产生电子发射（emission）以便使辐射和电子跃迁过程达到平衡。电子发射过程主要包括表面电子发射、二次过程产生的电子发射、入射电子散射、非常复杂，但有些分析手段可以相互衔接，从而有效地完成表面复杂成分的标定。

(1) X 光电子谱（X-ray photoemission spectroscopy）（XPS）或化学分析电子谱（electron spectroscopy for chemical analysis）（ESCA） XPS 技术采用一束单色 X 射线光子作为入射源，该光子束的能量大约是 1.5keV。吸收入射光子以后，电子产生光子激发现象，核心电子（core electrons）或价电子（valence electrons）发射出一个电子。根据这个单电子可以得到光电子能量分布，N_p (E_k)，光电子的动能 E_k，可以根据一个电子结合能（binding energy）的总和，E_b，和样品的功函数（work function），ϕ_s，之间的差值来计算。从结合能的化学偏移（chemical shift）可以直接判断具体的化学键结合类型，即可以判断原子及其化学结合的相邻原子。比如，Fe^{3+} 的价态所显示的结合能与纯 Fe、FeO、Fe_2O_3 等不同。

XPS 技术能够检测到比 Li 重的元素、它们的化合键以及价态。结合溅射技术，XPS 可以确定成分的深度分布曲线（compositional depth profile）。

(2) 俄歇电子谱 (Auger electron spectroscopy) (AES)　另一种常用的表面分析手段是 AES。基本原理是样品在入射电子的作用下放射出俄歇电子，产生俄歇效应。俄歇效应是一个“两电子过程”(two-electron process)。如果一个内部能级 (core level) 中存在一个空穴 (hole)，一个外层 (outer shell) 电子填充到这个空穴中，两个能级之间的能量差通过俄歇电子带走。不同原子退激过程 (de-excitation process) 产生的特征俄歇电子能量不同，因此通过分析俄歇电子来确定原子的类型。利用俄歇电子及其派生出的能量函数来确定样品的表面化学成分。AES 的入射电子束能量大约是 3keV，电子束穿透样品的深度很深，但是俄歇电子的逃逸深度 (escape depth) 很小，只有几个埃 (angstrom)。逃逸深度，也叫电子的非弹性平均自由程 (inelastic mean-free paths)，是俄歇电子动能和样品电子密度的函数。由于俄歇过程涉及几个跃起步骤，必须通过试验才能确定俄歇电子的具体数量。将 AES 用于定量分析时，必须采用已知成分的样品，同时要引入元素相对敏感性因子 (relative elemental sensitivity factor) 进行校正。元素敏感性因子通过纯的元素标样来测定。俄歇电子谱可以测定 Li 以上的元素，结合溅射技术，可以测定元素的深度分布。AES 和 ESCA 联用技术可以标定样品的表面化学成分，同时确定结合键及元素价态分布。

(3) 二次离子质谱 (secondary-ion mass spectrometry) (SIMS)　SIMS 与溅射方法类似，能量约为 500eV 的惰性气体使正、负二次电子从样品的表面逸出，通过传统的质谱仪测定这些溅射电子的质 (量) (电) 荷比 (mass-to-charge ratio)。因此，SIMS 可以测定所有的元素，也可以测定同位素，但是由于产生二次电子的数量无法确定，因此使得这种方法的定量分析不准确。SIMS 可以配合 AES 使用。该方法的空间分辨率 (spatial resolution) 为 1μm。

(4) 扫描俄歇电子显微镜 (scanning Auger microscopy) (SAM)　SAM 将 AES 信号转变成表面图像，生成元素的空间分布二维图像。其使用方法与微探针图像一样。SAM 信号可以同时参考 AES 或 SIMS 结果。这些联用技术，结合溅射，是检测样品表面成分沿深度方向分布的曲线。

2.2.4　粉体颗粒晶态的表征

2.2.4.1　X 射线衍射法

对于粉体样品，可以采用 X 光照相技术和 X 射线衍射技术 (X-ray diffraction，XRD) 进行标定。其基本原理是利用 X 射线在晶体中的衍射现象来测试晶态的，必须满足布拉格 (Bragg) 方程：

$$n\lambda = 2d\sin\theta \tag{2.11}$$

式中　θ——布拉格角；

d——晶面间距；

λ——X 射线波长。

满足 Bragg 方程时，可形成衍射。通过这些技术得到的信息主要是对结晶态主晶相 (crystalline major phases) 的测定。有关的结果已经被制成十分庞大的数据库，给出不同晶型材料标准特征谱线相对应的晶格常数 (lattice constant)、相对应的衍射角度和相对强度值。根据试样的衍射线的位置、数目及相对强度等确定试样中所含的结晶物质以及它们的相对含量。样品中含量较少的物质含量大于 5%的情况下也可以被检测出来。细心操作时也可以用于一定含量非晶相 (amorphous) 的检测。由于衍射束强度取决于入射 X 光束照射样品的量，因此，采用 X 射线衍射分析时需要聚集态样品。具体的 X 射线衍射方法有劳厄法

(Laue method)、转晶法 (rotating crystal method)、粉末法、衍射仪法等，其中常用于纳米陶瓷的方法为粉末法和衍射仪法。

2.2.4.2 电子衍射法

电子衍射法 (electron diffraction) 与 X 射线法原理相同，遵循劳厄方程或布拉格方程所规定的衍射条件和几何关系。只不过其发射源是以聚焦电子束代替了 X 射线。电子波的波长短，使单晶的电子衍射谱和晶体倒易点阵的二维截面完全相似，从而使晶体几何关系的研究变得比较简单。另外，聚焦电子束直径大约为 0.1μm 或更小，因而对这样大小的粉体颗粒上所进行的电子衍射往往是单晶衍射 (single-crystal diffraction) 图案，与单晶的劳厄 X 射线衍射图案相似。而纳米粉体一般在 0.1μm 范围内有很多颗粒，所以得到的多为断续或连续圆环，即多晶电子衍射谱。

电子衍射法包括以下几种：选区电子衍射 (selected-area electron diffraction, SAED)、微束电子衍射、高分辨电子衍射、高分散性电子衍射、会聚束电子衍射 (convergent-beam electron diffraction, CBED) 等。

电子衍射物相分析的特点如下。

① 分析灵敏度高，小到几十甚至几纳米的微晶 (crystallite) 也能给出清晰的电子图像。适用于试样总量很少、特定物在试样中含量很低 (如晶界的微量沉淀) 和待定物颗粒非常小的情况下的物相分析。

② 可以得到有关晶体取向关系的信息。

③ 电子衍射物相分析可与形貌观察相结合，得到相关产物的大小、形态、分布等资料。

2.3 机械法制备粉体

2.3.1 机械冲击式粉碎 (破碎)

2.3.1.1 颚式破碎机

颚式破碎机 (jaw crusher) 是无机非金属材料工业中广泛应用的粗、中碎机械。根据其动颚的运动特征，颚式破碎机可分为简单摆动、复杂摆动和综合摆动型 3 种形式，如图 2.3 所示。

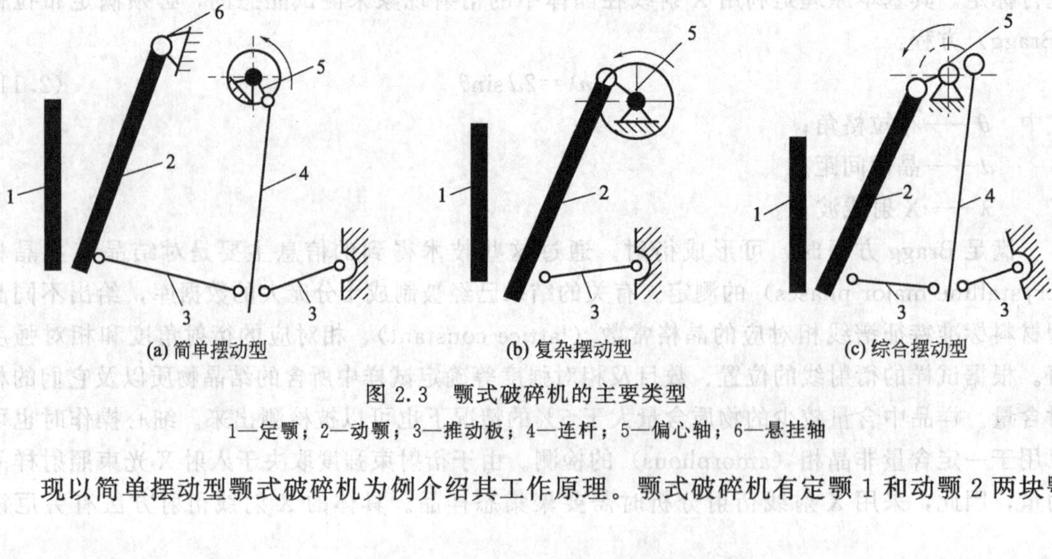

(a) 简单摆动型　(b) 复杂摆动型　(c) 综合摆动型

图 2.3 颚式破碎机的主要类型

1—定颚；2—动颚；3—推动板；4—连杆；5—偏心轴；6—悬挂轴

现以简单摆动型颚式破碎机为例介绍其工作原理。颚式破碎机有定颚 1 和动颚 2 两块颚板，定颚固定在机架的前壁上，动颚则悬挂在轴 6 上可作左右摆动。当偏心轴 5 旋转时，带动连杆 4 作上下往复运动，从而使两块推力板 3 亦随之作往复运动。通过推力板的作用，推动悬挂在悬挂轴 6 上的动颚作左右往复摆动（reciprocating swing）。当动颚摆向定额时，落在颚腔中的物料主要受到颚板的挤压作用而粉碎；当动额颚摆离定颚时，已破碎的物料在重力作用下经颚腔下部的出料口卸出。因而颚式破碎机的工作是间歇性的，破碎和卸料过程在颚腔内交替进行，这种破碎机工作时，动颚上各点均以悬挂轴 6 为中心，作单纯圆弧摆动。由于运动轨迹比较简单，故称为简单摆动型颚式破碎机（简称简摆颚式破碎机）。

由于动颚作弧线摆动，摆动的距离上面小，下面大，以动颚底部（即出料口处）为最大。分析动颚的运动轨迹可知，颚板上部（进料口处）的水平位移和垂直位移都只有下部的 1/2 左右，进料口处动颚的摆动距离小是不利于对喂入颚腔的大块物料的夹持和破碎的，因而不能向摆幅较大、破碎作用较强的颚腔底部供应充分的物料，这就限制了破碎机的生产能力的提高。另外，颚板的最大行程在下部，而且卸料口宽度在破碎机运转过程中是随时变动的，因此卸出的物料粒度不均匀。但简摆颚式破碎机的偏心轴承受的作用力较小；由于动颚垂直位移小，破碎时过粉碎现象少，物料对颚板的磨损小，故简摆颚式破碎机可做成大、中型，主要用于坚硬物料的粗、中碎。

总体上看，颚式破碎机主要用于块状料的前级处理。设备结构简单，操作方便，产量高。但颚式破碎机的粉碎比不大（约为 4），而进料块度又很大，因此其出料粒度一般都较粗，而且细度的调节范围也不大。

2.3.1.2　圆锥破碎机

在圆锥破碎机（cone crusher）中，破碎物料的部件是两个截锥体，如图 2.4 所示。动锥（又称内锥）1 固定在主轴上，定锥（又称外锥）2 是机架的一部分，是静置的。主轴的中心线 O_1O 与定锥的中心线 $O'O$ 于点 O 相交成 β 角。主轴悬挂在交点 O 上，轴的下方则活动地插在偏心衬套中。衬套以偏心距 r 绕 $O'O$ 旋转，使动锥沿定锥的内表面作偏旋运动，在靠近定锥处，物料受到动锥挤压和弯曲作用而被破碎；在偏离定锥处，已破碎的物料由于

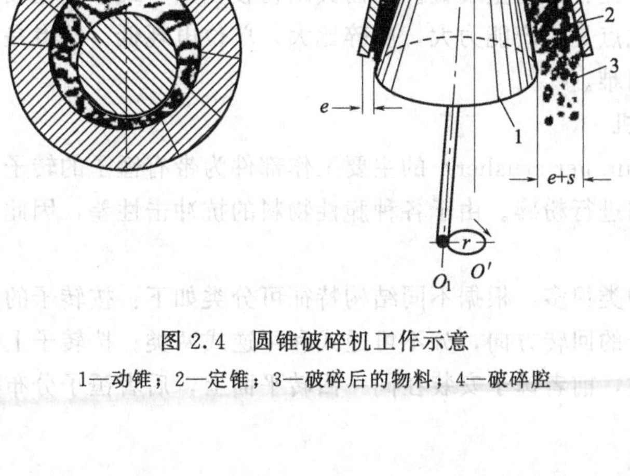

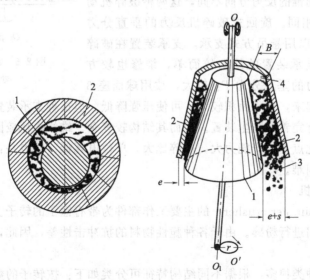

图 2.4　圆锥破碎机工作示意

1—动锥；2—定锥；3—破碎后的物料；4—破碎腔

重力的作用从锥底落下；因为偏心衬套连续转动，动锥也就连续旋转，故破碎过程和卸料过程沿着定锥的内表面连续依次进行。

在破碎物料时，由于破碎力的作用，在动锥表面产生了摩擦力，其方向与动锥运动方向相反。因为主轴上、下方均为活动连接，这一摩擦力对于 O_1O 所形成的力矩使动锥在绕 O_1O 作偏旋运动的同时还作方向相反的自转运动，此自转运动可使产品粒度更均匀，并使动表面的磨损也较均匀。

由上述可知，圆锥破碎机的工作原理与颚式破碎机有相似之处，即都对物料施以挤压力，破碎后自由卸料。不同之处在于圆锥破碎机的工作过程是连续进行的，物料夹在两个锥面之间同时受到弯曲力和剪切力的作用而破碎，故破碎较易进行。因此，其生产能力较颚式破碎机大，动力消耗低。

圆锥破碎机按用途可分为粗碎和细碎两种，按结构又可分为悬挂式（suspension type）和托轴式（supporting shaft）两种。

用作粗碎的破碎机又称旋回破碎机（cone crusher），如图 2.5 所示。因为要处理的物料较大，要求进料口尺寸大，故动锥是正置的，而定锥是倒置的。

用作中细碎的破碎机，又称菌形破碎机（mushroom crusher），如图 2.6 所示。它所处理的一般是经初次破碎后的物料，故进料口不必太大，但要求卸料范围宽，以提高生产能力，并要求破碎产品的粒度较均匀。所以动锥 1 和定锥 2 都是正置的。动锥制成菌形，在卸料口附近，动、定锥之间有一段距离相等的平行带，以保证卸出物料的粒度均匀。这类破碎机因为动锥体表面斜度受到锥体偏转、自转时的离心惯性力的作用。故这类破碎机并非自由卸料，因而工作原理及有关计算与粗碎圆锥破碎机有所不同。

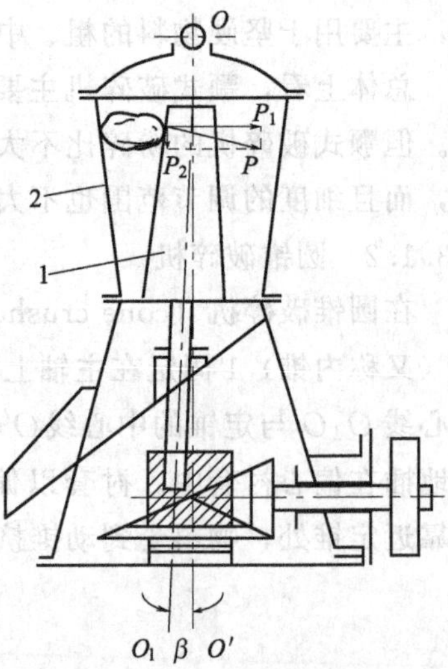

图 2.5 旋回破碎机示意

1—动锥；2—定锥

由于破碎力对动锥的反力方向不同，这两种破碎机动锥的支承方式也不相同。旋回式破碎机反力的垂直分力 P_2 不大，故动锥可以用悬吊方式支承，支承装置在破碎机的顶部。因此，支承装置的结构较简单，维修也较方便，菌形破碎机反力的垂直分力 P_2 较大，故用球面座 3 在下方将动锥支托起来，支承面积较大，可使压强降低。但这种支承装置正处于破碎室的下方，粉尘较大，需有完善的防尘装置。因而其结构较复杂，维修也比较困难。

圆锥破碎机的优点是：产能力大，破碎比大，单位电耗低。缺点是：构造复杂，投资费用大，检修维护较困难。

2.3.1.3 锤式破碎机

锤式破碎机（hammer crusher）的主要工作部件为带有锤子的转子。通过高速转动的锤子对物料的冲击作用进行粉碎。由于各种脆性物料的抗冲击性差，因此，在作用原理上这种破碎机是较合理的。

锤式破碎机的种类很多，根据不同结构特征可分类如下：按转子的数目，分为单转子和双转子两类；按转子的回转方向，分不可逆式和可逆式两类；按转子上锤子的排列方式，分单排式和多排式两类，前者锤子安装在同一回转平面上，后者锤子分布在几个平面上；按锤

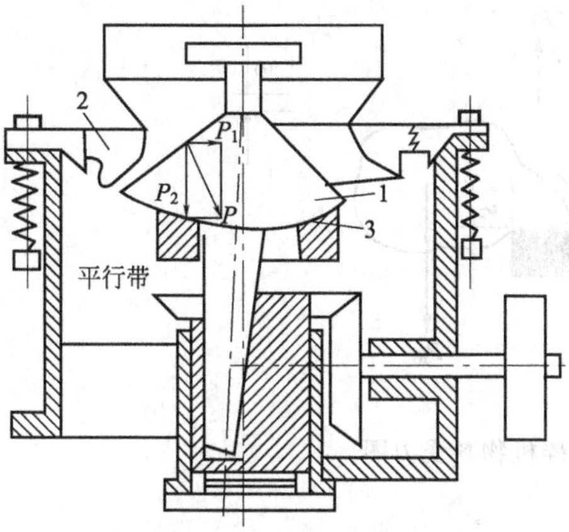

图 2.6　菌形圆锥破碎机示意

1—动锥；2—定锥；3—球座面

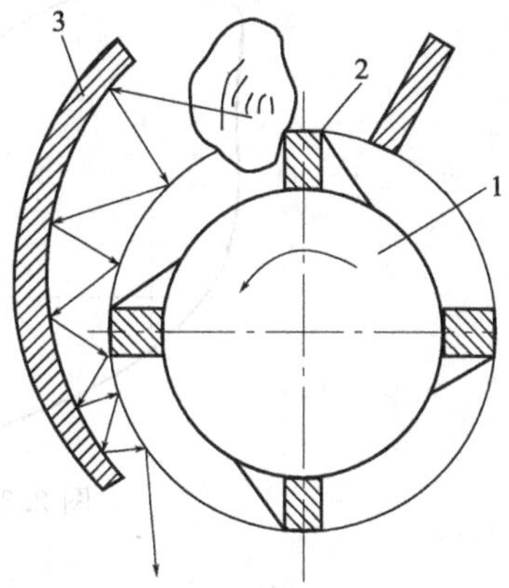

图 2.7　物料在破碎腔内的运动示意

1—高速转子；2—板锤；3—反击板

子在转子上的连接方式，分为固定锤式和活动锤式两类。

锤式破碎机的规格用转子的直径（mm）×长度（mm）来表示，如 ϕ2000mm×1200mm 锤式破碎机表示破碎机的转子直径为 2000mm、转子长度为 1200mm。

锤式破碎机的优点是生产能力高，破碎比大，电耗低，机械结构简单，紧凑轻便，投资费用少，管理方便。缺点是：粉碎坚硬物料时锤子和篦条磨损较大，金属消耗较大，检修时间较长，需均匀喂料，粉碎粘湿物料时生产能力降低明显，甚至因堵塞而停机。为避免堵塞，被粉碎物料的含水量应不超过 10%～15%。

锤式破碎机的产品粒度组成与转子圆周速度及篦缝宽度等有关。转子转速较高时中细粒较多。快速锤式破碎机已兼有中、细碎作用。慢速锤式破碎机产品中粗粒较多，粒度特性曲线近于直线。减小卸料篦缝宽度可使产品粒度变细，但生产能力随之降低。

2.3.1.4　反击式破碎机

反击式破碎机（impact crusher）是在锤式破碎机的基础上发展起来的。如图 2.7 所示，反击式破碎机的主要工作部件为带有板锤 2 的高速转子 1。喂入机内的物料在转子回转范围（swinging range）（即锤击区）内受到板锤冲击，并被高速抛向反击板 3 再次受到冲击，然后又从反击板弹回到板锤，继续重复上述过程。在如此往返过程中，物料之间还有相互撞击作用。由于物料受到板锤的打击、与反击板的冲击及物料相互之间的碰撞，物料内的裂纹不断扩大并产生新的裂缝，最终导致粉碎。当物料粒度小于反击板与板锤之间的缝隙时即被卸出。

由上述可见，反击式破碎机的破碎作用主要分为三个方面。

(1) 自由破碎　进入破碎腔内的物料，立即受到高速板锤的冲击、物料之间的相互撞击、板锤与物料及物料之间的摩擦作用。如图 2.8 所示在这些作用力的共同作用下，使破碎腔内的物料粉碎。

(2) 反弹破碎　被破碎的物料实际上并非无限制地分散，而是被集中在一个锥形区间内。由于高速旋转的转子的板锤的冲击作用，使物料获得很高的运动速率而撞击到反击板上，从而得到进一步的粉碎，如图 2.9 所示。这种粉碎作用称为反弹破碎。

(3) 铣削破碎　经上述 2 种作用未能被破碎的大于出料口尺寸的物料在出口处被高速旋转的锤头铣削而粉碎。

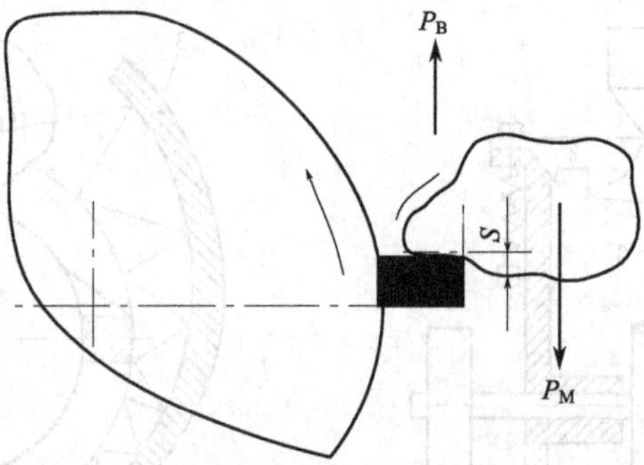

图 2.8 反击式破碎机物料受力图

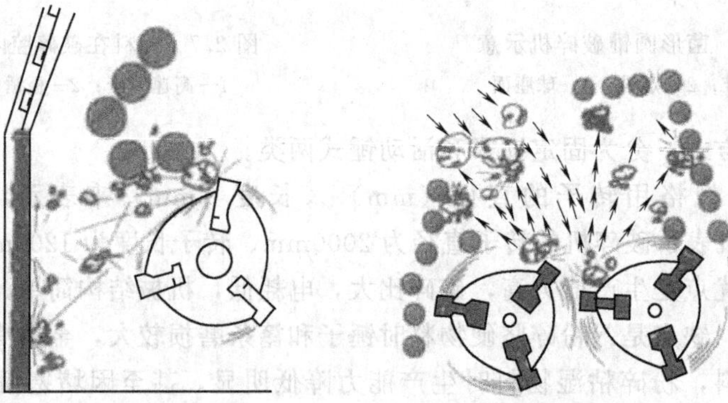

(a) 单转子的破碎作用　　(b) 双转子的破碎作用

图 2.9 物料在反击式破碎机内的破碎过程

实践证明，上述 3 种破碎作用中以物料受板锤冲击的作用最大，反击板与板锤间的缝隙、板锤露出转子体的高度以及板锤数目等因素对物料的破碎比也有一定影响。

由于锤式破碎机和反击式破碎机主要是利用高速冲击能量的作用使物料在自由状态下沿其脆弱面破坏，因而粉碎效率高，产品粒度多呈立方块状，尤其适合于粉碎石灰石等脆性物。

2.3.1.5 轮碾机

轮碾机（edge runner）是陶瓷工业生产所常采用的一种中碎设备，也可用于混合物料。在轮碾机中，物料原料在碾盘与碾轮之间的相对滑动及碾轮的重力作用下被研磨、压碎。碾轮越重、尺寸越大，粉碎力越强。为了防止铁污染，经常采用石质碾轮和碾盘。用作破碎时，产品的平均尺寸为 3～8mm；粉磨时为 0.3～0.5mm。

根据构造的不同，轮碾机常可分为轮转式和盘转式两种。轮转式轮碾机的碾盘固定不动，碾轮除绕垂直主轴转动外，还绕自身的水平轴旋转。而盘转式轮碾机是碾盘转动，碾轮由于被碾盘带动而绕自身的水平轴旋转。

轮碾机是一种效率较低的粉碎机械，但它在粉磨过程中同时具有破揉和混合作用，从而可改善物料的工艺性能；同时碾盘的碾轮均可用石材制作，能避免粉碎过程中出现铁质掺入而造成物料的污染；另外，可较方便地控制产品的粒度。因此在陶瓷工业中作为细碎和粗磨机械，轮碾机仍占一定地位。

图 2.10 所示为上部传动的盘转式轮碾机。在支架的中间装有碾轮的水平轴，水平轴上两根短轴用联轴器（clutch）连接而成，联轴器中间有孔，松动地套在立轴 7 上。水平轴两

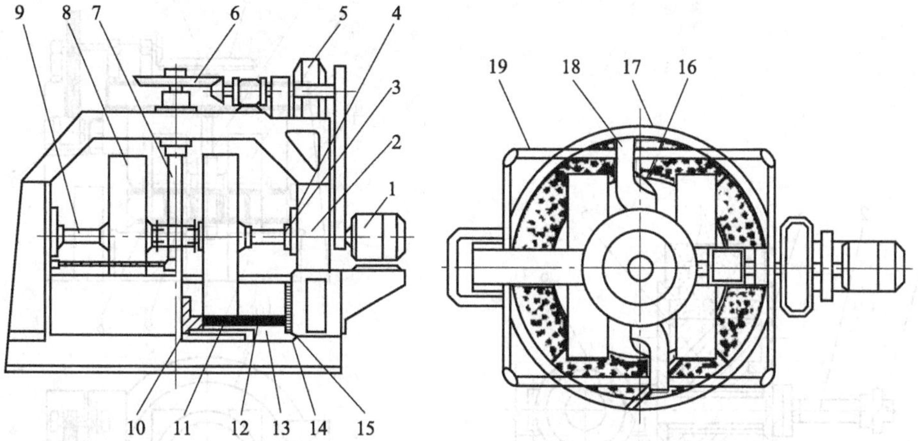

图 2.10　盘转式轮碾机示意

1—电动机；2—支架；3—滑块；4—导槽；5—减速箱；6—圆锥齿轮；7—立轴；8—碾轮；9—水平轴；10—碾盘；11—衬板；12—筛板；13—活动刮板；14—料槽；15—筛板架；16—固定小刮板；17—固定大刮板；18—刮板架；19—栏杆

端有滑块，滑块嵌在支架上的导槽中，可沿导槽上下滑动。这样当碾轮遇到坚硬物料不能粉碎时难免自动升起，越过物料后因自重作用又自动落下，可避免轮碾机的损坏。上面装有石质衬板的碾盘固定在立轴上，由立轴带动旋转。碾盘的四周有筛板架，筛板架上放有环形分布的筛板，下面有两块活动刮板。筛板架、筛板和活动刮板均随碾盘一起旋转。在筛板的下面有固定的环形料槽，以承接通过筛板的物料。碾盘上还有大小两块固定刮板，刮板装在刮板架上。固定刮板的作用是将已粉碎的物料从碾轮跑道刮到筛板上过筛，同时将需要粉碎的物料刮到碾轮下面粉碎。刮板与碾盘之间的间隙大小可通过升降刮板进行调节。

碾轮由轮毂和石质轮圈组成。轮圈用夹板和螺栓固定在轮毂上。碾轮可绕水平轴转动，如图 2.11 所示，若工艺上允许物料中混入少量铁质，则轮圈和碾盘上的衬板均可用耐磨钢制造。

电动机通过减速箱和圆锥齿轮带动主轴旋转，处于跑道上的物料在碾轮和碾盘的挤压和研磨作用下被粉碎后由固定刮板刮到筛板上，能够通过筛孔的物料在料槽中由活动刮板送至卸料口卸出，未通过筛孔的物料则由固定刮板刮回至碾轮跑道上再进行粉碎。

固定刮板具有重要的作用，其安装高度和角度适当与否对轮碾机的操作性能有较大影响。刮板装得太高时，它与碾盘之间的间隙太大，已粉碎的物料不能及时卸出，因而降低轮碾机的生产能力；反之，间隙过小时，刮板阻力增大，磨损加快。此外，若刮板的角度不当，刮到碾轮下的物料层较薄，也会降低生产能力。一般以碾盘与刮板之间的间隙为 3～5mm、刮板与碾盘之间的夹角为 20°～25°较适宜。

盘转式轮碾机一般用于物料的干法粉碎，因此通常装有密封式的通风罩，以防止工作时粉尘外逸。

图 2.12 所示为上部传动的轮转式轮碾机。横梁 2 装在支架 1 上，横梁中部有立轴 4 的轴承 6，立轴的另一处轴承在碾盘 10 的中心。立轴的下半部造成槽杆样，装有碾轮的水平轴 9 以其中间的滑块穿过槽中，这样，立轴既能带动水平轴连同碾轮一起旋转，水平轴和碾轮又可自由升降，以越过碾盘上的坚硬物料。

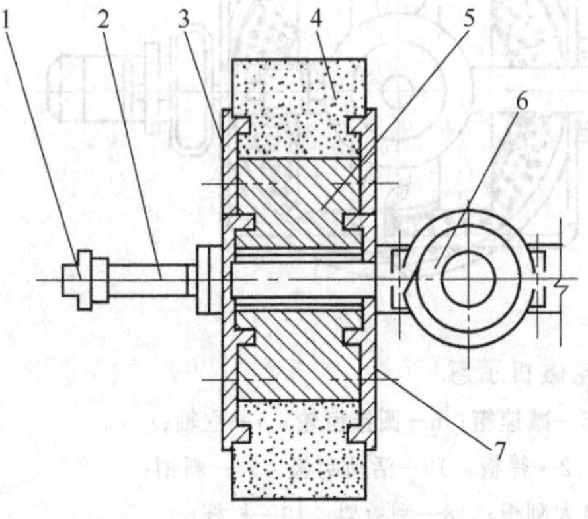

图 2.11 碾轮

1—滑块；2—水平轴；3—夹板；4—轮圈；5—轮毂；6—联轴器；7—螺栓

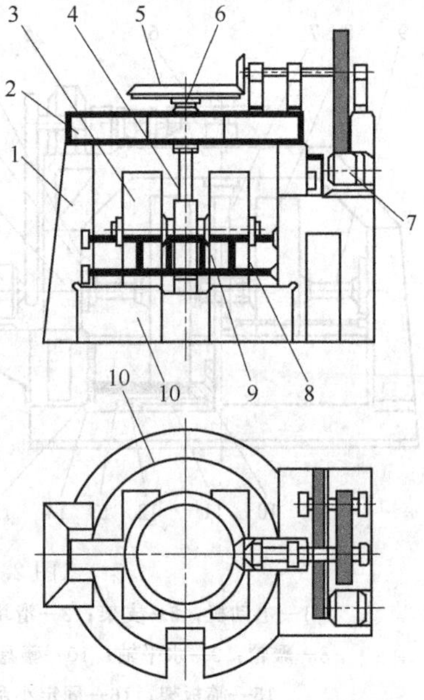

图 2.12 轮转式轮碾机示意

1—支架；2—横梁；3—碾轮；4—立轴；5—圆锥齿轮；6—立轴轴承；7—电动机；8—栏杆；9—水平轴；10—碾盘

电动机 7 经减速装置和圆锥齿轮 5 带动立轴旋转，碾轮除绕立轴作公转运动外，还绕水平轴作自转运动；与盘转式轮碾机一样，在碾盘上还装有大小两块刮板，刮板通过刮板架也由立轴带动旋转。

轮转式轮碾机与盘转式的工作原理相同。轮转式轮碾机既可用于干法粉碎，也可用于湿法粉碎。

轮碾机的规格用碾轮的直径和宽度（mm）表示。

2.3.2 球磨粉碎

球磨粉碎（ball milling）是陶瓷工业广为使用的粉磨方法，其进料粒度为 6mm，球磨细度为 1.5～0.075mm。生产中普遍采用的间歇式球磨机是一种内装一定研磨体的旋转筒体，如图 2.13 所示。

当筒体旋转时带动研磨体旋转，靠离心力和摩擦力的作用，将磨球带到一定高度。当离心力小于其自身重量时，研磨体下落，冲击下部研体及筒壁，而介于其间的粉料便受到冲击和研磨。所以，球磨机对粉料的作用可以分成两个部分。一是研磨体之间和研磨体与筒体之间的研磨作用（grinding）；二是研磨体下落时的冲击作用（impact effect）。提高球磨机的粉碎效率就要从提高这两方面的作用入手。主要的影响因素有以下几点。

（1）球磨机的转速　球磨机的转速对粉碎效果有直接影响。当转速太大时，离心力也大，研磨体附在筒壁上与筒体同部旋转，失去研磨和冲击作用［图 2.14(a)］。当转速太慢时，离心力太小，研磨体升不高就滑落下来，没有冲击能力［图 2.14(b)］。只有当转速适当时，磨机才具有最大的研磨和冲击作用［图 2.14(c)］，产生最大的粉碎效果。这一速度与磨机内径有关。根据理论计算和经验数据可知：

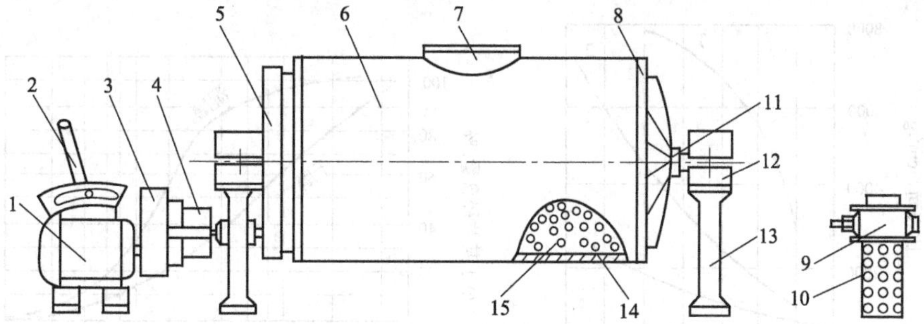

图 2.13　间歇式球磨示意

1—电动机；2—离合器操纵杆；3—减速器；4—摩擦离合器；5—大齿圈；
6—筒身；7—加料口；8—端盖；9—旋塞阀；10—卸料管；11—主轴头；
12—轴承座；13—机座；14—衬板；15—研磨体

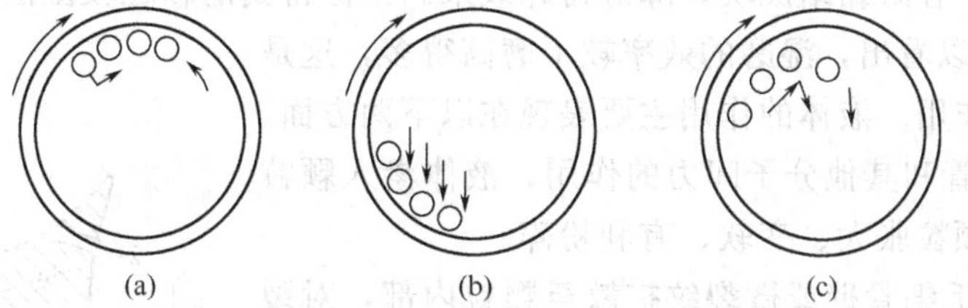

图 2.14　磨机转速对球磨效率的影响

当磨机内径 $D<1.25\text{m}$ 时，工作转速 $n=\dfrac{40}{\sqrt{D}}$；

当磨机内径 $D=1.25\sim1.7\text{m}$ 时，工作转速 $n=\dfrac{35}{\sqrt{D}}$；

当磨机内径 $D>1.7\text{m}$ 时，工作转速 $n=\dfrac{32}{\sqrt{D}}$。

应当指出的是，上述经验公式，仅仅考虑了磨机的内径，而工作转速与磨机内衬及研磨体种类、粉料性质、装料量、研磨介质含量等都有关系。生产中，要根据实际情况确立 n 值。

(2) 研磨体（grinding media）的密度、大小及形状　增大研磨体密度，可以加强它的冲击作用，同时可以减少研磨体所占体积，提高装料量，故大密度的研磨体可以提高研磨效率。图 2.15 反映不同研磨体与研磨效率的关系。

大的研磨体冲击力较大，而小的研磨体因其与粉料的接触面积较大，故研磨作用较大。应根据粉料的性质确定研磨体的大小配比。当脆性料多时，研磨体应稍大，黏性料多时，研磨体可稍小。通常为筒体直径的 1/20，且应大中小搭配，以增加研磨接触面。

圆柱状和扁平状研磨体因其接触面积较大，研磨作用强。圆球状研磨体的冲击力较集中。在选择研磨体的材料、形状、大小时应根据粉料的性质及粒度要求全面考虑。

(3) 球磨方式　球磨方式有湿法和干法两种。湿法是在磨机中加入一定比例的研磨介质(abrasive medium)（一般是水，有时也加有机溶剂）。干法则不加研磨介质。湿法球磨主要靠研磨作用进行粉碎，得到的颗粒较细，单位容积产量大，粉尘小，出料时可用管道输送。生产中用得较多。干法球磨主要靠研磨体的冲击与磨削作用进行粉碎。干磨后期，由于粉料

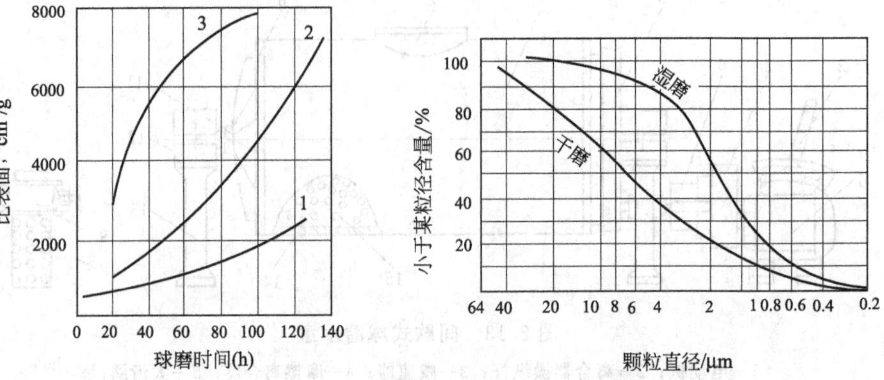

图 2.15 研磨体和研磨方式对研磨效率的影响

1—Φ22mm 刚玉球；2—Φ12×40mm 刚玉柱；3—Φ8.5mm 钢球

之间的吸附作用，容易黏结成块，降低粉碎效果。干法得到的颗粒较湿法粗。

从图 2.15 可以看出，湿磨的效率较干磨高得多，这是液体介质所起的作用。液体的作用主要表现在以下两方面。

① 通过毛细管和其他分子间力的作用，液体渗入颗粒的缝隙之间，使颗粒胀大、变软、有利粉碎。

② 水分子沿毛细管壁或微裂纹扩散至颗粒内部，对裂纹四壁产生约 1MPa 的压力，促使颗粒破裂（图 2.16），这就是液体介质的劈裂作用。液体介质对粉料的润湿能力愈强，则愈易渗入颗粒之中，劈裂作用愈大。

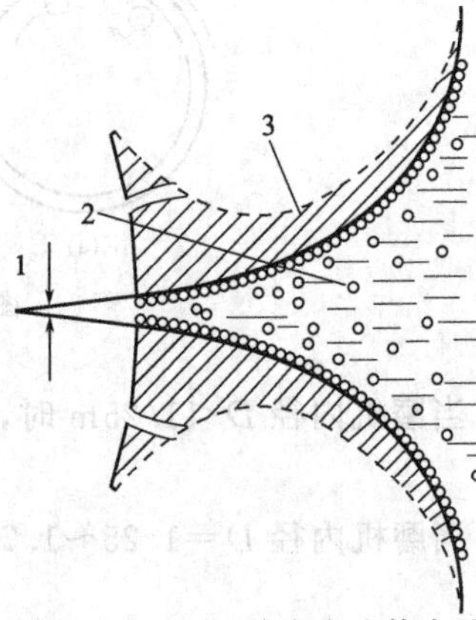

图 2.16 湿法球磨中液体介质对颗粒的劈裂作用

1—裂纹壁；2—液体介质；3—粉体颗粒

(4) 料、球、水的比例 磨机中加入的研磨体愈多，单位时间内物料被研磨的次数就愈多，研磨效率也愈高。但磨球过多，会占用磨机的有效空间，降低物料的装载量。一般料球比为（1：1.5）～(1：2.0)。密度大的可取下限，密度小的可取上限。对难磨的粉料及细度要求较高的粉料，可以适当提高研磨体的比例。有资料报道，当料球比为 1：(4～8) 时，粉料细度可以大大提高。

采用湿法球磨时，若加水过少，料浆太浓，磨球与粉料粘在一起，降低研磨和冲击作用；若加水过多，料浆太稀，球料易打滑，同样降低研磨效果。软质原料（如黏土、二氧化钛）吸水性强，可多加水。硬质原料（长石、石英、方解石等）吸水性差，应少加水。一般情况下用不同大小的瓷球研磨普通陶瓷坯料时，料：球：水的比例约为 1：(1.5～2.0)：(0.8～1.2)。目前生产中趋向于增多磨球，减少水分，从而提高研磨效率的方法。如有的工厂研磨坯料时，料：球：水＝1：(2.0～2.5)：(0.5～0.8)，研磨釉料（glaze）时料：球：水＝1：(2.3～2.7)：（0.4～0.6)。表 2.3 列出料、球、水比例及研磨体种类对球磨效率的影响。

(5) 装料方式 球磨时装料的方式除常见的一次加料外，还可采用二次加料法，即先将硬质料或难磨的原料，如长石、石英、锆英石等先磨若干小时（为使硬质料在研磨时不沉淀，可加入少量黏土），再加入黏土原料，这样可以提高球磨效率。球磨釉料（glaze）时，应先将着色剂（penetrant）加入，以提高釉面呈色的均匀性。

表 2.3　料、球、水比例和磨球种类对球磨效率的影响

磨球种类	料、球、水比例	球磨几种磨球填充系数/%	研磨时间(万孔筛余 4%)/h		
			伟晶岩	瓷坯废料	石英
燧石质	1∶1.5∶1	28.8	6.1	10.0	14.6
	1∶1.75∶1	33.7	5.5	8.2	11.3
	1∶2.0∶1	38.8	4.8	6.9	8.9
高铝质	1∶1.5∶1	23.7	4.7	6.4	8.5
	1∶1.75∶1	28.7	3.9	5.3	7.0
	1∶2∶1	32.5	3.1	4.4	5.4

(6) 球磨机直径　从研磨效率看，筒体大则效率高，这是因为筒体大研磨体也可相应增大，研磨和冲击作用都会提高，进料粒度也可增大。所以，大筒径的磨机，可大大提高球磨细度（可达几十微米，甚至几微米），而且产量大，成本低，可以制备性能一致，组分均匀的粉料。目前，普通陶瓷用的球磨机向大型化、自动化方向发展。国外已采用装载量为14～18t 的球磨机。国内目前大量生产与使用的大型球磨机是 QM3000×500 型球磨机，一次装料量为 15t。

(7) 球磨机内衬的材质　球磨机的内衬通常由燧石或瓷砖等材料镶砌而成。近年来，国内外很多工厂采用橡胶作为磨机内衬。它的主要优点为：衬里磨损小，使用寿命长（比燧石内衬长 1～2 倍，甚至更多），而且易于维修。磨机有效容积增大，台时产量可提高40%左右，单位产量的电耗降低 20%以上，噪声也较燧石内衬小得多（表 2.4）。

表 2.4　球磨机采用不同内衬的效果比较

操作参数 \ 磨机规格	Φ2.3m×2.3m		Φ1.8m×2.1m	
	燧石内衬	橡胶内衬	燧石内衬	橡胶内衬
转速/(r/min)	20.9	20.9	23	23
填充量/t	5.925	8.625	3.24	4.32
其中:磨球	3.75	5	1.44	1.92
坯料	1.5	2.5	0.6	0.8
水	0.675	1.125	1.2	1.6
研磨时间/h	12	14	20	20
细度(万孔筛余)	0.24～0.4	0.25～0.4	0.02～0.04	0.005～0.009
生产能力/[t/(台·h)]	0.125	0.178	0.03	0.04
生产能力对比/%	100	141.4	100	133
单产电耗/(度/t)	168.5	132.7	140	85
单产电耗对比/%	100	78.8	100	61
实耗功率/kW	21.06	23.7	4.2	3.4

在相同的条件下，橡胶衬球磨机的研磨效率不如石衬球磨机。所磨浆料的颗粒较粗。颗粒分布的范围窄。橡胶内衬磨出的注浆成型用泥浆其性质有些变异。具体地说，泥浆有增稠现象，黏度（viscosity）、触变性（thixotropy）和吸浆速率（permeation rate）都有增加；注浆（slip casting）所得的生坯强度略有降低、脱模时间稍有延长。橡胶内衬对注浆性能的影响，有待于进一步研究。对干压粉料和可塑料的工艺性能没有多大影响。表 2.5 是国内一些厂家所采用的橡胶衬里工艺参数。

表 2.5 陶瓷球磨机橡胶衬里工艺数据实例

序号	参数	湖南某厂	唐山某厂	邯郸某厂	株洲某厂	沈阳某厂	湖南某厂
1	球磨机规格/m×m	φ1.93×3.2	φ2.3×2.3	φ2.1×2.1	φ1.8×2.1	φ1.93×2.2	φ1.8×2.1
2	球磨机转速/(r/min)	25	21	20	23	25	24
3	填充系数/%	80	75	72	85	80	80
4	入料粒度	24 目筛	5mm 筛		24 目筛	20 目筛	
5	出料粒度	万孔筛余	万孔筛余	万孔筛余	万孔筛余	万孔筛余	325 目筛余
6	料：球：水	1：2.7：0.7	1：2：0.45	1：2.4：0.7	1：2：0.85	1：2.7：0.45	1：2.1：0.8
7	研磨时间/h	4	14	12	8	7	15
8	球石比例 大球 中球 小球	 10 40 50	 10 39 51	 12 40 48			

此外，陶瓷原料的研磨处理必须特别重视研磨体与球磨机内衬的化学成分，这对于提高球磨效率、减少球磨过程的污染具有重要意义。新型陶瓷原料粉体制备用的球磨体应采用先进陶瓷材质，常用的有氧化铝瓷球，氧化锆磨球、ZTA 磨球（氧化锆增韧氧化铝质）等材料。普通球磨内衬常采用花岗岩内衬，新型陶瓷用磨机常采用高性能瓷质内衬或橡胶内衬，采用橡胶内衬不会给浆料带入杂质。对一些组分要求严格的粉料，可采用橡胶内衬和本料瓷球进行研磨，从而避免球磨过程中的杂质混入。

以上影响因素彼此之间互相制约，互相影响，生产中应根据产品种类，原料性能，设备情况等综合考虑，制定合理的工艺参数。此外，助磨剂（grinding additive）的采用，对球磨粉碎的影响很大，关于这一点将在后面专门讨论。

必须指出，从能量消耗的角度考虑，球磨粉碎效率非常低，只有百分之几的效率；况且，研磨获得的颗粒尺寸较大，小于 1μm 的颗粒无法通过球磨来实现。

2.3.3 行星式研磨

行星式研磨（planet type grinding）机由球磨罐、罐座、转盘、固定带轮和电动机等所组成，如图 2.17 所示。

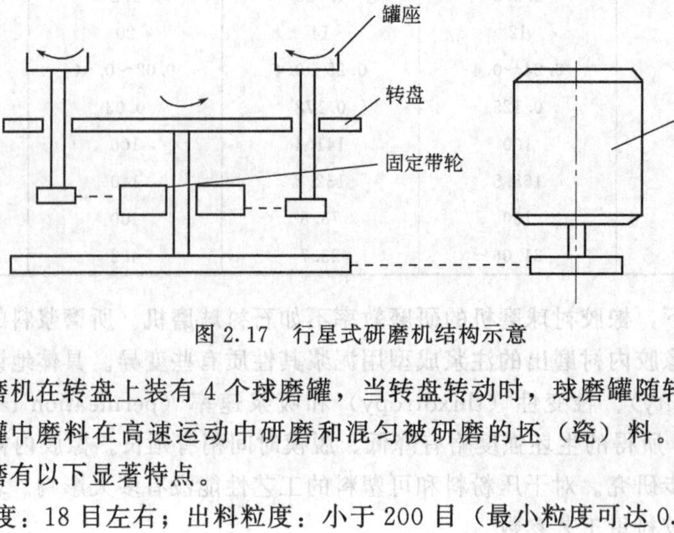

图 2.17 行星式研磨机结构示意

行星式研磨机在转盘上装有 4 个球磨罐，当转盘转动时，球磨罐随转盘围绕同一轴心作行星式运动，罐中磨料在高速运动中研磨和混匀被研磨的坯（瓷）料。与其他细磨方式相比，行星式研磨有以下显著特点。

① 进料粒度：18 目左右；出料粒度：小于 200 目（最小粒度可达 0.5μm）。

② 球磨罐转速快（不为罐体尺寸所限制），球磨效率高。公转：±(37～250) r/min，自转 78～527r/min。

③ 结构紧凑，操作方便。密封取样，安全可靠，噪声低，无污染，无损耗。

2.3.4　振动粉碎

振动粉碎（vibratory crusher）是一种超细粉碎方法，在国内外普遍应用。它的入料粒度一般在 2mm 以下，出料粒度小于 60μm（干磨最细粒度可达 5μm，湿磨可达 1μm，甚至可达 0.1μm）。

振动粉碎是利用研磨体在磨机内作高频振动而将物料粉碎的。在粉碎过程中，筒体内的装填物由于振动不断地沿着与主轴转向相反的方向循环运动，使物料不停地翻动。研磨体除了作激烈的循环运动外，还进行剧烈的自转。物料主要受冲击作用，其次也有研磨作用。筒体内的物料在这种剧烈且高频率的撞击和研磨作用，首先产生疲劳裂纹并不断扩展终至碎裂，故振动磨能有效地对物料进行超细粉碎。

影响振动粉碎效率的主要因素有以下几点。

(1) 频率和振幅　振动磨的振动频率和振幅是影响其粉碎效率的主要因素。频率愈高，冲击次数愈多；振幅愈大，冲击力量愈大。适当提高频率和振幅，可以提高粉碎效率。图 2.18 是振动频率、振幅与钛酸钙瓷料粉碎效率的关系。

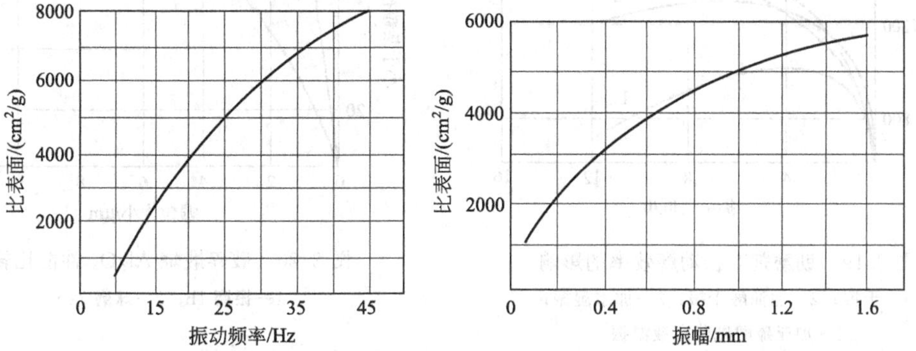

图 2.18　振动频率、振幅与粉料比表面积的关系

可以看出，频率和振幅增大到一定数值后，继续增大并不能明显提高粉碎效率。这主要是因为振磨过程除冲击作用外，还有一定的研磨作用。在实际生产中，由于电动机的转速所限，频率不可能无限制的增大。而振幅则决定于传动轮的偏心度（eccent），所以也不能随意调整。新型的振动磨可以自动变频，粉碎初期，物料颗粒较粗，粉碎以冲击作用为主。此时频率可稍低，振幅应较大，以使研磨体有较大的冲击力。随物料变细，应以研磨作用为主，可将频率增大，振幅减少，此时冲击次数增加，研磨作用增强，有利于物料的细磨。一般振动初期的频率为 750～1440r/min，振幅为 5～10cm；振动后期频率可提高到 3000～6000r/min，振幅为 1.5～3mm。

(2) 研磨体的比重、大小、数量　研磨体的密度、大小、数量对粉碎效果的影响机理与球磨粉碎基本一样。由于振动粉碎以冲击粉碎为主，故要求采用硬度大，密度大的研磨体。常用的有刚玉球、锆英石质球、淬火钢球及玛瑙球等。采用瓷球时入料粒度应小于 0.5～1mm，用钢球时可大到 1～2mm。

为充分发挥研磨体的冲击和研磨作用，生产中采用大中小磨球混合使用，大小磨球直径

比在 ($\sqrt{2}$: 1)～(2 : 1) 之间。其数量各占 1/3 左右。

(3) 添加剂 (adding agents) 加入适量的液体介质和助磨剂可大大提高粉碎效率。其原理与球磨粉碎基本相同。图 2.19 是经 1480℃煅烧的，含 α-Al_2O_3 95%的粉体加入不同介质时的振磨效率。可以看出，加水湿振和助磨剂的作用是明显的。

当条件不变时，振磨到一定时间后，颗粒会黏结、聚结不再变细，这一点也可从图 2.19 中看出。

图 2.20 是煅烧氧化铝瓷料分别用振动磨和球磨粉碎的粉碎效率。由图可见，振磨 1h 后，物料粒度几乎全部小于 2μm，而球磨 72h 后，小于 2μm 的颗粒仅占 40%。由此可见，振动粉碎是一种快速超细碎方法。振动粉碎颗粒形状不规则，流动性较差。但由于其细度较大，这一缺点表现不太突出。振动磨的噪声较大、机械磨损快、寿命短，且由于单机容量小，故在大生产中使用的不如球磨机普遍，尤其在日用瓷厂，一般较少使用。

与球磨粉碎相比较，振动粉碎的最大特点是粉碎的时间短，物料细度大。

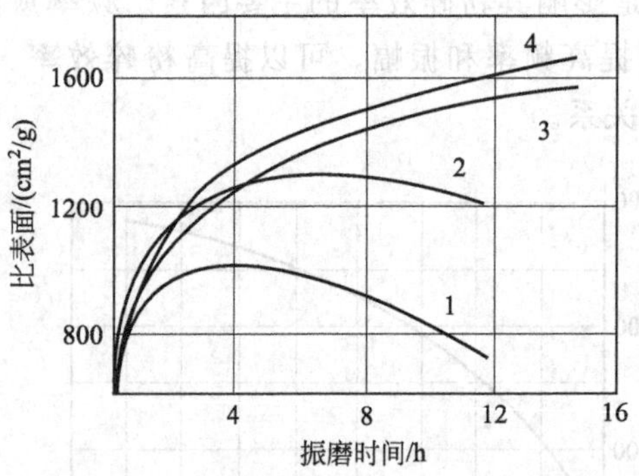

图 2.19 助磨剂对振动磨效率的影响

1—干振；2—加油酸干振；3—加水湿振；4—加亚硫酸纸浆废液湿振

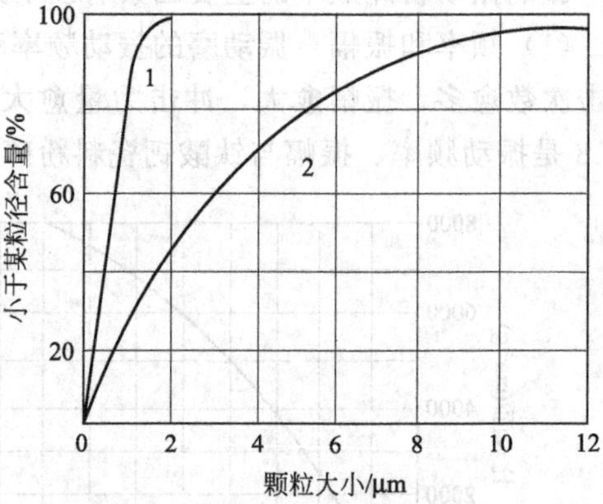

图 2.20 破碎煅烧 Al_2O_3 性能比较

1—振磨 1h；2—球磨 72h

2.3.5 行星式振动粉碎

通常采用的行星振动磨机由 4 个球磨筒、弹簧、支座和电机等组成，如图 2.21 所示。工作过程中，行星式振动磨的磨筒既作行星运动，同时又发生振动。磨筒内部的粉磨介质处在离心力场之中，既在一定高度上抛落或泻落，又不断发生振动，其加速度可以达到重力加速度的数十倍乃至数百倍，在这一过程中，对物料施加强烈的碰击力和磨剥力，从而使物料粉碎。而且，磨筒的自转速度较高，加快了介质的循环，且振动频率较高，大部分介质都在振动，使不起作用的惰性区缩小。介质对物料作用频繁，次数很多，故研磨效率大大提高。因此，行星式振动粉碎 (planetary grinding vibration) 是目前陶瓷原料处理较先进的设备。

2.3.6 雷蒙磨

雷蒙磨 (Raymond mill) 又称悬辊式 (摆辊式) 盘磨机，主要由振动给料器、磨机、排放风机和分离器四部分组成，其结构如图 2.22 所示，辊子的轴安装于梅花架上，梅花架由传动装置带动而快速旋转。磨环固定不动，物料由机体侧部通过给料机和溜槽给入机内，在辊子和磨环之间受到粉碎作用。气流从磨环下部以切线方向吹入，经过辊子同圆盘之间的粉碎区，夹带微粉排入盘磨机上部的风力分级机中。梅花架上悬有 3～5 个辊子，绕集体中

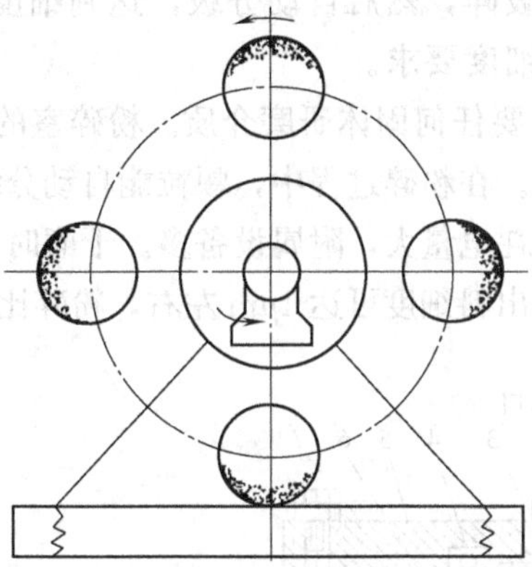

图 2.21　行星式振动磨

心轴线公转。公转产生离心力，辊子向外张开，压紧磨环并在其上面滚动。给入磨机内的物料由铲刀铲起并送入辊子与磨环之间进行磨碎。铲刀与梅花架连接在一起，每个辊子前面有一把倾斜安装的铲刀，可使物料连续送至辊子与磨环之间。破碎的物料又经排放风机和分离器进行粒度分级处理，大颗粒重新回到磨机破碎，合格产品则被排出。

风力分级机是单排或双排叶轮式分级机，由一台单独电机驱动。叶轮的转送越高，分级粒度将越细。

雷蒙磨已广泛用于焦炭、石膏、石灰石、滑石、石墨、陶土、萤石等非金属矿物原料及化工原料、化肥、农药等的细磨，产品的粒度一般在 325～400 目之间。

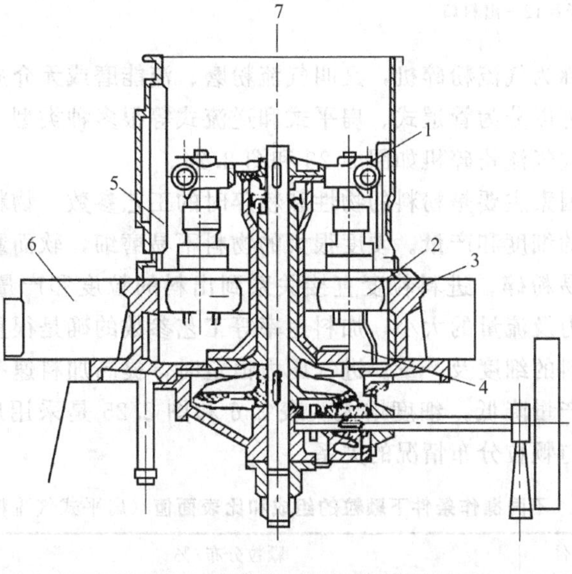

图 2.22　雷蒙磨（悬辊式盘磨机）

1—梅花架；2—辊子；3—磨环；4—铲刀；5—给料部；6—返回风箱；7—排料部

2.3.7　气流粉碎

气流粉碎（jet milling）是超细粉碎物料的另一种有效的方法。它的工作是利用高压流体（压缩空气或过热蒸汽）作为介质，将其高速通过细的喷嘴射入粉碎室内，此时气流体积突然膨胀、压力降低、流速急剧增大（可以达到音速或超音速），物料在高速气流的作用下，相互撞击、摩擦、剪切而迅速破碎，然后自动分级，达到细度的颗粒被排出磨机。粗颗粒将进一步循环、粉碎，直至达到细度要求。

气流粉碎的最大特点是不需要任何固体研磨介质。粉碎室的内衬一般采用橡胶及耐磨塑料、尼龙等，故可以保证物料的纯度。在粉碎过程中，颗粒能自动分级，粒度较均匀，且能够连续操作，有利于生产自动化。缺点是耗电量大，附属设备多。干磨时，噪声和粉尘都较大。气流粉碎的进料粒度在 0.1～1mm 之间。出料细度可达 1μm 左右，粉碎比通常为1∶40。

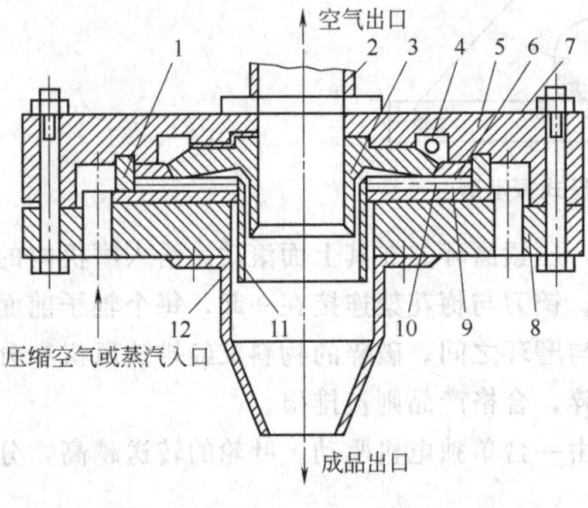

图 2.23 扁平式气流粉碎机
1—顶盖；2—管子；3—盖板；4—管子；5—缝隙通道；
6—导向环；7—环；8—底板；9—喷嘴；10—磨室；
11—管子；12—出料口

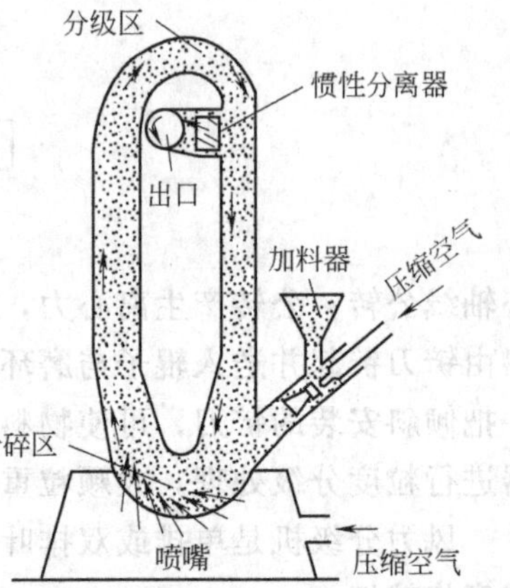

图 2.24 管道式气流粉碎机

气流粉碎的设备称为气流粉碎机，又叫气流粉磨、流能磨或无介质磨。根据粉碎室的形态和气流流动情况，可以分为管道式、扁平式和逆流式等很多种类型。国内较多采用的扁平式气流粉碎机和管道式气流粉碎机如图 2.23 和图 2.24。

影响气流粉碎的因素主要是粉料的物性和粉碎时的工艺参数。物料的硬度、脆性及进料粒度都直接影响粉碎的细度和产量。硬度很大的物料不易磨细，软而黏的物料容易堵塞加料喷管和粉碎室，也不易粉碎。进料粒度直接关系到出料的粒度和产量，它和物料的硬度有关。粉碎时，气体压力及流量的大小，加料速率等工艺参数的确是很重要的。任何一个参数的变化都会影响到出料的细度及产量。进气压力恒定时，提高加料速率会使产量提高，细度降低，反之，则会使产量降低，细度增大。表 2.6 和图 2.25 是采用扁平式气流粉碎机时，不同加料速率和气压与颗粒分布情况的关系。

表 2.6 不同操作条件下颗粒的组成和比表面值（扁平式气流粉碎机）

物料名称	编号	操作条件		颗粒分布/%								比表面积/(m^2/g)	从比表面积计算平均粒度/μm
		气压/MPa	加料速率/(kg/h)	<1μm	1～3μm	3～6μm	6～9μm	9～15μm	15～21μm	总量	<6μm		
煅烧氧化铝	1	0.54	3	30.5	50.9	13.2	2.8	1.6	1.0	100	94.6	6.3	0.24
	2	0.54	6	44.0	44.6	8.3	1.8	1.2	—	99.9	96.9	7.2	0.21
	3	0.54	9	47.0	39.4	11.2	1.4	0.6	0.4	100	97.6	5.2	0.29
	4	0.34	6	30.0	48.8	14.9	3.8	2.4	0.6	100.5	93.7	—	

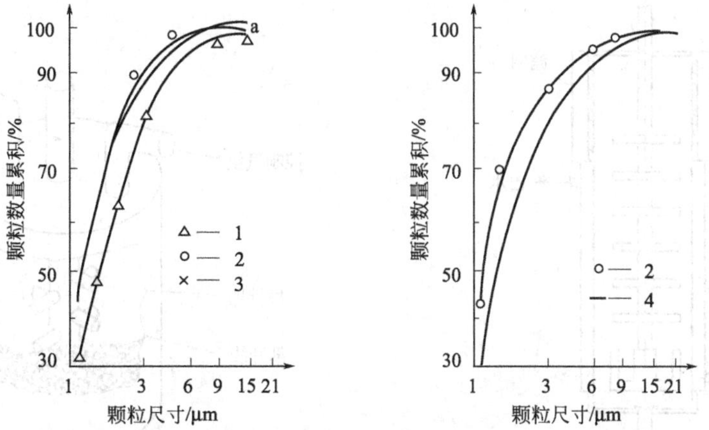

(a) 不同加料速率时粉料颗粒分布曲线　(b) 不同气压下的粉料颗粒分布曲线

图 2.25　不同工艺条件下粉料颗粒分布曲线（扁平式气流粉碎机）

2.3.8　搅拌磨粉碎

搅拌磨粉碎（agitating mill crusher）又称摩擦磨、砂磨，是较先进的粉磨方法，其粉碎原理与球磨类似。立式搅拌磨的研磨筒体是垂直固定的（图 2.26）。在筒体中心安有一旋转中轴，轴上以一定间距固定若干块圆板。待磨的浆料由筒底泵入，研磨后由顶部溢出，可以连续操作。筒体中装有研磨体，其加入量约占筒体有效容积的一半，研磨体可用直径 1～6mm 淬火钢球或其他材料磨球。粉碎时，带有圆板的中轴以 700～1400r/min 的速度旋转，给磨球以极大的离心力和切线加速度，使得球体之间、球壁之间产生剧烈的摩擦滚碾作用，其粉碎细度较振磨高几个数量级。研磨体与中轴用钢材制作，筒衬和转盘均为塑料或橡皮制成。由于研磨时间较短，很少混入杂质。此外，搅拌磨的噪声和污染都较小，可以连续操作，便于自动化。对于不宜采用湿式研磨的粉料，还可以采用干磨和气氛磨。图 2.27 为可以控制气氛的间歇式干式搅拌磨。其研磨原理与湿磨相同。

搅拌粉碎适合于加工 0.1μm 的超细粉料。其进料粒度应在 1mm 以下。适于制备轧膜成型和流延法成型用的浆料。它的缺点是分离磨球比较麻烦，可采用湿式过筛或烘干后分离。如用钢球则可以进行磁力分离。

搅拌研磨具有下列特点。

① 研磨时间短、研磨效率高，是滚筒式磨的 10 倍。

② 物料的分散性好，微米级颗粒粒度分布非常均匀。

③ 能耗低，为滚筒式磨机的 1/4。

④ 生产中易于监控，温控极好。

⑤ 对于研磨铁氧体磁性材料，可直接用金属磨筒及钢球介质进行研磨。

2.3.9　胶体磨粉碎

胶体磨粉碎（colloid mill grinding）又称分散磨，是利用固定磨子（定子）和高速旋转磨体（转子）的相对运动产生强烈的剪切、摩擦和冲击等力。被处理的料浆通过两磨体之间的微小间隙，在上述各力及高频振动的作用下被有效地粉碎、混合、乳化及微粒化。

胶体磨的主要特点如下。

① 可在较短时间内对颗粒、聚合体或悬浊液等进行粉碎、分散、均匀混合、乳化处理；

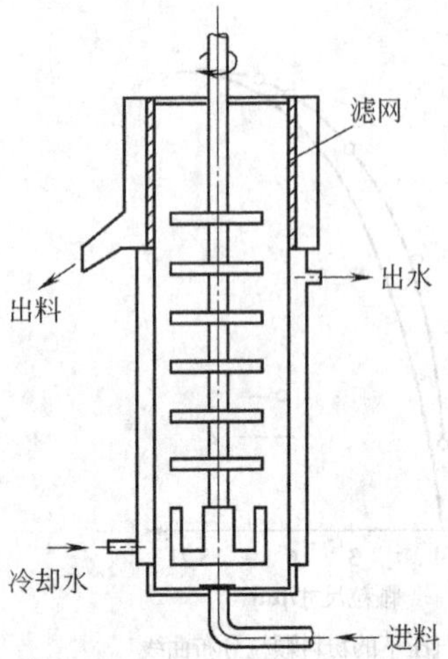

图 2.26　连续湿式搅拌磨

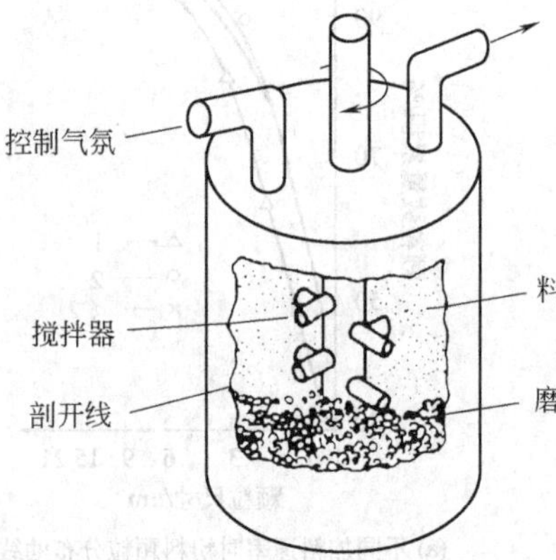

图 2.27　间歇干式搅拌磨

处理后的产品粒度可达几微米甚至亚微米。

② 由于两磨体间隙可调（最小可达 1μm），因此，易于控制产品粒度。

③ 结构简单，操作维护方便，占地面积小。

④ 由于固定磨体和高速旋转磨体的间隙小，因此加工精度高。

胶体磨按其结构可分为盘式、锤式、透平式和孔口式等类型。盘式胶体磨由一个快速旋转盘和一个固定盘组成，两盘之间有 0.02～1mm 的间隙。盘的形状可以是平的、带槽的和锥形的，旋转盘的转速为 3000～15000r/min，盘由钢、氧化铝、石料等制成，圆周速度可达 40m/s，粒度小于 0.2mm 物料以浆料形式给入圆盘之间。盘的圆周速度越高，产品粒度越小，最小可达 1μm 以下。

2.3.10　高能球磨粉碎

1988 年，日本京都大学 Shingu 等首先报道了利用高能球磨法制备 Al-Fe 纳米晶材料，为纳米粉体的制备找出一条实用化的途径。近年来，高能球磨法已成为制备纳米粉体的一种重要方法。

高能球磨法是利用球磨的转动或振动，使硬球对原料进行强烈的撞击、研磨和搅拌，把粉末粉碎为纳米级微粒的方法。如果将两种或两种以上粉末同时放入球磨罐中进行高能球磨，粉末颗粒经压延、压合、碾碎、再压合的反复过程（冷焊-粉碎-冷焊的反复进行），最后获得组织和成分分布均匀的合金粉末。这是一个无外部热能供给的、干的高能球磨过程，是一个由大晶粒变为小晶粒的过程。

与传统筒式低能球磨相比，高能球磨的磨球运动速度较大，使粉末产生塑性形变及固相形变，而传统的球磨工艺只对粉末起混合均匀的作用。由于高能球磨法制备金属粉末具有产量高、工艺简单等优点，近年来它已成为制备纳米材料的重要方法之一，被广泛应用于合金、磁性材料、超导材料、金属间化合物、过饱和固溶体材料以及非晶、准晶、纳米晶等亚稳态材料的制备。

在固体材料的粉碎过程中，粉碎设备施加于物料的机械力除了使物料粒度变小、比表面积增大等物理变化外，还会发生机械能与化学能的转换，致使材料发生结构变化、化学变化及物理化学变化。这种固体物质在各种形式的机械力作用下所诱发的化学变化和物理化学变化称为机械力化学作用。与热、电、光、磁化学等化学分支一样，研究粉碎过程中伴随的机械力化学效应的学科称为粉碎机械力化学，简称为机械力化学。

目前，能够产生明显机械力化学作用的常用粉磨设备是高能球磨，主要包括行星磨、振动磨、搅拌磨等。影响高能球磨效率和机械力化学作用的主要因素有：原料性质、球磨强度、球磨环境、球磨气氛、球料比、球磨时间和球磨温度等。

2.3.11　助磨剂

助磨剂是指可以提高粉碎效率的物质。在相同的工艺条件下，添加少量的助磨剂即可成倍的提高细碎效率（图 2.28）。因此，在球磨、振动、气流粉碎及其他机械细碎工艺中都可采用助磨剂。

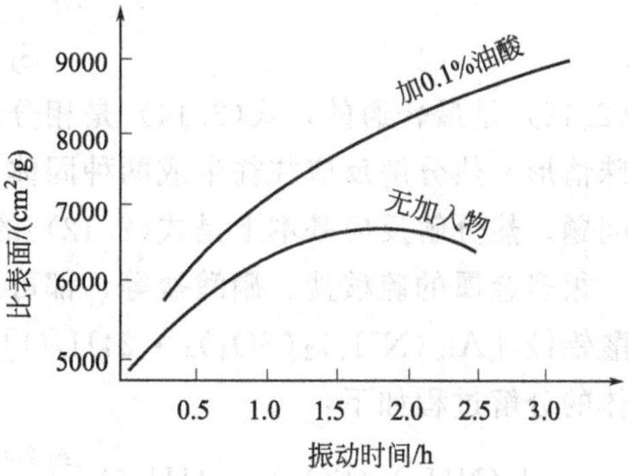

图 2.28　表面活性物质对钛酸钙瓷料比表面积的影响

助磨剂通常是一种表面活性剂。它由亲水的极性基团（如羧基—COOH、羟基—OH）和憎水的非极性基团（如烃链）组成。在粉碎过程中，助磨剂的亲水集团易紧密地吸附在颗粒表面，憎水集团则一致排列向外，从而使粉体颗粒的表面能降低。而助磨剂进入粒子的微裂缝中，积蓄破坏应力，产生劈裂作用，从而提高研磨效率。红外光谱分析的结果表明，表面活性物质不仅吸附在黏土粒子的表面，而且，部分深入到晶层之间的空间里。例如加入0.1%表面活性物质的黏土，不同频率下红外吸收带的强度有不同强度的降低，表示相应高岭石晶格中的 O—H 键，氢键的强度均减弱，因而容易磨碎。

应用助磨剂不仅能提高粉碎细度，提高磨机产量，还可以改善粉料的工艺性能。如提高粉料在水中或非极性介质中的分散性，增大粉料的流动性和填充性。

生产中一般采用液体助磨剂，如醇类（甲醇、丙三醇）、胺类（三乙醇胺、二异丙醇胺）、油酸及有机酸的无机盐类（可溶性质素磺酸钙、环烷酸钙）。一些气体（如丙酮气体、惰性气体）及固体物质（六偏磷酸钠、硬脂酸钠或钙、硬脂酸、滑石粉）也可用作助磨剂。

选择助磨剂时，要考虑待粉碎物料的化学性质。一般来说，助磨剂与物料的润湿性愈好，则助磨作用愈大。当细碎酸性物料（如二氧化硅、二氧化钛、二氧化钴）时，可选用碱性表面活性物质，如羧甲基纤维素、三羟乙基胺磷脂等，当细碎碱性物料（如钡、钙、镁的钛酸盐及镁酸盐铝酸盐等）时，可选用酸性表面活性物质（如环烷基、脂肪酸及石蜡等）。

2.4　化学法合成粉体

2.4.1　固相法

固相法（solid state method）就是以固态物质为起始原料来制备固体粉末的方法，其特征是不像气相法和液相法伴随有气相→固相、液相→固相那样的状态（相）变化。固相法所得的固相粉体和最初固相原料可以是同一物质，也可以是不同物质，并且反应生成物需要粉碎。事实上，固相反应过程包含有很多内容，如化合反应、分解反应、固溶反应、氧化还原反应、溶出反应以及相变等，而且往往是几种反应同时发生。本节侧重介绍如下的几种反应。

2.4.1.1　热分解反应法

热分解反应（thermal decomposition method）不仅仅限于固相，气体和液体也可发生热分解反应，本节主要介绍固相热分解生成新固相的反应。热分解通常如下（S代表固相，G代表气相）：

$$S_1 \longrightarrow S_2 + G_1 \tag{2.12}$$

$$S_1 \longrightarrow S_2 + G_1 + G_2 \tag{2.13}$$

$$S_1 \longrightarrow S_2 + S_3 \tag{2.14}$$

式(2.12）是最普通的，式(2.14）是相分离，不能用于制备粉体，式(2.13）是式(2.12）的特殊情形。热分解反应往往生成两种固体，所以要考虑同时生成两种固体时导致反应不均匀的问题。热分解反应基本上是式(2.12）的形式。

很多金属的硫酸盐、硝酸盐等，都可以通过热分解法而获得特种陶瓷用氧化物粉末。将硫酸铝铵［$Al_2(NH_4)_2(SO_4)_4 \cdot 24H_2O$］在空气中进行热分解，即可制备出 Al_2O_3 粉末，具体的分解过程如下：

$$Al_2(NH_4)_2(SO_4)_4 \cdot 24H_2O \xrightarrow{约 200℃} Al_2(SO_4)_3 \cdot (NH_4)_2SO_4 \cdot H_2O + 23H_2O\uparrow \tag{2.15}$$

$$Al_2(SO_4)_3 \cdot (NH_4)_2SO_4 \cdot H_2O \xrightarrow{500\sim600℃} Al_2(SO_4)_3 + 2NH_3\uparrow + SO_3\uparrow + 2H_2O\uparrow \tag{2.16}$$

$$Al_2(SO_4)_3 \xrightarrow{800\sim900℃} \gamma\text{-}Al_2O_3 + 3SO_3\uparrow \tag{2.17}$$

$$\gamma\text{-}Al_2O_3 \xrightarrow[1.0\sim1.5h]{1300℃} \alpha\text{-}Al_2O_3 \tag{2.18}$$

如上通过对高纯硫酸铝铵进行热分解，转化而得到的 α-Al_2O_3 粉其纯度高，粒度小（$\alpha < 1.0\mu m$），是高纯 Al_2O_3 陶瓷的重要原料。

除了粒度和形态外，纯度和组成也是影响粉体性能的主要因素。因此，人们很早就注意到了利用有机酸盐制备粉体的方法，其原因是：有机酸盐易于金属提纯，容易制成含两种以上金属的复合盐，分解温度比较低，产生的气体组成为C、H、O。但是，利用该法所制粉体的价格较高，碳容易进入分解产生的生成物中等。下面就合成比较简单、利用率高的草酸盐进行详细介绍。

草酸盐的热分解基本上按下面的两种机理进行，究竟以哪一种进行要根据草酸盐的金属元素在高温下是否存在稳定的碳酸盐而定。对于两价金属的情况如下。

机理Ⅰ　$$MC_2O_4 \cdot nH_2O \xrightarrow{-H_2O} MC_2O_4 \xrightarrow{-CO_2,-CO} MO 或 M \tag{2.19}$$

机理Ⅱ　$$MC_2O_4 \cdot nH_2O \xrightarrow{-H_2O} MC_2O_4 \xrightarrow{-CO} MCO_3 \xrightarrow{-CO_2} MO \tag{2.20}$$

因ⅠA族、ⅡA族（除Be和Mg外）和ⅢA族中的元素存在稳定的碳酸盐，可以按机理Ⅱ（ⅠA元素不能进行到MO，因未到MO时，MCO_3 就融熔了）进行，除此以外的金属草酸盐都以机理Ⅰ进行。

2.4.1.2　化合反应法

化合反应法（combination reaction method）是两种或两种以上的固体粉末，经混合后在一定的热力学条件和气氛下反应而成为复合粉末，有时也伴随气体逸出。上述化合反应一般具有以下反应式：

$$A_{(s)}+B_{(s)}\rightarrow C_{(s)}+D_{(s)} \quad (2.21)$$

钛酸钡粉末的合成就是一个典型的固相化合反应。等摩尔比的 $BaCO_3$ 和 TiO_2 混合物粉体在一定条件下发生如下反应：

$$BaCO_3+TiO_2\longrightarrow BaTiO_3+CO_2 \quad (2.22)$$

该固相化学反应在空气中进行，生成用于制作 PTC（possitive temperature coefficient）的钛酸钡盐，放出二氧化碳。但是，该固相化合反应的温度控制必须得当，否则得不到理想的、粉末状的钛酸钡。有人用差热分析仪（DTA）测定 $BaCO_3$、TiO_2 混合粉末在升温过程的差热、失重、热膨胀曲线（图 2.29），并通过高温 X 射线衍射仪测定各个阶段的物相组成。结果表明：在 830℃、990℃以及 1100℃处分别有吸热峰；在 1150℃出现放热峰。830℃、990℃处分别发生 $BaCO_3$ 由 $\gamma\rightarrow\beta$、由 $\beta\rightarrow\alpha$ 的相变反应。从 1100～1150℃间 $BaTiO_3$ 含量达到最大。进行 2～4h 的保温，可获得理想的 $BaTiO_3$ 粉末。如果继续升温，就会出现有害的 $BaTiO_4$ 相。直到 1250℃左右，$BaTiO_3$ 的量继续增加，到 1350℃可获得 100％含量的 $BaTiO_3$。但这时已经发生 $BaTiO_3$ 陶瓷的烧结。因此，要通过固相化合反应得到复合粉末，必须掌握好反应温度和时间。尽管实际生成的反应过程比上述更为复杂，但只要控制温度在 1100～1150℃之间，就可以得到良好的 $BaTiO_3$ 粉末。

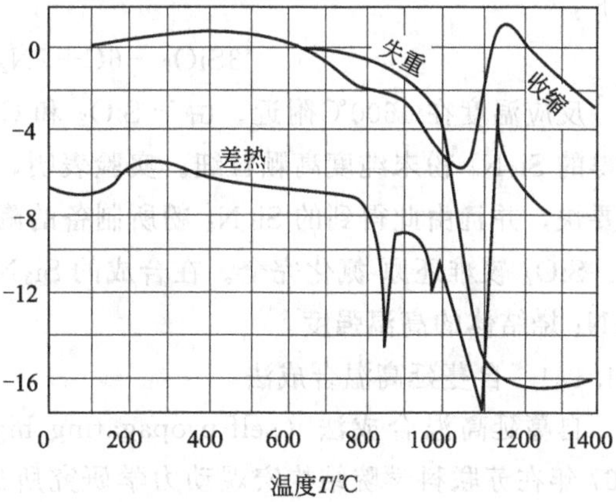

图 2.29　$BaCO_3$ 与 TiO_2 化合反应的热分析曲线

类似用固相化合反应制备粉体的例子还有很多，如尖晶石粉末的合成反应如下：

$$Al_2O_3+MgO\longrightarrow MgAl_2O_4 \quad (2.23)$$

莫来石粉末的合成反应如下：

$$3Al_2O_3+2SiO_2\longrightarrow 3Al_2O_3\cdot 2SiO_2 \quad (2.24)$$

在固相化合反应的过程中，通常还会出现烧结和颗粒生长现象，这两种现象均在同种原料间和反应生成物间出现，从而导致原料的反应性降低，并且使扩散距离增加和接触点的减少，所以应尽量抑制烧结和颗粒生长。使原料组分间紧密接触对反应进行有利，因此，应尽量降低原料粒径并使之充分混合。

实际上，为了提高反应活性，反应物常常不直接采用氧化物，而是用碳酸盐或氢氧化物等做原料。

2.4.1.3　氧化物还原法

工业生产中，非氧化物特种陶瓷的原料粉末多采用氧化物还原方法（reduction of oxides method）制备。或者还原碳化，或者还原氮化。例如 SiC 粉末的制备，是将 SiO_2 与碳粉混合，在 1460～1600℃的加热条件下，逐步还原碳化。其大致历程如下：

$$SiO_2+C\longrightarrow SiO+CO \quad (2.25)$$

$$SiO+2C\longrightarrow SiC+CO \quad (2.26)$$

$$SiO+C\longrightarrow Si+CO \quad (2.27)$$

$$Si+C\longrightarrow SiC \quad (2.28)$$

当温度达到 1460℃以上时，SiO_2 颗粒表面开始蒸发和分解。SiO_2 及 SiO 蒸气穿过颗粒间气孔扩散至C粒表面就发生上述式(2.25)～式(2.27)的反应，进一步还原后，产生Si蒸气，进而发生式(2.28)的反应。整个反应由式(2.26)控制。这时得到的SiC粉是无定形的。经过1900℃左右的高温处理就可获得结晶态SiC。

同样，在N_2条件下，通过SiO_2与C的还原-氮化，可以制备Si_3N_4粉末。其基本反应如下：

$$3SiO_2+6C+2N_2 \longrightarrow Si_3N_4+6CO \tag{2.29}$$

反应温度在1600℃附近。由于SiO_2和C粉是非常便宜的原料，并且纯度高，因此这样获得的Si_3N_4粉末纯度高颗粒细。实验表明，SiO_2的还原氮化法比Si粉的直接氮化反应速率要快，并且由此得到的Si_3N_4粉所制备的陶瓷材料具有较高的抗弯强度。但是必须注意一点：SiO_2较难还原-氮化完全。在合成的Si_3N_4粉末中，若存在少量的SiO_2，则会最终影响Si_3N_4烧结体的高温强度。

2.4.1.4　自蔓延高温合成法

自蔓延高温合成法（self-propagating high-temperature synthesis，SHS）技术最早于1967年在苏联科学院结构宏观动力学研究所进行研究，获得了很大的成功。现已经能用这一技术生产近千种化合物粉末。该方法特别适合制备氮化物、碳化物、硼化物、硅化物和金属间化合物，并且具有经济、方便、反应产率高和纯度高等特点。SHS技术制取粉末可概括为以下两大方向。

(1) 元素合成　如果反应中无气相反应物也无气相产物，则称为无气相燃烧。如果反应在固相和气相混杂系统中进行，则称为气相渗透燃烧，主要用来制造氮化物和氢化物，例如：

$$2Ti+N_2 \longrightarrow 2TiN \tag{2.30}$$

$$3Si+2N_2 \longrightarrow Si_3N_4 \tag{2.31}$$

就属于这类合成方法。如果金属粉末与S、Se、Te、P、液化气体（如液氮）的混合物进行燃烧，由于系统中含有高挥发组分，气体从坯块中逸出，从而称之为气体逸出合成。

(2) 化合物合成　用金属或非金属氧化物为氧化剂、活性金属为还原剂（如Al、Mg等）的反应即为两例。这实际上是前面谈到的化合法，或称之为Al（或Mg）热法。

复杂氧化物的合成是SHS技术的重要成就之一。例如，高T_c超导化合物的合成可写为：

$$3Cu+2BaO_2+1/2Y_2O_3 \xrightarrow{O_2} YBa_2Cu_3O_{7-x} \tag{2.32}$$

2.4.1.5　爆炸法

爆炸法（explosion method）是利用瞬间的高温高压反应制备微粉的方法，是一种连续粉体制备工艺，制备出的粉体呈球形，尺寸一般在20～30nm范围。爆炸技术用于新材料的方法包括爆炸复合、冲击相变合成、爆炸粉末烧结、气相爆轰等，所合成的材料既包含尺寸巨大的金属复合板，也包括各种微细至纳米尺度的新兴材料。

目前，研究较多的气相爆轰合成材料主要是纳米金刚石，人们不仅对其合成方法、合成原理进行了大量的研究，而且对其实际应用也进行了大量研究，如作为微电子抛光液、橡胶改性剂、耐磨镀层添加剂、润滑油添加剂、基因药物载体等。粉末爆炸法合成技术，除了用于金刚石以外，还可制备W、Mo等金属微粉，也可在通氧气的条件下制备Al_2O_3、TiO_2等氧化物粉体。颗粒的尺寸及分布与输入的能量及脉冲参数等有关。各种新材料的爆炸合成技术应用将成为新的研究领域。

2.4.2 液相法

液相法（liquid phase method）是目前实验室和工业上最为广泛的合成超微粉体材料的方法。与固相法比较，液相法可以在反应过程中利用多种精制手段；另外，通过所得到的超微沉淀物，很容易制取各种反应活性好的超微粉体材料。

液相法制备超微粉体材料可简单地分为物理法和化学法两大类。物理法是从水溶液中迅速析出金属盐，一般是将溶解度高的盐的水溶液雾化成小液滴，使液滴中的盐类呈球状迅速析出，然后将这些微细的粉末状盐类加热分解，即得到氧化物超微粉体材料。化学法是通过溶液中反应生成沉淀，通常是使溶液通过加水分解或离子反应生成沉淀物，如氢氧化物、草酸盐、碳酸盐、氧化物、氮化物等，将沉淀加热分解后，可制成超微粉体材料。

2.4.2.1　沉淀法（precipitation method）

（1）直接沉淀法　通常的沉淀法是将溶液中的沉淀进行热分解，然后合成所需的氧化物粉体，然而只进行沉淀操作也能直接得到所需的氧化物。

$BaTiO_3$ 微粉可以采用直接沉淀法合成。例如，将 $Ba(OC_3H_7)_2$ 和 $Ti(OC_5H_{11})_4$ 溶解在异丙醇或苯中，加水分解（水解），就能得到颗粒直径为 5～15nm（凝聚体的大小<1μm）的结晶性较好的、化学计量的 $BaTiO_3$ 微粉。通过水解过程消除杂质，纯度可显著地提高（纯度>99.8%）。采用这种 $BaTiO_3$ 微粉进行成型、烧结，所得制品得介电常数比一般得烧结体高得多。在 $Ba(OH)_2$ 水溶液中滴入 $Ti(OR)_4$（R 为丙基）后也能得到高纯度的、平均颗粒直径为 10mm 左右的、化学计量比的 $BaTiO_3$ 微粉。

（2）均匀沉淀法　均匀沉淀法是利用某一化学反应，使溶液中的构晶离子（构晶负离子或构晶正离子）由溶液中缓慢、均匀地产生出来的方法。在这种方法中，加入到溶液中的沉淀剂不立刻与被沉淀组分发生反应，而是沉淀剂通过化学反应在整个溶液中均匀地释放构晶离子，并使沉淀在整个溶液中缓缓、均匀地析出，从而克服了由外部向溶液中加沉淀剂而造成沉淀剂的局部不均匀性的缺点。

在不饱和溶液中，利用均匀沉淀法均匀地生成沉淀的途径主要有两种。

① 溶液中的沉淀剂发生缓慢的化学反应，导致氢离子浓度变化和溶液 pH 值的升高，使产物溶解度逐渐下降而析出沉淀。

② 沉淀剂在溶液中反应释放沉淀离子，使沉淀离子的浓度升高而析出沉淀。

例如，随着尿素水溶液的温度逐渐升高至 70℃附近，尿素会发生分解，即：

$$(NH_2)_2CO + 3H_2O \longrightarrow 2NH_4OH + CO_2\uparrow \qquad (2.33)$$

由此生成的沉淀剂 NH_4OH 在金属盐的溶液中分布均匀，浓度低，使得沉淀物均匀地生成。由于尿素的分解速率受加热温度和尿素浓度的控制，因此可以使尿素分解速率降得很低。用该法生产的沉淀物纯度高，体积小，过滤、洗涤操作容易。尿素水解方法能得到 Fe、Al、Sn、Ga、Th、Zr 等氢氧化物或碱式盐沉淀，也可形成磷酸盐、草酸盐、硫酸盐、碳酸盐的均匀沉淀。

（3）共沉淀法　所谓共沉淀法，是在混合的金属盐溶液（含有两种或两种以上的金属离子）中加入合适的沉淀剂，反应生成组成均匀的沉淀，沉淀热分解得到高纯超微粉体材料。共沉淀法的优点在于：a. 通过溶液中的各种化学反应直接得到化学成分均一的超微粉体材料；b. 容易制备粒度小而且分布均匀的超微粉体材料。

共沉淀法又可分为单相共沉淀法和混合物共沉淀法。a. 单相共沉淀。即沉淀物为单一化合物或单相固溶体时，称为单相共沉淀，亦称化合物沉淀法。单相共沉淀法的缺点是适用范围很窄，仅对有限的草酸盐沉淀适用，如二价金属的草酸盐间产生固溶体沉淀。b. 混合物共沉淀。即如果沉淀产物为混合物时（溶度积不同），称为混合物共沉淀。

共沉淀法制备超微粉体材料的影响因素很多，主要包括以下几点。

① 沉淀物类型：简单化合物、固态溶液、混合化合物。

② 化学配比、浓度、沉淀的物理性质、pH 值、温度、溶剂和溶液浓度、混合方法和搅拌速度、吸附和浸润等。

③ 化合物间的转化：分解反应和分解速率、颗粒大小、形貌和团聚状态、焙烧后粉体的活性和烧结性能、残余正、负离子的影响等。

其中，通过控制制备过程的工艺条件，合成在原子或分子尺度上混合均匀的沉淀物是最为关键的步骤。

四方氧化锆或全稳定立方氧化锆的共沉淀制备就是一个很普通的例子。以 $ZrOCl_2 \cdot 8H_2O$ 和 Y_2O_3（化学纯）为原料来制备 ZrO_2-Y_2O_3 的纳米粉体的过程如下：Y_2O_3 用盐酸溶解得到 YCl_3，然后将 $ZrOCl_2 \cdot 8H_2O$ 和 YCl_3 配制成一定浓度的混合溶液，在其中加 NH_4OH 后便有 $Zr(OH)_4$ 和 $Y(OH)_3$ 的沉淀粒子缓慢形成。反应式如下：

$$ZrOCl_2 + 2NH_4OH + H_2O \longrightarrow Zr(OH)_4 \downarrow + 2NH_4Cl \tag{2.34}$$

$$YCl_3 + 3NH_4OH \longrightarrow Y(OH)_3 \downarrow + 3NH_4Cl \tag{2.35}$$

得到的氢氧化物共沉淀物经洗涤、脱水、煅烧可得到具有很好烧结活性的 ZrO_2（Y_2O_3）微粒。混合物共沉淀过程是非常复杂的，溶液中不同种类的阳离子不能同时沉淀，各种离子沉淀的先后顺序与溶液的 pH 值密切相关。例如，Zr、Y、Mg、Ca 的氯化物溶入水形成溶液，随 pH 值的逐渐增大，各种金属离子发生沉淀的 pH 值范围不同，如图 2.30 所示。上述各种离子分别进行沉淀，形成了水、氢氧化锆和其他氢氧化物微粒的混合沉淀物，为了获得沉淀的均匀性，通常是将含多种阳离子的盐溶液慢慢加到过量的沉淀剂中并进行搅拌，使所有沉淀离子的浓度大大超过沉淀的平衡浓度，尽量使各组分按比例同时沉淀出来，从而得到较均匀的沉淀物。但由于组分之间的沉淀产生的浓度及沉淀速率存在差异，故溶液的原始原子水平的均匀性可能部分地失去，沉淀通常是氢氧化物或水合氧化物，但也可以是草酸盐、碳酸盐等。

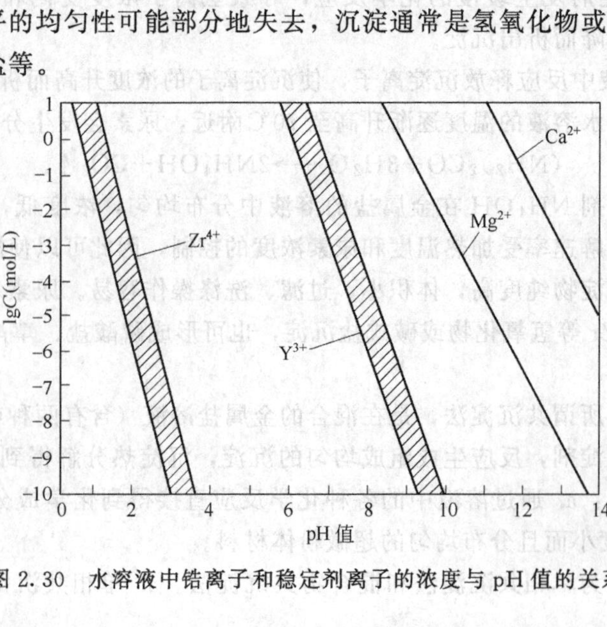

图 2.30　水溶液中锆离子和稳定剂离子的浓度与 pH 值的关系

利用共沉淀法制备高纯超微粉体材料时，初始溶液中负离子及沉淀剂中的正离子等少量残留物的存在，对粉体材料的烧结等性能有不良的影响，因此应特别注意洗涤工序的操作。另外，为了防止干燥过程中粉末的团聚，可以利用乙醇、丙酮、异丙醇和异戊醇等有机溶剂，进行适当的球磨分散。

（4）络合沉淀法　络合沉淀法常用于金属氧化物纳米粒子的制备，其原理是金属离子与柠檬酸、EDTA 等络合剂形成常温稳定的络合物，在适当温度和 pH 值下，络合物被破坏，金属离子重新释放出来，与溶液中的 OH^- 及外加沉淀剂作用生成沉淀物，经进一步处理后得到金属氧化物纳米粒子。

以 CeO_2 超微粉末制备为例，在搅拌情况下按不同的摩尔比加入一定量的氯化铈和柠檬酸铵溶液或在柠檬酸溶液中加入碳酸铈进行反应，结束后用氨水调节 pH 值直至沉淀溶解。滴加盐酸使 pH 值降低，析出沉淀，继续滴加至沉淀率最高时的 pH 值为止。沉淀经处理后得到粒径为 20～40nm 的 CeO_2 超微粉末。

该法优点是产率高，处理量大；缺点是工艺较繁复，不利于大规模生产，同时所需络合反应剂会使成本提高。

除了共沉淀法、均相沉淀法、直接沉淀法及络合沉淀法外，近年来又出现了将超声技术引入沉淀法的超声沉淀法。

2.4.2.2　溶胶-凝胶法

所谓溶胶-凝胶法（sol-gel method）是指将金属氧化物或氢氧化物的溶胶变为凝胶，再经干燥、煅烧，制得氧化物粉末的方法。即先造成微细颗粒悬浮在水溶液中（溶胶），再将溶胶滴入一种能脱水的溶剂中使粒子凝聚成胶体状（即凝胶），然后除去溶剂或让溶质沉淀下来。溶液的 pH 值、溶液的离子或分子浓度、反应温度和时间是控制溶胶凝胶化的 4 个主要参数。而溶液的 pH 值和反应温度是制备简单氧化物（如 SiO_2）粉体的主要控制条件，不同组分溶胶的凝胶过程是不相同的，控制凝胶过程的主要参数需从总结实验数据中得到。

溶胶-凝胶法不仅可用于制备微粉，而且可用于制备薄膜、纤维、体材和复合材料。与其他方法相比，具有许多独特的优点。

① 化学均匀性好：由于溶胶-凝胶法中所用的原料首先被分散到溶剂中而形成低黏度的溶液，因此，就可以在很短的时间内获得分子水平的均匀性，在形成凝胶时，反应物之间很可能是在分子水平上被均匀地混合。

② 高纯度：粉料（特别是多组分粉料）制备过程中无须机械混合，以避免因机械混合引起的粉体污染。多组分的粉料混匀往往需要经过某种有球磨介质参与的高速球磨过程，而球磨介质的使用常常带来杂质。

③ 颗粒细：胶粒尺寸小于 $0.1\mu m$。

④ 该法可容纳不溶性组分或不沉淀组分：不溶性颗粒均匀地分散在含不产生沉淀组分的溶液中，经胶凝化，不溶性组分可自然地固定在凝胶体系中。不溶性组分颗粒越细，体系化学均匀性越好。

⑤ 与固相反应相比，溶胶-凝胶体系中化学反应更容易进行，而且合成温度较低。一般认为，溶胶-凝胶体系中组分的扩散在纳米范围内，而固相反应时组分扩散是在微米范围内，因此反应容易进行，温度较低。

溶胶-凝胶法也存在一些问题。

① 目前所使用的原料价格比较昂贵，有些原料为有机物，对健康有害。

② 通常整个溶胶-凝胶过程所需时间较长，常需要几天或者几周。

③ 凝胶中存在大量微孔，在干燥过程中又将会逸出许多气体及有机物，并产生收缩。

溶胶-凝胶法按起始反应物的种类可分为无机盐水解法和金属醇盐水解法。

(1) 无机盐水解法　利用金属的氯化物、硫酸盐、硝酸盐溶液，通过胶体的手段合成超微粉，是人们熟知的制备金属氧化物或水合金属氧化物的方法。最近，通过控制水解条件来合成单分散、球形微粉的方法广泛地应用于新材料的合成中。单分散、球形氧化物由于粒径不同，其色调在很宽的范围内变化，所以胶体的颗粒调制法也正向颜料应用方向发展。

(2) 醇盐水解法　醇盐水解法是合成超微粉体的一种新方法，由于其水解过程不需要添加碱，因此不存在有害负离子和碱金属离子。该法的突出优点是反应条件温和、操作简单产品纯度高，但成本昂贵。

金属醇盐是用金属元素置换醇中羟基的氢的化合物总称，通式为 $M(OR)_n$，其中 M 代表金属元素，R 是烷基（羟基）。金属醇盐由金属或者金属卤化物与醇反应合成，它很容易和水反应生成氧化物、氢氧化物和水化物。氢氧化物和其他水化物经煅烧后可以转化为氧化物粉体。

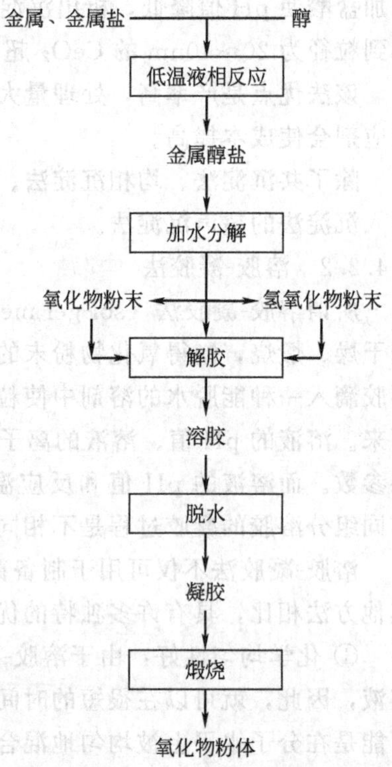

图 2.31　醇盐水解法制备超微粉体的工艺流程

醇盐水解制备超微粉体的工艺过程包括两部分，即水解沉淀法和溶胶凝胶法。图 2.31 描述了醇盐法的工艺流程。超微粉体的制备大体上有溶胶混合法和复合醇盐直接水解法两种。前者的基本过程是把各自的金属醇盐加水分解、制成溶胶，混合后预烧，最后得到超微粉体。

醇盐水解法制备的超微粉体不但具有较大的活性，而且粒子通常呈单分散状态，在成型体中表现出良好的填充性，并具有良好的低温烧结性能。Bowen 等曾研究了用醇盐水解法合成的 TiO_2 微粉的低温烧结性能。在钛浓度为 0.1mol/L 的水-酒精溶液中，控制一定的 pH 值（pH=11），通过钛醇盐的加水分解，制成了单分散球形 TiO_2 微粉。此种微粉在烧结温度为 800℃时，烧结体密度即可达到 99%以上，而普通的 TiO_2 粉末在烧结温度为1300～1400℃，烧结体密度也仅有 97%。

由于醇盐水解法制备的超微粉体具有优良的低温烧结性，因此引起材料工作者的很大兴趣。目前，醇盐合成的 Y_2O_3 部分稳定的 ZrO_2 和钙钛矿系介电材料的低温烧结微粉都已取得了新的进展。所以，这一方法在发展高功能陶瓷材料的低温烧结技术方面，开辟了广阔的前景。

2.4.2.3　溶剂蒸发法

沉淀法存在以下几个问题：①沉淀为胶状物，水洗、过滤困难；②沉淀剂容易作为杂质混入沉淀物；③当使用能够分解除去的氢氧化铵、碳酸铵作为沉淀剂时，Cu^{2+} 和 Ni^{2+} 形成可溶性络离子；④沉淀过程中各种成分可能分离；⑤水洗时，有的沉淀物发生部分溶解。

为了解决上述问题，研究了不用沉淀剂的溶剂蒸发法（solution evaporation method），具体过程如图 2.32 所示。在溶剂蒸发法时，为了保证溶液的均匀性，必须将溶液分散成小液滴，以使组分偏析最小，因此一般需要使用喷雾法。在喷雾法中，如果氧化物成分不蒸发，则粒子内各成分的比例与原溶液相同；又因为不产生沉淀，故可以合成复杂的多组分氧化物粉末。另外，采用喷雾法制备的氧化物粒子一般为球形，流动性好，便于在后继工序中进行加工处理。

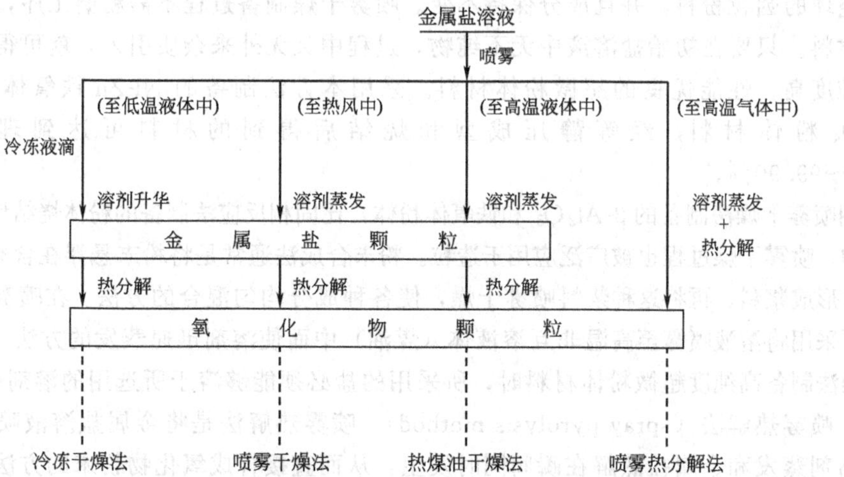

图 2.32　采用溶剂蒸发法以金属盐溶液制备超微粉体

（1）冷冻干燥法（freeze-drying method）　将配制好的阳离子盐溶液喷入到低温有机液体中（用干冰或丙酮冷却的乙烷浴内），使液体进行瞬间冷冻和沉淀在玻璃器皿的底部，将冷冻球状液滴和乙烷筛选分离后放入冷冻干燥器，在维持低温降压条件下，溶剂升华、脱水，再在煅烧炉内将盐分解，可制得超细粉体，这一方法称为冷冻干燥法，如图 2.33 所示。

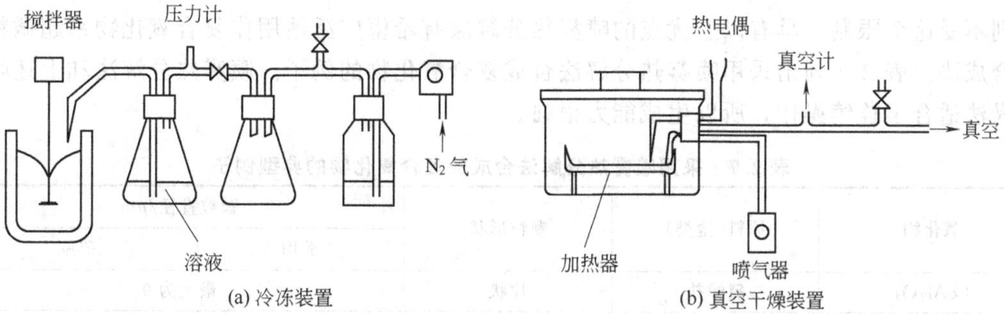

图 2.33　冷冻干燥法原料及实验装置

冷冻干燥法具有一系列突出的优点。

① 在溶液状态下均匀混合，适合于极微量组分的添加，有效地合成复杂的陶瓷功能粉体材料并精确控制其最终组成。

② 制备的超微粉体粒度分布范围窄，一般在 10～500nm 范围内，冷冻干燥物在煅烧室内含气体极易逸出，容易获得易烧结的陶瓷超微粉体，由此制得的大规模集成电路基片平整度好，用来制备催化剂，则其表面积和反应活性均较一般过程高。

③ 操作简单，特别适合于高纯陶瓷材料用超微粉体的制备。

近年来，采用冷冻干燥法制成的超微粉体材料已广泛应用于各个重要的科学技术领域。“阿波罗”号航天飞机上所用燃料电池中的掺 Li 的 NiO 电极，就是采用冷冻干燥法和下面的喷雾干燥法制造的。

(2) 喷雾干燥法 (spray drying method) 喷雾干燥法是将溶液分散成小液滴喷入热风中，使之快速干燥的方法。在干燥室内，用喷雾器把混合的盐（如硫酸盐）水溶液雾化成10～20μm或更细的球状液滴，这些液滴在经过燃料燃烧产生的热气体时被快速干燥，得到类似中空球的圆粒粉料，并且成分保持不变。喷雾干燥制备过程不需粉磨工序，直接得到超微粉体材料。只要在初始盐溶液中无不纯物，过程中又无外来杂质引入，就可得到化学成分稳定、纯度高、性能优良的超微粉体材料。采用本方法制备的Ni-Zn铁氧体粉体材料和$MgAl_2O_4$粉体材料，经等静压成型和烧结后得到的材料可达到理论密度的99.00%～99.90%。

采用喷雾干燥法制备的β-Al_2O_3和铁氧体粉体，比固相反应法制备的粉体烧结坯体具有更微细的结构。喷雾干燥过程也被广泛应用于造粒。粉末合成法通常是将粉末悬浮在含有第二组分的溶液中，形成浆料，再将这种浆料喷雾干燥，使各种成分均匀混合的方法。在喷雾干燥的方法中，还可采用将溶液喷雾至高温非互溶液体（煤油）中而使溶剂迅速蒸发的方法（热煤油法）。喷雾干燥法制备高纯度超微粉体材料时，所采用的盐必须能够溶于所选用的溶剂中。

(3) 喷雾热解法 (spray pyrolysis method) 喷雾热解法是将金属盐溶液喷雾至高温气氛中，溶剂蒸发和金属盐热解在瞬间同时发生，从而直接合成氧化物粉末的方法。该方法也称为喷雾焙烧法、火焰喷雾法、溶液蒸发分解法等。在喷雾热解法中，有将溶液喷雾至加热的反应器中和喷雾至高温火焰中两种方法，多数场合是使用可燃烧性溶剂（通常为乙醇），以利用其燃烧热。例如，将$Mg(NO_3)_2+Mn(NO_3)_2+4Fe(NO_3)_2$的乙醇溶液进行喷雾热分解，就能得到$(Mg_{0.5},Mn_{0.5})Fe_2O_3$微粉。用喷雾热解法时，生成的粒子一般为球状且中空。但若液滴的加热速率快，球状粒子则被破坏。

上述冷冻干燥法和喷雾法不能用于后面热分解过程中产生熔融的金属盐，而喷雾热分解法则不受这个限制。具有以上优点的喷雾热分解法有希望广泛地用作复合氧化物系超微粉末的合成法。表2.7列出采用喷雾热分解法合成复合氧化物的例子。喷雾热分解法和上述喷雾干燥法适合于连续操作，所以生成能力很强。

表2.7 采用喷雾热分解法合成的复合氧化物的典型例子

氧化物	原料(盐类)	颗粒形状	颗粒直径/μm	
			平均	范围
$CoAl_2O_4$	硫酸盐	片状	最大为9	
$Cu_2Cr_2O_4$	硝酸盐	球状	0.07	0.015～0.12
$PbCrO_4$	硝酸盐	球状	0.22	0.15～0.4
$MgFe_2O_4$	氯化物	球状	0.07	0.015～0.18
$(Mg,Mg)Fe_2O_4$	氯化物	球状	0.09	0.02～0.25
$MnFe_2O_4$	氯化物	球状	0.05	0.02～0.16
$(Mn,Zn)Fe_2O_4$	氯化物	球状	0.05	0.02～0.2
$(Ni,Zn)Fe_2O_4$	氯化物	六角形	0.05	0.02～0.15
$ZnFe_2O_4$	氯化物	六角形	0.12	0.015～0.18
$BaO\cdot 6Fe_2O_4$	氯化物	六角形	0.075	0.02～0.18
$BaTiO_3$	醋酸盐	球状	0.4	0.2～1.3
	乳酸盐	球状、立方体	1.2	0.07～3.5

2.4.2.4　溶剂热法

溶剂热法（solvothermal method）是指在密闭体系中，以水或有机物为溶剂，在一定的温度和溶剂自生的压力下，将反应物进行混合、反应生成通常条件下难以合成的化合物的一种方法。按溶剂种类的不同可分为水热法和非水溶剂热合成法。

（1）水热法（hydrothermal method）　水热合成法是高温、高压下在水（水溶液）或蒸气等流体中进行有关化学反应的总称。基本原理是：高温、高压下一些氢氧化物在水中的溶解度大于对应的氧化物在水中的溶解度，于是氢氧化物溶于水中，同时析出氧化物；也可将制备好的氢氧化物通过化学反应（如水解反应）在高温、高压下生成氧化物。由于水热法直接生成氧化物，避免了沉淀法需要煅烧转化成氧化物这一可能形成硬团聚的步骤，所以合成的氧化物粉体具有分散性好、大小可控、团聚少、晶粒结晶良好、晶面显露完整、晶格发育完整、有良好的烧结活性等特点。因而水热合成法是制备纳米氧化物的主要方法之一。水热合成法用于无机材料制备的主要途径有水热沉淀、水热脱水、水热结晶、水热合成、水热分解和水热氧化等。

影响水热合成的因素主要有：温度的高低、升温速率、搅拌速度以及反应时间等。

水热条件下晶体生长包括以下步骤。

① 溶解阶段　原料在水热介质里溶解，以离子、分子团的形式进入溶液。

② 输运阶段　由于体系中存在十分有效的热对流以及溶解区和生长区之间的浓度差，这些离子、分子或离子团被输运到生长区。

③ 结晶阶段　离子、分子或离子团在生长界面上的吸附、分解与脱附；吸附物质在界面上的运动、结晶。

但是并非所有晶体都适合在水热环境里生长。判断适合采用水热法的一般原则是：①结晶物质各组分的一致性原则；②结晶物质具有足够高的溶解度；③溶解度的温度系数有足够大的绝对值；④中间产物通过改变温度较容易分解。

水热合成制备纳米粉体的优点如下：①可获得通常条件下难以获得几纳米到几十纳米的粉体；②粉体粒度分布窄，团聚程度低、成分纯净，结晶发育完整，并具良好的烧结活性等；③制备过程污染小，成本低；④特别适合于零维、一维氧化物材料的制备、研究、开发。

水热合成制备纳米粉体也存在一些局限性。由于反应在密闭的容器中进行，无法观察其生长过程，不直观。水热法需要高温高压步骤、对生产设备的依赖性比较强、设备要求高（耐高温高压的钢材，耐腐蚀的内衬）、技术难度大（温压控制严格）、成本高，影响和阻碍了水热法的发展。一般只能制备氧化物粉体，关于晶核形成过程和晶体生长过程的控制影响因素等很多方面缺乏深入研究，目前还没有得出令人满意的解释。安全性能差，目前水热法有向低温低压发展的趋势，即温度 $<100℃$，压力接近 1.01×10^5 Pa（1 个标准大气压）的水热条件。

（2）非水溶剂热合成法　非水溶剂热合成法，是在高温、高压下的有机溶剂或蒸气等流体中，进行有关化学反应的方法。其基本原理与水热合成法相同，区别在于所用的溶剂不同。非水溶剂热合成法中以有机溶剂（如甲酸、乙醇、苯、乙二胺、四氯化碳等）代替水作溶媒，采用类似水热合成的原理制备纳米金属氧化物，是水热合成法的又一重大改进。非水溶剂在反应过程中，既是传递压力的介质，又起到矿化剂的作用。以非水溶剂代替水，不仅大大扩大了水热技术的应用范围，而且由于非水溶剂处于近临界状态下能够实现通常条件下无法实现的反应，并能生成具有介稳态结构的材料。非水溶剂合成也是制备纳米材料最为常用的方法之一，选择适当的溶剂和反应条件，能有效地控制产物的形貌。

溶剂选择应遵循下列原则。

① 溶剂应该有较低的临界温度。因为具有低临界温度的溶剂其黏度较低，使得离子的扩散更加迅速，这将有利于反应物的溶解和产物的结晶。

② 对于金属离子而言，溶剂应该有较低的吉布斯溶剂化能，因为这将有利于产物从反应介质中结晶。

③ 溶剂不能与反应物反应，及在所选择的溶剂中不会发生反应物的分解。

④ 在选择溶剂时，还应考虑溶剂的还原能力以至于共结晶析出的可能性。

溶剂热反应中常用的溶剂有：乙二胺、甲醇、乙醇、二乙胺、三乙胺、吡啶、苯、甲苯、二甲苯、1,2-二甲基乙烷、苯酚、氨水、四氯化碳、甲酸等。在溶剂热反应过程中溶剂作为一种化学组分参与反应，既是溶剂，又是矿化的促进剂，同时还是压力的传递媒介。

2.4.2.5 模板法

目前，模板合成法（template method）大致可以分为硬模板法、软模板法及生物分子模板法。其中，硬模板法主要采用的是预制好的刚性模板，使得金属的纳米微粒在模板的纳米级的孔道中生长；而软模板法是当表面活性剂溶液的浓度达到一定值后，可以在溶液中形成 LB 膜、液晶、胶束、微乳液等，从而引导金属纳米材料的生长。

(1) 硬模板法　硬模板多是利用材料的内表面或外表面为模板，填充到模板的单体进行化学或电化学反应，通过控制反应时间，除去模板后可以得到纳米颗粒、纳米棒、纳米线或纳米管、空心球和多孔材料等。经常使用的硬模板包括碳纳米管、径迹蚀刻聚合物膜、多孔氧化铝膜、聚合物膜纤维、二氧化硅模板、聚苯乙烯微球等。

① 碳纳米管模板法　近年来，经许多科学家的不断探索，已经成功地采用碳纳米管（CNT）为模板合成了多种碳化物和氮化物的纳米丝和纳米棒。这种方法最可能的成长机理是：先驱体纳米碳管的纳米空间为气相化学反应提供了特殊的环境，为气相的成核以及核的长大提供了优越的条件。碳纳米管的作用就像一个特殊的“试管”，一方面它在反应过程中提供所需的碳源，消耗自身；另一方面，提供了成核场所，同时又限制了生产物的生长方向。可以断言，在相同的反应条件下，碳纳米管内的合成反应与管外的反应是不同的。纳米尺寸的限制将会为制备一些实心纳米线提供一条新途径，可望用此法制备多种材料的一维纳米线。

② 氧化铝薄膜模板法　早在 1932 年，人们就已认识到多孔附极氧化铝膜（AAO）是由外部厚的多孔层及邻近铝基底的紧密的阻挡层构成。紧靠铝基体表面是一层薄而致密的阻挡层（barrier layer），上面则形成较厚的多孔层，多孔层的膜胞呈六角密堆排列，每个膜胞中心存在纳米尺度的孔，且孔大小均匀，与基体表面垂直，彼此之间相互平行。进入 20 世纪 90 年代，随着自组装纳米结构体系研究的兴起，这种带有高度有序的纳米级阵列孔道的纳米材料受到人们的重视。人们将 AAO 作为模板来制备纳米材料和纳米阵列复合结构，并在磁记录、电子学、光学器件以及传感器等方面取得良好的研究成果。

③ 聚合物模板法　聚合物模板法主要以聚碳酸酯膜模板法和聚丙烯酸乙酯膜模板法为主。聚碳酸酯膜模板法是所有聚合物膜模板中使用最广的一种，可以用作过滤膜，已经有许多商业化产品。

以聚碳酸酯过滤膜为模板，用电化学沉积法制备纳米线的具体过程如下。首先，在经

PVP（用作润湿剂）涂层过的、具有一定孔径的聚碳酸酯过滤膜的一面用电子束蒸发沉积一层设定厚度的目标金属。把镀有金属的一面固定在导电基底上进行电沉积。在电极置入电解槽之前，先在去离子水中用超声波处理 2min，以保证所有的孔都能被润湿且具有相同活性。以 Pt 为对电极，饱和甘汞电极为参比电极，选取合适的电解液，在适当的电压下进行电沉积就可以得到目标金属的纳米线。电沉积完成后，在 40℃下用 Cl_2CH_2 溶解掉聚碳酸酯膜，然后依次用新鲜的二氯甲烷、氯仿和乙醇洗涤。

（2）软模板法　软模板通常为两亲性分子形成的有序聚集体，主要包括 LB 膜、胶束、微乳液、囊泡以及溶致液晶（LLC）等，这些模板分别通过介观尺寸的有序结构以及亲水、亲油区域来控制颗粒的形状、大小与取向。

在软模板法中，微乳液法是以乳化液的分散相作为微型反应器，通过液滴内反应物的化学沉淀来制备超细粉体的方法。在微乳液法中，作为分散相的液滴可以是分散在水中的油溶胀粒子（O/W 型微乳液），也可以是分散在油中的水溶胀粒子（W/O 型微乳液）。它们是由水、油（有机溶剂）、表面活性剂和助表面活性剂组成的透明或半透明的、各相同性的热力学稳定体系，具有粒子细小、大小均一、稳定性高等特点。也正是由于微乳液有以上的特征，才能应用到超微粉的制备中。

（3）生物分子模板法　生物大分子作为模板剂来制备介孔材料的研究还仅仅停留在利用生物模板合成介孔结构的阶段上，而对于生物模板形成介孔结构的机理及如何通过对合成条件的控制来控制介孔的孔径及分布，从而使其趋于有序性，则研究得很少。目前生物大分子在材料方面的主要应用还在于合成具有纳米尺度的新型材料，随着分子自组装及生物矿化等生命过程研究的深入，生物大分子的传输、催化等一系列问题必将最终促进生物大分子模板在介孔材料的合成领域得到更广泛的应用。

2.4.2.6　超声法

超声法（ultrasonic method）化学又称声化学，是利用声空化能加速或控制化学反应，提高反应产率和引发新的化学反应的一门新的交叉学科，是声能量与物质间的一种独特的相互作用方式。超声波是由一系列疏密相间的纵波构成的，通常指频率在 20～50000kHz 以上的高频声波，它也具有普通声波的基本特性，但由于超声波的频率比一般声波的频率要高得多，因此也就具有一些独特的性质。首先，超声波比普通的声波具有更好的束射性；其次，超声波具有比普通声波强大得多的功率；再次，超声波具有的能量很大，可使介质的质点产生显著的声压作用。正是由于超声波这些性质，使它具有一些十分独特的作用，如加快反应速率，提高反应产率，甚至使一些常态下不可能发生的反应变为可能。

超声波在介质中的传播过程中存在着一个正负压强的交变周期。在正压相位时，超声波对介质分子挤压，改变了液体介质原来的密度，使其增大；而在负压相位时，使介质分子变得稀疏，进一步离散，介质的密度则减小。当用足够大振幅的超声波作用于液体介质时，在负压区内介质分子间的平均距离会超过使液体介质保持不变的临界分子距离，液体介质就会发生断裂，形成微泡（microbubble），微泡进一步长大成为空化气泡。这些气泡一方面可以重新溶解于液体介质中，也可能上浮并消失；另一方面随着声场的变化而继续长大，直到负压达到最大值，在紧接着的压缩过程中，这些空化气泡被压缩，其体积缩小，有的甚至完全消失。当脱出共振相位时，空化气泡就不再稳定了，这时空化气泡内的压强已不能支撑其自身的大小，即开始溃陷或消失，这一过程称为空化作用（cavitation effect）或孔蚀作用（pitting corrosion function）。

只要能量足够高，超声波就能产生一种“空化效应”，因为空化气泡寿命极短（0.1ps），故在爆炸时可释放巨大的能量，并可产生高速且具有强烈冲击力（110m/s）的微射流，碰撞密度高达1.5kg/cm^2。空化气泡在爆炸瞬间产生约4000K和100MPa的局部高温高压环境，冷却速率可达10^9K/s。这些条件足以使有机物在空化气泡内发生化学键断裂、水相燃烧或热分解，并能促进非均相界面间的扰动和相界面更新，从而加速界面间的传质和传热过程。化学反应和物理过程的超声强化作用主要是由于液体的超声空化产生的能量效应和机械效应引起的。

功率超声波的频率范围为20～100kHz，声化学研究使用的超声波频率范围为200～2000kHz，其中功率超声主要利用了超声波的能量特性，而声化学则同时利用了超声波的频率特性。在纳米材料的制备中多采用功率超声，其中，有的利用了空化过程的高温分解作用，有的利用了超声波的分散作用（如超声雾化），有的利用了超声波的机械扰动对沉淀形成过程的动力学影响，以及超声波的剪切破碎机理对颗粒尺寸的控制作用。实际上，到底哪一种机制在起主导作用取决于纳米材料的制备途径以及溶剂和反应体系的性质。

2.4.3 化学气相法

化学气相反应法（chemical vapor deposition，CVD）又称为热化学气相反应法，是将挥发性金属化合物的蒸气通过化学反应合成所需物质的方法，已成为制备纳米粉体和薄膜的重要方法。气相化学反应可分为两类：一类为单一化合物的热分解[$A_{(g)} \rightarrow B_{(s)} + C_{(g)}$]；另一类为两种以上化学物质之间的反应[$A_{(g)} + B_{(g)} \rightarrow C_{(s)} + D_{(g)}$]。该法是指在气相条件下，首先形成离子或原子，然后逐步长大生成所需的粉体，容易获得粒度小、纯度高的超微粉体，已成为制备纳米级氧化物、碳化物、氮化物粉体的主要手段之一。气相反应法与盐类热分解及沉淀法相比，具有如下特点：

① 金属化合物具有挥发性，容易精制（提纯），而且生成粉料不需要粉碎，另外，生成物的纯度高；

② 生成颗粒的分散性良好；

③ 只要控制反应条件，就很容易得到颗粒直径分布范围较窄的微细粉末；

④ 容易控制气氛。

加热方式对气相合成有重要影响。蒸发-冷凝法有很多种加热方式，包括激光（laser）、等离子体（plsma）、微波（microwave）、高频感应（high frequency induction）、直流或交流电弧加热（arc heating）等都能用于气相反应，其中激光和等离子体加热的使用更为普遍。

2.4.3.1 激光诱导气相沉积法

激光诱导气相沉积法（laser induction chemical vapor deposition，LICVD）是一种利用反应气体分子对特定波长激光束的吸收而产生热解或化学反应，经成核生长形成超微粉料的方法。整个过程基本上是一个热化学反应和成核生长的过程。目前已成为最常用的超微粉体制备方法之一。LICVD方法因加热速率快（10^6～10^8℃/s），高温驻留时间短（0.1ms），冷却迅速，因而获得超微粉的尺寸可小于10nm，其关键是选用对激光束波长产生强烈吸收的反应气体作为反应源，一般是用CO_2激光器诱导气相反应，反应源为硅烷类气体。李亚利等人用[$Si(CH_3)_3$]$_2$NH-NH_3体系通过CO_2激光诱导气相合成了Si_3N_4、SiC等纳米粉体，平均粒径为5～50nm，产率为40～120g/h。

2.4.3.2　等离子气相合成法

等离子气相合成法（plasma vapor deposition，PCVD）是制备陶瓷粉体的主要手段之一，也是热等离子工艺的前沿方向之一。热等离子工艺生成超微粉的工艺是反应气体等离子化后迅速冷却、凝聚的过程，生成常温、常压下的非平衡相。它又可分为直流电弧等离子体法（DE plasma）、高频等离子体法（RF plasma）和复合等离子体法（hybrid plasma）。

至今，采用 PCVD 法可以制备 SiC、Si_3N_4、TiN、ZrN 等非氧化物纳米陶瓷粉体，随反应源的不同而制备不同产物。最近，已有利用高频等离子体法无电极的优点，商业化规模制备超微高纯度 SiC 超微粒子的报导，它以高纯度 SiH_4 和 C_2H_4 为原料，合成的平均粒径为 30nm 的 β-SiC 超微粒子，杂质总含量在 1μg/g 以下，而用其他方法不可能达到如此高的纯度。

2.4.3.3　CVD 在粉体制备方面的应用

气相反应法除适用于制备氧化物外，还适用于制备液相法难于直接合成的金属、氮化物、碳化物、硼化物等非氧化物。制备容易、蒸气压高、反应性较强的金属氯化物常用作气相化学反应的原料。采用气相法制备炭黑、ZnO、TiO_2、SiO_2、Sb_2O_3、Al_2O_3 等微粉已达到工业生产水平，高熔点的氮化物和碳化物粉末的合成不久也将达到工业化水平。本节就采用气相化学反应法制备细粉方面，叙述有关的原理、颗粒直径控制方法及颗粒生成过程。

从气相析出的固相形态随着反应系统的种类和析出条件的变化而变化。图 2.34 所示析出物的形态有下列几种：在固体表面上析出薄膜、晶须和晶粒，在气体中生成微粉。薄膜除用于半导体工业之外，还可以用于装饰、光学、表面保护等方面；晶须可作为金属及陶瓷的复合增韧材料；块状晶体的析出方法可用于高纯物质的生成。气相中微粒的生成包括均匀成核和核长大两个过程，为了获得颗粒，首先要在气相中生成很多核，为此必须达到高的过饱和度。而在固体表面上生长薄膜、晶须时，并不希望在气相生成微粒，故应使之在较低的过饱和度条件下析出。

(1) 粉末生成与平衡常数　通过气相反应合成微粉和液相法制备时一样，要处于高的过饱和度条件下，才能使气相中生成很多晶核，且使晶核在预定阶段停止。对于气相下的均匀成核，可以近似地应用从蒸气生成液滴核的理论。根据这个理论，核生成速度对过饱和比（实际蒸气压/平衡蒸气压，即 p/p_0）的变化十分敏感，例如，261K 下水蒸气的凝结，p/p_0 的比值从 4 变到 5 时，成核速度从 10^{-10} 变到 $10^{-0.7}$。与气相下成核相比，在固体表面上液滴核的生成在热力学上是有利的，因为不均匀核的生成显然比均匀核生成容易。对于物理气相沉积（真空镀膜），设构成晶体成分的蒸气析出的过饱和比为 p/p_0，则通过气相化学反应析出固体时的过饱和度比与析出固体的总反应的平衡常数 K 成正比，即反应式：

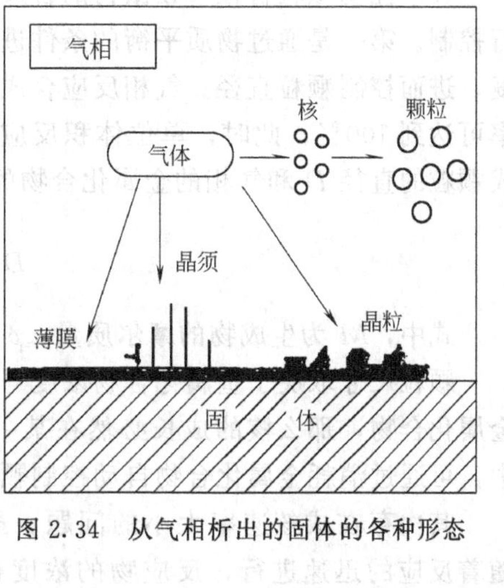

图 2.34　从气相析出的固体的各种形态

$$aA(g)+bB(g)=\!=\!=cC(s)+dD(g) \quad (2.36)$$

$$ss=Kp_A^a p_B^b/p_D^d \quad (2.37)$$

ss 为反应系统的总过饱和比，它是热力学推动力的尺度。通过气体化学反应析出固体，是由几个连续的过程——气体扩散、吸附、解吸、表面反应等构成，通常在这些过程中分配热力学推动力。如果其中的一个过程进行得很缓慢，则这个过程决定着整个反应的速率。

通过气相反应生成粉末时，为了均匀成核，必须达到高的过饱和度。如上所述，反应系统的总过饱和比与析出固体的反应的平衡常数成正比，因而通过气相化学反应制备微粉时，应采用平衡常数大的反应系统。表 2.8 列出了以气相反应生成氧化物、氮化物和碳化物的平衡常数，以及生成粉末的情况。其中，O 表示在气相中生成粉末，× 表示几乎没有生成粉末。从表中可以看出，粉末仅生成于平衡常数大的系统中。因此，平衡常数成为选择反应系统的重要尺度。然而，由于涉及化学反应，因而还有反应速率问题。所以，平衡常数大并不是充分条件，即使在不生成粉末的反应系统中，也能在其他固体表面引起析晶。在平衡常数值介于中间的反应系统（如 $TiCl_4+O_2$ 系）中，根据气体组成的情况，主反应相应地变化，可从微粉的生成过渡到单晶生长。

通过气相反应制备粉体时，除由气相生成粉体外，还会在反应容器壁上引起析晶（这是属非均匀成核一类的析晶）。为了提高粉末的产率，必须控制在反应容器壁上的析晶过程，而关键是减小平衡常数和降低均匀成核速度（如 $TiCl_4+O_2 = TiO_2+2Cl_2$）。为此，可采取下列两类方法：第一类方法是在反应系统中添加成核剂。例如，通过以下反应：$TiCl_4+O_2 = TiO_2+2Cl_2$，可以生成 TiO_2 粉末（氯化处理法），由于水蒸气与 $TiCl_4$ 比氧气与 $TiCl_4$ 的反应性强，因而在反应气体中添加百分之几的水蒸气，可促进 TiO_2 核的生成。另外，组合成平衡常数大的反应系统，也能促进成核。例如，在 $TiCl_4$-CH_4-H_2 系统中添加 0.9%（摩尔分数）WCl_6（相对于 $TiCl_4$ 摩尔分数），将使平衡常数增大，在 1300℃反应所得 TiC 粉末才产量有所增加。第二类方法是防止反应物与反应器相接触，具体方法是使惰性气体流向容器壁起隔离作用，在高温火焰（等离子焰，氧化物时采用氢-氧焰、碳化氢-氧焰等）中反应。

(2) 控制颗粒粒径　在微粉的合成中，最重要的是控制颗粒的直径，一般从两个方面进行控制。第一是通过物质平衡的条件进行控制；第二是通过反应条件控制成核速度和成长速度，进而控制颗粒直径。气相反应合成粉末时平衡常数大，原料金属化合物的（反应）转化率可达到 100%，此时，单位体积反应气体的颗粒生成数（=均匀成核数）N（cm^{-3}）、生成颗粒的直径 D 和气相的金属化合物的浓度 C_0（mol/cm^3）之间的关系为：

$$D=\left(\frac{6}{\pi}\times\frac{C_0M}{N\rho}\right)^{\frac{1}{3}} \tag{2.38}$$

式中，M 为生成物的摩尔质量；ρ 为生成物的密度。

颗粒尺寸取决于金属化合物浓度与成核数之比。生成微粒时，因生成很多核，大量消耗金属化合物，那么核的成长必然在某一阶段停止，从而控制了粒径。因此，在气相反应法中，可通过消耗金属化合物自动控制颗粒长大。

其次存在成核速率大小的问题。虽然一个颗粒是经历成核、晶粒生成两个阶段，但随着反应的迅速进行，反应物的浓度也迅速下降，成核速度也会降低，因此颗粒发生长大。尽管反应温度对颗粒直径的影响很大，并且决定着成核速率和成长速率之间的相互变化关系，但是，随着反应的不断进行，过饱和度急剧减小，这时，反应转化率对晶粒的成核速度和生长速度的影响要大于温度的影响。另外，反应系统一旦生成晶核和颗粒，那么在晶粒上的析出反应就比均匀成核优先。这个现象在混合金属氯化物蒸气的氧分解反应中可以观察到。由此可见，气相反应法中初期以均匀成核为主，生成颗粒直径分布范围比较窄的粉末。

表 2.8　从气相反应系统得到氧化物、氮化物和碳化物的生成反应的平衡常数及生成粉末的状况（平衡常数，金属化合物/摩尔）

项　目	反应系统	生成物	平衡常数 $\lg K_p$		生成粉末与否	
			1000℃	1400℃		
氧化物	$SiCl_4$-O_2	SiO_2	10.7	7.0	○	
	$TiCl_4$-O_2	TiO_2(A)	4.6	2.5	○	
	$TiCl_4$-H_2O	TiO_2(A)	5.5	5.2	○	
	$AlCl_3$-O_2	Al_2O_3	7.8	4.2	○	
	$FeCl_3$-O_2	Fe_2O_3	2.5	0.3	○	
	$FeCl_2$-O_2	Fe_2O_3	5.0	1.3	○	
	$ZrCl_4$-O_2	ZrO_2	8.1	4.7	○	
			1000K	1300K		
	$NiCl_2$-O_2	NiO	2.2	0.5	×	
	$CoCl_2$-O_2	CoO	1.3	−0.2	×	
氮化物和碳化物			1000℃	1500℃	≤1500℃	等离子体
	$SiCl_4$-H_2-N_2	Si_3N_4	1.1	1.4	×	
	$SiCl_4$-NH_3	Si_3N_4	6.3	7.5	○	
	SiH_4-NH_3	Si_3N_4	15.7	13.5	○	
	$SiCl_4$-CH_4	SiC	1.3	4.7	×	○
	CH_3SiCl_3	SiC	4.5	(6.3)	×	○
	SiH_4-CH_4	SiC	10.7	10.7	○	
	$(CH_3)_4Si$	SiC	11.1	10.8	○	
	$TiCl_4$-H_2-N_2	TiN	0.7	1.2	×	
	$TiCl_4$-NH_3-H_2	TiN	4.5	5.8	○	
	$TiCl_4$-CH_4	TiC	0.7	4.1	×	○
	TiI_4-CH_4	TiC	0.8	4.2	○	
	TiI_4-C_2H_2-H_2	TiC	1.6	3.8	○	
	$ZrCl_4$-H_2-N_2	ZrN	−2.7	−1.2	×	
	$ZrCl_4$-NH_3-H_2	ZrN	1.2	3.3	○	
	$ZrCl_4$-CH_4	ZrC	−3.3	1.2	×	
	$MoCl_5$-CH_4-H_2	Mo_2C	19.7	18.1	○	
	MoO_3-CH_4-H_2	Mo_2C	11.0	(8.0)	○	
	$MoCl_6$-CH_4-H_2	MoC	22.5	22.0	○	

以上介绍了采用气相反应法合成微粉，物质平衡的条件、反应温度和反应气体组成的变化可导致成核速率和成长速率的变化，通过这些关系就可控制生成颗粒的大小。然而，采用气相反应法合成粉体，由于温度高时反应速率较快，因而，反应容器的结构和温度分布以及反应气体的混合方法等，对生成物的性质也有明显的影响。

(3) 颗粒形状　某些制品对原料粉体的形状有特殊的要求，如供制备磁带用的 $\gamma\text{-}Fe_2O_3$ 颗粒最好是针状的。采用气相反应法能够制出这种针状的、各向异性的颗粒。气相反应生成的晶粒有多晶和单晶之分。即使同一反应系统，由于不同的反应条件，有的场合生成单晶，有的场合合成多晶。多晶的形状为球状。$TiCl_4 + O_2$ 系气相化学反应所生成的氧化钛(TiO_2) 颗粒为单晶，大的颗粒沿着平行于 (001) 面方向生长，形成正方形薄片，呈现出各向异性。其他反应系统中生成的单晶常为矩形，但从整体看近似球状。晶体各向异性生长，是由不同的晶面生长速率所致。如前所述，由于能生成粉体的反应系统的过饱和度大，因而各晶面生成很多二维成长的核，显示出很多凹凸形状。原子可能在碰撞的部位以气相结合成核，不同晶面成长速度差别较小、颗粒各向同性地成长，因此均匀成核，在可生成粉末的反应系统中很难进行各相异性大的核成长。另外，在表 2.8 内的平衡常数小的反应系统中，通过析出温度和反应气体组成的选择，可以沿一维方向生长出氮化物和碳化物晶须。在制备针状微细粉颗粒时，考虑了这样的方法：在反应气体中供给有助于晶须成长的物质的超细粒子作为核，使针状超细粒子以核为基体，从平衡常数小的反应系统中成长。

习题与思考题

1. 何为粉体的粒度与粒度分布？
2. 粒度测定分析的方法有哪些？
3. 粉体颗粒的化学表征方法有哪些？
4. 机械制粉的主要方法有哪些？
5. 影响球磨机粉碎效率的主要因素有哪些？
6. 化学法合成粉体的主要方法有哪些？

参考文献

[1] 李世普主编．特种陶瓷工艺学．武汉：武汉工业大学出版社，1990.
[2] 郭瑞松，蔡舒，季慧明等．工程结构陶瓷．天津：天津大学出版社，2002.
[3] 张锐主编，无机复合材料．北京：化学工业出版社，2005.
[4] 刘维良，喻佑华等．先进陶瓷工艺学．武汉：武汉理工大学出版社，2004.
[5] 陶珍东，郑少华主编．粉体工程与设备．北京：化学工业出版社，2003.
[6] 张少明，翟旭东，刘亚云．粉体工程与设备．北京：中国建材工业出版社，2003.
[7] 曾凡，胡永平主编．矿物加工颗粒学．徐州：中国矿业大学出版社，1995.
[8] 曹慧琴，秦志英，王惠，侯书军．雷蒙磨的磨碎机理研究．现代制造工程，2003.
[9] 刘康时，陶瓷工艺原理．广州：华南理工大学出版社，1990.
[10] 李家驹，廖松兰，马铁成等．陶瓷工艺学．北京：轻工业出版社，2001.
[11] 西北轻工业学院主编．陶瓷工艺学．北京：轻工业出版社，1980.
[12] 华南工学院，南京化工学院，武汉建筑材料学院等编著．陶瓷工艺学．北京：建筑工业出版社，1981.
[13] 张立德主编．超微粉体的制备与应用技术．北京：中国石化出版社，2001.
[14] 姚广春，刘宜汉等．先进材料制备技术．沈阳：东北大学出版社，2006.
[15] 孙玉绣，张大伟，金政伟主编．纳米材料的制备方法及其应用．北京：中国纺织出版社，2010.
[16] 李廷盛，尹其光著．超声化学．北京：科学出版社，1995.
[17] 张邦维著．纳米材料物理基础．北京：化学工业出版社，2009.
[18] 汪信，郝青丽，张莉莉．软化学方法导论．北京：科学出版社，2007.
[19] 郑水林编著．超微粉体加工技术与应用．北京：化学工业出版社，2011.

[20]　朱红主编. 纳米材料化学及其应用. 北京：清华大学出版社，北京交通大学出版社，2009.
[21]　王琛，杨延莲等编著. 纳米科技创新方法研究，北京：科学出版社，2012.
[22]　张克立，孙聚堂，袁良杰，冯传启编著. 无机合成化学，武汉：武汉大学出版社，2004.
[23]　童忠良主编. 纳米化工产品生产技术. 北京：化学工业出版社，2006.
[24]　汪旭光主编. 爆炸合成新材料与高效、安全爆破关键科学和工程技术. 北京：冶金工业出版社，2011.
[25]　张平主编. 热喷涂材料. 北京：国防工业出版社，2006.

第3章　坯体和釉料的配料计算

陶瓷制品的性能要求不同，所采用的陶瓷坯体（green body）和釉料（glaze）的化学成分和矿物组成不同，即生产不同性能的陶瓷，应采用的陶瓷坯体和釉料组成不同，近年来日用陶瓷生产所采用的坯体组成主要有4种类型，即长石质瓷（feldspathic porcelain）、绢云母质瓷（Sericite porcelain）、骨灰质瓷（bone china）和日用滑石质瓷（steatite ceramics），其中长石质瓷是目前国内外普遍采用的坯料组成，绢云母质瓷是我国的传统日用瓷，骨灰质瓷是较为少用的高级日用瓷，日用滑石质瓷是近年来我国陶瓷工作者在国内外没有先例的情况下首创的一个新型日用瓷类型，具有独特的风格。

长石质瓷是以长石作助熔剂的“长石-石英-高岭土”三组分系统瓷，它利用长石在较低温度下熔融并形成高黏度玻璃的特性，以长石、石英和高岭土三种原料为主，按一定比例配合成坯料，在1150～1450℃烧后成瓷。烧成温度范围可根据坯体组成的不同而不同，其中烧成温度在1350℃以上的为高火度瓷，1350℃以下的为低火度瓷，我国长石瓷的烧成温度一般在1250～1350℃。长石质瓷洁白，薄层呈半透明状，断面呈贝壳状，不透气，吸水率低、瓷质坚硬，机械强度高，化学稳定性好，适用于作餐具、茶具、陈设瓷、装饰美术瓷以及一般工业技术用瓷制品。

绢云母质瓷是以绢云母为熔剂的“绢云母-石英-高岭土”系陶瓷，产于我国南方一些地区，尤其是江西景德镇地区，是盛名于世、历史悠久的中国瓷的代表。它利用绢云母的特性及其熔融后形成的高黏度玻璃的特性，按照一定的比例加入石英和高岭土组成坯料，在一定范围内烧后成瓷，除具有长石质瓷的一般特性外，还有透明度高“白里微泛青”的特色，适用于作餐茶具、工艺美术陈设瓷等。绢云母质瓷烧成温度范围可根据瓷石和高岭土的比例在1250～1450℃烧成，实际生产多数选择在1350℃以下烧成。

骨灰瓷是以磷酸钙为基础的瓷器，以磷酸钙做熔剂的“磷酸钙-高岭土-石英-长石”系统瓷，有时还加入些其他成分。烧成一般分两次，第一次素烧温度大约为1200～1290℃，第二次釉烧温度为1250℃左右。

滑石瓷是以滑石为主体成分的镁质瓷，根据配方中滑石的含量以及其他成分的不同，可以制成多种瓷质，如“滑石-黏土”质瓷、块滑石瓷、堇青石瓷、镁橄榄石瓷、“莫来石-堇青石”质瓷等，由于这些瓷具有良好的电学性能、高的机械强度与热稳定性，过去是电工技术陶瓷的理想选择，目前经过配方、成型与烧成等工艺和装备改进，已经成为高级日用瓷的重要一种，在白度、色调方面，以及在吸收率、强度、热稳定性方面，均达到或超过一般日用细瓷的水平，成为我国独创新品中的一个范例。

因此，陶瓷坯体的组成以及釉料组成，在一定程度上决定了陶瓷制品的性能，坯体和釉料配方的计算是陶瓷生产中十分重要的环节。

3.1　坯体的制备

3.1.1　坯料配方

(1) 由坯料的实验公式计算　已知某坯料的实验公式，需算出所需原料在坯料中的质量百分比，如欲配制的坯料为（$Ba_{0.85}Sr_{0.15}$）TiO_3，采用的原料为 $BaCO_3$、$SrCO_3$、TiO_2。计算各种原料的质量百分比可按表 3.1 的计算步骤进行计算，计算结果列成表 3.2。

表 3.1　由实验公式计算配方的步骤

计算步骤	内　容	备　注
1	由化学计量式求各种原料有多少摩尔 x_i	
2	据分子式求各种原料的摩尔量 M_i	
3	计算各种纯原料的质量 m_i	$m_i=M_ix_i$
4	计算各种实际原料的质量 m_i'	$m_i'=m_i/P$（P 为原料纯度）
5	将各种原料的质量换算为百分比 A_i	$A_i=\frac{m_i'}{\Sigma m_i'}\times100\%$

表 3.2　由实验公式进行配方百分比计算实例

原料	摩尔数	摩尔量	原料质量	原料质量百分比
$BaCO_3$	0.85	197.35	167.75	62.174%
$SrCO_3$	0.15	147.63	22.15	8.208%
TiO_2	1.00	79.90	79.90	29.615%
			$\Sigma m_i=269.80$	$\Sigma A_i=99.997\%$

(2) 按坯料预定的化学组成进行计算　若已知坯料的化学组成及所用原料的化学组成，可采用逐项满足的方法，求出各种原料的引入质量，然后求出所用各原料的质量百分比。

已知某坯料的化学组成（质量分数）如下所示：Al_2O_3 93.0%，MgO 1.3%，CaO 1.0%，SiO_2 4.7%。

所用原料为工业氧化铝（未煅烧）、滑石（未煅烧）、碳酸钙、苏州高岭土，求出其质量百分组成的方法如下：设各种原料为纯原料，其理论组成分别为碳酸钙（CaO 56.03%、CO_2 43.97%），滑石（MgO 31.7%、SiO_2 63.5%、H_2O 4.8%），苏州高岭土（Al_2O_3 39.5%、SiO_2 46.5%、H_2O 14%）。计算如表 3.3 所列。

表中计算所用原料总量为 1.78＋4.10＋4.51＋91.22＝101.61，化为所用原料的质量百分比为：

$$w(\text{碳酸钙})=\frac{1.78}{101.61}\times100\%=1.75\%$$

$$w(\text{滑石})=\frac{4.10}{101.61}\times100\%=4.04\%$$

$$w(\text{高岭土})=\frac{4.51}{101.61}\times100\%=4.44\%$$

$$w(\text{工业氧化铝})=\frac{91.22}{101.61}\times100\%=89.77\%$$

3.1.2　坯料制备

3.1.2.1　原料预处理

(1) 酸洗与磁选　新型陶瓷的原料对化学成分要求十分严格，对于有害的铁杂质常采用酸洗和磁选的方法予以清除。

表 3.3　某坯料的配比表

坯料组成/%	Al_2O_3	MgO	CaO	SiO_2
坯料组成/%	93.0	1.3	1.0	4.7
第一步,引入碳酸钙 1.0/56.03%=1.78			1.0	
余	93.0	1.3	—	4.7
第二步,引入滑石 1.3/31.7%=4.10		1.3		2.6
余	93.0	—		2.1
第三步,引入高岭土 2.1/46.5%=4.51	1.78			2.1
余	91.22			—
最后,引入工业氧化铝 91.22	91.22			
余	—			

酸洗的过程大致如下：将一定浓度（30%）的盐酸溶液注入原料中，加热煮沸，原料中的铁溶于盐酸中形成 $FeCl_3$，然后再经过多次水洗清除 $FeCl_3$，直至水溶液中不含 Fe^{3+} 为准。检验是否含 Fe^{3+} 的方法是取清洗水溶液数毫升，滴入数滴 NH_4CNS 溶液，溶液不显示红色，即没有 $Fe(CNS)_3$ 生成，表现水洗达到了要求。盐酸的浓度和温度愈高，酸洗效率也愈高。

磁选是利用铁的磁性质，使物料通过强大的磁场，铁质杂质等被磁场吸引而从原料中分离出来。

（2）预烧（presintering）　预烧工艺的关键是预烧温度、预烧气氛及外加剂的选择。常用原料的预烧目的与预烧条件列于表 3.4。氧化铝预烧质量的检查方法列于表 3.5。

表 3.4　常用原料的预烧目的与预烧条件

原料	预烧目的	预烧条件
Al_2O_3	使 γ-Al_2O_3 转化为 α-Al_2O_3,提高原料纯度,改善产品性能	采用 H_3BO_3 作添加剂时,预烧温度 1400～1450℃,保温 2～3h。采用 NH_4F 作添加剂时,预烧温度 1250℃,保温 1～2h
MgO	提高 MgO 的活性,改善水化性能	预烧温度在 1400℃以上
滑石	破坏滑石的层状结构,避免定向排列,降低收缩,减少瓷件开裂,同时也有利于粉磨	预烧温度一般在 1300～1500℃之间,加矿化剂(如苏州土、硼酸、碳酸钡等)可降低预烧温度,含 Fe_2O_3 时,可采用还原气氛
TiO_2	使其晶型由板钛矿、锐钛矿转化为高温稳定型金红石型,性能好,介电常数大	预烧温度一般在 1270～1290℃(氧化气氛)

表 3.5　氧化铝预烧质量的检查方法

检查方法	原理与特点
染色法	α-Al_2O_3 结构致密,不会吸附染料,而 γ-Al_2O_3 是多孔的,吸附能力强。通常采用的染料有茜素、亚甲基蓝等。本法操作简便,能迅速判断晶型转化的程度,但不能做定量分析
光学显微镜	根据 α-Al_2O_3 和 γ-Al_2O_3 具有不同的折射率来判断转化情况。一般采用折射率为 1.730 的二碘甲烷作测定折射率用油。折射率>1.730 的属 α-Al_2O_3,折射率<1.730 的则属 γ-Al_2O_3
密度法	α-Al_2O_3 的密度大,接近于理论的密度,γ-Al_2O_3 的密度小,据公式可计算 α-Al_2O_3 的百分含量 $$\alpha\text{-}Al_2O_3=\frac{\rho_\alpha(\rho-\rho_\gamma)}{\rho(\rho_\alpha-\rho_\gamma)}\times 100\%$$ 式中,ρ_α、ρ_γ 分别为 α-Al_2O_3、γ-Al_2O_3 的真密度,ρ 为预烧后 Al_2O_3 的真密度

预烧气氛对氧化铝中碱含量的影响列于表 3.6。

表 3.6　预烧气氛对 Al_2O_3 中碱含量的影响

原料名称	预烧气氛性质	碱量换算为氧化钠的百分比/%
工业氧化铝	—	0.3
预烧氧化铝	氧化	0.2
预烧氧化铝时加 1%硼酸	氧化	0.05
预烧氧化铝	还原	0.05

氧化铝真密度和转化程度的关系，氧化镁的水化能力与预烧温度和放置时间的关系分别由图 3.1 和图 3.2 所示。

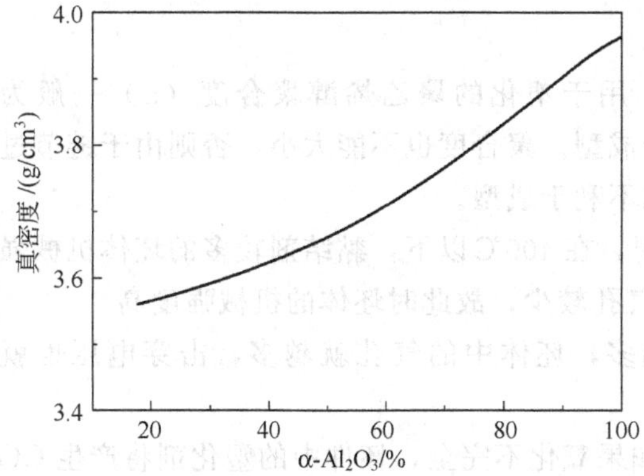

图 3.1　氧化铝转化程度对真密度的影响

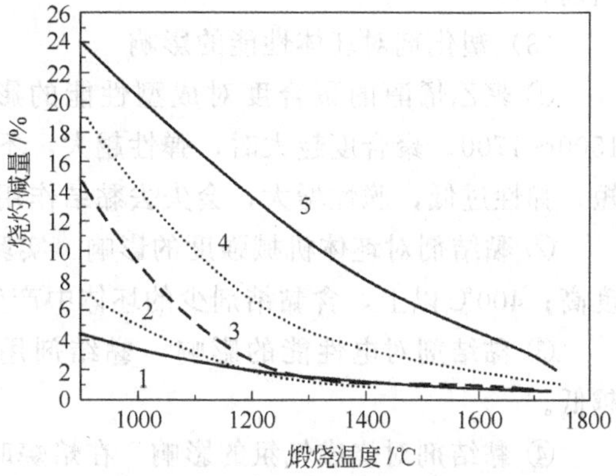

图 3.2　氧化镁的水化能力与预烧温度和放置时间的关系

1—放置；2—12h；3—24h；4—48h；5—96h

(3) 预合成　在新型陶瓷生产过程中，有时要将若干种单一成分的原料合成为复杂的多成分烧块，然后来配制瓷料。这可使配料过程简化，减少配料时的计算误差和称量误差，从而使材料的组成恒定且均匀，特别是某些含量较少的原料能均匀分布。在合成过程中，原料可以排出含有的结晶水以及完成多晶转化，这对提高瓷件性能也有利。

合成的方法通常有两种。一种是固相反应法，它是将已细碎的原料按比例称量后经球磨混合，然后压制成块或粉状在高温下预烧。此法工艺简单，但由于固体颗粒混合的均匀度差，影响烧块晶相分布的均匀性。另一种方法为液相反应法，这种方法是将原料以溶液状态相互混合，使混合均匀的各组分进行反应共沉淀，从而得到细小的粉料。

3.1.2.2　成型原料的塑化

塑化 (plastify) 是利用塑化剂使原来无塑性的坯料具有可塑性的过程。新型陶瓷的原料很多是没有可塑性的，因此成型的坯料必须进行塑化。

(1) 塑化剂 (plasticizer)　塑化剂一般有无机塑化剂（如传统陶瓷中的黏土）和有机塑化剂两类。新型陶瓷一般采用有机塑化剂。

塑化剂通常由黏结剂、增塑剂和溶剂组成，常用黏结剂的主要性能列于表 3.7。

(2) 塑化机理　有机塑化剂一般是水溶性的，同时又具有极性。它在水溶液中能生成水化膜，对坯料表面有活性作用，能被坯料的粒子表面所吸附。这样，在瘠性粒子的表面既有

表 3.7 常用黏结剂的主要性能

名称	缩写	主要性能
聚乙烯醇	PVA	白色或浅黄色粉末，由许多链节连成的蜷曲而不规则的线型结构的高分子化合物。聚合度一般选择在1500～1700之间
聚醋酸乙烯醇	PVAC	无色透明状或黏稠体的非晶态高分子化合物。不溶于水和甘油，而溶于低分子量的醇、酯、苯、甲苯中。聚合度在400～600之间
羧甲基纤维素	CMC	溶于水，但不溶于有机溶剂，烧后残留氧化钠及其他氧化物组成的灰分要小，一般应＜15%
石蜡		白色结晶体，是一种固体塑化剂，熔点在57℃左右，常用于热压铸成型

一层水化膜，又有一层黏性很强的有机高分子。这种高分子是蜷曲线性分子，能把松散的瘠性粒子黏结在一起，使其具有流动性，从而使坯料具有可塑性。故称塑化剂，有时也称黏结剂。

(3) 塑化剂对坯体性能的影响

① 聚乙烯醇的聚合度对成型性能的影响　用于塑化的聚乙烯醇聚合度（n）一般为1500～1700。聚合度越大时，弹性越大，不利于成型。聚合度也不能太小，否则由于链节过短，弹性过低，脆性增大，会失去黏结作用，也不利于成型。

② 黏结剂对坯体机械强度的影响　实验证明，在400℃以下，黏结剂较多的坯体机械强度高；400℃以上，含黏结剂少的坯体中产生的气孔较少，故此时坯体的机械强度高。

③ 黏结剂对电性能的影响　黏结剂用量越多，坯体中的气孔就越多，击穿电压也就越低。

④ 黏结剂对烧成气氛的影响　在焙烧时，如果氧化不完全，坯件中的塑化剂将产生CO气体，而与坯件中某些成分发生还原反应，导致制品性能变坏。

⑤ 塑化剂挥发速率的影响　选择塑化剂时，它的挥发温度范围要大，以利于生产控制。否则因塑化剂集中在一个很窄的温度范围内剧烈挥发，会导致瓷件产生开裂缺陷。

3.1.2.3　压制成型粉料的造粒

造粒（prilling）是在原料细粉中加入一定量的塑化剂，制成粒度较粗、具有一定假颗粒度级配、流动性较好的团粒（约20～80目），以利于新型陶瓷坯料的压制成型。

对于新型陶瓷用瓷料的粒度，应是越细越好，但过细对成型性能不利。因为瓷料过细，颗粒越轻，流动性越差；同时过细的瓷料的比表面积大，所占的松装体积也大，因而成型时不易充实模具，以致产生空洞致密度低。若制成团粒，则流动性好，装模方便，分布均匀。这不仅有利于提高坯件密度，改善成型和烧成密度分布的一致性，而且由于团粒的填充密度提高，空隙率较低，使干压成型时的松装比减小，压缩比增大，可减小钢模的外形尺寸。

常用的造粒方法如下。

(1) 手工造粒　瓷料中加入适量的塑化剂（如4%～6%的浓度为5%的聚乙烯醇水溶液），混合均匀后进行过筛，利用塑化剂的黏聚作用，获得粒度为840μm左右的均匀的粗团粒。这种方法操作简单，但混合搅拌的劳动强度大；若搅拌塑化剂不均匀，使坯体分层和密度不一致，会影响制品的最终性能。同时，团粒必须陈腐存放12h以上，故生产周期长。本法仅适用于小批量生产和实验室试验。

(2) 加压造粒法　将瓷料加入塑化剂，预先搅拌混合均匀，过筛（获得粒度为840μm左右），然后在液压机上用压模以18～25MPa的压力保压约1min，压成圆饼，破碎过筛后即成团粒。本法的优点是团粒体积密度大，制品的机械强度高，能满足各种大体积或复杂形状制品的成型要求。它是新型陶瓷生产中常用的方法，也适合大中型工厂中的生产，适合实验室试验。但本法效率低，工艺操作要求严格。

(3) 喷雾干燥造粒法　将混合有适量塑化剂的瓷料预先做成浆料，再用喷雾器喷入造粒塔进行雾化和热风干燥，出来的粒子即为流动性较好的球状团粒。本法造粒好坏与料浆黏度、喷雾方法等有关。本法适用于现代化大规模的连续生产，效率高，工作环境大大改善，但设备投资大，工艺较复杂。

喷雾干燥造粒装置见图 3.3。

图 3.3　喷雾干燥造粒装置

(4) 冻结干燥法　本法是将金属盐水溶液喷雾到低温有机液体中，使其立即冻结，冻结物在低温减压条件下升华、脱水后进行热分解，即得所需的成型坯料。这种粉料呈球状，组成均匀，反应性与烧结性良好，适用于实验室试验。

成型坯体质量与团粒质量关系密切。团粒的质量是指团粒的体积密度、堆积密度与团粒形状。体积密度大，成型后坯体质量好。球状团粒易流动，且堆积密度大。在上述几种造粒方法中以喷雾干燥造粒的质量最好。

3.1.2.4　注浆成型用浆料

采用注浆成型的新型陶瓷坯料，因其中多为瘠性物料，必须采用一定措施，使浆料具一定的悬浮性。让料浆悬浮的方法一般有两种：一种是控制料浆的 pH 值；另一种是添加有机表面活性物质的吸附。

(1) 控制料浆的 pH 值　控制料浆 pH 值使之悬浮的方法适用于呈两性物质的粉料，一些氧化物料浆黏度随 pH 值的变化如图 3.4 所示。

两性氧化物在酸性或碱性介质中，发生以下的离解过程：

$$MOH \rightleftharpoons M^{+} + OH^{-} \quad (在酸性溶液中) \tag{3.1}$$

$$MOH \rightleftharpoons MO^{-} + H^{+} \quad (在碱性溶液中) \tag{3.2}$$

离解程度决定于介质的 pH 值。介质 pH 值变化引起胶粒 ζ-电位的变化，而 ζ-电位的变化又引起胶粒表面吸力与斥力平衡的改变，从而控制这些氧化物胶粒的胶溶或絮凝。

以 Al_2O_3 料浆为例，从图 3.5 可见，当 pH 从 1 变化到 14，浆料 ζ-电位出现两次最大值，pH=3 时，ζ-电位=+183mV；pH=12 时，ζ-电位=−70.4mV。对应于 ζ-电位最大值时，料浆黏度最低，而且在酸性介质中料浆黏度更低。

在酸性介质中，Al_2O_3 呈碱性，在颗粒表面发生的反应如下：

$$Al_2O_3 + 6HCl = 2AlCl_3 + 3H_2O \tag{3.3}$$

$$AlCl_3 + H_2O \rightleftharpoons AlCl_2OH + HCl \tag{3.4}$$

$$AlCl_2OH + H_2O \rightleftharpoons AlCl(OH)_2 + HCl \tag{3.5}$$

在碱性介质中，Al_2O_3 呈酸性，其表面发生的反应如下：

$$Al_2O_3 + 2NaOH = 2NaAlO_2 + H_2O \tag{3.6}$$

$$NaAlO_2 \rightleftharpoons Na^{+} + AlO_2^{-} \tag{3.7}$$

生产中应用此原理来调节 Al_2O_3 浆料的 pH 值，使之悬浮和聚凝，如酸洗过程中加入

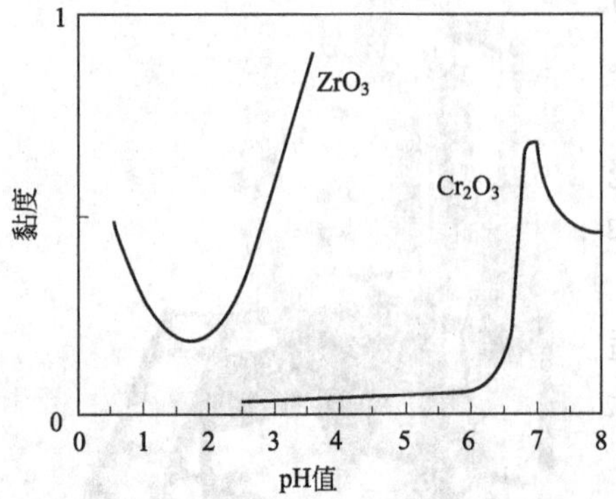

图 3.4　氧化物料浆 pH 值与黏度的关系示意

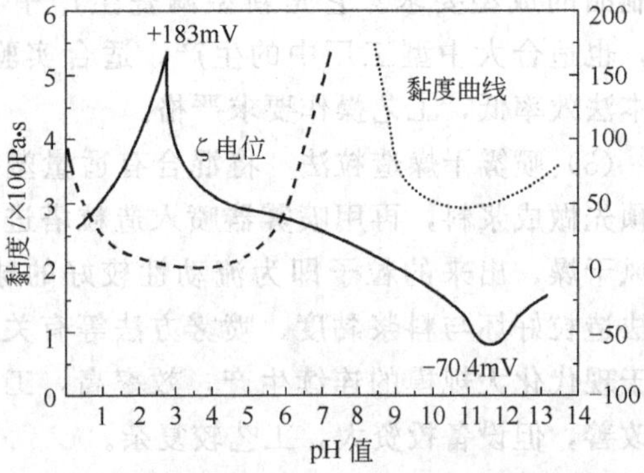

图 3.5　氧化物料浆 pH 值与ζ-电位的关系

$Al_2(SO_4)_3$ 使之聚凝。生产 Al_2O_3 制品时一般控制 pH＝3～4，使料浆获得较好的流动性和悬浮力。

各种氧化物注浆时最适宜的 pH 值如表 3.8 所示。

表 3.8　各种氧化物注浆时最适宜的 pH 值

原料	氧化铝	氧化铬	氧化铍	氧化铀	氧化钍	氧化锆
pH	3～4	2～3	4	3.5	3.5 以下	2.3

(2) 有机胶体与表面活性剂物质的吸附

生产中常用阿拉伯树胶、明胶和羧甲基纤维素来改变 Al_2O_3 料浆的悬浮性能。如在酸洗时，为使 Al_2O_3 粒子快速沉降，可加入 0.21%～0.23%阿拉伯树胶。而在注浆成型时可加入 1.0%～1.5%的阿拉伯树胶以增加料浆的流动性。阿拉伯树胶对 Al_2O_3 料浆黏度的影响如图 3.6 所示。同一种物质，其用量不同时所作用相反的原因在于阿拉伯树胶是高分子化合物。当阿拉伯树胶用量少时，由于黏附的 Al_2O_3 胶粒较多，使重量变大而引起聚沉。但增加阿拉伯树胶量时，它的线型分子在水溶液中形成网络结构，而 Al_2O_3 胶粒表面形成一层有机亲水保护膜，因此 Al_2O_3 胶粒要碰撞聚沉就很困难，从而提高了料浆的稳定性。

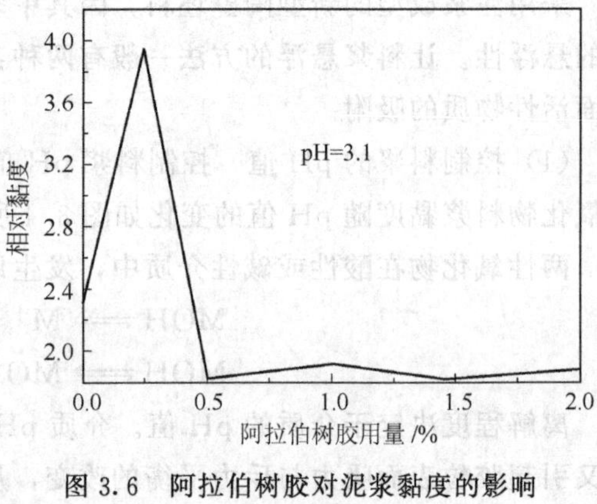

图 3.6　阿拉伯树胶对泥浆黏度的影响

有些与酸等起反应的瘠性料可以用表面活性物质来使料浆悬浮，如 $CaTiO_3$ 料浆中加入 0.3%～0.6%的烷基苯磺酸钠，能得到很好的悬浮效果。

3.2　釉料的制备

通常情况下，建筑陶瓷材料表面存在一层或透明或乳浊的玻璃态材料，称为釉层(glaze)。它是由多种氧化物组成的低共熔混合物在高温下熔融、流动而形成的，主要作用是装饰、保护和防水。

3.2.1 釉料的釉式

常用的各种瓷釉的釉式列入表 3.9。

釉料组成的表示方法也和坯体一样，可以各氧化物的质量百分比表示或以各种原料的实际配料量来表示，也可以实验公式（釉式）表示。其中实验公式简单明了，易于记忆，可以从其酸碱比例判断其在熔融方面的某些性质，便于分析研究，并便于与其他釉料进行比较。在表示釉料时与表示坯料时所不同的地方是：釉式是将各助熔剂（R_2O+RO，有时简写为

表 3.9　各种釉的釉式

制品品种		釉式		
瓷器	硬质瓷	(0.06～0.08)K_2O (0.26～0.28)Na_2O (0.32～0.36)CaO (0.27～0.30)MgO (0.00～0.05)ZnO	· (0.05～0.71)Al_2O_3 (0.02～0.06)Fe_2O_3	· (4.03～5.36)SiO_2
	日用瓷	(0.085～0.099)K_2O (0.114～0.152)Na_2O (0.430～0.466)CaO (0.306～0.356)MgO	· (0.563～0.573)Al_2O_3 (0.001～0.011)Fe_2O_3	· (4.935～5.53)SiO_2
	低温瓷	(0.110～0.130)K_2O (0.187～0.189)Na_2O (0.304～0.575)CaO (0.106～0.304)MgO (0.000～0.095)ZnO	· (0.330～0.488)Al_2O_3 (0.00～0.990)Fe_2O_3	· (3.06～3.74)SiO_2 (0.27～0.41)ZrO_2
日用精陶		(0.059～0.143)K_2O (0.210～0.210)Na_2O (0.500～0.530)CaO (0.089～0.127)SrO (0.020～0.028)MgO	· (0.329～0.306)Al_2O_3 (0.004～0.005)Fe_2O_3	· (2.40～2.64)SiO_2 (0.41～0.44)B_2O_3
炻瓷器	日用装饰炻瓷器	(0.123～0.209)K_2O (0.073～0.135)Na_2O (0.160～0.247)CaO (0.031～0.194)MgO (0.00～0.245)ZnO (0.115～0.558)SrO	· (0.264～0.400)Al_2O_3 (0.001～0.013)Fe_2O_3	· (2.551～5.92)SiO_2 (0.01～0.83)B_2O_3
	耐热炻瓷器	(0.116～0.034)K_2O (0.135～0.269)Na_2O (0.160～0.530)CaO (0.031～0.147)MgO (0.00～0.553)SrO	· (0.328～0.344)Al_2O_3 (0.012～0.013)Fe_2O_3	· (3.60～5.92)SiO_2 (0.18～1.04)B_2O_3 (0.00～0.29)ZrO_2
彩陶	装饰彩陶	(0.172～0.291)K_2O (0.005～0.006)Na_2O (0.595～0.604)CaO (0.010～0.011)MgO (0.088～0.218)PbO	· (0.414～0.416)Al_2O_3 (0.005～0.005)Fe_2O_3	· (3.201～3.241)SiO_2 (0.010～0.011)TiO_2 (0.459～0.518)B_2O_3
	日用彩陶	(0.075～0.100)K_2O (0.047～0.100)Na_2O (0.100～0.700)CaO (0.100～0.157)MgO (0.00～0.189)ZnO (0.00～0.431)SrO	· (0.195～0.480)Al_2O_3 (0.003～0.010)Fe_2O_3	· (1.582～5.10)SiO_2 (0.00～0.001)TiO_2 (0.210～0.715)B_2O_3

RO）系数之和调整为1，而坯式是将中性氧化物（R_2O_3）的系数调整为1。下面就是以实验式表示的一个日用瓷釉料的釉式：

$$\left.\begin{matrix}0.222Na_2O\\0.175K_2O\\0.506CaO\\0.097MgO\end{matrix}\right\}\cdot\left.\begin{matrix}0.757Al_2O_3\\0.320Fe_2O_3\end{matrix}\right\}\cdot 6.11SiO_2$$

3.2.2 釉料配方

决定一种釉料的配方过程，也就是对于适应于某一种坯料的釉料的研究过程。由于釉料不能脱离坯体而单独存在，因此在釉料的研究中总是以改变釉料的成分来适应坯体，而不是改变坯体成分适应釉料，因为坯料组成的变动会造成许多生产工序的调整。

3.2.2.1 釉料配方的配制原则

合理的釉料配方对获得优质釉层是极为重要的，在制定具体釉料配方时要求掌握下面几个原则。

(1) 根据坯体的烧结性质调节釉料的熔融性质　釉料的熔融性质包括釉料的熔融温度，熔融温度范围和釉面性能等三方面的指标。首先釉料必须具备良好的熔融性能，即釉料必须在坯体烧结温度下成熟。同时具有较高的始熔温度，较宽的熔融温度范围（不小于30℃）。在此温度范围内，熔融状态的釉能够均匀铺在坯体上，不被坯体的微孔吸收。在冷却后能形成平整光滑的釉面，一般要求釉的成熟温度接近坯体烧结温度或略有偏低。高温素烧的二次烧成制品，一般釉烧温度低于素烧温度60～120℃。

(2) 釉料的膨胀系数与坯体膨胀系数相适应　釉料与坯体膨胀系数相适应，可保证釉料转为固态后，在釉层中产生不太大的正压力，这可以提高瓷坯的机械强度，消除釉层的开裂和剥落等缺陷。一般要求釉料的膨胀系数略低于坯体，两者相差程度取决于坯釉的种类和性质。

(3) 坯体与釉料的化学组成相适应　釉料的组成波动范围很广，为了保证坯釉的紧密结合，形成良好的中间层，应使两者的化学性质相近而又保持适当的差别。一般以调节坯釉的酸度系数C.A来控制。细瓷器坯料酸度系数C.A=1～2，硬瓷釉C.A=1.8～2.5，软瓷釉C.A=1.4～1.6；精陶器釉料C.A=1.2～1.3，精陶釉C.A=1.5～2.5。亦有人认为C.A=0.8～2.0。

(4) 釉的弹性模量与坯的弹性模量相匹配　坯釉结合的好坏与釉的弹性和抗张强度有关。既要求釉质地坚硬，难于磨损，有较高的抗张强度，又要求其具有与坯体相匹配的弹性模量。

(5) 合理选用原料　釉用原料较坯用原料复杂得多，既有天然原料又有多种化工原料。各种原料在高温下的性能如熔融温度、高温黏度、密度、膨胀系数等有很大差别。即使釉料化学组成合理，若原料选用不当，也得不到具有良好工艺性能的釉浆。如石英砂、燧石、石英岩和煅烧石英的主要化学组成都是SiO_2，但对釉的性状影响都不相同。欲得到相同形状的釉，就得改变烧成工艺，否则就得改变釉的组成。以釉的熔融性能而言，釉料中的Al_2O_3最好由长石而不是由黏土引入，以避免因熔化不良而失去光泽。考虑到釉料组分多属于密度不同的瘠性原料，为提高釉浆悬浮性和防止釉层干燥开裂或烧后缩釉，釉中的Al_2O_3部分也可由黏土引入，但其用量应限在10%以下。如黏土含铁量在5%以内，引入碳酸钙可使釉更加洁白或增大乳白感，使用$BaSO_4$较$BaCO_3$更好。碳酸锶对于减少釉中气泡是颇为有效的；用等量的萤石置换石灰石，可制成玻化完全、熔融非常好的釉；用硅灰石代替部分长石，能消除釉面针孔缺陷，增加釉面光泽，扩大熔融范围；以珍珠岩代替长石，可降低釉的熔融温度 50～100℃，并能增加釉面光泽；釉的组成中以 2%～5%的釉烧碎瓷粉替代 Al_2O_3，可使制品白度提高 2%～3%。引入 MgO，采用白云石比用滑石为好，以白云石引入 MgO 时，不产生乳浊作用，以滑石引入 MgO 时，易助长乳浊作用，但可提高白度，同时又改善釉浆悬浮性，拓宽釉的烧成范围，提高釉的抗气氛能力，克服烟熏和发黄缺陷。

3.2.2.2　釉料配方的确定

(1) 资料的准备

① 首先是要掌握坯料的化学与物理性质，如坯体的化学组成、膨胀系数、烧结温度、烧结温度范围及气氛等。

② 必须明确釉料本身的性能要求（例如白度、光泽度、透光度和化学稳定性）及制品的性能要求（例如机械强度、热稳定性、耐酸耐碱和釉面硬度）。

③ 制釉原料化学组成，原料的纯度以及工艺性能等。

此外，工艺条件对釉的影响也很大；如细度与表面张力的关系；釉浆稠度对施釉厚度的影响；燃料种类、烧成方法、窑内气氛等对釉料的影响。

(2) 配制方法

① 釉料配制方法是用化学组成百分数来表示或者用实验公式来表示的。以变动化学组成的百分数或实验公式中的氧化物摩尔数或者是两种氧化物的摩尔数之比来配成一系列的釉式，然后通过制备，烧成并测定它们的物理性质，找到符合要求的配方。为了弄清楚某一种氧化物变动时所产生的影响，在研究中每次变动一个因素而保持其余的不变。

在得到良好的配方后，再进行配方的调整试验。此时可用优选法或正交试验法，以求得到一个釉面各项性能指标最佳的釉料配方。

通过调整配方试验得到较佳釉料配方后，再进行较大规模的半工业试验和工业试验，以求得到配方在生产条件下各项工艺指标的最佳值。通过试验结果的分析，确定生产配方及各项工艺参数。

各种陶瓷制品所用釉的类型以及它们的组成可用下列釉式（glaze formula）表示。

多孔陶瓷生料釉：$RO \cdot (0.1\sim0.4)Al_2O_3 \cdot (2.5\sim4.5)SiO_2$；

炻瓷器生料釉：$RO \cdot (0.2\sim0.6)Al_2O_3 \cdot (2.0\sim5.0)SiO_2$；

瓷器或硬质精陶：$RO \cdot (0.5\sim1.2)Al_2O_3 \cdot (5.0\sim12)SiO_2$。

制品的生料长石釉，其中 Al_2O_3 和 SiO_2 的上限属于硬质瓷器釉，下限是精陶釉或软质瓷器釉。

欧洲高温瓷釉范围大致为：$RO \cdot (0.6\sim1.2)Al_2O_3 \cdot (4.7\sim15)SiO_2$。

生料釉中 R_2O、(K_2O+Na_2O) 和 RO (CaO+MgO) 等氧化物间的比例很重要。塞格尔规定 RO 基的组成为：0.3 (K_2O+Na_2O) 和 0.7 (CaO+MgO)；陶瓷工业一般规定 RO 基的组成为：

$(0.10\sim0.30)K(Na)_2O$　　$(0.40\sim0.70)CaO$

$(0.00\sim0.30)MgO$　　$(0.00\sim0.07)SrO$　　$(0.00\sim0.70)BaO$

研究了各国的瓷器釉，RO 基的组成如下。

一般瓷器釉：$(0.04\sim0.37)K_2O$　　$(0.01\sim0.52)Na_2O$

$(0.15\sim0.89)CaO$　　$(0.00\sim0.13)MgO$

欧洲瓷器釉：(0.39～0.82)$K(Na)_2O$　(0.15～0.36)CaO

亚洲瓷器釉：(0.05～0.48)$K(Na)_2O$　(0.51～0.89)CaO

从以上分析可以得出如下结论：欧洲瓷器釉以长石釉为主，亚洲瓷器釉以石灰釉为主。

瓷器釉中二氧化硅和氧化铝的摩尔比例范围，应根据成熟温度变化而定（见表 3.10）。

表 3.10　釉中的 SiO_2 和 Al_2O_3 的比例

坯　体	物质的量		釉的玻化近似温度 SK 锥号
	SiO_2	Al_2O_3	
一般陶器	0.8～2	0.3～0.3	010a～06a
白色陶器	0.8～2	0.1～0.5	4a
精陶器	1.25～4	0.1～0.8	4a～9
瓷器	4.0～12	0.5～1.25	>10

常用的瓷器釉在一般烧成范围下，当 RO 维持不变时，即 0.3K_2O 和 0.7CaO，SiO_2/Al_2O_3=(7∶1)～(10∶1)之间。

当 RO 基的组成为 0.3K_2O 和 0.7CaO，SiO_2∶Al_2O_3 比例在较大范围内变化时与釉性质关系如图 3.7 所示。

瓷釉组成的光泽轴 *AB*、*CD* 如图上实线所示，它们分别是 SK9、SK11 烧成时最佳光泽釉组成的分布线。图中虚线 *EF* 是索特威尔命名的共熔轴，即 RO 恒定时，改变 SiO_2∶Al_2O_3 比例时系统的最低共熔点连接线。从图中可知共熔釉和光泽釉并不完全一致。这就表明，该系列的共熔组成不一定都是最好的光泽釉，仅在光泽釉与共熔釉交点附近的组成才是优质的光泽透明釉的组成。例如图中 RO·0.6Al_2O_3·4SiO_2、RO·0.6Al_2O_3·4.2SiO_2 分别是 SK9、SK11 烧成的优质光泽透明釉的实例。从图 3.8 看出，上述两个组成的变形温度分别为 1250℃、1227℃。

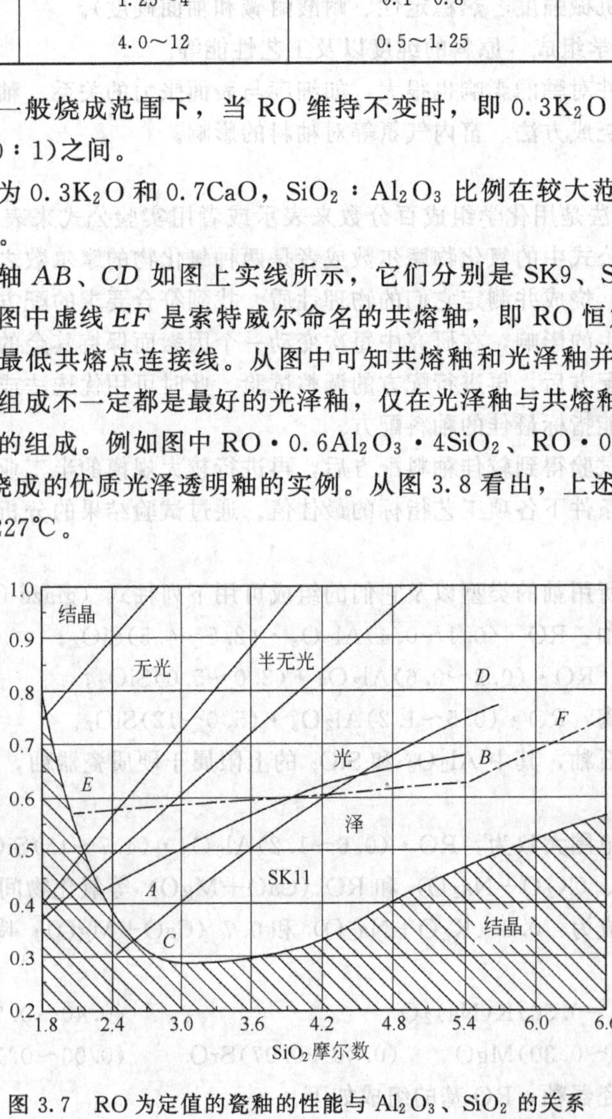

图 3.7　RO 为定值的瓷釉的性能与 Al_2O_3、SiO_2 的关系

我国陶瓷工作者，对于锥号 10～16 釉曾做过精确实验，其釉式范围为：

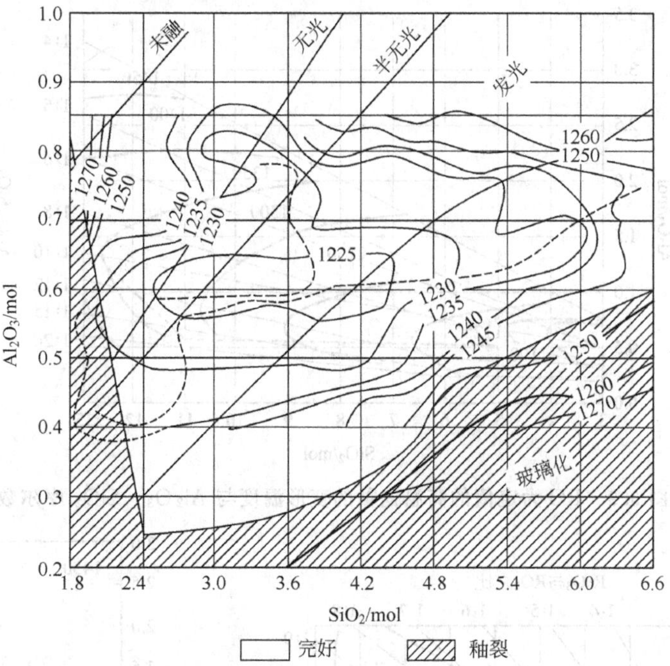

图 3.8　RO 为定值的瓷釉的变形温度与 Al_2O_3、SiO_2 摩尔数

$$\left.\begin{matrix}0.3K_2O\\0.7CaO\end{matrix}\right\}\cdot(0.3\sim3.25)Al_2O_3\cdot(3.0\sim13.0)SiO_2$$

在不同温度下进行釉烧，绘图 3.9，从图中可看出，当釉烧温度一定时，釉的性质取决于釉组成的之比 Al_2O_3/SiO_2。

釉烧温度不同，获相同性能的釉面所需的 Al_2O_3/SiO_2 的比值就不相同。在低温下无光泽釉的配方，提高烧成温度，有时却成为优质光亮釉。

根据图 3.9～图 3.11 所示的变化规律，对于釉的烧成可以得出如下结论：

a. SiO_2-Al_2O_3 图上的光泽釉和半无光釉区域是椭圆形的，烧成温度增加，则区域增大，其中心与两轴相交点的距离也就愈远；

b. 光泽釉随烧成温度的提高，出现的温度范围逐渐增大，约有 4～5 个测温锥锥号；

c. 最优良的釉在最强光泽轴之上，这种釉的光泽轴大致是：$Al_2O_3=0.3+(1/12)SiO_2$ 所表示的直线上；

d. 对于一定烧成温度，釉的性能取决于 Al_2O_3/SiO_2 之比，SiO_2 使用量的范围比 Al_2O_3 的要广，但其比值仍保持在一定范围之内。

上述组成的最优配方 $RO\cdot0.6Al_2O_3\cdot4SiO_2$ 和 $RO\cdot0.6Al_2O_3\cdot4.2SiO_2$，从图 3.9、图 3.10 查出其始熔温度分别为 1125℃、1127℃，熔融温度为 1300℃。

不同类型光泽透明釉所需 SiO_2/Al_2O_3 比值不相同：

长石釉　$SiO_2/Al_2O_3=7\sim10$；

石灰釉　$SiO_2/Al_2O_3=7\sim11$；

钡质釉　$SiO_2/Al_2O_3=7\sim11$；

镁质釉　$SiO_2/Al_2O_3=5.5\sim6.5$。

如图 3.12～图 3.14 所示。

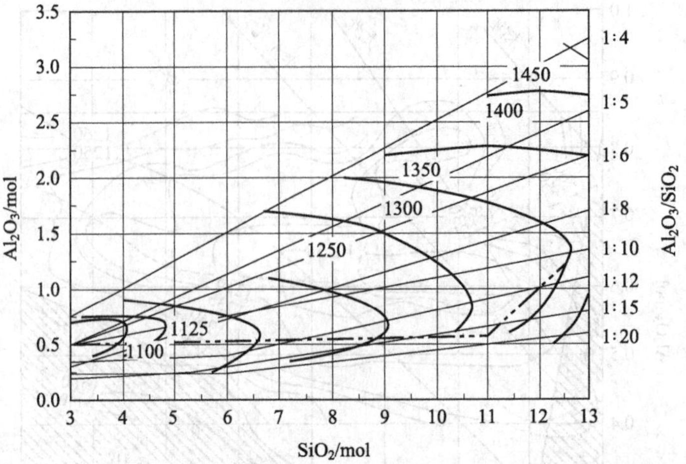

图 3.9 RO 为定值的高温瓷釉的变形温度与 Al_2O_3，SiO_2 摩尔数

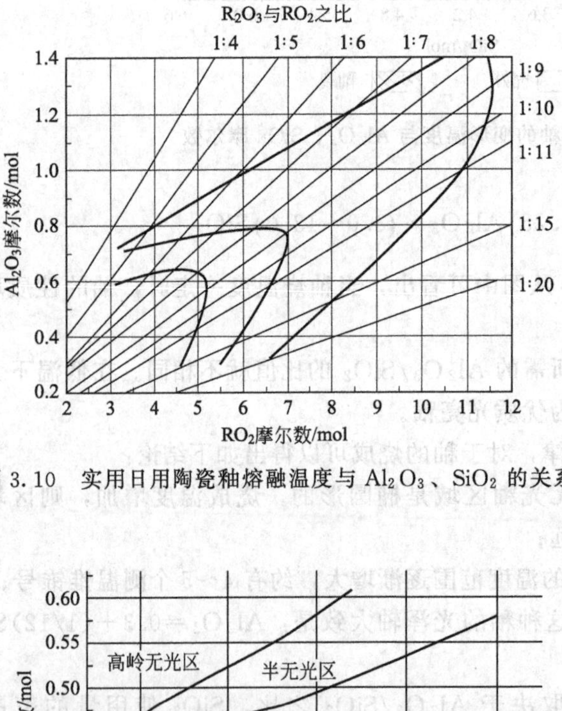

图 3.10 实用日用陶瓷釉熔融温度与 Al_2O_3、SiO_2 的关系

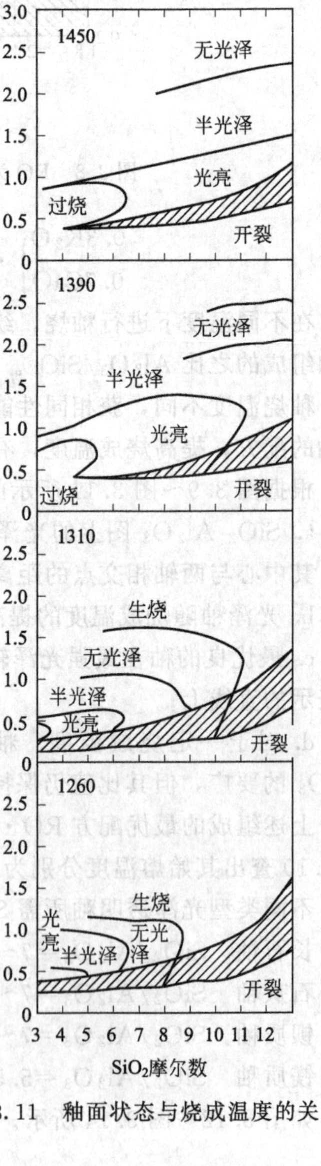

图 3.11 釉面状态与烧成温度的关系

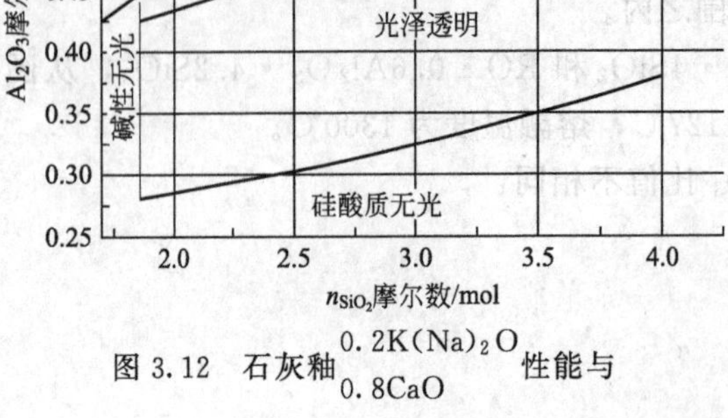

图 3.12 石灰釉 $\begin{matrix}0.2K(Na)_2O\\0.8CaO\end{matrix}$ 性能与

SiO_2/Al_2O_3 比变化关系 (SK9)

表 3.11 列出各种瓷釉成分和烧成温度实例，仅供参考。

表 3.11　各种瓷釉成分和烧成温度

序号	KNaO/%	CaO/%	MgO/%	BaO/%	Na_2O/%	Al_2O_3/%	SiO_2/%	烧成温度 SK
1	0.30	0.50	0.10	0.10		0.40	3.85	4
2	0.20	0.70	0.10			0.40	3.50	4
3	0.30	0.30		0.20	(SrO)0.20	0.50	4.0	7
4	0.48	0.40	0.12			0.70	4.80	7
5	0.14	0.63	0.17			0.83	4.72	7～9
6	0.25	0.37	0.38			0.75	7.1	7～9
7	0.06	0.08	0.86		(Na_2O)0.08	0.83	4.7	9
8	0.20	0.70	0.10			0.65	5.50	11
9	0.30	0.35	0.35			0.96	9.50	12～14
10	0.20	0.70	0.10			0.85	7.50	13
11	0.40	0.20			0.40	1.10	8.00	14
12	0.11	0.67	0.22			1.00	10.00	15
13	0.15	0.65	0.20			1.00	10.0	17
14	0.10	0.70	0.20			1.5	10.00	20

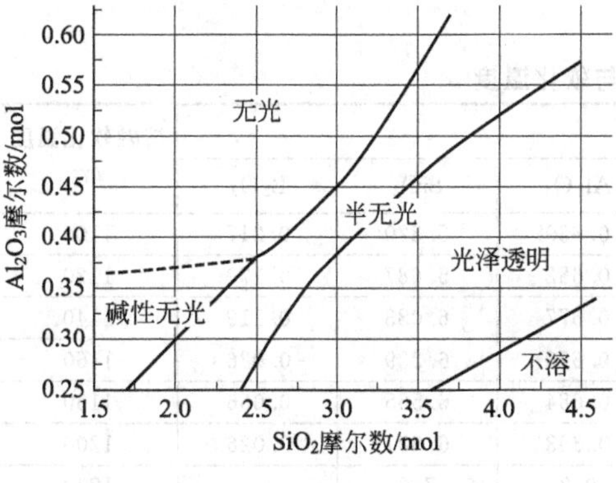

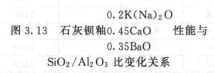

图 3.13　石灰钡釉 $\begin{matrix}0.2K(Na)_2O\\0.45CaO\\0.35BaO\end{matrix}$ 性能与 SiO_2/Al_2O_3 比变化关系

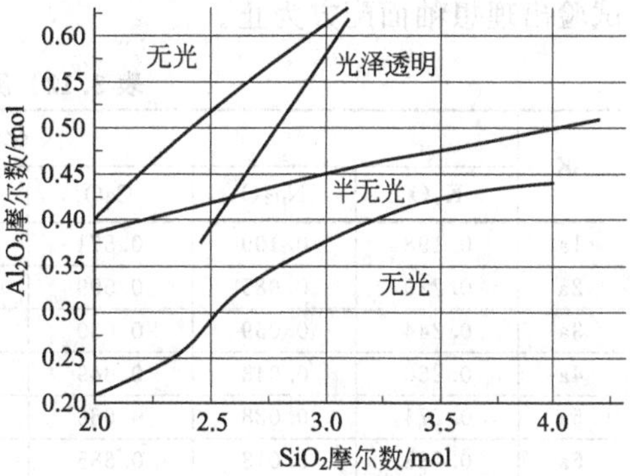

图 3.14　镁釉 $\begin{matrix}0.15K(Na)_2O\\0.30CaO\\0.45MgO\\0.10ZnO\end{matrix}$ 性能与 SiO_2/Al_2O_3 比变化关系

② 釉的组成-釉成熟温度图与有效经验。

在釉的组成和成熟温度图中（图 3.15），根据釉烧成温度查出组成，结合实用釉组成加以调整实验。如要配制 1250～1350℃的釉料，先查图 3.14，找出近似实验式为：

$$\left.\begin{matrix}(0.2\sim0.3)(K_2O+Na_2O)\\(0.7\sim0.8)(CaO+MgO)\end{matrix}\right\}\cdot(0.4\sim0.7)Al_2O_3\cdot(4.5\sim7.5)SiO_2$$

结合我国在 1250～1350℃烧成的实用釉经验：

Al_2O_3 摩尔数为 0.3～0.7

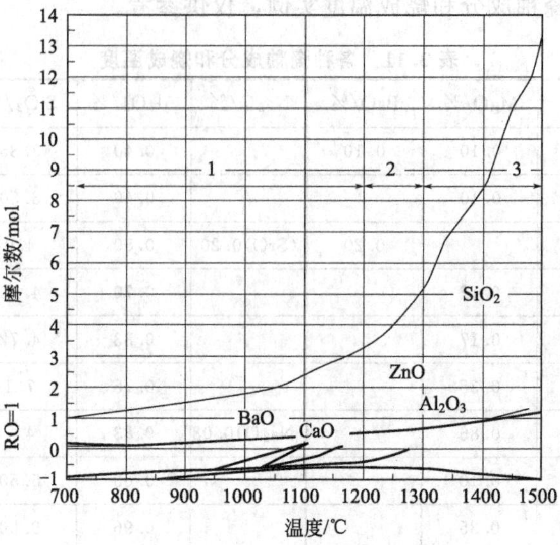

图 3.15　釉组成与成熟温度关系

SiO_2 摩尔数为3～7

$$SiO_2/RO=4\sim6$$

$$SiO_2/Al_2O_3=7\sim10$$

$$R_2O/RO=3/7$$

再结合图 3.11，烧成温度与釉面状态图，加以调整，反复试验后，再加以调整，直至试验出理想釉面配方为止。

表 3.12　测温锥的成分与软化温度

SK	化学成分/mol							熔融软化温度/℃
	K_2O	Na_2O	CaO	MgO	Al_2O_3	SiO_2	B_2O_3	
1a	0.198	0.109	0.571	0.122	0.639	5.320	0.217	1100
2a	0.220	0.085	0.599	0.096	0.652	5.687	0.170	1120
3a	0.244	0.059	0.630	0.067	0.677	6.083	0.119	1140
4a	0.260	0.043	0.649	0.048	0.676	6.339	0.086	1160
5a	0.274	0.028	0.666	0.032	0.684	6.565	0.056	1180
6a	0.288	0.013	0.685	0.014	0.693	6.801	0.026	1200
7a	0.3		0.7		0.7	7.0		1230
8a	0.3		0.7		0.8	8.0		1250
9a	0.3		0.7		0.9	9.0		1280
10	0.3		0.7		1.0	10.0		1300
11	0.3		0.7		1.2	12.0		1320
12	0.3		0.7		1.4	14.0		1350
13	0.3		0.7		1.6	16.0		1380
14	0.3		0.7		1.8	18.0		1410
15	0.3		0.7		2.1	21.0		1435
16	0.3		0.7		2.4	24.0		1460
17	0.3		0.7		2.7	27.0		1480
18	0.3		0.7		3.1	31.0		1500

注：低于 1100℃及高于 1500℃各锥号成分未列，锥号为 SK 制。

③ 参考测温锥的标准成分进行配料　测温锥标准组成成分见表 3.12，它代表各锥号在

某一标定的温度（一般正常的烧成情况中，实际达到的温度与标定温度的差别约为±15℃）达到的熔融状态；测温锥在达到其标写温度时，呈半熔融软化状态，这与在同一温度下对釉料达到熔融呈半流动状态的要求，有明显的差别，因此如果以测温锥的组成作为瓷器釉的组成，应比釉烧时的赛格尔测温锥还低 4～5 个锥号。即 SK 测温锥的 7～8 的组成为 SK12～13 烧成釉的组成，SK9～11 的组成为 SK14～16 的瓷器釉的组成。然后按照原料成分，烧成条件（如气氛、升温速率等）配制一系列的试验配方进行比较，从而找出最佳釉料配方。此法适用于长石釉、高温瓷釉及熔块釉配方的配制。

习题与思考题

1. 配制坯料的过程中化学组成容易出现偏差的主要影响因素有哪些？
2. 简述制定坯料配方的主要原则。
3. 采用钾长石、生黏土、煅烧黏土、碳酸钙和石英作为原料，按下式配制釉料，请计算所需各种原料的物质的量和质量百分数：

$$\left.\begin{matrix}0.3K_2O\\0.7CaO\end{matrix}\right\}\cdot 0.5Al_2O_3\cdot 4.0SiO_2$$

4. 试计算釉式 $\left.\begin{matrix}0.05K_2O\\0.20Na_2O\\0.50CaO\\0.25PbO\end{matrix}\right\}\cdot 0.30Al_2O_3\cdot\left\{\begin{matrix}2.8SiO_2\\0.4B_2O_3\end{matrix}\right.$ 的配料量。

5. 请依据坯料配方：

   SiO_2 62.10%，CaO 0.25%，Al_2O_3 3.52%，MgO 29.04%，TiO_2 0.08%，R_2O 0.12%，Fe_2O_3 0.08%，ZnO 3.35%

   选用合适的原料，并计算各种原料的质量百分数。

参 考 文 献

[1]　李家驹. 日用陶瓷工艺学. 武汉：武汉工业大学出版社，1992.
[2]　钦征骑，钱杏南，贺盘发. 新型陶瓷材料手册. 南京：江苏科学技术出版社，1996.
[3]　林宗寿，李凝芳，赵修建等. 无机非金属材料工学. 武汉：武汉工业大学出版社，1999.

第4章 陶瓷坯体的成型

4.1 概述

陶瓷的成型（forming）技术对于制品的性能具有重要影响。新型陶瓷成型方法的选择，应当根据制品的性能要求、形状、尺寸、产量和经济效益等综合确定。

4.1.1 成型方法分类

日用陶瓷制品的种类繁多，用途各异，制品的形状、尺寸、材质和烧成温度不一，对各种制品的性能和质量要求也不尽相同，因此采用的成型方法也多种多样，造成了成型工艺的复杂化。

根据坯料含水量不同，成型方法可分为好多种，如下所示：

- 成型方法
  - 注浆成型法（坯料含水量 30%～40%）
    - 热法（热压注法）：钢模
    - 冷法（石膏模）
      - 常压冷法注浆
      - 加压冷法注浆
      - 抽真空冷法注浆
  - 可塑成型法（坯料含水量 18%～26%）
    - 有模
    - 无模
  - 干压成型法：使用钢模，坯料含水量 6%～8%
  - 等静压成型法：使用橡皮膜，坯料含水量 1.5%～3%

景德镇等古老产瓷区尚存在一种古老的成型方法，为数极少的老工人还在用这种方法成型各种形状大小厚薄不同的制品，老工人自称这种成型方法为做坯，人们称为万能成型法。举凡碗类、盘碟、壶类、杯盅、匙类都能凭双手加上不用电机的木质转盘以及各种利坯刀具进行做坯成型。

手工做坯成型的坯体致密度和生坯干燥强度都比较高，但效率比较低。

4.1.2 成型方法的选择

以图纸或样品为依据，确定工艺路线，选择合适的成型方法。选择成型方法时，要从下列几方面来考虑。

① 产品的形状、大小和厚薄等。一般形状复杂、大件或薄壁产品，可采用注浆成型法。而具有简单回转体形状的器皿则可采用旋压或滚压成型法。

② 坯料的工艺性能。可塑性较好的坯料适用于可塑成型法，可塑性较差的坯料可适用于注浆或干压成型法。

③ 产品的产量和质量要求。产量大的产品可采用可塑法成型，产量小的产品可采用注浆法成型。有些产品可根据用户要求采用指定的成型方法，如蛋壳瓷通常采用指定的手工可塑法做坯成型。

④ 成型设备要简单，劳动强度要小，劳动条件要好。

⑤ 技术指标要高，经济效益要好。

总之，在选择成型方法时，希望在保证产品产量、质量的前提下，选用设备最简单、生产周期最短和成本最低的方法。

在选用成型方法时，有时会感到为难，因为同一产品可以采用不同的方法来成型，而不同的产品也可采用同一方法来成型。例如直径 1m 的大圆盘，可以采用可塑法成型，也可采用注浆法成型。但是哪种成型方法的技术经济指标更高，这要通过生产实践才能确定，而且还与有经验的操作工人有关。又如万件大花瓶（高 2.2m）用机械的成型方法是很困难的，景德镇的瓷器厂成型此种大花瓶是由特殊工种大件做坯成型的。景瓷釉 13 个大类，大件是其中之一，大件的成型干燥有着许多关键的工艺技术问题要解决，需要有经验丰富的特殊做坯工种来成型此种大件。

4.2　注浆成型

4.2.1　注浆成型的特点及影响因素

在传统陶瓷工业中，注浆成型（slip casting）已有 200 余年历史。20 世纪 30 年代开始应用于碳化物、氮化物等新型陶瓷制品的成型。此法适于生产一些形状复杂且不规则、外观尺寸要求不严格、壁薄及大型厚胎的制品。

注浆成型所用的料浆必须具备如下性能：

① 料浆的流动性（fluxility）好；

② 料浆的稳定性（stability）要好（即不易沉淀和分层）；

③ 料浆的触变性（thixotropy）要小；

④ 料浆的含水量尽可能少，渗透性（permeability）要好；

⑤ 料浆的脱膜性（mold release property）要好；

⑥ 料浆中应尽可能不含气泡。

注浆成型法有空心注浆和实心注浆两种。为了提高注浆速度和坯体的质量，又出现了压力注浆、离心注浆和真空脱气注浆等方法。

注浆成型工艺简单，但劳动强度大，生产周期长，不易实现自动化；且坯料烧后的密度小，机械强度差，收缩、变形大，对机械强度、几何尺寸、电气性能要求高的新型陶瓷产品，一般不用此法。

（1）影响泥浆流动性的因素　在实际生产中，注浆成型的泥浆应具有一定的流动性和稳定性才能满足成形的要求。

① 固相的含量、颗粒大小和形状的影响　一定浓度的泥浆中，固相颗粒越细，颗粒间的平均距离越小，吸引力增大，位移时所需克服的阻力增大，流动性减小。此外，由于水有偶极性和胶体粒子带有电荷，每个颗粒周围都形成水化膜，固相颗粒所呈现的体积比真实体积大得多，因而阻碍泥浆的流动。

泥浆流动时，固相颗粒既有平移又有旋转运动。当颗粒形状不同时，对流动所产生的阻力必然不同。对于体积相同的固相颗粒来说，等轴颗粒产生的阻力最小；颗粒形状不规则，流动阻力大，浆料流动性差。

② 泥浆温度的影响　将泥浆加热时，分散介质（水）的黏度下降，泥浆黏度也因而降低。

提高泥浆温度除增大流动性外，还可加速泥浆脱水，增加坯体强度。所以生产中有采用热模、热浆进行浇注的方法。若泥浆温度为35～40℃、模型温度为35℃左右，则吸浆时间可缩短一半，脱膜时间也相应缩短。

③ 黏土及泥浆处理方法的影响　生产实践发现，黏土原料经过干燥后配成的泥浆，流动性有所改变。如图4.1所示，黏土干燥温度升高时，一定量泥浆流出时间缩短，即其流动性增加。在某一温度下干燥黏土时，泥浆流动性可达最大值。而进一步升高干燥温度，泥浆的流动性却又降低。这和黏土干燥脱水后，表面吸附离子的吸附性质发生变化（这种现象称为固着现象）有关。

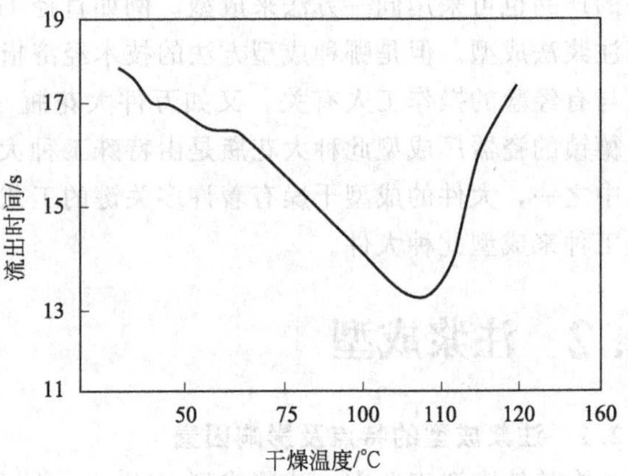

图4.1　黏土干燥温度与泥浆黏度的关系

将泥浆陈腐（ageing）一定时间对稳定注浆性能、提高流动性和增加坯体强度都有利。因为含有电解质的泥浆中，吸附离子的交换量随着时间的延长而增加，陈腐过程除促进交换反应继续进行外，还可以让有机物分解，排出气泡，从而改善泥浆性能。对泥浆进行真空处理，也可得到同样的效果。

④ 泥浆的pH值的影响　一些瘠性泥浆由于不含黏土，而且采用的原料密度较大，容易聚沉下降，因而控制这类泥浆的稳定性和流动性更显得重要。提高瘠性泥浆流动性的方法通常有两种：控制泥浆的pH值；加入有机胶体或表面活性物质作稀释剂。

瘠性泥浆中的原料多为两性物质。这类物质在酸性和碱性介质中都能胶溶，但离解的过程不同，形成的胶团构造也不同。泥浆的pH值改变时，会改变胶粒表面作用力和影响ζ电位，因而使泥浆在一定范围内黏度显著下降。

(2) 注浆过程的物理化学变化　采用石膏模注浆成型时，既发生物理脱水过程，也出现化学凝聚过程，而前者是主要的，后者只占次要地位。

① 注浆时的物理脱水过程　泥浆注入模型后，在毛细管的作用下，泥浆中的水分沿着毛细管排出。可以认为毛细管力是泥浆脱水过程的推动力。这种推动力取决于毛细管的半径和水的表面张力。毛细管愈细，水的表面张力愈大，则脱水的动力就愈大。当模型内表面形成一层坯体后，水分要继续排出必先通过坯体的毛细孔，然后再达到模型的毛细孔中。这时注浆过程的阻力来自石膏模和坯体两方面。注浆开始时，模型的阻力起主要作用。随着吸浆过程的不断进行，坯体厚度继续增加，坯体所产生的阻力越发显得重要，最后起主导作用。

坯体所产生阻力的大小决定于泥浆本身的性质和坯体的结构。含塑性原料多的泥浆脱水的阻力大，形成的坯体密度大，阻力也大。石膏模产生的阻力取决于毛细管的大小和分布。这又和制造模型时水与熟石膏粉的比例有关。

② 注浆时的化学凝聚过程　泥浆与石膏模接触时，在其接触表面上溶有一定数量的$CaSO_4$（25℃时100g水中$CaSO_4$的溶解度是0.208g）。它和泥浆中的Na-黏土及水玻璃发生离子交换反应：

$$\text{Na-黏土}+CaSO_4+Na_2SiO_3 \longrightarrow \text{Ca-黏土}+CaSiO_3\downarrow+Na_2SO_4 \tag{4.1}$$

这一反应使得靠近石膏模表面的一层Na-黏土变成Ca-黏土，泥浆由悬浮状态转为聚沉。

石膏起着絮凝剂的作用，促进泥浆絮凝硬化，缩短成坯时间。通过上述反应生成溶解度很小的 $CaSiO_3$，促使反应不断向右进行；生成的 Na_2SO_4 是水溶性的，被吸进模型的毛细管中。当烘干模型时，Na_2SO_4 以白色丛毛状结晶的形态析出。由于 $CaSO_4$ 的溶解与反应，模型的毛细管增大，表面出现麻点，机械强度下降。

(3) 增大吸浆速度的方法

① 减少模型的阻力　模型的阻力主要通过改变模型制造工艺来加以控制，为了减少模型的阻力一般可增加水与熟石膏的比值，适当延长石膏浆的搅拌时间，真空处理石膏浆等。

② 减少坯料的阻力　坯料的阻力取决于其结构，而后者又由泥浆的组成、浓度、添加剂的种类等因素所决定。

泥浆中塑性原料含量多则吸浆速度小，瘠性原料多则吸浆速度大。因此，在不影响泥浆工艺性质和产品质量的前提下，适当减少塑性原料，增多瘠性原料对加速吸浆过程是有好处的。

从吸浆速度的公式来看，泥浆颗粒愈细，其比表面愈大，越易形成致密的坯体，疏水性差，吸浆速度因而降低。特别是在制作大件产品时，应增加泥浆的颗粒尺寸。

泥浆中加入稀释剂可以改善其流动性，但由于促使坯体致密化，则减慢吸浆速度。泥浆中若加入少量絮凝剂，形成的坯体结构疏松，可加快吸浆过程。实践证明，加入少量 Ca^{2+}、Mg^{2+} 的硫酸盐或氯化物都可增大吸浆速度。

在保证泥浆具有一定流动性的前提下，减少泥浆中的水分，增加其比重，可提高吸浆速度。但由于泥浆浓度增加必然使得其黏度加大，从而影响其流动性，这就要求选用高效能的稀释剂。

③ 提高吸浆过程的推动力　从吸浆速度方程式可知，泥浆与模型之间的压力差是吸浆过程的推动力。在一般的注浆方法中，压力差来源于毛细管力。若采用外力以提高压力差，必然使吸浆过程加速进行。生产中采用提高压力差的成型方法在下节注浆方法中介绍。

4.2.2 陶瓷坯体的注浆成型

4.2.2.1 基本注浆方法

(1) 空心注浆（单面注浆）　空心浇注（hollow casting）用的石膏模没有模芯。泥浆注满模型经过一定时间后，模型内壁黏附着具有一定厚度的坯体。将多余泥浆倒出，坯体形状在模型内固定下来。(图 4.2) 它适于浇注小型薄壁的产品，如坩埚、花瓶、管件等。这种方法所用的泥浆密度较小，否则空浆后坯体内表面有泥缕和不光滑。坯体的厚度决定于吸浆的时间，模型的湿度与温度，也和泥浆的性质有关。

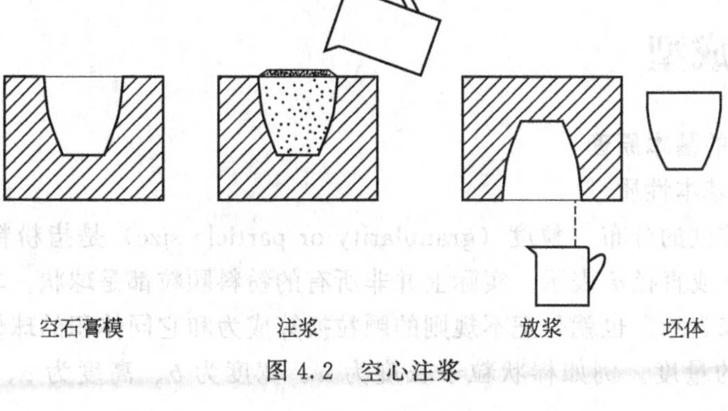

图 4.2　空心注浆

(2) 实心注浆（双面注浆） 实心浇注（solid casting）法泥浆注入外模与模芯之间（图4.3)。坯体的内部形状由模芯决定。它适于浇注两面形状和花纹不同、大型、壁厚的产品。实心注浆常用较浓的泥浆，以缩短吸浆时间。形成坯体的过程中，模型从两个方向吸取泥浆中的水分。靠近模壁处坯体较致密，坯体中心部分较疏松，因此对泥浆性能和注浆操作的要求较严。

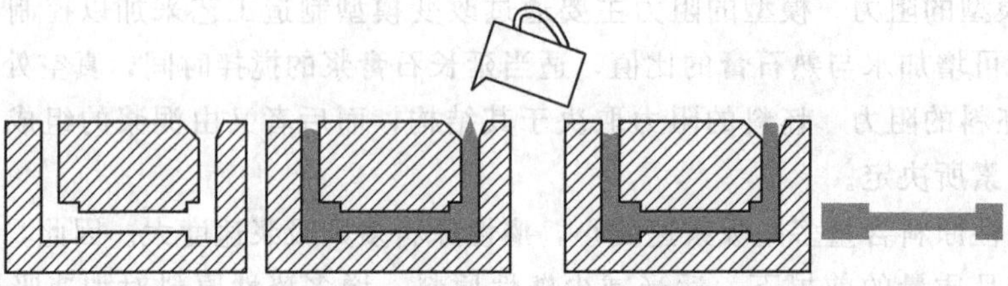

图 4.3 实心注浆

表 4.1 中列出一些工厂中浇注日用瓷产品泥浆的性能指标。实际生产中，往往根据产品结构要求将空心注浆和实心注浆同时采用，即产品的某些部件用空心法成型。例如浇注洗面盆便是这样。

表 4.1 泥浆性能的参考指标

指 标	空心注浆	实心注浆	指 标	空心注浆	实心注浆
水分/%	31～34	31～32	流动性(孔径 7mm 的恩氏黏度计)/s	10～15	15～20
相对密度	1.55～1.7	1.8～1.95	厚化系数(静置 30min)	1.1～1.4	1.5～2.2
万孔筛余	0.5～1.5	1～2			

4.2.2.2 注浆用石膏模的主要缺陷

(1) 开裂 由于石膏模过分干燥或太湿，模型各部分干湿程度不同，浆料中原料颗粒过粗，电解质含量少，浆料陈放时间不够，坯体在模内存放时间过长等原因引起。也可能因干燥过快，坯体放置不平等原因而造成开裂。

(2) 气孔与针眼 产生的原因有模型过干、过热或过旧；浆料存放过久；浇注时加浆过急；浆料密度大，黏性强；模型内浮灰未去掉；模型设计不妥，妨碍气泡排出等。

(3) 变形 模型太湿、脱膜过早、浆料水分太多、原料颗粒过细等都可能引起变形。

(4) 塌落 原因是浆中原料过细、水分多、温度高、电解质多，模型过湿、新模型表面的油膜未去掉。

(5) 粘膜 产生的原因是模型过湿、过冷、过旧、浆料水分过多等。

4.3 干压成型

4.3.1 干法压制的基本原理

4.3.1.1 粉料的基本性质

(1) 粒度和粒度的分布 粒度（granularity or particle size）是指粉料的颗粒大小，通常以颗粒的半径 r 或直径 d 表示。实际上并非所有的粉料颗粒都是球状。非球形颗粒的大小可以用等效半径来表示。也就是把不规则的颗粒换算成为和它同体积的球体，以相当的球体半径作为其粒度的量度。例如棒状粒子长度为 a、宽度为 b、高度为 c、则其体积为 $V=$

abc。若与它相同的球体半径为 r，则：

$$V=abc=\frac{4}{3}\pi r^3 \tag{4.2}$$

即该颗粒等效半径为：

$$R=\sqrt[3]{\frac{3}{4}\times\frac{V}{\pi}} \tag{4.3}$$

粒度分布指各种大小颗粒所占的百分比。

从生产实践中可知，很细或很粗的粉料，在一定压力下被压紧成型的能力较差，表现在相同压力下坯体的密度和强度相差很大。此外，细粉加压成型时，颗粒中分布着的大量空气会沿着与加压方向垂直的平面逸出，产生层裂。而含有不同粒度的粉料成型后密度和强度均高。这可由粉料的堆积性质来说明。

(2) 粉料的堆积性质　由于粉料的形状不规则，表面粗糙，使堆积起来的粉料颗粒间存在大量孔隙。粉料颗粒的堆积密度和堆积形式有关。如以等径球状粉料为例，排列方式和孔隙的关系列于表 4.2 中。

若采用不同大小的球体堆积，则可能小球填塞在等径球体的孔隙中。因此采用一定粒度分布的粉料可以减少其孔隙率，提高自由堆积的密度。例如，只有一种粒度的粉料堆积时的孔隙率为 40%，若用两种粒度（平均粒径比为 10∶1）配合则其堆积密度增大。单一颗粒（即纯粗颗粒或细颗粒）的总体积约为 1.4，孔隙率约为 40%。若将粗细颗粒混合，粗颗粒约占 70%、细颗粒约占 30%的混合粉料其总体积约为 1.25，孔隙率最低约 25%。若采用三级颗粒配合则可得到更大的堆积密度。粗颗粒为 50%，中颗粒为 10%，细颗粒为 40%时，粉料的孔隙率仅为 23%。

表 4.2　等径球体堆积形式及孔隙率①

堆积形式	图　像	配位数	孔隙率/%
立方	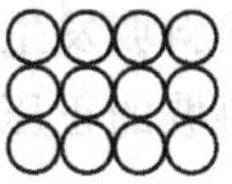	6 （上面一个，下面一个） （同一平面四个）	47.64
单斜	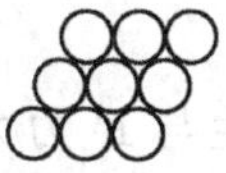	8 （上面一个、下面一个） （同一平面六个）	39.55
双斜	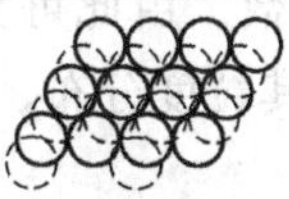	10 （上面二个、下面二个） （同一平面六个）	30.20
棱锥	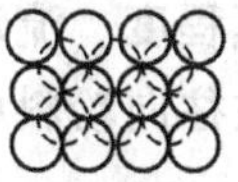	12 （上面四个、下面四个） （同一平面四个）	25.95
四面	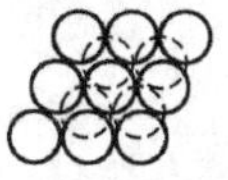	12 （上面三个、下面三个） （同一平面六个）	25.95

① 计算立方堆积的孔隙率：立方体的边长为两个球半径之和即 $2d$，所以立方体的体积为：$V_{立}=(2d)^3=8d^3$。立方体中含有 8 个球，每个球的体积为：$\frac{1}{6}\pi d^3$。故立方体中球的总体积为：$V_{球}=8\times\frac{1}{6}\pi d^3$。相对密度$=\frac{V_{球}}{V_{立}}=\frac{8\pi d^3/6}{8d^3}=\frac{\pi}{6}=0.5236$；孔隙率＝1－相对密度＝0.4764 即 47.64%。

应该说明的是，压制成型粉料的粒度是由许多小颗粒组成的粒团，比真实的固体颗粒大得多。如半干压法生产面砖时，泥浆细度用万孔筛余 1%～2%，即固体颗粒大部分小于 60μm。实际压砖时粉料的假颗粒度为通过 0.16～0.24μm 筛网。因而要先经过“造粒”。

(3) 粉料的拱桥效应（或称桥接） 粉料自由堆积的孔隙率往往比理论计算值大的多。因为实际粉料不是球形，加上表面粗糙，结果颗粒互相交错咬合，形成拱桥形空间，增大孔隙率。这种现象称为拱桥效应（bridging）（见图 4.4）。

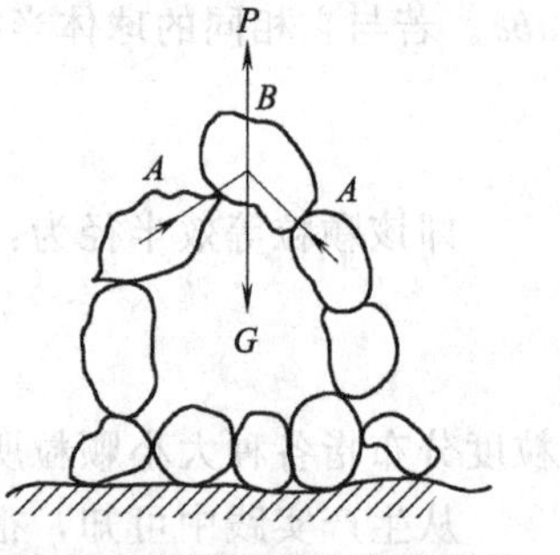

图 4.4 粉料堆积的拱桥效应

当粉料颗粒 B 落在 A 上，粉料 B 的自重为 G，则在接触处产生反作用力，其合力为 P，大小与 G 相等，但方向相反。若颗粒间附着力较小，则 P 不足以维持 B 的重量 G，便不会形成拱桥，颗粒 B 落入空隙中。所以粗大而光滑的颗粒堆积在一起时，空隙容易形成拱桥，如气流粉碎的 Al_2O_3 粉料，颗粒多为不规则的棱角形，自由堆积时的空隙比球磨后的 Al_2O_3 颗粒要大些。

4.3.1.2 粉料的流动性

粉料虽然由固体颗粒所组成，但由于其分散度较高，具有一定的流动性。当堆积到一定高度后，粉料会向四周流动，始终保持为圆锥形，其自然安息角（偏角）α 保持不变。当粉料堆的斜度超过其固有的 α 角时，粉料向四周流泻，直到倾斜角降至 α 角为止。因此可用 α 角判断粉料的流动性。一般粉料的自然安息角 α 约为 20°～40°。如粉料呈球形，表面光滑，易于向四周流动，α 角值就小。

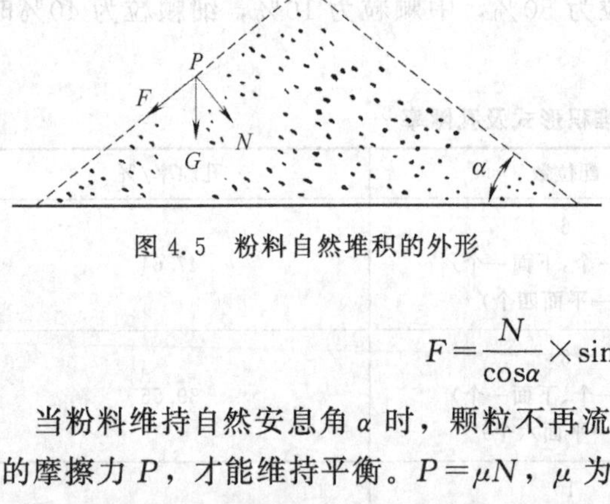

图 4.5 粉料自然堆积的外形

粉料的流动性取决于它的内摩擦力。设 P 点的颗粒本身重为 G（图 4.5）。它可以分解为沿自然斜坡发生的推动力 $F=G\times\sin\alpha$ 和垂直于斜坡的正压力 $N=G\times\cos\alpha$。

$$F=\frac{N}{\cos\alpha}\times\sin\alpha=N\times\tan\alpha \tag{4.4}$$

当粉料维持自然安息角 α 时，颗粒不再流动。这时必然产生与 F 力大小相等，方向相反的摩擦力 P，才能维持平衡。$P=\mu N$，μ 为粉料的内摩擦系数。由此可见：$\mu=\tan\alpha$，即粉料安息角的正切值等于其摩擦系数，实际上粉料的流动性与其粒度分布、颗粒的形状和大小及表面形状等因素有关。

在生产中粉料的流动性决定着它在模型中的充填速度和充填程度。流动性差的粉料难以要求短时间内填满模具，影响压机的产量和坯体的质量，所以往往向粉料中加入润滑剂以提高其流动性。

4.3.2 压制过程坯体的变化

4.3.2.1 密度的变化

压制成型过程中，随着压力增加，松散的粉料迅速形成坯体。坯体的相对密度有规律地发生变化。若以成型压力为横坐标，以坯体的相对密度为纵坐标作图可定性地得到图 4.6 所示的关系曲线。加压的第一阶段坯体密度急剧增加；第二阶段中压力继续增加时，坯体密度增加缓慢，后期几乎无变化；第三阶段中压力超过某一数值（极限变形压力）后，坯体的密度又随压力增高而加大。塑性材料的粉料压制时，第二阶段不明显，第一、三阶段直接衔接。只有脆性粉料第二阶段才明显表现出来。

对于压制成型，坯体的成型密度主要有以下影响因素。

① 粉料装模时自由堆积的孔隙率越小，则坯体成型后的孔隙率也越小。因此，应控制粉料的粒度和级配，或采用振动装料时减少起始孔隙率，从而可以得到较致密的坯体。

② 增加压力可使坯体孔隙率减少，而且它们呈指数关系。实际生产中受到设备结构的限制，以及根据坯体质量的要求压力值不能过大。

③ 延长加压时间，也可以降低坯体气孔率，但会降低生产率。

④ 减少颗粒间内摩擦力也可使坯体孔隙率降低。实际上，粉粒经过造粒（或通过喷雾干燥）得到球形颗粒、加入成型润滑剂或采取一面加压一面升温（热压）等方法均可达到这种效果。

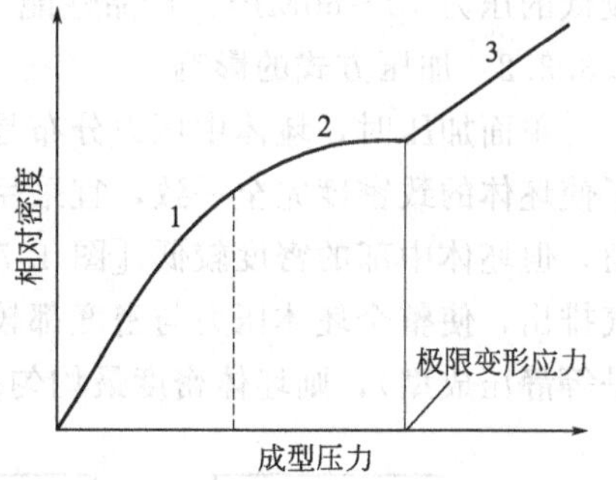

图 4.6　坯体密度与压力的关系

⑤ 坯体形状、尺寸及粉料性质对坯体密度的关系反应在数值影响上。压制过程中，粉料与模壁产生摩擦作用，导致压力损失。坯体的高度 H 与直径 D 比（H/D）愈大，压力损失也愈大，坯体密度更加不均匀。模具不够光滑、材料硬度不够都会增加压力损失。模具结构不合理（出现锐角、尺寸急剧变化），某些部位粉末不易填满，会降低坯体密度，引起密度分布不均匀。

4.3.2.2　强度的变化

坯体强度随成型压力的变化大致分为 3 个阶段。第一阶段压力较低，虽然由于粉料颗粒发生位移填充孔隙，坯体孔隙减小，但颗粒间接触面积仍小，所以强度并不大。第二阶段是成型压力增加，不仅颗粒发生位移和填充孔隙继续进行，而且能使颗粒发生弹-塑性变形、颗粒间接触面积大大增加，出现原子间力的相互作用，因此强度直线提高。压力继续增大至第三阶段，坯体密度和孔隙变化不明显，强度变化也较平坦。

4.3.2.3　坯体中压力的分布

压制成型遇到的一个问题是坯体中压力分布不均匀，即不同的部位受到的压力不等，因而导致坯体各部分的密度出现差别。这种现象产生的原因是颗粒移动的重新排列时，颗粒之间产生内摩擦力；颗粒与模壁之间产生外摩擦力。这两种摩擦力妨碍着压力的传递。坯体中离开加压面的距离愈大，则受到的压力愈小。摩擦力对坯体中压力及密度分布的影响随长径比（H/D）而变化。H/D 比值愈大，则不均匀分布现象愈严重。因此高而细的产品不适于采用压制法成型。由于坯体各部位密度不同，烧成时收缩也就不同，容易引起产品变形和开裂。施加压力的中心线应与坯体和模型的中心对正。如果产生错位，会引起压力分布更不均匀。

4.3.3　加压制度对坯体质量的影响

4.3.3.1　成型压力的影响

压制过程中，加于粉料上的压力主要消耗在以下两个方面。

① 克服粉料的阻力 P_1，称为静压力。它包括颗粒相对位移时所需克服的内摩擦力及使粉料颗粒变形所需的力。

② 克服粉料颗粒对模壁摩擦所消耗的力 P_2，成为消耗压力。

所以压制过程中的总压力为 $P=P_1+P_2$，这就是一般所说的成型压力。它一方面与粉料的组成和性质有关；另一方面与壁模和粉料的摩擦力和摩擦面积有关，即与坯体大小和形状有关。如果坯体横截面不变，而高度增加，形状复杂，则压力损耗增大。若高度不变，而横截面尺寸增加，则压力损耗减小。对于某种坯料来说，为了获得致密度一定的坯体所需要施加的单位面积上的压力是一个定值，而压制不同尺寸坯体所需的总压力等于单位压力乘以受压面积。一般工业陶瓷的单位成型压力约为 40～100MPa。含黏土的坯料塑性较好，可用较低的压力 10～60MPa。产品性能要求严格的瘠性坯料需用较大的压力。

4.3.3.2 加压方式的影响

单面加压时，坯体中压力分布是不均匀的［图 4.7(a)］。不但有低压区，还有死角。为了使坯体的致密度完全一致，宜采用双面加压。双面同时加压时，可消失底部的低压区和死角，但坯体中部的密度较低［图 4.7(b)］。若两面先后加压，两次加压之间有间歇，利于空气排出，使整个坯体压力与密度都较均匀［图 4.7(c)］。如果在粉料四周都施加压力（也就是等静压成型），则坯体密度最均匀［图 4.7(d)］。

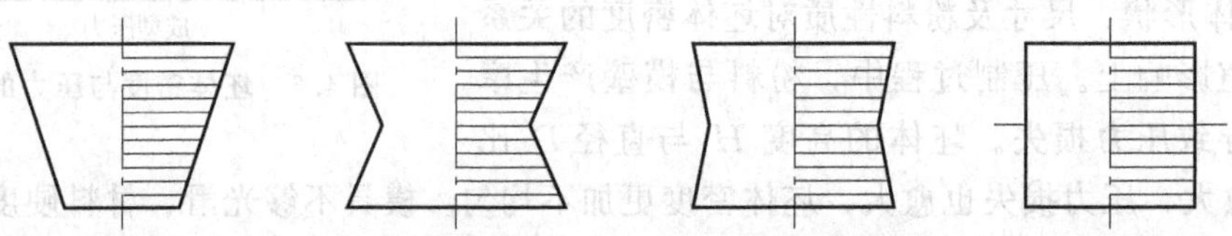

图 4.7 加压方式和压力分布关系图

（横条线为等密度线）

4.3.3.3 加压速度的影响

开始加压时，压力应小些，以利于空气排出，然后短时间内释放此压力，使受压气体逸出。初压时坯体疏松，空气易排出，可以稍快加压。当用高压使颗粒紧密靠拢后，必须缓慢加压，以免残余空气无法排出，在释放压力后，空气膨胀，回弹产生层裂。当坯体较厚，H/D 比值较大时，或者粉料颗粒较细、流动性较低，则宜减慢加压速度、延长持压时间。

为了提高压力的均匀性，通常采用多次加压。如用摩擦压机压制墙、地砖时，通常加压 3～4 次。开始稍加压力，然后压力加大，这样不致封闭空气排出的通路。最后一次提起上模时要轻些、缓些，防止残留的空气急速膨胀产生裂纹。这就是工人师傅总结的“一轻、二重、慢提起”的操作方法。对于水压机等其他设备这个原则也同样适用。当坯体密度要求严格时，可在某一固定压力下多次加压，或多次换向加压。加压时同时振动粉料（振动成型）效果更好。

4.3.3.4 添加剂的选用

在压制成型的粉末中，往往加入一定种类和数量的添加物，促使成型过程顺利进行，提高坯料的密度和强度，减少密度分布不均的现象。添加物有 3 个主要作用：

① 减少粉料颗粒间及粉料与模壁之间的摩擦，这种添加物又称润滑剂；

② 增加粉料颗粒之间的黏结作用，这类添加物又称胶黏剂；

③ 促进粉料颗粒吸附、湿润或变形，通常采用表面活性物质。

实际上一种添加物往往起着几种作用，如石蜡既可黏结粉料颗粒，也可减少粉料的摩擦力。添加物和粉料混合后，它吸附在颗粒表面及模壁上，减少颗粒表面的粗糙程度，并能使模具润滑，因而可减少颗粒的内、外摩擦，降低成型时的压力损失，从而提高坯体高度、强度及分布的均匀性。若添加物是表面活性物质，则它不仅吸附在粉料颗粒表面上，而且会渗透到颗粒的微孔和微裂纹中，产生巨大的劈裂应力，促使粉料在低压下便可滑动或碎裂，使坯体的密度和强度得以提高。若加入黏性溶液，将瘠性颗粒黏结在一起，自然可提高坯体强度。

选择压制成型的添加剂时，希望在产品烧成过程中尽可能烧掉，至少不会影响产品的性能。添加剂与粉料最好不会发生化学反应。添加剂的分散性要好，少量使用便能得到良好的效果。

压制工业用陶瓷（如高铝火花塞、滑石质装置瓷、铁氧体磁芯、金属陶瓷）坯体时通常采用含极性官能团的有机物做润滑剂，如油酸、硬脂酸锌、硬脂酸镁、石蜡、树脂等。用量在粉料重的 1%以下。含黏土的粉料可用水作黏结剂。不含黏土的粉料常用有机黏结剂，如聚乙烯醇的水溶液（浓度约 7%用量微粉料重的 5%～10%，配合后放置稍久易结团且粘模）、苯胶溶液（聚苯乙烯 30%、甲苯或二甲苯 70%，用量 8%～15%）、石蜡（用量 4%～7%、粉料加热后与石蜡混合，有润滑能力，烧成收缩大）、淀粉的水溶液等。金属陶瓷生产中常用橡胶的汽油溶液（浓度 9%～11%）、甘油酒精溶液、石蜡汽油溶液、樟脑酒精溶液等作黏结剂。

4.3.3.5　弹性后效

坯体被压制时，施加于坯体上的外力被方向相反、大小相等的内部弹性力所均衡。内部弹性力不仅产生施加方向，而且向它所有方向发展（如侧向力）并为模壁所均衡。当外力取消时，内部弹性力被释放出来，使坯体力图在所有方向膨胀。图 4.8 为加荷卸荷压力与变形的关系。

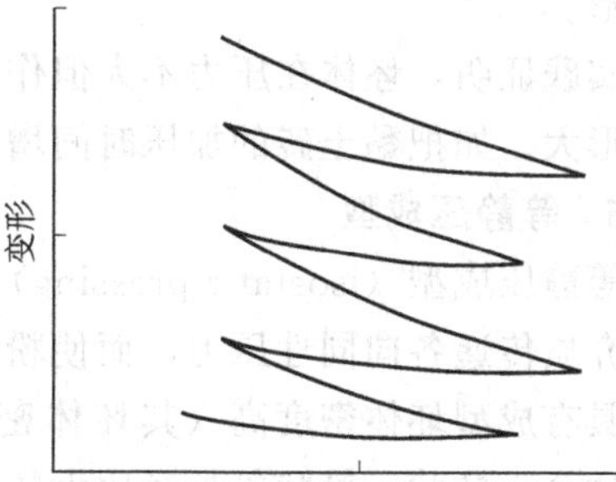

图 4.8　加荷卸荷压力与变形的关系示意

外力取消后，由于压制过程中产生的弹性力而引起坯体膨胀的作用称为弹性后效（elastic after-effect）。弹性后效在压制过程中往往是造成废品的直接原因。

压制时坯体受压方向（纵向）的压力数倍于横向，因而弹性后效在纵向上较大，压力取消后，坯体的横向膨胀被压模的侧壁阻止，而纵向膨胀仅被侧壁的摩擦力抵消一部分，因而纵向呈现较大的膨胀，有的坯体纵向膨胀达 1%～2%。

由于弹性后效引起的不均匀膨胀，以及坯体本身性质的不均匀性，往往导致坯体产生层裂，工厂俗称“过压裂”，而实际上并非过压。试验研究表明，如果坯料性质非常均匀，利用液压机压制，即使压力高达 1000MPa 也不会产生“过压裂”。

4.3.4　影响层裂的因素及防止方法

压制过程中坯体产生层裂（slabbing），这是一个非常复杂的过程，其影响因素较多且复杂，如坯料本身的影响（颗粒组成、水分、可塑性等等）、操作条件（压机结构、加压操作情况等）的影响。

（1）气体的影响　坯料中大部分气体在压制过程中被排除，一部分被压缩，应当强调的是，压制时坯料体积的减少量并不等于坯料中排出的空气的体积，因为压制时尚有颗粒的弹性、脆性变形和空气本身的压缩。坯料中的气体，能够增加物料的弹性变形和弹性后效。

如果压制过程中坯料中的空气未从模内排出，则被压缩在坯体内的空气的压力是很大的。计算结果表明，这样高的压力实际已经超过了砖坯的断裂强度。所以残留在坯体内的空气是造成坯体层裂的重要原因，在其他条件相同的状况下，坯料内的空气量越多，压制时造成层裂的可能性越大，所以空气若不能从坯体中排出，则不可能得到优质产品。

坯体中气相数量的多少，也与很多因素有关，如坯料成分、颗粒组成、混练和压制操作等工艺条件，但是颗粒组成是先决条件。

(2) 坯体水分的影响　在半干压制坯料中水分太大会引起层裂。因为水的压缩性很小，具有弹性，在高的压制压力下，水从颗粒的间隙处被挤入气孔内，当压力消除后，它又重新进入颗粒之间，使颗粒分离，引起坯体体积膨胀，产生层裂。总之，在水分过大时，水分是引起层裂的主要原因；在水分小时，弹性后效是引起层裂的主要原因。

(3) 加压次数对层裂的影响　加载卸载次数增多，则残余变形逐渐减小，所以在条件相同的情况下，间断地卸荷比一次压制密度高。

(4) 压制时间及压力的影响　在条件相同的情况下，慢慢地增加压力，即延长加压时间，也能得到类似压缩程度很大的结果。物料在持续负载的作用下塑性变形很大。塑性变形的绝对值取决于变形程度，在任一级最终荷重下，缓慢加载比快速加载使坯体具有更大的塑性变形。

实践证明，坯体在压力不大但作用时间长的情况下加压，比大压力一次性加压产生的塑性变形大。如把黏土砖的加压时间增大 3 倍，其气孔率大约下降了 5%。

4.3.5 等静压成型

等静压成型（isostatic pressing）是一种非常重要的陶瓷成型技术，是一种常温下通过流体介质传递各向同性压力，而使粉料压缩成型的方法。由于与常规成型技术相比，等静压成型具有成型坯体密度高（其坯体密度比普通模压成型高 5%～15%），且坯体密度均匀，因此适合于柱状、筒状等长径比大的产品。另外，等静压成型制品性能优异，在特种陶瓷制备等领域有重要应用，已成功应用于一些大型的、形状复杂的陶瓷制品如热电偶保护套管、陶瓷天线罩、石油钻探用氧化铝或氧化锆陶瓷管、高压钠灯用透明陶瓷套管、高压陶瓷绝缘管、火花塞以及碳素石墨制品等的生产中。

4.3.5.1 等静压成型工艺

等静压成型分为干法和湿法两种工艺。湿法工艺是将粉料装入塑性包套中，放入高压容器中和液体介质直接接触，并通过液体介质均匀地将压力传递到成型坯体上。由于可以根据制品形状任意改变塑性包套的形状和尺寸，因而可以生产不同形状的制品，而干法工艺主要适用于单一产品的小规模生产，因此湿法等静压成型比干法等静压成型的应用更加广泛。这里主要介绍湿法等静压成型工艺。

等静压成型工艺中，粉料特性、粉料在模具中充填密度以及模具的结构等对成型坯体的性能有很大影响，其中等静压成型模具的结构设计至关重要。在等静压成型工艺的具体实施中，又分为直接等静压成型和模压-等静压结合成型工艺，直接等静压成型工艺根据施压方向的不同又分为内压法和外压法。这几种不同的方式对应的成型模具和包套的设计也各有特点。

直接等静压成型是将粉料直接填充并密封于模具型腔中，然后直接置于液体介质中加压成型；而模压-等静压结合成型工艺是预先通过刚性模具成型出毛坯，然后再将毛坯密封在塑性包套中进行等静压。直接等静压成型工艺中的内压法和外压法主要针对中空管状坯体的成型。

片状陶瓷坯体的成型可以采用直接等静压成型和模压-等静压成型工艺。国内外的研究报道多采用后者。模压预成型工序压制压力一般很小，仅要求成型，并保证坯体有一定强度，以确保压坯在后续等静压工序中不碎裂、掉渣等。然后将毛坯片叠加在一起，中间用塑性垫片隔开，然后置于胶套中进行等静压，中间垫片也可以采用硬铝或清洁纸一类的材料，但是不建议使用金属垫片，因为影响坯体纵向收缩。

当然，也可以将粉料直接填充到模具中压制实心棒，素烧后切成圆片状，需要特别提示的是模具成型陶瓷圆片时，最好将塑性包套内部抽成真空，以使塑性包套和陶瓷毛坯表面紧密接触，这样压制效果更好，坯体等静压后径向收缩相对更大一些，密度会更高。

模压-等静压成型工艺中塑性模的主要作用是包裹并密封模压成型好的毛坯，并传递液体介质的压力到毛坯上；而直接等静压成型工艺的塑性模直接决定成型毛坯的形状和尺寸，它不仅传递压力而且还有定型作用。因此直接等静压成型的塑性模具设计更复杂，而模压-等静压成型工艺的塑性模实际上只是一个塑性包套，只要其表面积大于毛坯体的表面积，能完全包裹密封毛坯即可，当然要求包套有足够的强度，在压力作用下不易破损而使液体介质渗透到成型坯体中。

成型大型中空薄壁管状或筒状制品时，建议金属芯柱设计为中空，以减轻模具重量，便于模具搬运和脱模等操作。管状和筒状陶瓷制品也可以通过模压-等静压成型工艺制备。可以预先通过干压或其他塑性成型工艺压制成型管状或筒状毛坯，然后用柔软的橡胶套将管或筒包裹，抽真空并用密封胶管两端粘接密封，进而放入液体介质实行等静压成型。包封方法不但可以等静压成型直筒或管，还可以成型形状复杂的陶瓷制品。

另外，在模压-等静压成型工艺中，也可以采用在预成型坯体表面反复涂刷橡胶乳的方法实现对预成型毛坯的包裹，但是由于该方法需要反复涂刷、干燥才能形成足够厚度的包覆膜，因此比较耗时，另外在液体介质中受压时容易被液体介质渗透，影响坯体成型质量。

4.3.5.2　等静压成型中常见的“象足”缺陷

“象足”是等静压成型中的常见缺陷之一，是由于成型坯体中间细两端相对粗，外形酷似大象的脚而得名。“象足”在成型长径比大的细长管状或棒状制品时更突出。虽可以通过修坯工艺消除“象足”影响，但由于“象足”的根本原因是成型坯体不同部位收缩率不同导致坯体密度不均匀所致，即使修坯消除了外形尺寸上的差异，其缺陷最终还是可能在烧成阶段显现，因此解决“象足”问题还需要从根本上解决坯体密度不均匀问题。“象足”还有可能导致成型坯体脱模过程中发生断裂等现象。日本专利报道了一种有效地解决“象足”缺陷的工艺方法，即在成型模具设计中增加一个多孔的橡胶环，由于橡胶环为多孔结构，具有较好的弹性，在液体介质中受压时，可以和粉料同时收缩，减少了两者之间相对运动的摩擦力，因此可以有效减小“象足”效应。从实验结果可以看出随着气孔率的增加，“象足”效应逐渐减小，气孔率 60％为最佳。

4.3.5.3　等静压成型模具尺寸设计和常用塑性模材料

等静压成型模具尺寸设计要综合考虑特定成型压力下粉料压缩比以及坯体在特定烧结工艺下的收缩率，并且将修坯加工模量以及尺寸公差考虑在内，确定最初的模具内腔尺寸。

首先需要根据制品图纸尺寸，考虑加工模量和尺寸公差，确定一个烧结后样品需要达到的尺寸；然后根据烧结收缩率确定成型后坯体将要达到的尺寸；坯体尺寸确定后根据成型压缩比确定模具内腔尺寸。模具内腔尺寸的确定还要考虑一定的修坯余量，比如需要考虑“象足”缺陷对尺寸的影响和模具对中不良导致的垂直度误差以及成型圆形制品时圆度误差等。最终根据烧结坯体的实际尺寸和密度等反复实验来校正设计。

成型长径比较小的圆柱形坯体时，可用式(4.1)、式(4.2) 确定塑性模腔的高度和直径：

$$h_0=h(\rho_2/\rho_1)^{1/3} \quad (4.5)$$

$$D_0=D(\rho_2/\rho_1)^{1/3} \quad (4.6)$$

式中，h_0、h、D_0、D、ρ_1 和 ρ_2 分别为模腔高度、压坯高度、模腔直径、压坯直径、粉料在模腔中填充密度和压坯密度。

等静压成型常用的塑性模材料为橡胶或塑料制品，包括硅橡胶、氯丁橡胶、天然橡胶、聚氯乙烯和聚氨酯等，其中氯丁橡胶弹性和耐油性均好。

4.4 可塑成型

可塑成型（plastic forming）主要是通过胶态原料制备、加工，从而获得一定形状的陶瓷坯体。根据加工方式不同，传统的可塑成型可以分为：①雕塑、雕削与雕镶，根据人物、鸟兽、虫鱼、草木或方形花钵等器形不同而分别采用雕塑、雕削与雕镶成型方法；②拉坯，拉坯是比较古老的成型方法，拉坯可以成型器形复杂的制品，可以成型内径不同的管状制品；③印坯，异形制品如钥匙及一些艺术瓷多采用印坯成型法；④旋坯；⑤滚压；⑥塑压；⑦喷射等。

以上几种可塑成型法大多已应用于日用陶瓷制造。在工业瓷生产上应用可塑成型的尚有挤压、湿压、车坯和轧膜等成型方法。

4.4.1 可塑成型分类

可塑成型是古老的一种成型方法。我国古代采用的手工拉坯就是最原始的可塑法。常用的可塑成型方法主要是挤压成型、热压铸成型、胶态成型等。

4.4.1.1 挤压成型

采用挤压法成型（extrusion forming）时，可塑料团被挤压机的螺旋或活塞挤压向前、经过机嘴出来达到要求的形状。各种管状产品（如高温炉管、热电偶套管、电容器瓷管等）、柱形瓷棒或轴（如电阻元件的瓷棒）或断面形状规则的产品（圆形、椭圆形、方形、六角形等）都可用挤压法成型。坯体的外形由挤坯机机头的内部形状所决定，坯体的长度根据需要进行切割。

挤制瘠性坯料时需要加入适量胶黏剂（如聚乙烯醇、羧甲基纤维素、桐油或糊精等）。挤压成型时应该注意以下工艺问题。

(1) 挤制的压力　挤制的压力过小时，要求泥料水分较多才能顺利挤出。这样得到的坯体强度低、收缩大。若压力过大则摩擦阻力大，加重设备负荷。挤制压力主要决定于机头喇叭口的锥度（图 4.9）。如果锥角 α 过小，则挤出泥段或坯体不紧密，强度低。如果锥角过大，则阻力大，为了克服阻力使泥料前进需要更大推力，设备的负荷加重，甚至泥料向相反方向退回。根据实践经验，当机嘴出口直径 d 在 10mm 以下时，α 角约为 12°～13°；10mm 以上时，α 角为 17°～20°较合适。挤制较粗坯体，坯料塑性较强时，α 角可增大至 20°～30°。影响挤制压力的另一个因素是挤嘴出口直径 d 和机筒直径 D 之比。比值愈小则对泥料挤制的压力愈大。一般比值在 1/1.6～1/2 范围内。

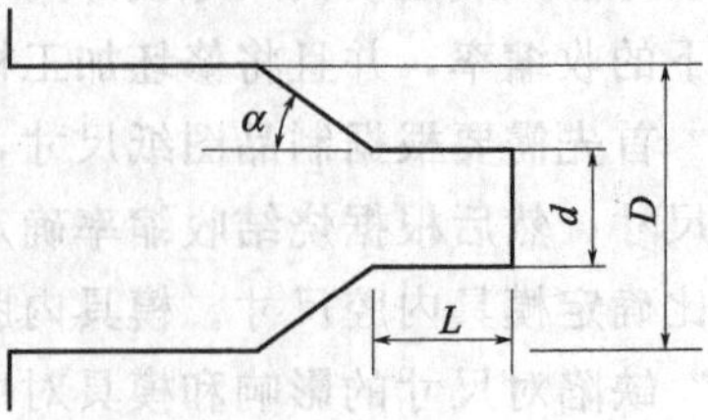

图 4.9　挤坯机机头尺寸

为了使挤出的泥段或坯体表面光滑、质量均匀，机嘴出口处有一段定型带，其长度 L 根据机嘴出口直径 d 而定，一般为 $L=2d \sim 2.5d$。若此带过短，则挤出的泥段会产生弹性膨胀，导致出现横向裂纹，且挤出的泥段容易摆动；若此带过长，则内应力增加，容易出现纵向裂纹。

(2) 挤出速率　当挤制压力固定后，挤出速率主要决定于主轴转数和加料快慢。出料太快时，由于弹性后效，坯体容易变形。

(3) 挤出管子时，管壁厚度必须能承受本身的重力作用和适应工艺要求；管壁薄则其机械强度低（尤其是径向的强度低），容易变成椭圆形。

(4) 挤压成型的缺陷

① 气孔　由于练泥时真空度不够，或者手工揉料不均匀，经挤泥机出口后坯体断面上出现裂纹。

② 弯曲变形　坯料太湿，组成不均匀，承接坯体的托板不光滑均会出现这种缺陷。

③ 管壁厚度不一致　型芯和机嘴的中心不同心。

④ 表面不光滑　挤坯时压力不稳定，坯料塑性不好或颗粒呈定向排列都可能产生这种缺陷。挤制大型泥段时，机头锥度过大，机嘴润滑不良也会使坯体表面粗糙或呈波浪形。

4.4.1.2　热压铸成型工艺

热压铸成型（moulding by hot pressure casting）法是在压力作用下，把熔化的含蜡浆料（简称蜡浆）注满金属模中，等到坯体冷却凝固后，再行脱模。这种方法所成型的产品尺寸较准确、光洁度较高、结构紧密，现已广泛用于制造形状复杂、尺寸和质量要求高的工业陶瓷产品，如电子工业用的装置瓷件、电容器陶瓷、氧化物陶瓷产品、金属陶瓷、磁性瓷（即铁氧体）及化工陶瓷部件等。热压铸法的工艺流程如图 4.10 所示。

(1) 蜡浆的制备

① 预烧坯料　热压铸法用的坯料大多数情况下，先经预烧，再配成蜡浆。预烧的作用一方面在于保证蜡浆有要求的流动性而能减少石蜡的用量；另一方面经预烧后可减少产品收缩，保证产品规格。

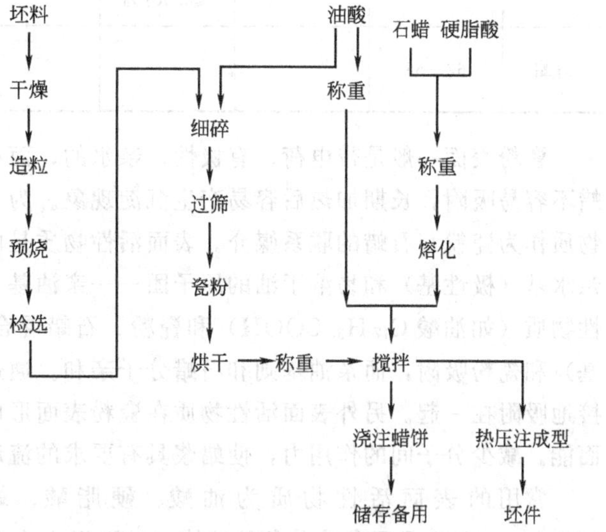

图 4.10　陶瓷热压铸工艺流程

预烧温度根据坯料的性质而定。滑石瓷坯料预烧温度通常在 1320～1350℃之间；含 75% Al_2O_3 的坯料可不再煅烧，因主要成分工业 Al_2O_3 已经预烧过。如果采用合成的原料（如 $BaTiO_3$ 或 $CaTiO_3$ 等），则只要合成反应进行完成，没有游离态氧化物便可以直接用来配成蜡浆。

坯料预烧后，细碎后瓷粉的粒度影响蜡浆的流动性和稳定性，从蜡浆的性质综合来考虑，希望瓷粉总的比表面积不要过大。这时蜡浆的稳定性适当，用蜡量不多，瓷粉颗粒堆积较密，坯体烧成收缩也小。生产中控制瓷粉粒度的要求为万孔筛余 2%～3%。

瓷粉经过烘干后才用来配浆。因为如果瓷粉吸附较多水分，则颗粒表面的水膜会妨碍石蜡和瓷粉均匀分布，而且瓷粉与石蜡混合后，水分易蒸发，在蜡浆中会形成水泡。生产中要求瓷粉含水量在 0.5%以下。

② 塑化剂的选择　热压铸所用的塑化剂是热塑性材料，最常用的是石蜡。它是饱和的碳氢化合物 C_nH_{2n+2}，熔点为 55～60℃，熔化后黏度小，密度为 0.88～0.9g/cm³。150℃石蜡会挥发。采用石蜡做塑化剂有以下优点：

a. 石蜡熔化后黏度小，易填满模型，有润滑性，对模具不致磨损；冷却后会凝固，坯体有一定强度；

b. 它的熔点低，因而成型时操作温度不必太高，通常为 70～80℃；

c. 石蜡冷却后体积收缩约为 7%～8%，所以成型后坯体容易脱模；

d. 不与瓷粉发生反应；

e. 来源丰富，价格低廉。

表 4.3　热压铸成型拌蜡用材料的技术性能

材料名称	技术性能						
	熔点/℃	碘值/(碘，g/100g 硬脂酸)	酸值/(氢氧化钾，mg/100g 硬脂酸)	皂化值(mg/100g 硬脂酸)	外观	凝固点/℃	密度/(g/cm³)
54#石蜡	54～56						
56#石蜡	56～58						
硬脂酸	67～71	≤2	205～210	206～211	带光泽的白色片状固体		
油酸		80～100	无机数≤0.001%	188～203	黄至棕红色液体	10	水分≤0.5%
蜂蜡	62～66				黄至灰黄色固体		0.953～0.970

瓷粉表面一般是带电荷、有极性、亲水的，而石蜡是非极性的、憎水的。这样瓷粉和石蜡不容易吸附，长期加热后容易产生沉淀现象。为了解决这个问题，生产中常采用表面活性物质作为瓷粉与石蜡的联系媒介。表面活性物质是由易溶于水或容易被水湿润的原子团——亲水基（极性基）和易溶于油的原子团——亲油基（非极性基，憎水基）所组成。当表面活性物质（如油酸 $C_{17}H_{33}COOH$）和瓷粉、石蜡混合时，油酸分子的亲水基——COOH（羧基）和瓷粉吸附，而亲油基则和石蜡分子亲和。通过油酸分子的桥梁作用，使瓷粉和石蜡间接地吸附在一起。另外表面活性物质在瓷粉表面形成单分子层，降低瓷粉与石蜡界面上的表面能，减少分子间的作用力，使蜡浆具有要求的流动性，而且含蜡量可以减少。

常用的表面活性物质为油酸、硬脂酸、蜂蜡等。油酸 $CH_3(CH_2)_7CH=CH(CH_2)_7COOH$ 是无色或黄色的液体，120℃以上会分解脱水，不溶于水而溶于乙醇等有机溶剂。加入油酸除可以提高蜡浆流动性、减少含蜡量外，还可起助磨剂的作用。硬脂酸 $CH_3(CH_2)_{16}COOH$ 是有光泽的白色柔软固体，熔点 70～71℃，不溶于水、溶于丙酮、苯中。加入硬脂酸会增大浆料黏度，但可防止坯体开裂。蜂蜡是工蜂腹部蜡脂分泌出来的蜡，主要是棕榈酸、蜂脂和蜂蜡的混合物。它是黄色或灰黄色固体。熔点为 62～66℃，不溶于水，溶于热乙醇、乙醚中，蜂蜡可与石蜡互溶。

石蜡用量一般为瓷粉重的 12%～16%。油酸用量为瓷粉重的 0.4%～0.7%。如采用蜂蜡或硬脂酸约为石蜡量的 5%左右。

表 4.3 给出部分蜡用材料基本技术性能特点。

(2)热压铸的工艺参数

① 蜡浆温度　它直接影响着蜡浆的黏度和可注性。在一定范围内(如 60～90℃)浆温升高则浆料黏度减少,可使坯体颗粒排列致密,减少坯内的缩孔。浆温若过高,坯体体积收缩加大,表面容易出现凹坑。浆温和坯体大小、形状、厚度有关。形状复杂、薄壁的坯体要用较热的浆料压铸,大型坯体也要提高浆温。一般浆温在 65～75℃之间。

② 注模温度　模型温度决定坯体冷却凝固的质量和速度。模型温度也和坯体形状、厚度有关系。压铸形状简单和厚壁坯体时,模温要低些,压铸形状复杂和薄壁坯体时模温要高些。使用有许多零件插入的模型时,模温要高些。但也要注意,升高模温会降低坯体密度和增多内部气孔。一般模温在 20～30℃。

③ 压力制度　在成型的过程中,当压力超过某一极限值时,蜡浆开始经过出浆管进入模具内。这个操作的最小压力应为:

$$P_m = (H - h)\gamma \tag{4.7}$$

式中　H——浆桶的高度，cm；

h——浆料的高度，cm；

γ——蜡浆的密度，g/cm^3。

由式(4.7) 可知，浆桶越深（H 值很大)，则 P_m 要求越大。成型一段时间后，蜡浆逐渐消耗，h 减小，这时 P_m 也要提高，也就是要增大压缩空气的压力。

此外，压力大小影响浆料的进浆温度，它决定于浆料的黏度和流动性。采用黏度大的浆料和成型薄壁或大件坯体时，压力应加大。提高压力会减少坯体冷却时的收缩率，增大颗粒排列的致密度，缩孔也会减少。生产中常用的成型压力为 0.3～0.5MPa。

加压持续的时间，除了使泥浆充满模型外，还为了补充坯体冷却时发生的体积收缩，并使坯体充分凝固化。稳定的时间同样和坯体的形状有关。小型坯体在 0.3～0.4MPa 下维持 5～15s，大型坯体在 0.4～0.5MPa 下稳压 1min 左右，这样可使坯体收缩时得到新浆补充，减少内部缩孔和总收缩。

(3) 排蜡　这是热压法成型的坯体所特有的工序。虽然其他成型方法也采用了有机黏结剂，但因为数量少，高温煅烧对产品质量不会有多大的影响，而热压法含蜡量在 13%甚至更多。高温下，石蜡软化会引起坯体变形。所以通常在低于坯体烧结温度下排蜡，然后再次煅烧。

排蜡时，把坯体埋在吸附剂中，石蜡在 60℃以上开始熔融，120℃以上蒸发。吸附剂包围着坯体，不致变形，同时吸附液体石蜡。然后再蒸发。常用的吸附剂有：煅烧 Al_2O_3 粉、煅烧 MgO 粉、煅烧滑石粉和石英粉等。

石蜡熔化（60～100℃）体积会膨胀，这阶段要有一段时间恒温，使坯体内的石蜡缓慢和充分熔化。在 100～300℃范围内，石蜡向吸附剂中渗透和扩散，然后蒸发，升温要缓慢，并且充分保温，使坯体体积变化均匀，以免起泡，分层和脱皮。坯体的胶合剂一般在 200～600℃间烧掉，升温放慢可以防止开裂。一般排蜡温度为 900～1100℃，使坯体初步发生化学反应，具有一定强度。

排蜡的加热制度一般要根据瓷粉的性质、产品形状、大小及窑炉结构来决定。也可将低温阶段升温速率减慢，不必单独排蜡而直接烧成产品。

(4) 热压铸成型常见的缺陷

① 欠注（模具内未注满） 蜡浆温度过低，流动性不够，注浆口温度过高或过低，压力不够；注浆时间不够，或模具中气体未排出都会造成欠注。

② 凹坑 蜡浆和模具过热，脱模过早；进浆口太小或位置不合理都会引起凹坑。

③ 皱纹 由于蜡浆和模具温度过低，蜡浆流动性不好或模具排气不干净而引起。

④ 气泡 由于蜡浆内气泡未排尽，或浆料流动性大而加压力过大，模具设计不合理均会引起。

⑤ 变形和开裂 模具过热、脱模过早会产生变形。模具已冷、脱模过晚或模具注口无倾斜均会引起开裂。

4.4.1.3 热压铸成型的特点

热压铸成型适用于成型以天然矿物原料、氧化物、氮化物等为原料的新型陶瓷，尤其对外形复杂、精密度高的中小型制品更为适宜。其成型设备不复杂，模具磨损小，操作方便，生产效率高。

热压铸成型的缺点是：工序较繁，耗能大，工期长，对于壁薄、大而长的制品不宜采用。

4.4.2 造粒成型

工业生产上的造粒成型（granular forming）过程，从广义上讲，泛指将粉体（或浆液）加工成形状和尺寸都比较均匀的球块的机械过程。颗粒大小根据用途而不同，一般限制在50mm以下，最小约0.3mm。粉体粒化的意义在于：能保持混合物的均匀度在存储、输送与包装时不发生变化；有利于改善物理化学反应的过程（包括固-气、固-液、固-固的相互反应）；可以提高物料流动性，便于输送与贮存；大大减少粉尘飞扬；扩大微粉状原料的适用范围；便于计量以及满足商业上要求等。

在水泥立窑烧成中，物料首先要成球，这主要是为了增加物料间接触的紧密度，以利于反应的进行，球状的料块在立窑中煅烧，便于通风，燃烧完全，能达到反应所需的高温。陶瓷压制成形时为了提高粉料的体积密度、增加物料的流动性等，常将泥浆喷雾干燥造粒。

各个制造行业采用各种不同的造粒方法，并且随着加工对象不同而异。造粒方法按照原料分类，也可以按照造粒形式进行分类，如表4.4。

4.4.3 流延成型

流延成型（tape casting）又称为带式浇注法成型、刮刀法成型，是一种目前比较成熟的能够获得高质量、超薄型瓷片的成型方法，已广泛应用于独石电容器、多层布线瓷、厚膜和薄膜电路基片、氧化锌低压压敏电阻及铁氧体磁记忆片等新型陶瓷的生产。

4.4.3.1 工艺流程

流延成型的工艺流程如图4.11所示。

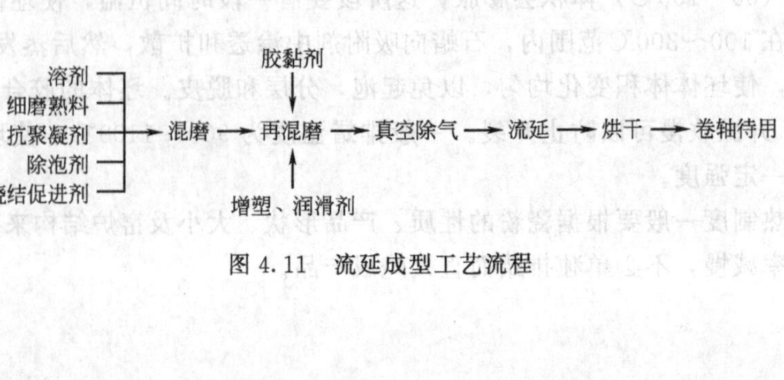

图4.11 流延成型工艺流程

表 4.4　造粒方法及分类

造粒类型	原料状态	造粒机理	粒子形状	主要适用领域	备注
熔融成行	熔融液	冷却、结晶、削除	板状、花料状	无机、有机药品、合成树脂	包含回转筒、蒸馏法
回转筒型	粉末、液体	毛细管吸附力、化学反应	球状	医药、食品、肥料、无机、有机化学药品、陶瓷	转动型
回转盘型	粉末、液体	毛细管吸附力、化学反应	球状	医药、食品、肥料、无机、有机化学药品	粒状大的结晶
析晶型	溶液	结晶化、冷却	各种形状	无机、有机化学药品、食品	
喷雾干燥型	溶液、泥浆	表面张力、干燥、结晶化	球状	洗剂、肥料、食品、颜料、燃料、陶瓷	
喷雾冷水型	熔融液	表面张力、干燥、结晶化	球状	金属、无机药品、合成树脂	
喷雾空冷型	熔融液	表面张力、干燥、结晶化	球状	金属、无机药品、合成树脂、无机、有机药品	使用沸点高的冷却体
液相反应型	反应液	搅拌、乳化、悬浊反应	球状	无机药品、合成树脂	硅胶微粒聚合
烧结炉型	粉末	加热熔融、化学反应	球状、块状	陶瓷、肥料、矿石、无机药品	有时不发生化学反应
挤压成型	溶解液糊剂	冷却、干燥、剪切	圆柱状、角状	合成树脂、医药、金属	
板上滴下型	熔融液	表面张力、冷却、结晶、削除	半球状	无机、有机药品、金属	
铸造型	熔融液	冷却、结晶、离型	各种形状	合成树脂、金属、药品	制品形状过大就不能造粒
压片型	粉末	压力、脱型	各种形状	食品、医药、有机、无机药品	压缩成型
机械型	板棒	机械应力、脱型	各种形状	金属、合成树脂、食品	冲孔、切削、研磨
乳化型		表面张力、相分离硬化作用，界面反应	球状	医药、化妆品、液晶	微胶束

其中，关键技术在于成型浆料的制备。

4.4.3.2　流延成型浆料的制备

流延成型用浆料的制备方法是：先将通过细磨、煅烧的熟瓷粉加入溶剂，必要时添加抗聚凝剂、除泡剂、烧结促进剂等进行湿式混磨；再加入黏结剂、增塑剂、润滑剂等进行混磨以形成稳定的、流动性良好的浆料。

有些制备料浆用的除泡剂并不加入粉料中，而在真空除气之前喷洒于浆料表面，然后搅拌除泡。如正丁醇、乙二醇各半的混合液能有效地降低浆料表面张力，于 400Pa 残压下的真空罐内，搅拌料浆 0.5h，可基本将气体分离干净。料浆泵入流延机料斗前，必须通过两重滤网，网孔分别为 40μm 和 10μm，以滤除个别团聚或大粒料粉及未溶化的黏结剂。

流延成型用有机材料列于表 4.5。水系流延浆料的配制工艺列于表 4.6。非水系流延浆料的配制工艺列于表 4.7。

表 4.5 流延成型用有机材料

	溶　　剂	胶黏剂	可塑剂	悬浮剂	湿润剂
非水系	丙酮 丁基乙醇 苯 溴氯甲烷 丁醇 二丙醇 乙醇 丙醇 乙基乙丁烯醇 甲苯 三氯乙烯 二甲苯	纤维素醋酸丁烯 乙醚纤维素 石油树脂 聚乙烯 聚丙烯酸酯 聚甲基丙烯 聚乙烯醇 聚乙烯缩丁醛 氯化乙烯 聚甲基丙烯酸酯 乙基纤维素 松香酸树脂	丁基苯甲基酞酸 二丁基酞酸 丁基硬脂 二甲基酞酸 酞酸酯混合物 聚乙烯甘醇介电体 磷酸三甲苯脂	脂肪酸(三油酸甘油) 天然鱼油 合成界面活性剂 苯磺酸 鱼油 油酸 甲醇 辛烷	烷丙烯基聚醚乙醇 聚乙烯甘醇的乙基乙醚 乙基苯甘醇 聚氧乙烯酯 单油酸甘油 三油酸甘油 乙醇类
水系	(作为除泡剂有： 石蜡系 有机硅系 非离子界面活性剂乙醇类)	丙烯系聚合物 丙烯系聚合物的乳液 乙烯氧化物聚合物 羟基乙基纤维素 甲基纤维素 聚乙烯醇 异氰酸酯 石蜡润滑剂 氨基甲酸乙酯(水溶性) 甲基丙烯酸共聚的盐 石蜡乳液 乙烯-醋酸乙烯共聚体的乳液	丁基苄基酞酸酯 二丁基酞酸酯 乙基甲苯磺酰胺甘油 聚烷基甘醇 三甘醇 三-*N*-丁基磷酸盐 汽油 多元醇	磷酸盐 磷酸络盐 烯丙基磺酸 天然钠盐 丙烯酸系共聚物	非离子型辛基苯氧基乙醇 乙醇类非离子型界面活性剂

表 4.6 水系流延浆料的配制工艺

材　　料	功　　能	添加量/g	工　　艺
蒸馏水	溶剂	31.62	在烧杯中预先混合
氧化镁	晶粒成长抑制剂	0.25	
聚乙二醇	可塑剂	7.78	
丁苄基酞酸酯	可塑剂	57.02	
非离子辛基苯氧基乙醇	湿润剂	0.32	
丙烯基磺酸	悬浮剂	4.54	
氧化铝粉末	主原料	123.12	加上述预混料球磨 24h
丙烯树脂系乳液	黏结剂	12.96	加到主原料中混磨 0.5h
石蜡系乳液	消泡剂	0.13	加到主原料中混磨 3min

表 4.7 非水系流延浆料的配制工艺

材　　料	功　　能	添加量/g	工　　艺
氧化铝粉末	原材料	194.0	第一阶段 经 24h 球磨机混合
氧化镁	粒子成长控制剂	0.49	
鲱鱼油	悬浮剂	3.56	
三氯乙烯	溶剂	75.81	
乙醇	溶剂	29.16	
聚乙烯缩丁醛	黏结剂	7.78	第二阶段 在上述混合料中加入本栏材料短时混匀
聚乙二醇	可塑剂	8.24	
辛基酞酸	可塑剂	7.00	

4.4.3.3　流延工艺成型方法

流延成型时，料浆从料斗下部流至向前移动着的薄膜载体（如醋酸纤维素、聚酯、聚乙烯、聚丙烯、聚四氟乙烯等薄膜）之上，坯片的厚度由刮刀控制。坯膜连同载体进入巡回热风烘干室，烘干温度必须在浆料溶剂的沸点之下，否则会使膜坯出现气泡，或由于湿度梯度太大而产生裂纹。从烘干室出来的膜坯中还保留一定的溶剂，连同载体一起卷轴待用，并在储存过程中使膜坯中的溶剂分布均匀，消除湿度梯度。最后将流延的薄坯片按所需形状进行切割、冲片或打孔。

在实际生产中，刮刀口间隙的大小是最关键和最易调整的。在自动化水平比较高的流延机上，在离刮刀口不远的坯膜上方，装有透射式 X 射线测厚仪，可连续对坯膜厚度进行检测，并将所测厚度信息，馈送到刮刀高度调节螺旋测微系数，这可制得厚度仅为 10μm、误差不超过 1μm 的高质量坯膜。

4.4.3.4　流延成型的特点

流延成型设备不太复杂，且工艺稳定，可连续操作，生产效率高，自动化水平高，坯膜性能均匀一致且易于控制。但流延成型的坯料溶剂和黏结剂等含量高，因此坯体密度小，烧成收缩率有时高达 20%～21%。

流延成型法主要用以制取超薄型陶瓷独石电容器、氧化铝陶瓷基片等新型陶瓷制品。为电子元件的微型化及超大规模集成电路的应用提供了广阔的前景。

4.4.4　轧膜成型

轧膜成型（dough rolling）是将准备好的陶瓷粉料，拌以一定量的有机黏结剂（如聚乙烯醇等）和溶剂，通过粗轧和精轧成膜片后再进行冲片成型。

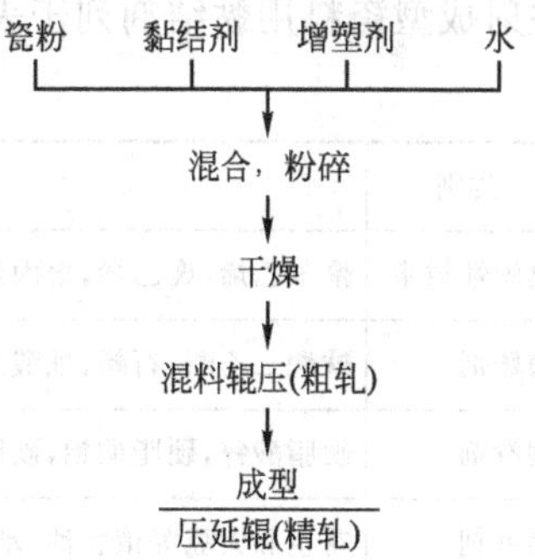

图 4.12　轧膜成型的工艺流程

4.4.4.1　工艺流程

轧膜成型工艺流程如图 4.12 所示。

其中，粗轧是将粉料、黏结剂和溶剂等成分置于两辊轴之间充分混合均匀，伴随着吹风使溶剂逐渐挥发，形成一层厚膜。精轧是逐步调近轧辊间距，多次折叠，90°转向反复轧炼，以达到良好的均匀度、致密度、较低的粗糙度和均匀的厚度。轧好的坯片，在一定湿度的环境中储存，防止干燥脆化，最后在冲片机上冲压成型。

4.4.4.2　轧膜成型用塑化剂

轧膜成型用塑化剂由黏结剂、增塑剂和溶剂所组成。各种轧膜瓷料用塑化剂的不同配比列于表 4.8。

表 4.8　各种轧膜瓷料用塑化剂的不同配比

坯料	聚乙烯醇水溶液		聚乙烯醇	乙醇	甘油	蒸馏水	塑化剂用量
	浓度/%	用量/mL					
高压电容器	15	35			3～5g		
压电喇叭	15	18			2g		
滤波器	15	24			2g		
压电陶瓷			900g	480g	240g	4000mL	18～20g

轧膜成型粉料粒度越细越圆润，含胶黏剂量越多，轧辊的精度要求也越高。

4.4.4.3 轧膜成型的特点

轧膜成型具有工艺简单、生产效率高、膜片厚度均匀、生产设备简单、粉尘污染小、能成型厚度很薄的膜片等优点。但用该法成型的产品干燥收缩和烧成收缩较干压制品的大。

该法适于生产批量较大的厚度1mm以下的薄片状产品，在新型陶瓷生产中应用较普遍。

4.4.5 注射成型

注射成型（injection molding）是将瓷粉和有机黏结剂混合后，经注射成型机，在130～300℃温度下将瓷料注射到金属模腔内。待冷却后，黏结剂固化，便可取出毛坯而成型。

4.4.5.1 工艺流程

注射成型的工艺流程如图4.13所示。注射成型在成型方式上与热蜡铸成型相似，是复杂形状陶瓷制品的重要成型方式。

4.4.5.2 注射成型瓷料用黏结剂

为改善注射成型瓷料的流动性能，在泥料制备时必须加入各种适宜的黏结剂。新型陶瓷注射成型瓷料用黏结剂列于表4.9。

表4.9 陶瓷注射成型瓷料用黏结剂

类别	名称
热塑性树脂	聚苯乙烯，聚乙烯，聚丙烯，醋酸纤维素，丙烯酸类对脂，聚乙烯醇
增塑剂	酞酸二乙酯，石蜡，酞酸二丁酯，蜂蜡，酞酸二辛酯，脂肪酸脂
润滑剂	硬脂酸锌，硬脂酸铝，硬脂酸镁，硬脂酸二甘酯，PAN粉，矿物油
辅助剂	花生和大豆等植物油、动物油，萘等的升华物以及分解温度不同的树脂

4.4.5.3 注射成型的特点

注射成型法可以成型形状复杂的制品，包括壁薄0.6mm、带侧面型芯孔的复杂零件。毛坯尺寸和烧结后实际尺寸的精确度，尺寸公差在1%以内，而干压成型法尺寸公差为±(1%～2%)，注浆成型法±5%。注射成型工艺的周期为10～90s，工艺简单，成本低，压坯密度均匀，适于复杂零件的自动化大批量生产。但是它脱脂时间长（约72～96h），金属模具费用昂贵，设计较困难。

注射成型法已用于制造陶瓷汽轮机部件（动叶片、静叶片、燃烧器等）、汽车零件、柴油机零件。本法除用于氧化铝、碳化硅等陶瓷材料的成型外，还用于粉末冶金零件的制造。

4.4.5.4 应用实例

两种新型陶瓷制品注射成型用坯泥的成型、脱脂条件列于表4.10。

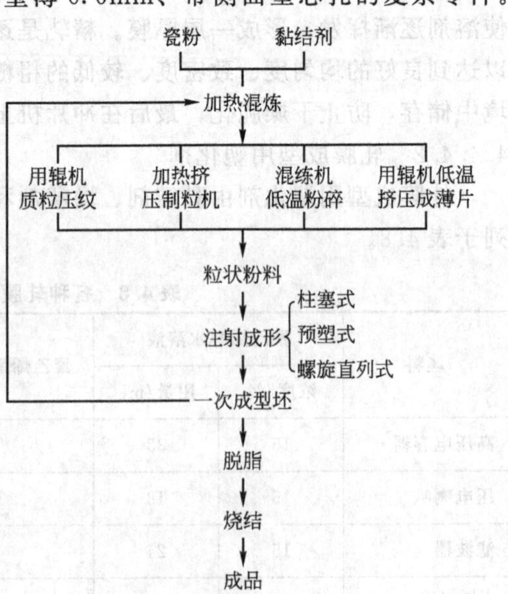

图4.13 注射成型的工艺流程

表 4.10　两种制品注射成型用坯泥的成型、脱脂条件

坯料配比/%			成型、脱脂条件
碳化硅制品	碳化硅	100	混合：150℃，1h
	可塑性聚苯乙烯	16.5	射出温度：150～325℃
	硬脂酸蜡	3.5	射出压力：7～70MPa
	40# 油	8.3	脱脂条件：从 50～800℃，1～10℃/h
	钛酸盐	0.6	非氧化气氛
氮化硅制品	氮化硅	100	加压混练：0.25MPa，180℃
	聚苯乙烯	13.8	射出温度：240℃
	聚丙烯	7.6	射出压力：100MPa
	硅烷	3.6	脱脂条件：N_2，常温至 200℃，30℃/h
	钛酸二乙酯	1.9	200～350℃，35℃/h
	硬脂酸	1.9	在 350℃保持 10h

4.5　其他成型方法

4.5.1　纸带成型

纸带成型（tape forming）与流延成型法有点类似，以一卷具有韧性的、低灰分的纸（如电容纸）带作为载体。让这种纸带以一定的速度通过泥浆槽，黏附上合适厚度的浆料。通过烘干区并形成一层薄瓷坯，卷轴待用。在烧结过程中，这层低灰分衬纸几乎被彻底燃尽而不留痕迹。如泥浆中采用热塑性高分子物质作为黏结剂，则在加热软化的情况下，可将坯带加压定型。

4.5.2　滚压成型

滚压成型（roller forming）与轧膜成型有些相似，是以热塑性有机高分子物质作为黏合载体，将载体与陶瓷粉料放在一起，加入封闭式混料器进行混练，练好后再进入热轧辊箱，轧制成一定厚度引出，用冷空气进行冷却，然后卷轴待用。如欲制作其他定型坯带，则对轧辊箱出来的坯片趁热进行压花。

此法与前述纸带成型法均可用以制作垂直多孔筒状热交换器，两者各有优点。用滚压法所制的坯体孔型较好，空气易于流通，但工艺较难控制。

4.5.3　印刷成型

印刷成型（printing molding）是将超细粉料、胶黏剂、润滑剂、溶剂等充分混合，调制成流动性很好的稀浆料，然后采用丝网漏印法，即可印出一层极薄的坯料。具体操作是用一张含灰分甚少的有机薄膜或电容器纸作为衬纸，先在电极所在的位置上，用丝网漏印法印上一层金属浆料，干燥后，再在该有介质的部位漏印陶瓷浆料。继续干燥后可再印一次瓷浆，重复若干次，直至达到所需厚度为止。然后再漏印金属电极，依次循环交替，直至多层独石电容器印制完毕为止，待干透后再剪切、焙烧。

每印刷一次瓷浆，约可得 6μm 厚的坯层，通常必须重复印 2～3 次，方能达到必要的厚度和良好均匀度。此法工艺简单、产量大，可制大容量电容器，很有发展前途。

4.5.4　喷涂成型

喷涂成型（spray moulding）所用的浆料与流延法、印刷法相似，但必须调得更稀一些，以便利用压缩空气通过喷嘴，使之形成雾粒，此法主要用以制造独石电容器，喷涂时以事先刻

制好的掩膜，挡住不应喷涂的部分，到一定程度可让其干燥，干后再作第二次、第三次喷涂，到达预定厚度时，再更换掩膜，喷上所需的另一浆料。按这种金属浆料和陶瓷浆料，反复更换掩膜，交替喷上，以获得独石电容器的结构。如浆料太稠，则不易喷出，也难以均匀；如果太稀，则必须多次薄喷，以免流滴。为使浆料能够快速干燥，溶剂多不用水，而用酒精、乙醚等易挥发的有机溶剂，这样价格较高，且工作环境也随之劣化。虽然喷涂法也可采用自动、流水作业，但大量尘雾散播空间，极难回收，因此此法目前还看不出有多大优点。

4.5.5 爆炸成型

20 世纪 50 年代初，爆炸成型（explosion forming）最初用于 TiC、TaC 和 Ni 粉叶片的成型。炸药爆炸后，在几微秒内产生的冲击压力可达 1×10^6 MPa。巨大的压力，以极快的速度作用在粉末体上，使压坯获得接近理论值的密度和很高的强度。爆炸成型法可以成型形状复杂的制品，制品的轮廓清晰，尺寸公差稳定，成本较低。目前，爆炸成型法已应用于铁氧体、金属陶瓷等的生产。

4.5.6 电纺丝成型

电纺丝成型（electrostatic spinning forming）技术（其设备示意如图 4.14）的发展是基于高压静电场下导电流体产生高速喷射的原理。在喷射熔体或溶液上通入几至几十千伏的高压（交流或直流），喷丝头和接地极间就会在瞬间产生一个极不均匀的电场，喷丝头处的电场力可用于克服溶液本身的表面张力和黏弹性力，随着电场强度的增加，喷丝头末端呈半球状的液滴被拉成圆锥状，此即 Taylor 锥。电场强度超过一临界值后，电场力将克服液滴的表面张力形成射流（其流速约几 m/s）。经过溶剂挥发或熔体冷却最终在接收极得到直径亚微米级甚至纳米量级的纤维（图 4.15）。

电纺丝和电喷涂的区别在于它们的喷射对象不同，前者的对象是非牛顿流体，后者的对象是牛顿流体。尽管电喷涂理论与应用现在已相对较完善。但电纺丝技术却因效率等问题而始终不能工业化应用。20 世纪 90 年代电纺丝技术因纳米热潮而再次兴起，到目前为止，电纺丝技术是唯一有希望连续生产纳米纤维的有效途径。但该技术现在仍然存在很多的瓶颈问题有待解决。一旦问题得到解决，电纺丝获得的功能材料可广泛地用于纳米复合材料、传感器、薄膜制造、过滤装置、纳米同轴电缆以及生物医用材料的加工和制造上。

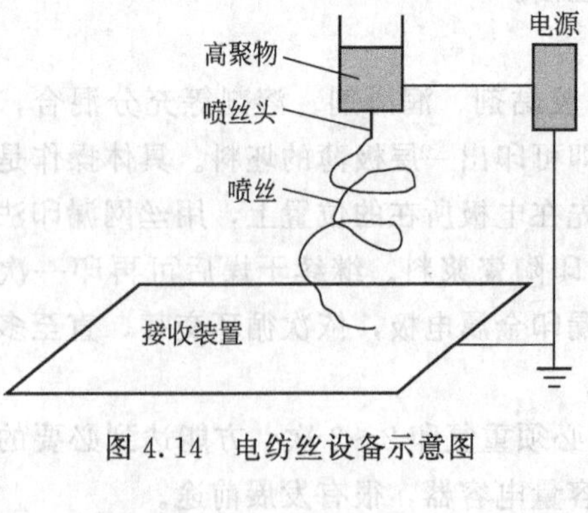

图 4.14 电纺丝设备示意图

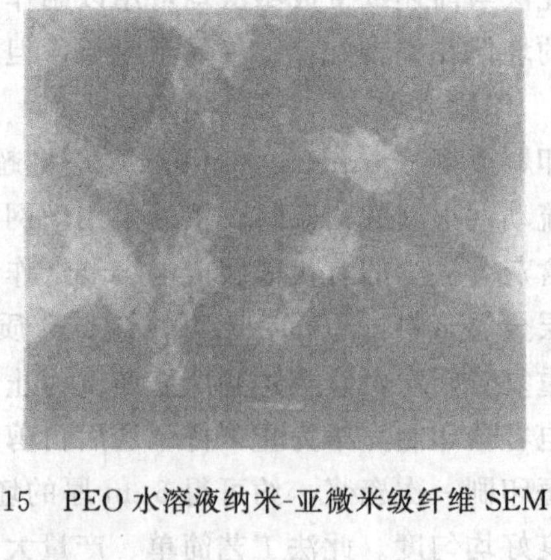

图 4.15 PEO 水溶液纳米-亚微米级纤维 SEM 照片

习题与思考题

1. 试分析浇注成型过程中影响泥浆流动性和稳定性因素有哪些?

2. 简述半干压制成型过程中坯体易于出现层裂的原因。

3. 简述滚压成型工艺对滚压头和泥料有哪些要求？常见废品产生的原因有哪些？

4. 试分析等静压成型工艺的优缺点。

参 考 文 献

[1] 李家驹. 日用陶瓷工艺学 [M]. 武汉：武汉工业大学出版社，1992：65-169.
[2] 钦征骑，钱杏南，贺盘发. 新型陶瓷材料手册 [M]. 南京：江苏科学技术出版社，1996：82-88.
[3] 林宗寿，李凝芳，赵修建等. 无机非金属材料工学 [M]. 武汉：武汉工业大学出版社，1999：15-131.
[4] 王维邦. 耐火材料工艺学 [M]. 第 2 版. 北京：冶金工业出版社，1994：37-73.
[5] 曹茂盛，蒋成禹，田永军等. 材料合成与制备方法 [M]. 哈尔滨：哈尔滨工业大学出版社，2001：216-236.

第5章 坯体的干燥

5.1 概述

干燥（drying）是借助热能使坯料中的水分汽化并由干燥介质带走的过程。这个过程是坯料和干燥介质的传热传质过程，其特征是采用加热、降温、减压或其他能量传递的方式使坯料中的水分产生挥发、冷凝、升华等相变过程与物体分离，以达到去湿目的。

对陶瓷坯件来说，干燥过程尤为重要，其目的是排除坯体中的水分，同时赋予坯体一定的干燥强度，满足搬运以及后续工序（修坯、黏结、施釉）的要求。

本章主要对陶瓷坯料干燥的原理、过程、方法以及干燥过程产生缺陷的原因和排除方法进行简要介绍。

5.1.1 坯料中水分分类

陶瓷坯体的含水率一般在5%～25%之间，当坯体与一定温度及湿度的静止空气相接触时，势必释放或吸收水分，使坯体含水率达到某一平衡数值。只要空气的状态不变，坯体中所达到的含水率就不再因接触时间增加而发生变化，此值就是坯体在该空气状态下的平衡水分（equilibrium moisture）。而达到平衡水分的湿坯体失去的水分为自由水分（free moisture），即坯体水分是由平衡水分和自由水分组成的，在一定的空气状态下，干燥的极限是使坯体达到平衡水分。

根据水和坯料结合的强弱，将水与坯料的结合形式分为三类，如表5.1所示。

表5.1 坯料中水的结合形式

结合形式	特 点	备 注
化学结合水（结晶水、结构水）	参与物质结构，结合形式最牢固，排除时必须要有较高的能量	排除温度高，烧成时才能排出。如高岭土中的结构水，排除温度为450～650℃
物理化学结合水，又称大气吸附水（吸附水、渗透水、微孔水、毛细管水）	物质表面的原子有不饱和键，它与水分子间产生引力，从而出现润湿于表面的吸附水层，这种水密度大，冰点下降	吸附水与坯料的结合较化学结合水要弱，可以部分排除 排除吸附水没有实际意义，因为坯体很快又从空气中吸收水分达到平衡
机械结合水（润湿水、大孔隙水）及粗毛细管水（半径大于10^{-5}m）	与坯料的结合最弱，干燥过程中被排除，又称自由水。脱水温度一般在100℃左右	从工艺上讲，干燥过程只需排除自由水

5.1.2 干燥过程及其特点

在陶瓷坯体中，颗粒与颗粒间形成空隙。这些空隙形成了毛细管状的支网，水分在毛细管内可以移动。在干燥过程中，坯体与介质之间同时进行着能量交换与水分交换两种作用，坯体的水分蒸发并被干燥介质带走，坯体表面的水分浓度降低，此时表面水分浓度与坯体内部水分浓度形成了一定的湿度差，内部水分就会通过毛细管作用扩散到坯体表面，直到坯体中所有机械结合水全部除去为止。因此，干燥的实质是水分扩散的过程，是靠内扩散和外扩散来完成的，主要是排除自由水（free water）和吸附水（absorption water），化学结合水的排除需要在烧成过程中完成。如图 5.1 所示，在对流干燥过程中，热风与坯体之间既有传热过程，又有传质过程。传质过程包括外扩散和内扩散两部分。外扩散（external diffusion）是指坯体表面的水分以水蒸气形式从表面扩散到周围介质中去的过程，即水分蒸发过程。内扩散（internal diffusion）是指水分在坯体内部进行移动的过程。根据水分移动的动力不同，传质过程又分为湿传导（湿扩散）和热湿传导（热扩散）两种形式。

坯体的干燥过程可分为 4 个阶段，如图 5.2 所示。

第Ⅰ阶段是升速干燥阶段（$O \rightarrow A$）一般加热时间短，坯体表面温度被加热到等于干燥介质的湿球温度，水分蒸发速度很快，到 A 点后，坯体吸收的热量和蒸发水分耗去的热量相等。此阶段中水分和自坯体中排出水量的变化不大，体积收缩小。

第Ⅱ阶段是等速干燥阶段（$A \rightarrow B$）在整个阶段中，坯体表面蒸发的水分由内部向坯体表面不断补充，坯体表面总是保持湿润，干燥速率等于自由水面的蒸发速率，水分排出速度始终是恒定的，故称等速干燥阶段。在此阶段中，坯体表面温度保持不变，水分自由蒸发，坯体体积收缩较大。因此，在等速干燥阶段中，干燥速率与坯体的厚度（或粒度）及最初含水量无关，而与干燥介质（空气）的温度、湿度及运动速度有关。其中 B 点称为临界水分点，也是干燥阶段及坯体收缩的转折点。干燥过程达到 B 点后，坯体内部水分扩散速率开始小于表面蒸发速率，坯体水分不能全部润湿表面，开始降速阶段。

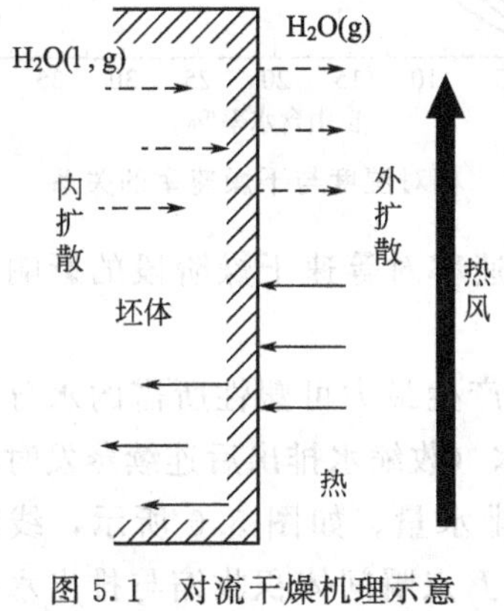

图 5.1　对流干燥机理示意

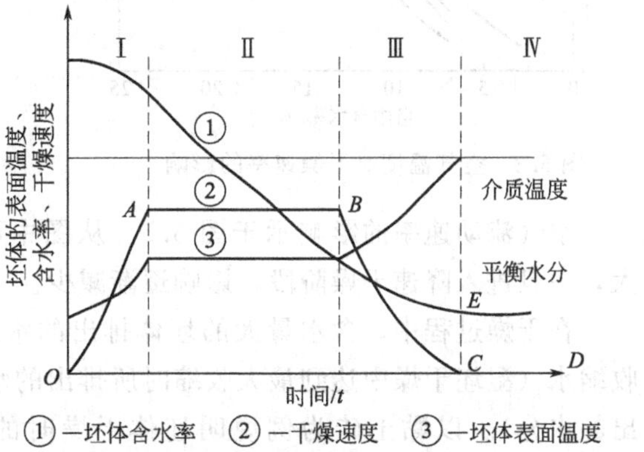

图 5.2　干燥过程的 4 个阶段

第Ⅲ阶段是降速干燥阶段（$B \rightarrow C$）随着干燥时间的延长，或坯体含水量的减少，坯体表面的有效蒸发面积逐渐减少，坯体表面停止收缩，继续干燥仅增加坯体内部孔隙，热能消耗下降，干燥速率逐渐降低，坯体表面温度提高至介质温度。此过程中，水分从表面蒸发的速率超过自坯体内部向表面扩散的速率，因此，在降速干燥阶段中，干燥速率受空气的温度、湿度及运动速率的影响较小。水分向表面扩散速率取决于含水量、坯体内部结构（毛细管状况）、水的黏度和坯料性质等。通常非塑性和弱塑性料水分的内扩散作用较强，粗颗粒的水分扩散作用比细颗粒的强，水的温度越高，扩散也越容易。C 点是平衡状态点，标志着干燥过程的结束。

第Ⅳ阶段是平衡干燥阶段（$C \rightarrow D$）此阶段坯体表面水分达到平衡水分，干燥速率为零。其中，E 点为坯体的平衡水分点。干燥的最终水分取决于坯料性质、颗粒大小和干燥介质的温度与相对湿度。

坯体干燥过程中是否出现以上几个阶段，主要取决于坯体所含的水分。一般对可塑法成型的坯体来说，四个阶段比较明显，而对水分含量较低的半干法成型的坯体来讲，如多熟料砖、硅砖和镁砖等，这四个阶段则不太明显。

在干燥过程中，坯料内水分的黏度和表面张力随温度升高而降低。干燥温度从0℃提高到100℃，水的黏度约降低85%，而表面张力约降低20%。坯体内水分表面张力的降低促进其高温流动，有利于水分向坯体外排出，提高干燥速率。

在干燥过程中，干燥速率和干燥条件（空气的温度、湿度和流动速率）有如下关系：当空气温度升高时，蒸汽压随之增加，即使空气的相对湿度一定，等速阶段的干燥速率增大；在减速干燥阶段，对于干燥速率主要为内部扩散所决定的砖坯，此时水的黏度下降，扩散力增大，干燥速率增大（图5.3）。

相对湿度的影响如图5.4所示。在等速干燥期影响较明显，对减速干燥阶段的影响则较弱。

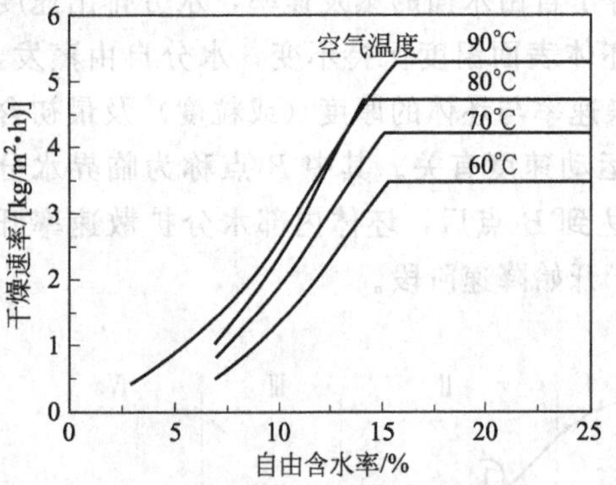

图5.3 空气温度对干燥速率的影响

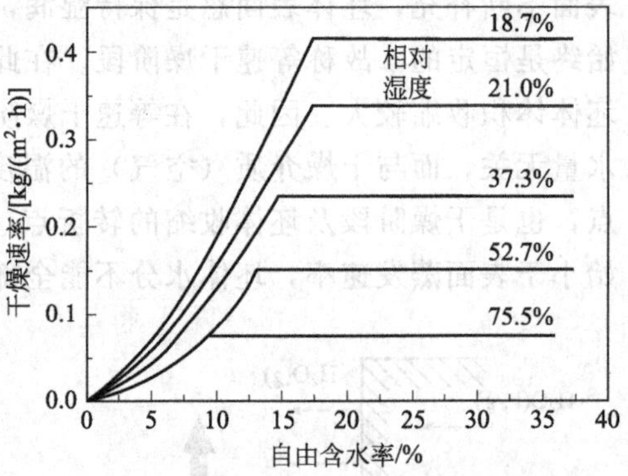

图5.4 相对湿度与干燥速率的关系

空气流动速率的影响示于图5.5。从图中可见空气流动速率对等速干燥阶段的影响较大，一旦进入降速干燥阶段，影响逐渐减少。

在干燥过程中，含水量大的坯体排出的水分有可塑水（产生最大可塑性所需的水分）、收缩水（湿坯干燥中达到最大收缩时所排出的水分）和气孔水（收缩水排出后连续蒸发时排出的水分）。以黏土砖为例说明坯体干燥时的体积收缩和排水量。如图5.6所示，线段 $BJHG$ 为黏土的收缩曲线。线段 $BJIF$ 为水分排出曲线。在 J 点瞬间体积收缩与排出水分的体积相等。以后排出水分的体积大于坯体的收缩体积，从而形成气孔。从图5.6可见，B_1G 相当于收缩的体积，而 GF 相当于气孔的体积。

在干燥过程中，坯体内各部分水分不等，存在水分梯度，如图5.7所示。各曲线表示不同干燥时间坯体内各部分的水分含量。在等速干燥阶段，这些曲线大致平行，但到某一时刻，曲线急剧弯曲，随着干燥时间的延长，坯体表面水分逐渐接近于零。由于在干燥过程中坯体表面和中心部分的含水量不同，所以坯体的干燥是不均匀的，不均匀的收缩会导致坯体内部产生应力，应力超过坯体的强度就会产生干燥缺陷。为了减少局部应力的产生，在干燥初期水分宜较慢地排出，先以高湿度的干燥介质使坯体升温，待砖坯温度升高后，再以湿度较低的干燥介质进行较快速的干燥。

5.1.3 影响干燥速率的因素

影响干燥速率的因素有坯料性质、传热速率、外扩散速率、内扩散速率等。

(1) 坯料的性质与结构

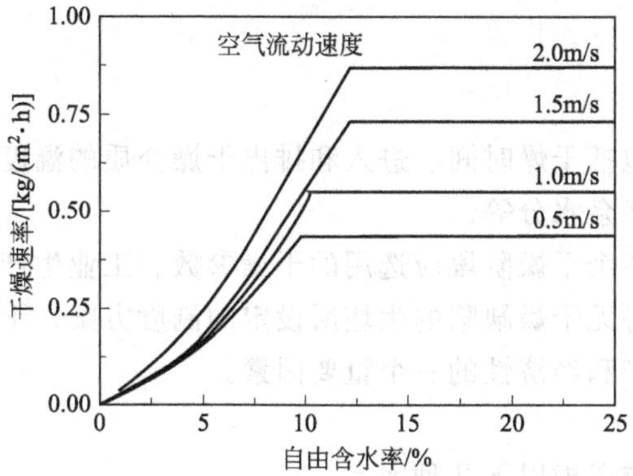

图 5.5　空气流动速率与干燥速率的关系

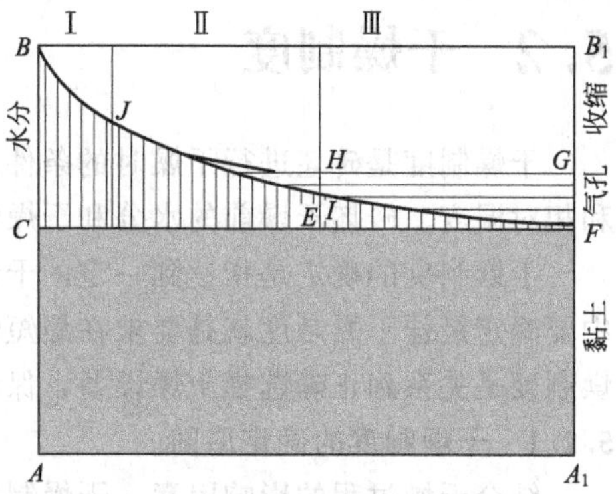

图 5.6　干燥时坯体水分和收缩与时间的关系

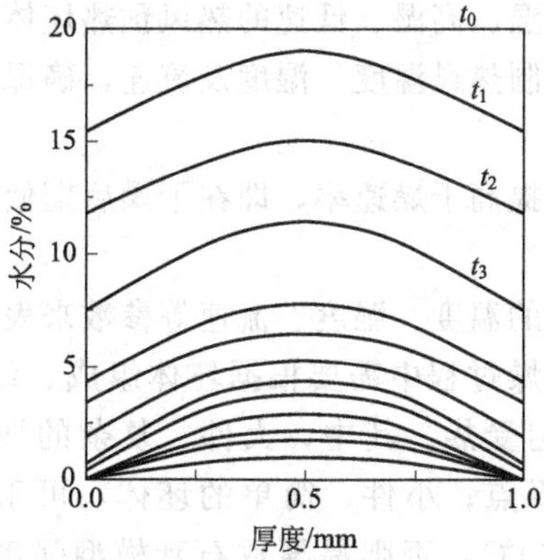

图 5.7　坯体干燥时内部水分的分布

① 坯料的性质　黏土的可塑性越强，加入量越多，颗粒越细，干燥速率就越难提高；瘠性坯料越多，颗粒越粗，越有利于提高干燥速率。

② 坯料的大小、形状和厚度　形状复杂，体大壁厚的坯体在干燥时易产生收缩应力，故其干燥速率应加以控制，不宜太快。

③ 坯体温度　坯体温度高，水的黏度小，有利于水分向表面移动。

(2) 传热速率　传热速率（heat transfer rate）是指被传热的物体温度上升的速率（单位时间内的温升，如每分钟温度上升多少度）与要求上升速率的比值。传热速率越高，坯体的干燥速率越快，为提高干燥速率，应提高干燥介质温度，如提高干燥窑中的热气体温度，增加热风炉等，但不能使坯体表面温度升高太快，避免开裂；增加传热面积，如改单面干燥为双面干燥，分层码坯或减少码坯层数，增加与热气体接触面；提高对流传热系数。

(3) 外扩散速率　当干燥处于等速干燥阶段时，外扩散阻力成为左右整个干燥速率的主要矛盾，因此降低外扩散阻力，提高外扩散速率，对缩短整个干燥周期影响最大。外扩散阻力主要发生在边界层里，因此为提高外扩散速率，应增大介质流速，减薄边界层厚度等，提高对流传热系数；降低介质的水蒸气浓度，增加传质面积，亦可提高干燥速率。

(4) 内扩散速率　水分的内扩散速率是由湿扩散和热扩散共同作用的。湿扩散是坯料中由于湿度梯度引起的水分移动，热扩散是物理中存在温度梯度而引起的水分移动。要提高内扩散速率应使热扩散与湿扩散方向一致，即设法使坯料中心温度高于表面温度，如远红外加热、微波加热方式。

5.2 干燥制度

干燥制度是砖坯进行干燥时的条件总和。它包括干燥时间、进入和排出干燥介质的温度和相对湿度、砖坯干燥前的水分和干燥终了后的残余水分等。

干燥制度的确定是指达到一定的干燥速率，各个干燥阶段应选用的干燥参数。工业生产中要确定最佳干燥制度就是要求在最短时间内获得无干燥缺陷的生坯所设定的制度方案。干燥制度是关系到正确选择干燥设备，保证正常生产和经济性的一个重要因素。

5.2.1 干燥制度的确定原则

结合干燥过程的影响因素，干燥制度的确定应考虑以下几种因素：

坯体的配方特点、形状、大小、厚薄以及干燥器的性能等因素；

升速干燥阶段，应采用低温、高湿、低速的热风预热坯体；

等速干燥阶段，应严格控制热风温度、湿度及流速，确保坯体各部位的干燥速率（干燥收缩）比较均匀一致；

降速干燥阶段，可适当地提高干燥速率，即在干燥后期使坯体接触高温、低湿的热风。

5.2.2 干燥介质参数的确定

干燥制度通常用干燥介质的温度、湿度、流速等参数来表征。

（1）干燥介质的温度　干燥过程中需要根据坯体组成、结构、尺寸、最终含水率等确定介质温度，以保证坯体均匀受热。其中，大件、复杂的坯体可采用先低温高湿，然后再高温低湿的干燥制度至临界点；小件、简单的坯体，可采用高温低湿的干燥制度。带石膏模干燥时，温度应低于70℃，否则易导致石膏模型强度降低。此外，干燥介质温度的确定还需要充分考虑热能效率和设备因素，介质温度太高，热效率低，还会缩短干燥设备的使用寿命。

（2）干燥介质的湿度　湿度太低，干燥太快，容易产生变形和开裂。因此，在对大件的卫生瓷坯体进行干燥时，通常采用分段干燥方法，并适时控制干燥介质的湿度。

（3）干燥介质的流速和流量　干燥过程中可以通过加大干燥介质（空气）的流速和流量提高干燥速率。

5.2.3 砖坯干燥残余水分的确定

实际生产中，可根据下列因素确定坯体干燥后的残余水分：

砖坯的机械强度应能满足运输装窑的要求；

为满足烧成初期能快速升温的要求；

由制品的大小和厚度所决定，通常形状复杂的大型和异型制品的残余水分应低些；

不同类型烧成窑有不同的要求。

上述因素中以第二项具有特殊作用。

残余水分过低是不必要的，因为要排出最后的这一部分水分，不但对干燥器来讲是不经济的，而且过干的砖坯则会因脆性而给运输和装窑带来困难。半干法压制的黏土砖在隧道窑烧成时，残余水分应低于2%～3%，在用其他窑烧成时要低于4%～5%。硅砖烧成前要求干燥到残余水分为1%～2%，镁砖为0.6%～1.0%。

耐火制品的干燥设备有隧道干燥器、室式干燥器以及其他类型的干燥器。用隧道干燥器干燥某些制品时，可参照表5.2所述的干燥制度。

表 5.2　隧道干燥器干燥某些陶瓷坯体的干燥制度

制品类型	干燥介质温度/℃		相对湿度/%
	进口	出口	
可塑法成型黏土制品			
标型	120～140	35～40	75～90
异型	100～120	30～35	80～95
异型硅砖	150～200	40～50	最好<90
镁质(镁砖、铬镁砖、白云石质)异型砖	80～120	40～50	

5.3　干燥方法及干燥设备

干燥方法有自然干燥法和人工干燥法。自然干燥法是指将湿坯置于露天或室内的场地上，借助风吹和日晒的自然条件使坯体干燥的办法。自然干燥法成本低，但干燥速率慢，产量低，劳动强度大，受气候影响大，难以适应大规模的工业生产。人工干燥法也称机械干燥，是将湿坯料放在专门的设备中进行加热，使坯体的水分蒸发而干燥。相对于自然干燥法，机械干燥法的干燥速率快，产量大，不受气候条件的限制，便于实现自动化，适合于工业生产。

本节主要介绍陶瓷坯体在干燥过程中常使用的机械干燥法。根据坯体水分蒸发时输入热能的形式不同，可将干燥方法分为热空气干燥、电热干燥、辐射干燥以及综合干燥等。

5.3.1　热空气干燥

热空气干燥（hot air drying）是利用热气体的对流传热作用，将热量传给坯体，使坯体内水分蒸发而干燥的方法。热空气干燥的主要特点为：①设备较简单；②热源易于获得；③温度和流速易于控制调节；④在陶瓷工业中应用最广泛。

根据干燥设备可将热空气干燥法分为室式干燥、链式干燥、隧道式干燥、辊道传送式干燥、喷雾干燥、热泵干燥等。

5.3.1.1　箱式干燥（室式干燥）

箱式干燥至今仍是干燥小批量产品最常用的方式，箱式干燥机（chamber drier）的工作原理是一组或几组料盘置于一个大隔热室内，热空气在特别设计的风机和导流板的作用下在其中循环，如图 5.8 所示。

这类干燥机装载和卸载坯料需耗用大量的人力，而且干燥时间长（10～60h）。干燥操作的关键在于气流在托盘间的均匀分布，而干燥最慢的托盘决定了所需坯料停留时间和干燥机的干燥能力。料盘的翘曲也会引起气流的分布不均，从而影响干燥机的干燥效果。

根据料车的装载形式可将箱式干燥机分为固定坯架式和活动坯车式；根据干燥介质类型可分为暖气式、热风式、温度湿度可调式。

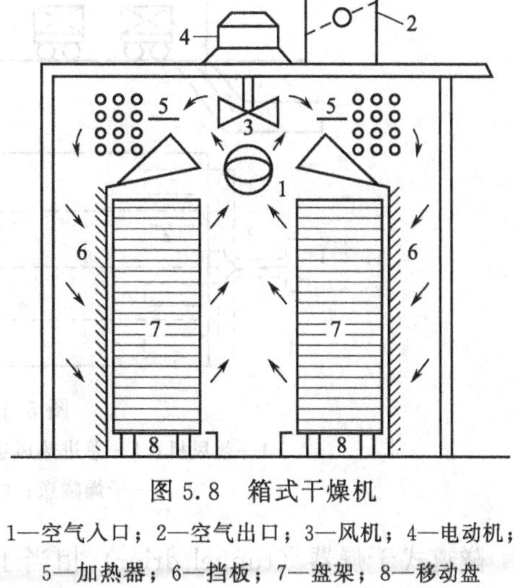

图 5.8　箱式干燥机

1—空气入口；2—空气出口；3—风机；4—电动机；5—加热器；6—挡板；7—盘架；8—移动盘

箱式干燥具有设备简单、造价低廉的优点，

但该法热效率低、干燥周期长。

5.3.1.2　链式干燥

链式干燥法常利用隧道窑余热与成型机、自动脱模机、修坯机配套形成自动流水线，如图 5.9 所示。

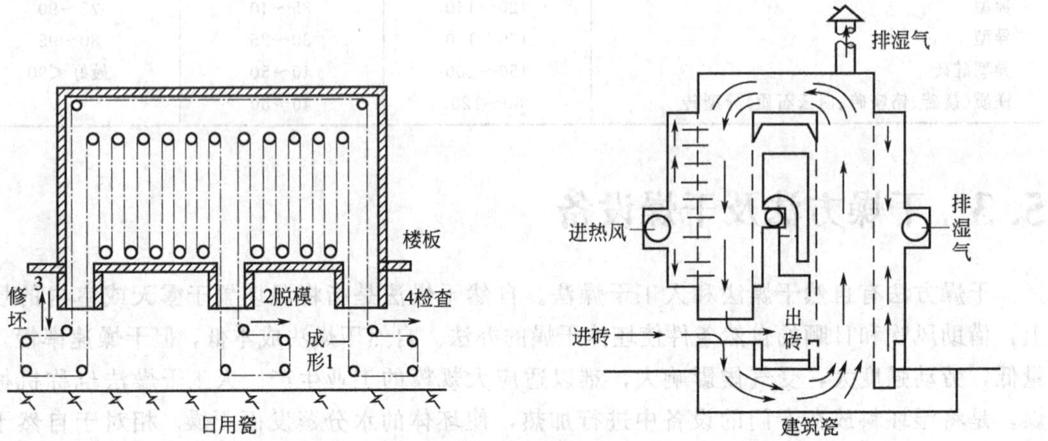

图 5.9　链式干燥器

链式干燥器（chain drier）的热源一般是锅炉蒸汽、燃烧器加热的空气和各种工业窑炉余热，生产中常采用窑炉余热和锅炉蒸汽，由于窑炉余热不能满足生产的需要，因此干燥过程中常将锅炉蒸汽输入到干燥器的换热器中，以满足坯体在干燥过程中的热量要求。

链式干燥法成本低，结构简单，操作方便，设备占地面积小，易实现生产线的自动化，适应中、小件产品干燥，且干燥速率快，热效率高。

5.3.1.3　隧道式干燥

隧道式干燥的过程是装有待干坯料的隔板车、运输车及手推车以一定速率通过一长的隔热室（或隧道），而干燥热气体以并流、逆流、错流或混流等流动方式通过隧道，如图 5.10 所示。

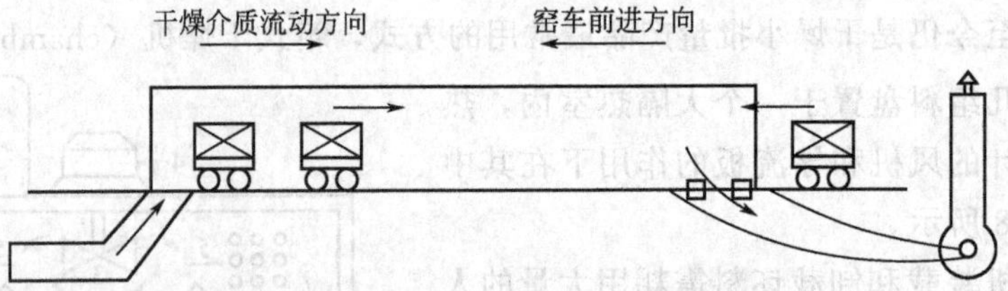

图 5.10　隧道式干燥器

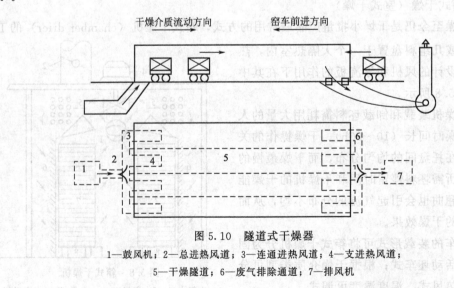

1—鼓风机；2—总进热风道；3—连通进热风道；4—支进热风道；
5—干燥隧道；6—废气排除通道；7—排风机

隧道式干燥器（tunnel drier）相当于把箱式干燥的外壳设计成狭长的洞道，洞道内铺设铁轨，用一系列小车装载物料；小车的进出可以是轨道、电动减速机拖动，也可以人工进出。隧道干燥器的热风一般是燃煤热风炉热风、燃天然气、煤气、油热风炉产生的热风，电热元件及蒸汽、导热油炉产生的热风，也可利用烟道余热。在干燥过程中，干燥介质流动方向与窑车前进方向相反，有利于提高干燥效率。

隧道式干燥法成本低，工艺适应性广，产品处理量大，生产效率高，适宜于长时间干燥物料。

5.3.1.4　辊道传送式干燥

辊道传送式干燥（roller drier）是近年来发展起来的一种与辊道式窑炉一体化的干燥方式，可实现生产自动化，既提高了效率，又降低了能耗和过程损耗。辊道传送式干燥的热源是辊道窑余热或由热风机供热。

辊道传送式干燥技术的热效率高，干燥质量好，干燥后可直接入窑烧成。

如表 5.3 对比了四层辊道式干燥器与其他干燥设备的参数，可知四层辊道式干燥器有如下优点：速率快，效率高，成品合格率高，且能耗低。与国内现有的干燥方式相比，四层辊道式干燥器的空间利用率高，所需空间比室式烘房减少了 70.2%，比隧道式干燥减少 74.9%。

表 5.3　干燥设备参数比较

项目干燥方式	干燥周期/h	干燥合格率/%	耗电/(kW·h/kg)	蒸发水用热量/(kcal/kg 水)	耗天然气/(m^3/kg 产品)	设备占地面积/m^2	优缺点
室式烘房＋微波干燥	36	70	0.095	4348	0.059	600	周期长、合格率低、单位能耗高、占地面积大
进口隧道式干燥器	22	92	0.046	1607	0.026	714	周期长、合格率低、单位能耗高、占地面积大
四层辊道式干燥器	3	98	0.059	229	0.020	179	周期短、合格率高、单位能耗低

5.3.1.5　热泵干燥

热泵干燥（hot pump drying）是在干燥系统中增加热空气去湿循环的一种干燥方法。采用热泵干燥，不仅可以加快干燥过程，实现低温干燥，保持产品的品质，而且也可以有效地利用干燥的能量。热泵使干燥空气中的水分凝结，吸收水分凝结时释放显热和潜热，从而使干燥空气的蒸汽压下降，而水分蒸发的驱动力增大。通过加热干燥空气，实现干燥机热量的循环利用。

热泵干燥的基本原理：高温热湿气体经过冷凝换热，排出水分后再加热循环使用。热泵干燥技术利用热泵除去干燥室内湿温空气中的水分，并使除湿后的空气重新加热。

热泵干燥过程为：流过坯料的湿热空气经热泵的蒸发器使空气温度和湿度下降，除湿后的空气再流过热泵的冷凝器使空气加热，最后空气流过坯料重新吸湿，如图 5.11 所示。

热泵干燥方法和传统方法相比具有以下优点：

① 充分利用水蒸汽蒸发潜热，干燥过程没有因排气造成的能量损失；

② 无须向外排湿空气，也无须补充新鲜空气，可避免换气导致的坯料污染，特别适用

于食品、药品等坯料的干燥；

③ 热泵干燥温度低，通常只有20～90℃，特别适用于热敏性坯料的干燥，用于超细粉末干燥时，可避免由于高温造成的坯料板结；

④ 热泵干燥机与其他低温干燥设备（如真空干燥）相比，具有设备投资费用少、功率消耗低的优点。

综合以上各种热空气干燥技术发现，热空气干燥设备简单，热源易于获得，温度和流速易于控制调节，但总的来说，热扩散方向与湿扩散方向相反，不利于干燥速率提高。

5.3.2 电热干燥

电热干燥（electrothermic drying）是将工频交变电流直接通过被干燥坯体内部进行内热式干燥的方法。由于对坯体端面间的整个厚度同时加热，热扩散与湿扩散的含水率高的部分电阻小，通过电流大，产生的热量也多；湿坯的含水量在递减过程中因其自身的平衡作用趋于均一，该干燥方法适用于厚壁大件制品的干燥。在干燥的过程中应随着坯体水分的减少而升高电压，才能达到一定的干燥程度。坯体含水量与电耗间的关系如图5.12所示。

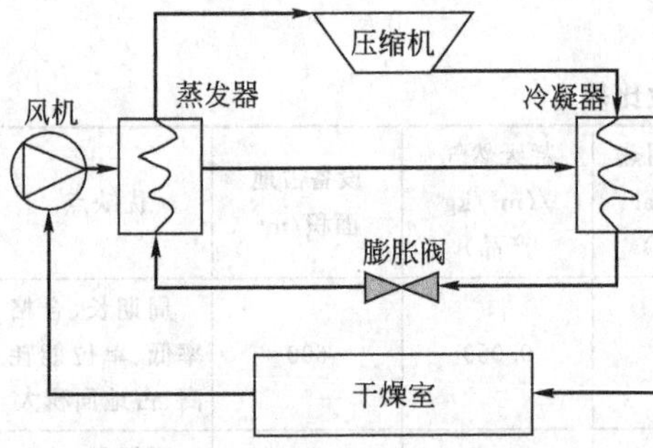

图5.11　热泵干燥系统原理

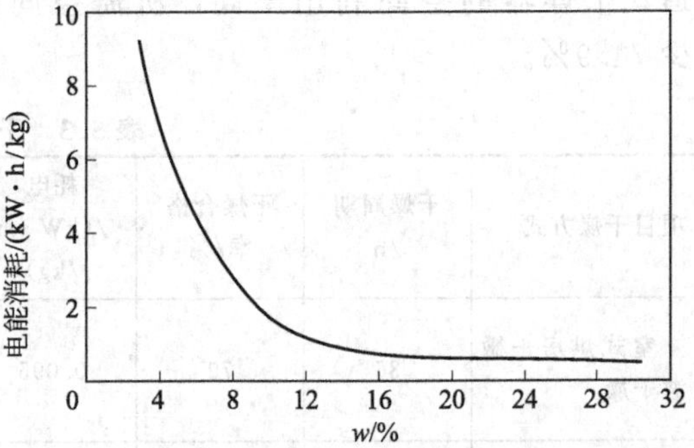

图5.12　湿坯含水率与电耗间的关系

生产中采用石墨泥浆（石墨15%～20%，鱼胶2%～5%，黏土75%～80%，水14%～17%）将铝电极贴敷在湿坯端面上，干燥初期施加电压小于1V/cm；含水率降低后，电压应大于1V/cm。

工频电干燥特点：在干燥过程中，热湿扩散方向与湿扩散方向一致，干燥效率高，质量好，干燥后期耗电量大。干燥设备简单，适用于大厚制品。

5.3.3 辐射干燥

辐射干燥（radiation drying）不需要任何干燥介质，被干燥的物质吸收由热源直接辐射来的电磁波（光），再次转变为热能进行干燥。因此，热在传递过程中无损失或者极少损耗。高频、微波、近红外等干燥方法都是用电磁波向湿坯传递能量进行干燥。

5.3.3.1　高频干燥

采用高频电场（10MHz）或相应频率的电磁波使坯体内的分子、电子及离子发生振动，产生张弛式极化，转化为热能进行干燥。坯体含水量越多，或电场频率越高，则介电损耗越大，电阻越小，产生的热能也就越多。

高频干燥时，坯体内、外同时受热，表面因水分蒸发而导致温度低于内部，从而使湿传导与热湿传导的方向一致。在干燥过程中，内扩散速率高，坯体内的温度梯度小，干燥速率快，但不会产生变形开裂。因此，高频干燥法适用于形状复杂、厚壁坯体的干燥。该方法电耗高（蒸发1kg水分有时高达5kW·h），并随坯体含水量的减少而感应发热量减少，在干燥后期继续使用高频干燥是极不经济的。

5.3.3.2　红外干燥

利用远红外辐射元件发出的远红外线为坯体所吸收，直接转变为热能而达到加热干燥的方法。红外线：介于可见光与微波之间。波长：0.75～1000μm（波长 0.75～2.5μm 为近红外；波长 2.5～1000μm 是远红外）。

水是红外线敏感物质，当入射的红外线频率与含水物质固有振动频率一致时，会大量吸收红外线，使分子振动加速，转变为热能。

远红外辐射器的结构如表 5.4 所示，其干燥的特点：干燥速率快，生产效率高，采用远红外干燥时，辐射与干燥几乎同时开始，无明显预热阶段，因此效率很高，节约能源；设备小巧，造价低，占地面积小；干燥质量好，不易产生废品。

如图 5.13 所示为陶瓷坯和釉的红外线光谱。

表 5.4　远红外辐射器结构

基　体	辐射涂层	热源及保温装置
耐火材料，SiC，锆英石，不锈钢，铝合金	金属氧化物、氮化物、硼化物、磁化物与水玻璃等	电、煤气、燃气、油

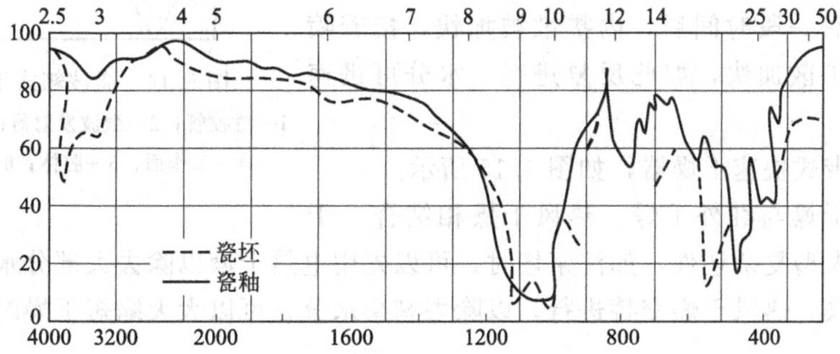

图 5.13　陶瓷坯和釉的红外线光谱

5.3.3.3　微波干燥（microwave drying）

采用微波辐射生坯内极性强的分子（主要是水分子），使其运动加剧，产生热能干燥湿坯。微波频率高、产热量大、加热效果比高频电场干燥好，而且穿透深度大于红外线辐射，有利于热湿传导，使干燥过程快速均匀。小件坯体的干燥仅需数分或数秒钟。因水分子强烈地吸收微波，微波干燥具有良好的选择性，水分含量高的区域干燥得快，水分含量低的区域干燥得慢，易使干燥趋于均匀。利用微波易被金属反射的特性，可采用金属板防护屏蔽，避免微波对人体的伤害和对周围电子设备的干扰。

干燥常用的频率为（915±25）MHz、（2450±50）MHz。微波对水分选择性加热特性参见表 5.5。

箱式微波干燥器由矩形谐振腔、输入波导、反射板、搅拌器等部分组成，如图 5.14 所示。微波经波导装置传输至矩形箱体内，矩形箱各边尺寸都大于 1/2 波长，从不同的方向都有波的反射，被干燥物料在腔体内各个方向均可吸收微波能，被加热干燥。没有被吸收的微波能够穿过物料到达箱壁，由于反射又返回到物料上，微波可以全部用于物料的加热干燥。

表 5.5 300MHz 微波辐射的介电损耗特性

辐射对象 / 参数	水			NaCl 水溶液 /(mol/L)		熔融石英	红宝石云母	尼龙 66	聚四氟乙烯	聚苯乙烯
				0.1	0.5					
温度/℃	15	49	95	25	25	25	26	25	22	25
介电常数 ε	78.8	70.7	52.0	75.5	67.0	3.77	5.4	3.03	2.1	2.55
$\tan\delta/\times10^{-4}$	2050	1060	470	2400	6250	0.6	3.0	128.0	1.5	3.3
$\varepsilon\times\tan\delta/\times10^{-4}$	161000	75000	24000	181000	418000	22.6	16.2	388.0	3.1	8.4

5.3.4 综合干燥

综合干燥（comprehensive drying）是一种强化干燥方法，由于几种方法同时采用，往往能使生坯快速干燥而不致出现干燥缺陷。常采用的综合干燥方法有如下几类。

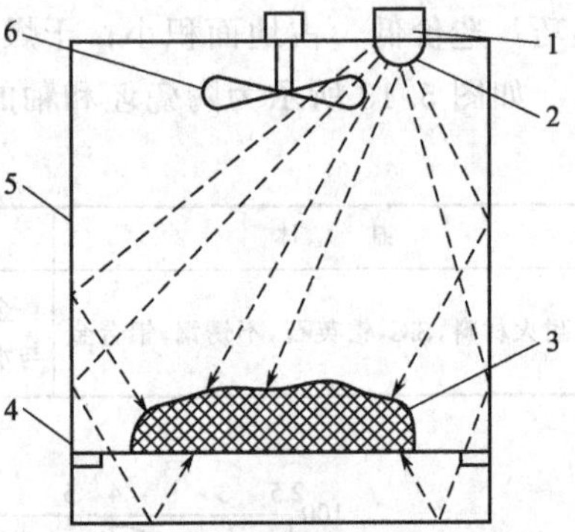

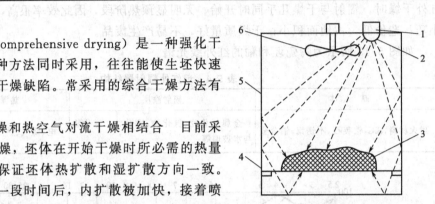

图 5.14 微波箱式干燥器示意

1—磁控管；2—微波发射器；3—被干燥原料；4—工作面；5—腔体；6—电场搅拌器

(1) 辐射干燥和热空气对流干燥相结合 目前采用热风-红外线干燥，坯体在开始干燥时所必需的热量由红外线供给，保证坯体热扩散和湿扩散方向一致。红外线照射加热一段时间后，内扩散被加快，接着喷射热风，使外扩散加快，如此反复进行，水分可迅速排出。

例如英国带式快速干燥器，如图 5.15 所示。

(2) 电热干燥与红外干燥、热风干燥相结合 干燥含水率高的大型复杂坯件，如注浆坯时，可以先用电热干燥以除去大部分水，然后在施釉后采用红外干燥、热风干燥交替进行，以除去剩余水分，可以大大缩短干燥时间，同时又节约能源。

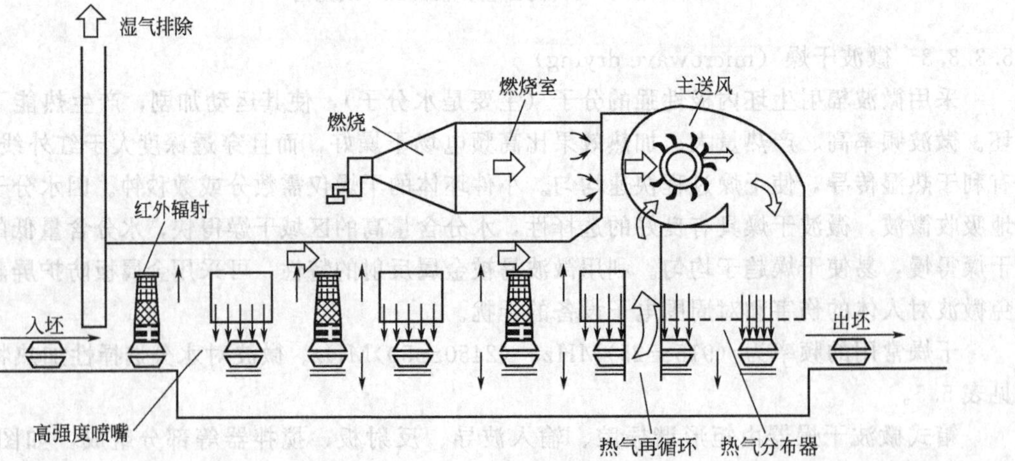

图 5.15 英国带式快速干燥器

综上所述，各种干燥方法各具特色，如将其联合使用，综合各干燥方法的长处，则使干燥工艺过程趋向合理、经济、高效化。

5.4 干燥缺陷的产生及解决措施

产生坯体干燥缺陷（drying defects）的本质是由于坯体在干燥过程中产生不均匀收缩引起的内应力造成的。常见的缺陷是变形（deformation）和开裂（cracks），其中，坯体在干燥过程中产生的内应力大于塑性状态屈服值时会导致变形，当内应力大于塑性状态的破裂值或弹性状态抗拉强度时会导致开裂。

5.4.1 干燥收缩与变形

在坯料干燥过程中，产生收缩与变形的原因通常是颗粒表面自由水膜变薄，使得颗粒之间相互靠近，坯体发生收缩。坯料中部分颗粒在收缩变形的过程中取向性排列，使收缩各向异性，从而产生内应力。如图 5.16 所示，干燥速率与体积变化的关系。

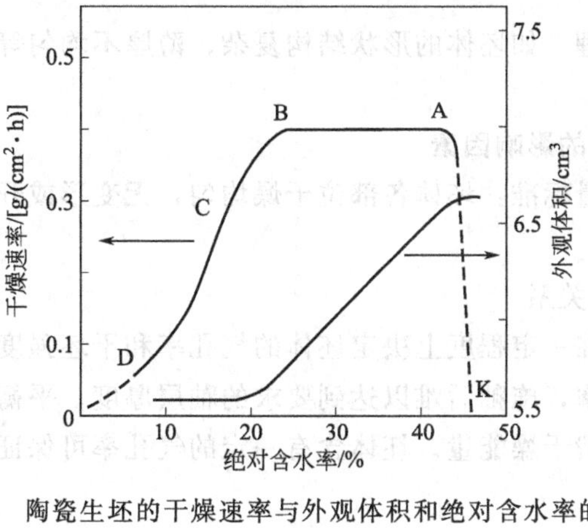

图 5.16 陶瓷生坯的干燥速率与外观体积和绝对含水率的关系

5.4.2 干燥开裂

干燥开裂类型和产生条件如下。

（1）整体开裂 该缺陷是干燥过程中整个坯体产生不均匀收缩造成的，如超过坯体的临界应力，则导致完全破裂。该类缺陷多见于坯体厚、水分高的坯体，开裂一般产生于干燥的开始阶段。

（2）边缘开裂 在坯体的干燥过程中，当坯体边缘的干燥速率大于中心部位干燥速率，坯体边缘张应力大于压应力时产生边缘开裂。该类缺陷多见于壁薄、扁平制品的坯体表面。

（3）中心开裂 在坯体的干燥过程中，当坯体边缘干燥速率大于中心部位干燥速率时，周边收缩结束，内部仍在收缩，周边限制中心部位收缩，使边缘受压应力，中心部位受张应力而产生中心开裂；该类缺陷多见于壁厚、扁平的制品。

（4）表面裂纹 在坯体的干燥过程中，坯体内部与表面温度、水分梯度相差过大，产生表面龟裂，坯体吸湿膨胀而釉不膨胀，使釉由压应力转变为张应力，从而产生表面裂纹；该类缺陷常见于施釉后的制品。

（5）结构裂纹 在压制成型的坯体中，由于泥团组成、水分不均等原因常出现的结构裂纹；在挤制成型的坯体中，由于粉料内空气未排除造成坯体的结构裂纹。

5.4.3　干燥缺陷产生的原因

产生干燥缺陷的原因有坯体配方设计、坯体制备、坯体成型、坯体形状及干燥过程本身等几个方面。

(1) 配方设计的原因　如坯料配方中黏土的可塑性越强，加入量越多，颗粒组成越细时，产生干燥缺陷。如坯料含水率太高，组分分布不均匀及练泥和成型过程造成颗粒的定向排列，导致应力的不均匀分布，干燥缺陷越易产生。

(2) 成型过程的原因　坯体成型时泥料受力不均匀，造成坯体的致密度不一致；或者成型模型吸水能力不均匀；模型的制作、使用过程局部存在油污等均可造成坯体干燥过程中的体积收缩不一致，产生干燥缺陷。

(3) 干燥过程的原因　干燥制度设计不合理，如干燥温度、湿度、流速和方向控制不当；坯体放置不平衡或放置方法不当，局部收缩阻力太大，导致坯体的不均匀收缩产生干燥缺陷。

(4) 器型设计不合理　如坯体的形状结构复杂、薄厚不均匀等均可造成干燥的不均匀收缩，产生干燥缺陷。

5.4.4　坯体干燥后性质的影响因素

坯体干燥质量的衡量标准：坯体各部位干燥均匀，无变形或开裂现象；坯体的平衡水分达到后续工序要求。

5.4.4.1　与后续工序的关系

坯体的最终含水率在一定程度上决定坯体的气孔率和干坯强度。坯体的平衡水分过高会降低生坯强度和窑炉效率，施釉后难以达到要求的釉层厚度；平衡水分过低则会在大气中吸湿，产生表面裂纹，浪费干燥能量。坯体含有一定的气孔率可保证釉料能粘在坯体上，且施釉后坯体内外成分均匀。

5.4.4.2　影响干坯强度和气孔率的因素

(1) 原料的组成和矿物组成　原料的可塑性提高，干燥后坯体强度提高，如表 5.6 所示。坯料的颗粒形状和堆积方式决定干坯强度与气孔率。如高岭土，边-面堆积，气孔率高，渗透性好；伊利石，面-面堆积，气孔率低，渗透性差，坯体致密，抗开裂性能好。

表 5.6　一些黏土的矿物组成与干燥特性的关系

编号	黏土名称	高岭石/%	云母类矿物/%	石英/%	副矿物/%	初始含水率/%	临界含水率/%	线收缩率/%	气孔率/%	干燥强度/MPa	平均气孔半径/nm
1	球土	66.8	14.7	14.6	3.9	33.0	18.06	10.12	42.5	4.5	5.1×10^3
2	耐火黏土 A	58.3	13.3	25.2	3.2	22.3	10.9	4.9	29.8	2.8	2.5×10^2
3	耐火黏土 B	54.3	10.7	25.0	10.1	20.6	10.1	5.6	28.0	3.1	2.4×10^2
4	耐火黏土 C	46.3	14.0	28.9	10.8	19.6	10.4	2.76	24.0	2.4	1.7×10^2
5	黏土 A	56.0	4.1	25.8	14.1	19.3	10.6	2.5	35.0	4.5	3.4×10^3
6	黏土 B	21.3	32.5	17.0	29.2	30.9	12.2	11.26	16.8	11.8	1.8×10^2
7	黏土 C	25.0	26.9	20.7	27.4	34.0	16.2	8.9	18.0	8.2	3.8×10^2
8	黏土 D	25.3	34.5	17.1	23.1	30.7	14.1	8.6	13.8	9.5	1.8×10^2
9	黏土 E	21.8	36.1	18.0	24.1	30.1	10.0	10.6	14.0	10.7	1.8×10^2

(2) 坯料细度　坯体的细度提高，晶片越薄，干燥后坯体的强度越高，如表 5.7 所示。

表 5.7 黏土颗粒大小对干燥性能的影响

颗粒平均直径/μm	100g 颗粒的表面积/cm^2	干燥收缩/%	干后强度/MPa
8.50	13×10^4	0.0	0.46
2.20	392×10^4	0.0	1.40
1.10	744×10^4	0.6	4.70
0.55	1750×10^4	7.8	6.40
0.45	2710×10^4	10.0	13.00
0.28	3880×10^4	23.0	29.00
0.14	7100×10^4	39.5	45.80

(3) 吸附阳离子的种类和数量 阳离子的吸附能力 $Na^+>Ca^{2+}>Ba^{2+}>H^+>Al^{3+}$，坯体气孔率越高，吸附离子数量越多，干燥后坯体的强度越高，如表 5.8 所示。

表 5.8 高岭土中所含阳离子对干后强度的影响

阳离子种类	干燥收缩率		干燥后固体物含量/%(体积)	干后强度/MPa	干燥条件
	长度/%	直径/%			
Na^+	4.4	10.2	61.4	4.4	
K^+	5.8	7.6	57.8	2.2	试样是用压条机压出的小棒，在 40℃干燥到恒重，然后进行测定
Ca^{2+}	6.2	6.2	58.8	1.9	
Mg^{2+}	6.2	6.2	58.3	1.6	
Ba^{2+}	5.9	7.6	57.2	1.0	
La^{3+}	6.6	7.4	54.7	0.8	

(4) 干燥温度 干燥介质温度提高，含水率下降，干燥后坯料强度提高（如图 5.17）。

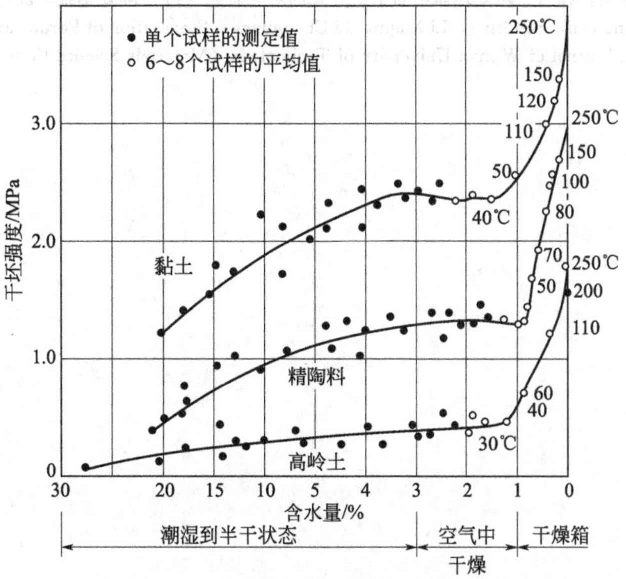

图 5.17 干坯强度与干燥温度的关系

(5) 生坯最终含水率 生坯的最终含水率以满足后续工序操作要求为准。生坯的最终含水率高，坯体强度低，达不到要求的釉层厚度；生坯的最终含水率低，坯体强度高，但坯体从环境中吸湿，浪费能量且干燥效果差。

5.4.5　坯体缺陷的解决措施

结合上述干燥缺陷产生的原因，为避免坯体缺陷的产生，应采取以下的措施。

首先，坯料配方设计合理，粒度级配良好，物料混合均匀，保证坯体水分分布均匀一致，同时器型设计要合理，避免厚薄相差过大。

其次，坯体成型时应严格按操作规程进行，防止微细裂纹和层裂的产生。

再次，严格控制干燥过程，使外扩散与内扩散趋向平衡；为防止边缘部位干燥过快，可在边缘部位作隔湿处理，即涂上油脂类物质，以降低边缘部位的干燥速率，减少干燥应力；并加强干燥制度和干燥质量的监测，并根据不同的产品，制定合理的干燥制度。

习题与思考题

1. 坯体中有哪些水分，各有什么性质？
2. 简述坯体的干燥过程，并结合干燥曲线说明干燥过程的各个阶段坯体发生了哪些变化？
3. 试分析干燥过程与后续工序之间的关系。
4. 简述干燥制度的确定原则。
5. 简述坯体干燥过程的缺陷及其影响因素。

参考文献

[1] 刘维良．先进陶瓷工艺学［M］．武汉：武汉理工大学出版社，2004.
[2] 张懋，范柳萍等译著．工业化干燥原理与设备［M］．北京：中国轻工业出版社，2006.
[3] 张锐．无机复合材料［M］．北京：化学工业出版社，2005.
[4] 段江波，马建国．浅析陶瓷高湿坯体的干燥机理及模式［J］．佛山陶瓷，2011，21（9）：18.
[5] 孙玉虎，赵永周．烧结类墙体材料坯体干燥裂纹分析与处理方法［J］．新型墙材，2011，5：40.
[6] 伍贤益，逆流隧道窑内燃砖坯干燥工艺与操作方法［J］．砖瓦世界，2012，7：20.
[7] 朱庆霞，梁华银，邵川，程思．陶瓷坯体不同干燥方式的对比研究［J］．陶瓷学报，2012，33（1）：95.
[8] FAN Bingbing，Zhang Rui，Sun Bing，Li Xuqin，Li Chunguang，Preparation of Porous Mullite Composite by Microwave Sintering［J］．Journal of Wuhan University of Technology（Materials Science Edition）2012，27（06）：1125.

第 6 章　陶瓷材料的烧结

6.1　概述

烧结（sintering）是一种利用热能使粉末坯体致密化的技术。其具体的定义是指多孔状陶瓷坯体在高温条件下，粉体颗粒表面积减小、孔隙率降低、力学性能提高的致密化过程。

坯体在烧结过程中要发生一系列的物理化学变化，如膨胀、收缩、气体的产生、液相的出现、旧晶相的消失、新晶相的形成等。在不同的温度、气氛条件下，所发生变化的内容与程度也不相同，从而形成不同的矿物组成和显微结构，决定了陶瓷制品不同的质量和性能。坯体表面的釉层在烧结过程中也发生各种物理化学变化，最终形成玻璃态物质，从而具有各种物理化学性能和装饰效果。

烧结过程一般是在工业窑炉中进行，根据烧结样品的组成和性能的不同，制定相应的烧结制度，包括温度制度、压力制度和气氛制度。近年来，随着对先进陶瓷材料不断开发和应用，一些新的烧结工艺被应用到了制备先进陶瓷及其复合材料上，如热压烧结（hot-pressing sintering，简写 HP），热等静压烧结（high temperature isostatic pressing，简写 HIP），放电等离子体烧结（spark plasma sintering，简写 SPS），微波烧结（microwave sintering，简写 MS），自蔓延烧结（self-propagation high-temperature synthesis，简写 SHS），反应烧结（reaction-bonded sintering）等，以上先进陶瓷烧结的工艺过程和原理各有区别，对烧结样品的性能影响也不一样，在实际生产中，需要结合产品性能要求和经济效益选择合适的烧结工艺。

影响烧成的因素很多，在烧成过程中如果控制不当，不但浪费燃料，而且将直接影响产品质量，甚至造成大批废品，带来不应有的损失。因此，只有掌握了坯体在高温烧成过程中的变化规律，正确地选择和设计窑炉，科学地制定和执行烧成制度，严格地执行装烧操作规程，才能提高产品质量，降低燃料消耗，获得良好的经济效益。

烧结的发展历史比较久远，从公元前烧结陶土到现如今广泛应用于陶瓷及硬质合金材料的制备等领域。几乎所有陶瓷材料的制备都经历烧结工艺，因此，熟悉烧结工艺过程，了解烧结的各种影响因素，分析烧结机理对于制备高性能的陶瓷材料非常必要。

本章主要讨论烧结的基本机理、烧结制度的制定原则、烧结设备及附件以及一些新型烧结工艺的过程和原理分析。

6.2　烧结参数及其对烧结性影响

6.2.1　烧结类型

通常，烧结过程可以分为固相烧结（solid state sintering）和液相烧结（liquid phase sintering）两种类型。在烧结温度下，粉末坯体在固态情况下达到致密化烧结过程称为固相烧结；同样，粉末坯体在烧结过程中有液相存在的烧结过程称为液相烧结。其烧结过程示意相图如图 6.1 所示。

在烧结温度 T_1，由组分 A 和 B 按 X_1 配比组成的粉末坯体发生固相烧结，然而在烧结温度 T_3，上述配方的粉末坯体则发生液相烧结。除此之外，还有其他类型的烧结过程，如过渡液相烧结（transient liquid phase sintering）和黏滞态烧结（viscous flow sintering）。烧结坯体中的液相含量比较高的烧结过程称为黏滞态烧结。固态晶粒在黏滞液相流动的带动下，完成致密化过程，在此过程中，固态晶粒形状并不发生改变。过渡液相烧结混合了固相烧结和液相烧结过程。在烧结的初始阶段有液相形成，随着烧结致密化过程的进行，液相又消失。如图 6.1 中所示的 X_1 组成的物相在共晶温度与固相线之间的温度区间内的 T_2 温度下发生的烧结为过渡液相烧结。因为烧结的温度高于共晶温度，在烧结过程中，A 与 B 粉体间发生反应，从而形成液相，然而，烧结温度下的平衡相组成为固相，因此，在烧结完后，烧结过程中形成的液相消失了。

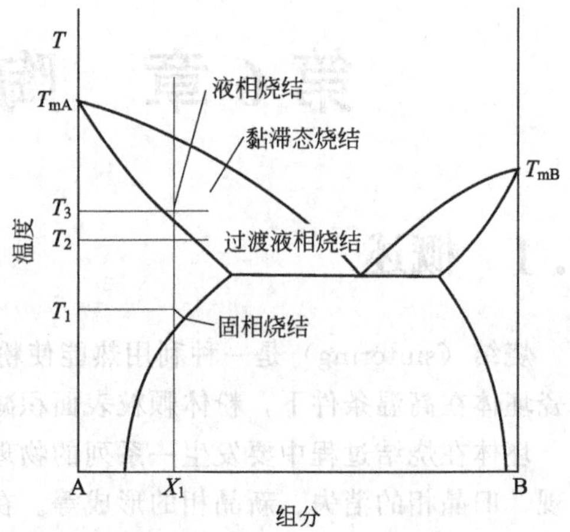

图 6.1　烧结过程示意相图

总之，相比较而言，液相烧结比固相烧结更容易控制样品的显微结构，而且烧结成本也较低，但是，液相烧结会降低样品的诸如力学性能等重要性能。相对来说，一些主要利用晶界性能的产品，例如 ZnO 变阻器和 $SrTiO_3$ 边界层电容器等，比较适合利用液相烧结。图 6.2 是典型的两种分别利用固相烧结和液相烧结制备出的样品的显微结构。从图中可以看出：两种烧结工艺制备的样品都已基本实现了致密化，从结构上看已经到了气孔独立分布的结果，即达到烧结的最终阶段。

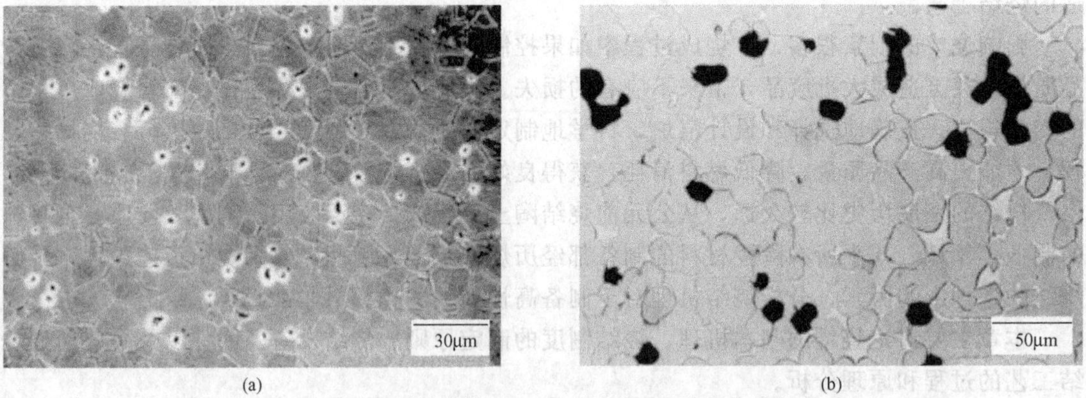

图 6.2　(a) 固相烧结（Al_2O_3）和 (b) 液相烧结样品

[98W-1Ni-1F$_2$（%，质量）] 的显微结构

6.2.2　烧结驱动力

烧结的驱动力（driving force）就是总界面能的减少。粉末坯体的总界面能（interface energy）表示为 γA，其中 γ 为界面能；A 为总的比表面积（specific surface area）。那么总界面能的减少为：

$$\Delta(\gamma A)=\Delta\gamma A+\gamma\Delta A \tag{6.1}$$

其中，界面能的变化（$\Delta\gamma$）是因为样品的致密化，比表面积的变化是由于晶粒的长大。对于固相烧结，$\Delta\gamma$ 主要是固/固界面取代固/气界面。其界面能的变化过程示意图如图 6.3 所示，在烧结过程中，由致密化过程和晶粒长大共同作用，使得总界面能降低，样品最终达到烧结。

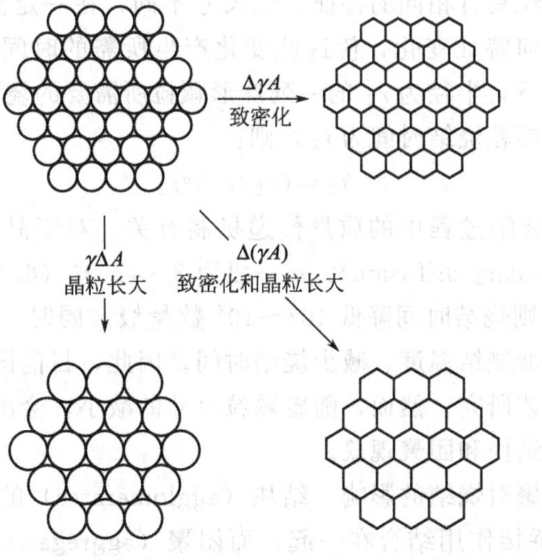

图 6.3　在烧结驱动力的作用下烧结过程中的基本现象

一般来讲，烧结样品的原始粉体粒度分布在 0.1～100μm；其总表面能为 500～0.5J/mol。而一般粉体氧化后得表面能变化基本上在 300～1500kJ/mol 范围。因此这样的粉体的总表面能本身就比较小，如果要利用本身数值就不大的总表面能的减小来完成烧结的话，控制烧结工艺参数就显得非常必要。

6.2.3　烧结参数

表 6.1　主要烧结参数

材料参数	粉体：形貌，粒度，粒度分布，团聚，混合均匀性等
	化学特性：化学组分，纯度，非化学计量性，绝对均匀性等
工艺参数	烧结温度，烧结时间，压力，气氛，升、降温速率，保温时间等

决定样品烧结性的主要参数有两大体系：材料参数和工艺参数，具体如表 6.1 所示。与材料有关的参数有粉体本身的化学组成、粉体粒度、粉体形状、粉体的粒度分布、粉体团聚的程度等。上述参数对于粉体的致密化和晶粒长大等过程影响比较大。除此之外，如果烧结坯体中包含两种以上的粉体，影响其烧结性能的首要因素是粉体的混合均匀性。提高混合均匀性不但靠机械混合，一些化学混合方法对于提高粉体的混合均匀性也非常有帮助，例如溶胶-凝胶法和共沉淀法。烧结的其他参数基本上都是热力学参数，例如烧结温度、保温时间、烧结气氛、压力、升温和降温速率。通常研究材料的烧结性大多集中在研究烧结温度和保温时间对于烧结样品性能的影响。事实上，在实际的烧结过程中，烧结气氛和烧结压力对于烧结样品的性能影响更加复杂和重要。

6.2.4　烧结参数对于烧结样品性能的影响

6.2.4.1　材料参数对烧结的影响

烧结粉体的特征，如颗粒尺寸、尺寸分布、颗粒形状、颗粒团聚体以及团聚程度都严重影响着致密化过程以及烧结制品的显微结构。理想的颗粒品质是：尺寸小、无团聚、等轴颗粒形状、尺寸分布范围小、纯度高。

(1) 颗粒尺寸对烧结的影响　原始粉料中的颗粒尺寸越小，致密化速率越快。这种观点可以根据有关的分形理论（scaling law）来解释。该分形理论指出，对于由固相颗粒组成的两相或多相系统中，颗粒具有相同的特征，但尺寸不同，在一定温度下进行的烧结过程中，这些颗粒具有相似的几何特征变化，使这些变化产生所需的时间可以通过简单的定律来判断。比如，在一定温度下，半径为 r_1 的一列球形颗粒所需要的烧结时间为 t_1，半径为 r_2 的另一列排列相同的球形颗粒烧结时间为 t_2，则：

$$t_2=(r_2/r_1)^n t_1 \tag{6.2}$$

式中，n 的大小与烧结过程中的质量传递机制有关。对于晶格扩散（lattice diffusion）和晶界扩散（grain-boundary diffusion），n 一般为 3～4。式（6.2）显示，如果颗粒尺寸从 1 μm 减小到 0.01μm，则烧结时间降低 10^6～10^8 数量级。同时，小的颗粒尺寸可以使烧结体的密度提高，同时降低烧结温度、减少烧结时间。因此，目前国内外都正极力探索纳米粉体及纳米材料的合成工艺研究。然而，随着颗粒尺寸的减小，会出现一些新的问题，影响粉体的烧结，如小颗粒的结块和团聚现象。

(2) 粉体结块和团聚对烧结的影响　结块（agglomerates）的概念是指一小部分的颗粒通过表面力和/或固体桥接作用结合在一起；而团聚（aggregates）描述的是颗粒经过牢固结合和/或严重反应形成的粗大颗粒。结块和团聚形成的粗大颗粒都是通过表面力结合。单位重量的表面力与颗粒尺寸成反比。因此，对于亚微尺寸（submicron）以下的粉体颗粒，结块和团聚问题非常严重。金属粉体的颗粒尺寸通常大于 10μm；而粉末冶金中，为了提高耐热金属的机械强度，所采用的粉体如 W 和 WC 等粉体的颗粒尺寸很小，为 0.5～1μm。而陶瓷粉体很容易获得亚微尺寸的粉体。因此，与结块和团聚相关的不利影响在陶瓷粉体烧结过程中更严重。团聚和结块之间的间隙大于组成颗粒之间的间隙，大的间隙显然需要更长的烧结时间。另外，各团聚体或结块颗粒内部的致密化将导致收缩，从而使相互之间的间隙进一步加大。

粉体在制备和加工过程中的几个阶段可以形成结块和团聚。颗粒在液体和固体介质中所受的吸引力和排斥力如图 6.4 所示。

在混合和球磨过程中，颗粒一般分散在一种液体介质内，布朗运动（brownian motion）导致固相颗粒之间的反复碰撞，如果颗粒之间存在一个净吸引力，则相互之间结合在一起，形成结块。在液体介质中，形成结块的吸引力主要是范德华（van der waals）力。范德华力起源于一对孤立分子间的相互作用，这种力自身的作用距离很短，即其大小与两个相互作用分子之间的距离 r 成指数关系，为 r^{-7}。颗粒之间的宏观相互作用是各个颗粒内部组成分子成对相互作用的累计总和。这种由微观成对作用力总和引起的颗粒之间（interparticles）的作用力是一种长程力（long range），与颗粒之间的距离 r 的指数关系为 r^{-3}。

范德华吸引力通常与其他的排斥力平衡作用。一种主要的排斥力是由于与颗粒表面有关的双电层重叠（overlapping）。氧化物表面存在着离子化区域（ionizing sites），通过酸解离（acid dissociation）释放出 H^+ 或碱解离（basic dissociation）释放出 OH^-，产生表面净电荷（net surface charge），在氧化物表面与原氧化物表面的液体介质之间引起势能差（potential difference），该势能差称为 ζ 电位（zeta potential）。为了维持电中性，颗粒表面的电荷使临近液体介质中产生一个扩散电荷层（diffuse-charge layer）。当两个同样的颗粒相互靠近

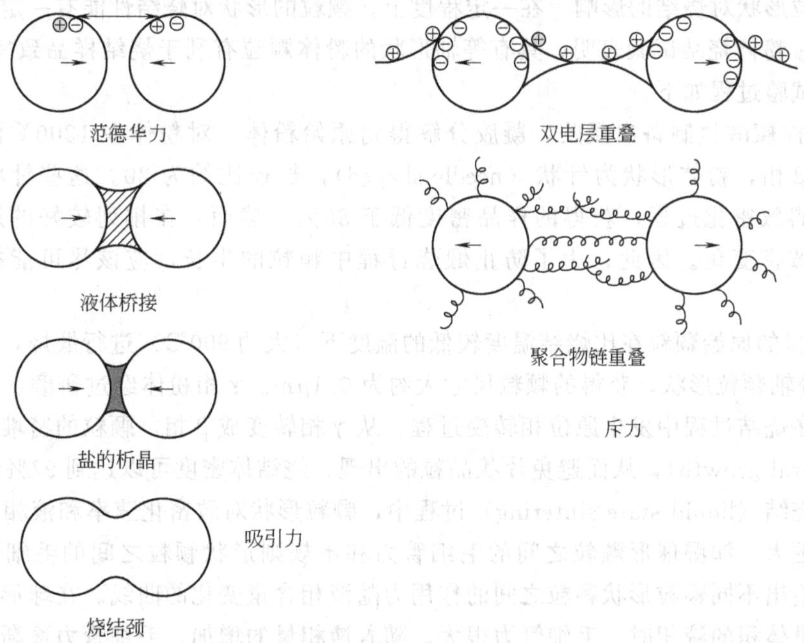

图 6.4 细小颗粒在液体和固体介质中承受吸引力和排斥力形成结块和团聚体示意

时，颗粒周围的扩散电荷层相互重叠，由于两个颗粒的扩散电荷层所带的电荷种类一样，因此，其相互重叠将产生一个静电排斥力（electrostatic repulsive force）。颗粒的表面离子化状况取决于氧化物的特征以及与之处于平衡状态下的水溶液的 pH 值大小。研究发现，许多氧化物粉体在水溶液中的分散性能和分散程度受水溶液的 pH 值控制。另外，溶解在水溶液的电解质会导致粉体分散的絮凝（flocculation）。随着电解质中形成扩散层的离子价态的提高，作为絮凝剂的电解质的絮凝作用提高。因此，无机材料粉体或没有反应的前驱体盐在水溶液中的部分溶解会引起絮凝。

通常选用聚合物溶液来稳定胶体分散。在一种有机分散剂起作用之前，有机物链必须首先吸附到颗粒表面。当这些被有机物包裹的颗粒相互靠近时，吸附聚合物的相互重叠将产生排斥能。排斥能的产生主要是因为聚合物与溶剂混合引起的自由能增加，同时，由于吸附的聚合物分子失去了结构自由度（configurational freedom），也会引起排斥能的增加。

在干燥过程中，残余水分在颗粒颈部之间产生液体桥接（liquid bridge），液体桥接内的毛细压强在两个颗粒之间产生吸引力，这种由桥接引起的吸引力大小与范德华力大小相当，对于直径为 0.1μm 的颗粒，相互之间的吸引力大小大致为 $10^{-8}\sim10^{-7}$N。

干燥过程中，盐的析晶可以产生固相桥接现象（solid bridge）。通过盐桥接结合的结块粉体的结合强度取决于桥的强度以及固相颗粒与结晶盐的结合强度。粉体浆料中盐溶液的浓度决定着“盐桥”（salt bridges）的平均颈部尺寸大小。因此，在干燥过程中，通过漂洗（清洗）（rinsing）或化学处理使盐沉淀，可以消除盐桥现象，防止颗粒的结块团聚。

煅烧过程中形成的固相桥接主要是由于固相颗粒之间的部分烧结或颈部生长。如果在颗粒制备过程中已经形成了松散的结块体，煅烧过程的热处理将使这些结块体转变成更加坚硬的团聚体。由于烧结颈部的尺寸随着煅烧温度的升高而增大，团聚体的结合强度随着温度的升高而提高。通常通过球磨，利用机械能来破坏这些团聚体。

(3) 颗粒形状对烧结的影响　在一定程度上，颗粒的形状对烧结性能有一定的影响，例如对 β-Al_2O_3 粉体烧结试验表明，具有等轴形状的粉体颗粒有利于烧结样品致密度的提高。具体的对比试验过程如下。

① 通过柠檬酸盐制备出凝胶，凝胶分解得到原始粉体。对粉体在 1200℃温度下进行煅烧，形成 β 相，粉体形状为针状（needle-shaped），长径比约为 20。这些针状颗粒的排列取向性阻碍致密化过程，获得的样品密度低于 85%。然而，在排列较好的局部区域观察到较好的致密变化。因此，为了防止煅烧过程中颗粒的生长，应该尽可能提高颗粒的长径比。

② 将获得的原始颗粒在比烧结温度较低的温度下（大约 900℃）进行煅烧，粉体呈现为 γ 相，具有等轴颗粒形状，获得的颗粒尺寸大约为 0.1μm。γ 相粉体经过研磨、离心分级和压制成型，在烧结过程中发生原位相转变过程，从 γ 相转变成 β 相，颗粒的密堆排列阻碍横向生长（lateral growth），从而避免片状晶粒的出现，烧结体密度可以达到 97%以上。

在液相烧结（liquid-state sintering）过程中，颗粒形状对致密化速率和液相的体积分数产生的影响更大。润湿球形颗粒之间的毛细管力和不规则形状颗粒之间的毛细管力存在差异。图 6.5 给出不同颗粒形状颗粒之间的作用力随液相含量变化的曲线。在球形颗粒的接触区域引入少量体积的液相时，毛细管力很大。随着液相量的增加，毛细管力逐渐降低。对于不规则形状的颗粒，接触一般是点接触，毛细管力随着液相体积的增加从 0 迅速增加。金属粉末由于趋向于形成各向同性表面能，因此一般都是球形颗粒。因此，在湿润的金属颗粒之间，在液相含量较低的情况下，存在很大的毛细管力。而陶瓷粉体的表面能是各向异性，颗粒形状多呈一定的棱角。因此，只有在大量液相存在的情况下，才能使这些具有一定棱角形状的陶瓷粉体之间形成较高的结合强度。这就是为什么在实际过程中，对金属粉体进行液相烧结时，颗粒间的液相量较少（小于 1%），而在陶瓷粉体的液相烧结时需要加入大量的液相（高达 30%）。

此外，对于有棱角的颗粒，颗粒之间的作用力存在扭矩和剪切分量。这些作用力有利于颗粒进行重排，在烧结的起始阶段具有很重要的作用。

(4) 颗粒尺寸分布对烧结的影响　颗粒尺寸分布对最终烧结样品密度的影响可以通过分析有关的动力学过程来研究，即分析由不同尺寸分布的坯体内部，在烧结过程中"拉出气孔"(pore drag) 和晶粒生长驱动力之间力的平衡作用。烧结样品中的晶粒尺寸分布状况类似于起始颗粒尺寸分布。研究表明，较小的颗粒尺寸分布范围是获取高烧结密度的必要条件。通过研究烧结过程中气孔与晶界分离情况发现，为了防止气孔分离，只需施加很小的分离拉力（solute drag force）。在均匀晶粒分布的显微结构中，掺杂浓度必须达到最小值，只有这样，其内部产生的气孔分离拉力最小，与非均匀晶粒尺寸分布显微结构相比，该分离拉力要小 14 倍。如果拉力小于所需的最小值，烧结样品达到一定的临界密度（critical density）时便产生气孔分离现象（pore separation）。对于较小晶粒尺寸分布的烧结样品，临界密度为 99.3%；而对于非均匀晶粒尺寸分布的样品，临界密度只有 90.6%。

液相烧结过程中影响显微结构变化的主要参数包括：几何因素（geometric factors）、动力学因素和热力学因素等。其中，固相颗粒在液相中的布朗运动产生大量的颗粒-颗粒接触（particle-particle contacts）。如果这些颗粒接触伴随着颗粒粘接（particle adherence），这些颗粒可以通过液相中的溶剂扩散（solute diffusion），熔融变成一个颗粒。如果颗粒合并（coalescence）时间过短，大大小于碰撞接触时间，则形成孤立的显微结构。反之，则形成

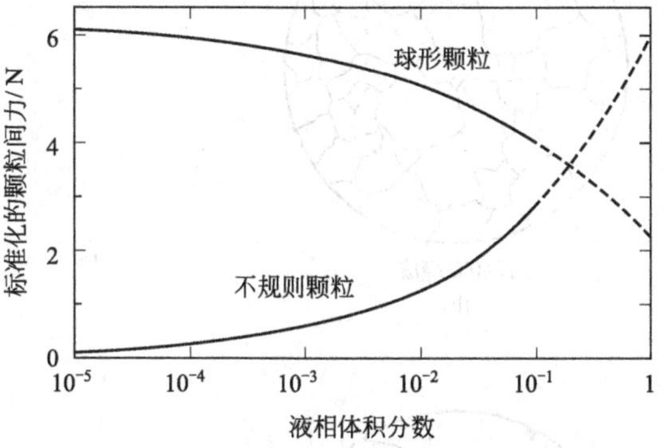

图 6.5　颗粒形状和液相体积含量对颗粒之间作用力的影响

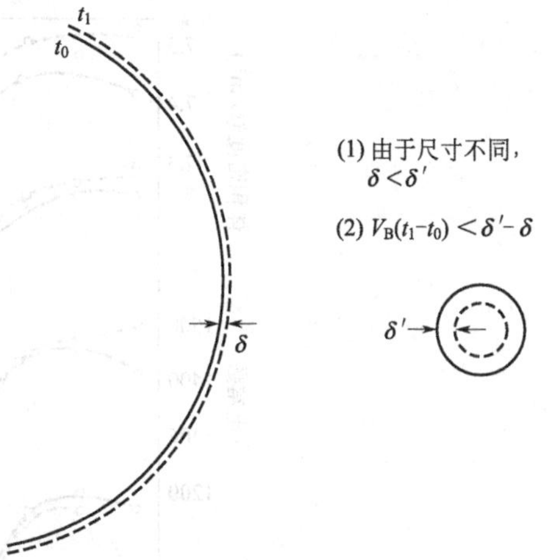

图 6.6　Ostwald 熟化过程示意

颗粒的骨架排列结构。颗粒尺寸分布对最终显微结构产生显著影响。当两个大小不同的颗粒相互之间的距离很小时，大的颗粒生长，而同时小的颗粒消失。由于总的体积保持固定，因此，较大颗粒尺寸增长的速率小于较小颗粒收缩的速率，如图 6.6，即 $\delta'>\delta$。因此，两个颗粒之间的距离增大，而两个颗粒中心位置保持不变。如果这种距离增加的速度大于因布朗运动使颗粒间距缩小的速率，则出现 Ostwald“熟化”过程（ostwald ripening process），这种熟化过程阻碍了颗粒之间相互接触，最终结果是：如果具有较高熔点的固相颗粒尺寸分布范围较大，则在较低熔点的基体内形成孤立的颗粒，况且很少出现颗粒-颗粒接触现象。

6.2.4.2　影响陶瓷材料烧结的工艺参数

（1）烧成温度对产品性能的影响　烧成温度是指陶瓷坯体烧成时获得最优性质时的相应温度，即操作时的止火温度。实际操作时，要使全窑稳定在某一温度上是困难的，所以止火温度实际是指一个允许的波动范围，习惯上称为烧成范围。坯体技术性能开始达到要求指标时的对应温度为下限温度，坯体开始重新膨胀的温度为上限温度。

固相烧结以坯料的表面能和晶粒间的界面作为推动力，因而烧成温度的高低除与坯料种类有关外，还与坯料的粒度密切相关。颗粒细、比表面积大、能量高，烧结活性大，易于烧结，烧成温度可降低。但细颗粒的堆积密度小，颗粒间的接触界面少，从而又不利于烧结。因此，对于同一种坯料，由于粒度不同而有一个对应于最高烧结程度的焙烧温度，此温度即为一般烧结瓷坯的烧成温度或它的烧结温度。多孔坯体只有烧成温度而无烧结温度。

烧成温度的高低直接影响晶粒尺寸和数量。对固相扩散或液相重结晶来说，提高烧成温度是有益的。然而过高的烧成温度对陶瓷来说，会因总体晶粒过大或少数晶粒猛增，破坏组织结构的均匀性，因而产品的机电性能变差。例如图 6.7 即为压电陶瓷各项性能和显微结构受烧成温度影响的情况。图中实线和虚线表示同一组成的两批材料的试验结果。

传统配方陶瓷的机电等性能也随烧成温度的提高而发生变化。若生烧坯密度低，莫来石数量少，则机电等性能都差，温度升高会使莫来石增多，形成互相交织的网状结构，性能提高。但一旦过烧，反因晶相量减少和粒径变大以及玻璃相增多而降低性能，而且高温下坯体还易变形或形成大气泡，从而促使生成粗大莫来石，导致性能恶化。图 6.8 为过烧瓷坯中的一个大气泡和它周围形成的粗大莫来石。然而适当提高烧成温度（在烧成范围内），有时却

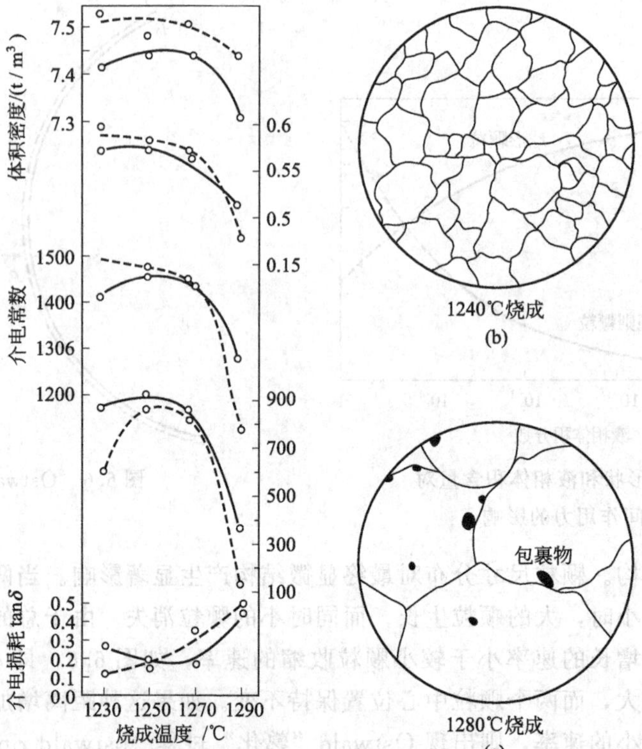

(a) 压电陶瓷各项性能和显微结构受烧成温度影响的

图 6.7　组成为 $Pb_{0.95}Sr_{0.05}$（$Zr_{0.58}Ti_{0.47}$）＋CeO20.5％

会有利于电瓷的电性能（图 6.9）和细瓷的透明度。所以烧成温度的确定主要应取决于配方组成、坯料细度和对产品的性能要求。

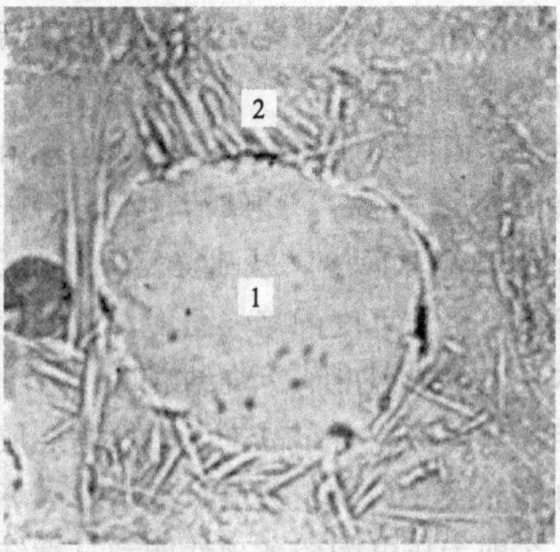

图 6.8　过烧瓷坯的结构

1—气泡；2—莫来石

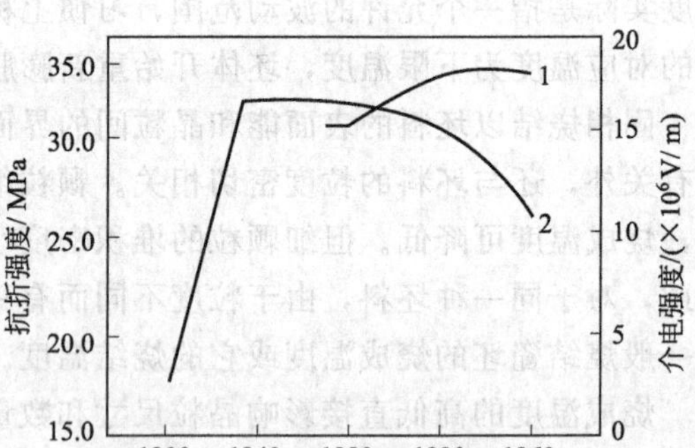

图 6.9　烧成温度对压电陶瓷机电性能的影响曲线

1—介电强度；2—抗折强度

（2）保温时间对产品性能的影响　由粉状高岭土、长石和石英所组成的坯体是不均匀多相系统，因此烧成过程中各区域所进行的反应类型和速率都不相同，瓷坯的组织由许多不同类型的晶相和玻璃相，以不同配比组合而成的各个微观区域所构成，因而必须在烧成的最高温度保持一定的时间，一方面使物理化学变化更趋完全，使坯体具有足够液相量和适当的晶粒尺寸；另一方面组织结构亦趋均一。但保温时间过长，则晶粒溶解，不利于在坯中形成坚强骨架，而降低力学性能。精陶坯中由于方石英晶相的减少还会引起釉裂，图 6.10 为保温时间对电瓷机电性能的影响。

对特种陶瓷来说，保温虽能促进扩散和重结晶，但过长的保温却使晶粒过分长大或发生二次重结晶，反而起有害作用，故保温时间也要求适中。

(3) 烧成气氛对产品性能的影响　气氛对产品的烧成和性能都很重要。如图 6.11 所示的 Al_2O_3 瓷，在氢气中烧成时不仅烧成温度可降低 300℃，而且瓷坯致密度也有提高。对含挥发组分的压电陶瓷等坯料，气氛对烧结的影响尤其重要，烧成时须用保护气氛来防止坯料组分的变动，避免成为多孔坯体。但保护气氛的浓度也会直接影响坯体的配方组成，选择不当反会劣化产品性能。

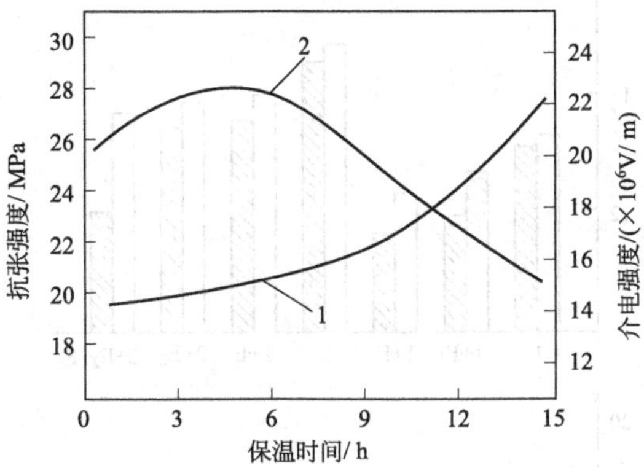

图 6.10　电瓷机电强度与保温时间的关系曲线

1—介电强度；2—抗折强度

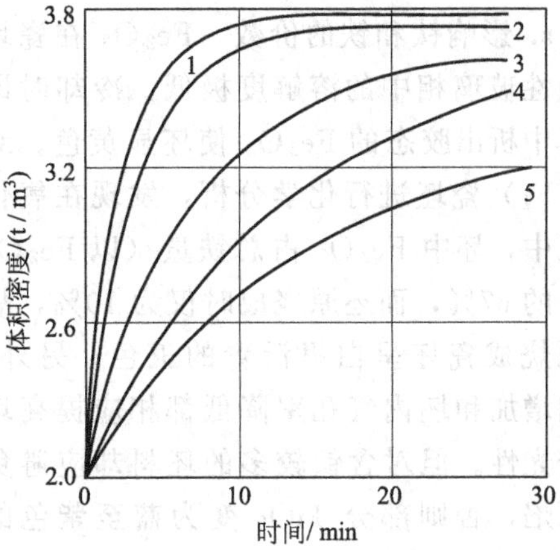

图 6.11　气氛对 Al_2O_3 烧结的影响（1650℃）曲线

1—C+H_2；2—H_2；3—Ar；4—空气；5—水蒸气

含铁量多、吸附性差的传统配方坯体应在高温阶段采用还原焰烧成，含少量铁和较多钛及碳，且吸附性又较强的坯体宜采用氧化烧成，烧成气氛对这类瓷坯发生如下一些影响。

① 气氛对陶瓷坯体过烧膨胀的影响　瓷石-高岭土瓷坯在还原焰中过烧 40℃，产生的膨胀比在氧化焰中要小得多，而过烧程度随坯中含铁量增加而变大。由高岭土-长石-石英-膨润土配制的瓷坯，在还原气氛下的过烧却比氧化气氛要大，尤其膨润土含量多时，差别更明显，如图 6.12 所示。

硫酸盐、Fe_2O_3、磁铁矿和云母中所含的铁质，在氧化气氛中它们都在接近于坯体烧结、釉层熔化的高温下才能分解。此时气孔封闭，气体不能排出，引起膨胀起泡。在还原气氛中，这些物质的分解可提前到坯、釉尚属多孔状态下完成。这时气体能自由逸出，过烧膨胀大为减轻。瓷石坯料铁量较高，但低温煅烧坯的吸附性并不强，因此它的过烧膨胀主要由高价铁和硫酸盐的分解造成，所以还原焰中过烧膨胀值较低。由长石和膨润土配制的坯料，铁含量并不高，但有机物含量较多，并具有较强的吸附性，采取还原烧成时，一方面坯体易吸碳，另一方面碳素氧化温度提高，因而还原焰中的过烧膨胀量较氧化焰中大。

② 气氛对坯体的收缩和烧结的影响　两种坯体在还原气氛中的烧结温度均比在氧化气氛中低，并随着含铁量的减少而减小。但两者的最大收缩却不相同，瓷石质坯在还原气氛中的收缩较在氧化气氛中的大，而长石与膨润土配制的坯体在氧化气氛中的收缩却较大。

气氛对产品烧成产生的这些影响主要是坯中 Fe_2O_3 被还原为 FeO 所致。因为 FeO 易与 SiO_2 形成低熔点硅酸盐并降低玻璃相的黏度、增大它的表面张力，从而促使坯体能在较低温度下烧结并产生较大收缩。长石与膨润土配制的坯体由于在还原气氛中碳的分解移向高温，故烧结收缩减小。

③ 气氛对坯釉的颜色和透光度以及釉层质量的影响　气氛对坯釉这类性能的影响可以从下面几方面考虑。

a. 影响钛和铁的价数　Fe_2O_3 在瓷坯低碱性玻璃相中的溶解度极低，冷却时即由其中析出胶态的 Fe_2O_3 使坯显黄色。对（$1+F_1$）瓷坯进行化学分析，发现在氧化气氛中，坯中 Fe_2O_3 占总铁量（以 Fe_2O_3 计）的67%，而还原烧成时仅为10%，故还原烧成瓷坯呈白里泛青的玉色；另外，液相增加和坯内气孔率降低都相应提高坯的透光性。但对含钛较多的坯料却应避免还原焰，否则部分 TiO_2 变为蓝至紫色的 Ti_2O_3，有时还形成黑色 $FeO \cdot Ti_2O_3$ 尖晶石和一系列铁钛混合晶体，从而加深铁的呈色。

b. 使 SiO_2 和 CO 还原　在一定温度下，还原气氛可使 SiO_2 还原成 SiO，在更低的温度下它将按 $2SiO \longrightarrow SiO_2 + Si$ 分解，因而在制品表面形成 Si 的黑斑，CO 则分解出 C，沉积坯、釉上形成黑斑。而且在有 C 和 Fe 的催化作用下，800℃以前这种分解速度就极明显，继续升温将形成釉泡、针孔。对吸附性强的坯体，尤应注意这一问题。但有资料报道，在600～900℃时采用加水汽的氧化气氛却利于坯体脱碳。

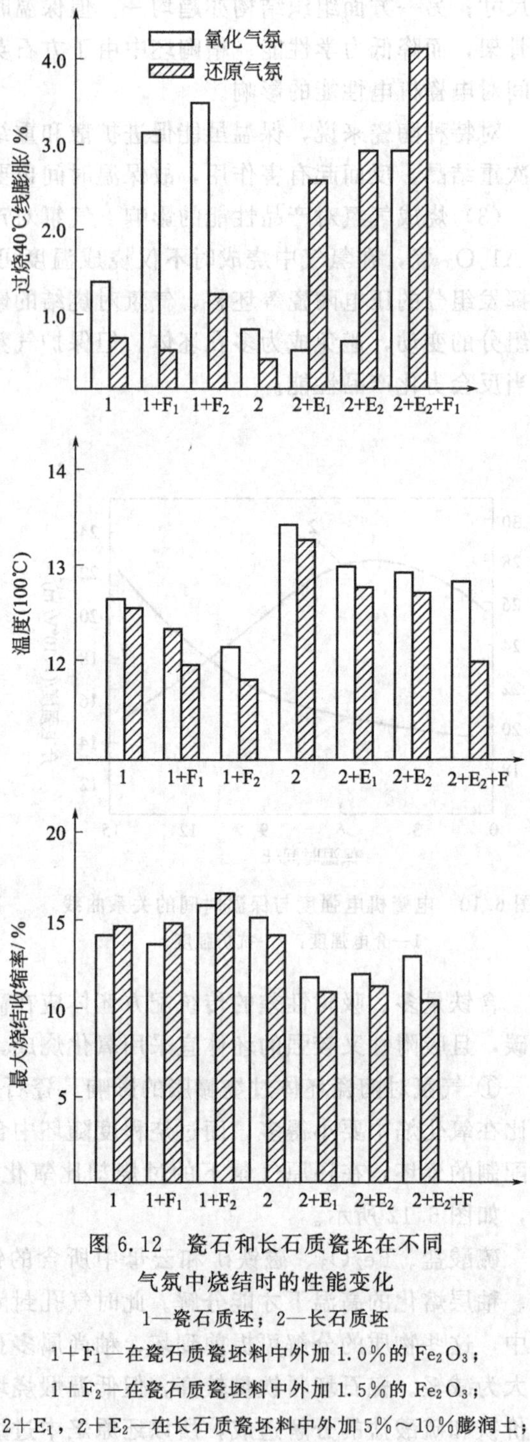

图 6.12　瓷石和长石质瓷坯在不同气氛中烧结时的性能变化

1—瓷石质坯；2—长石质坯

$1+F_1$—在瓷石质瓷坯料中外加1.0%的 Fe_2O_3；

$1+F_2$—在瓷石质瓷坯料中外加1.5%的 Fe_2O_3；

$2+E_1$，$2+E_2$—在长石质瓷坯料中外加5%～10%膨润土；

$2E_2+F$—在 $2E_2$ 瓷坯料中外加1.2%Fe_2O_3

c. 形成氮化合物　氮在高温还原气氛中可以形成化合物，溶于坯、釉熔体中，遇到氧化气氛或有 Fe_2O_3 的氧化作用时，又会重新分离，产生气泡。但在中性气氛或一直保持还原条件煅烧时就没有这种现象。

综上所述，气氛对坯釉质量的影响复杂，但总的来说，凡能降低坯体起泡的气氛都能提高釉面质量。有人认为，还原气氛能提高溶液（低铁硅酸盐）表面张力约达20%，因而提高釉层的平整性。

(4) 升温与降温速率对产品性能的影响　烧成时的升温速率对产品性能的影响也是极明显的，例如，75%Al_2O_3 瓷（图 6.13），在升温慢时，抗折强度高、损耗角正切 $\tan\delta$ 值低，因为此时液相量多而均匀，气孔率也低，过快地升温，则分解气体排除困难，有碍气孔率的进一步降低。过烧时也会引起气孔率增加、机械强度降低、损耗角变大。

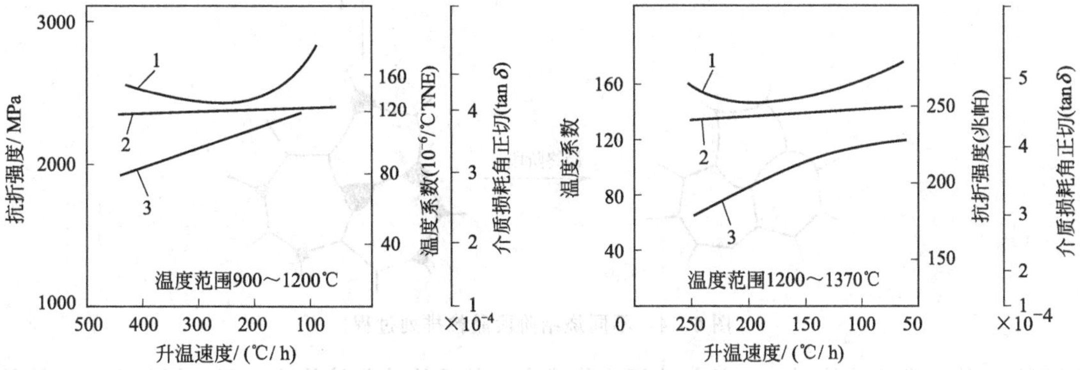

图 6.13　75%Al_2O_3 瓷的升温速率与性能的关系曲线

1—抗折强度；2—电容的温度系数 TKS；3—介质损耗角正切

对长石质坯体来说，提高升温速率对降低气孔率的作用与坯料种类及烧成温度有关。如果在烧成温度下，坯料间的反应速率很快，则快速升温将增加坯的收缩率。此时熔液形成很快，但它溶解石英较少，熔体黏度低，易渗入气孔，升温缓慢时，熔液中硅含量高，黏度大，坯体收缩反而小。如果在烧成温度下坯料反应速率慢，即传热、传质速率都很低，则煅烧时间长反而可增大收缩率。

由高温至常温的降温速率对坯体白度和性能都有影响。一般含玻璃相多的陶瓷，应采取高温快冷（数百度/分钟）和低温慢冷的制度，冷却初期温度高，因而仍有高火保温的作用，如不快冷，势必影响晶粒数量和尺寸，也易使低价铁重新氧化，制品泛黄。快冷还可避免釉面析晶、提高光泽。但当熔液转向玻璃态时，结构发生变化，温差会造成应力，再加上多晶转化的体积变化，都可能使制品变形开裂，尤其是膨胀系数较大的瓷坯或含有大量 SiO_2、ZrO_2、TiO_2 等晶体的瓷坯，由于晶形转变时伴随有较大的体积变化，因而需要慢冷。

6.3　固相烧结过程及机理

固相烧结一般可分为 3 个阶段：初始阶段，主要表现为颗粒形状改变；中间阶段，主要表现为气孔形状改变；最终阶段，主要表现为气孔尺寸减小。烧结过程中颗粒的排列过程如图 6.14 所示。在初始阶段，颗粒形状改变，相互之间形成了颈部连接，气孔由原来的柱状贯通状态逐渐过渡为连续贯通状态，其作用能够将坯体的致密度提高 1%～3%。在中间阶段，所有晶粒都与最近邻晶粒接触，因此晶粒整体的移动已停止。通过晶格或晶界扩散，把晶粒间的物质迁移至颈表面，产生样品收缩，气孔由连续通道变为孤立状态，当气孔通道变窄，无法稳定而分解为封闭气孔时，这一阶段将结束，这时，烧结样品一般可以达到 93% 左右的相对理论致密度；样品从气孔孤立到致密化完成的阶段为最终阶段。在此阶段，气孔封闭，主要处于晶粒交界处。在晶粒生长的过程中，气孔不断缩小，如果气孔中含有不溶于

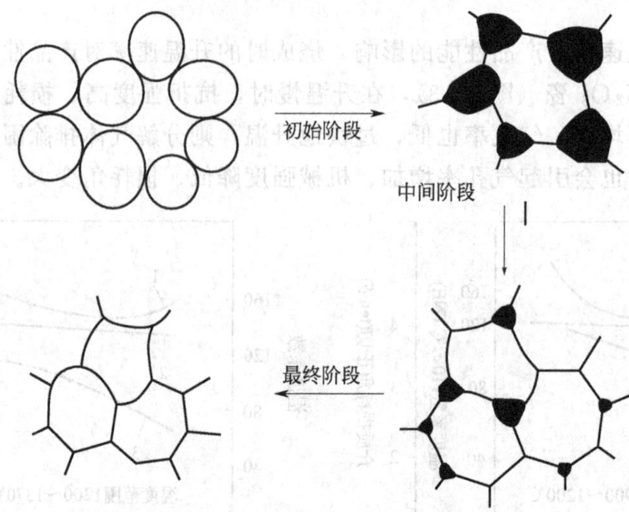

图 6.14　不同烧结阶段晶粒排列过程

固相的气体，那么收缩时，内部气体压力将升高，并最终使收缩停止，形成闭气孔。烧结的每个阶段所发生的物理化学变化过程都有所区别，一般利用简单的双球模型（two-particle model）来解释初始阶段机理，用通路气孔模型（channel pore model）来解释中间阶段机理，而最终阶段机理通常采用孤立气孔模型（isolated pore model）来分析。

6.3.1　双球模型

如果烧结粉体的形貌假设都为规则的球形的话，那么整个粉末坯体可以看作为两个颗粒之间的烧结即双球模型（two-particle model），其示意图如图 6.15 所示。图 6.15（a）为未收缩的模型，颗粒之间的距离不发生变化，但是随着烧结时间的增加，颈部尺寸会不断增加，烧结样品开始收缩，其收缩后几何模型如图 6.15（b）所示，颈部增大主要是颗粒接触间物质扩散和坯体收缩造成的。

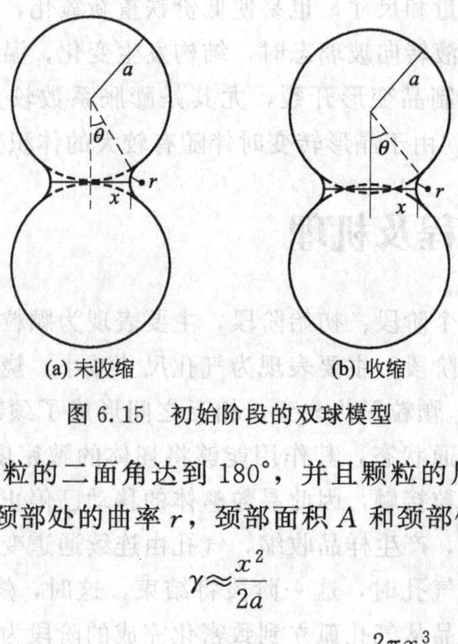

图 6.15　初始阶段的双球模型

在烧结过程中，当两颗粒的二面角达到 180°，并且颗粒的尺寸不发生变化，那么，无收缩模型［图 6.15(a)］的颈部处的曲率 r，颈部面积 A 和颈部体积 V 分别为：

$$\gamma \approx \frac{x^2}{2a} \tag{6.3}$$

$$A \approx 2\pi x \times 2r = \frac{2\pi x^3}{a} \tag{6.4}$$

$$V=\int A\mathrm{d}x=\frac{\pi x^4}{2a} \tag{6.5}$$

式中，a 为颗粒的半径；x 为颈部处半径。对于有收缩模型［图 6.15(b)］则：

$$r\approx\frac{x^2}{4a} \tag{6.6}$$

$$A\approx 2\pi x\times 2r=\frac{\pi x^3}{a} \tag{6.7}$$

$$V=\int A\mathrm{d}x=\frac{\pi x^4}{4a} \tag{6.8}$$

对比式（6-3）～式（6-5）与式（6-6）～式（6-8）可发现，样品发生收缩后的各个值是收缩前的一半。如果实际过程中的二面角小于 180°时，则颈部的曲率半径 r 比式（6-3）和式（6-6）中的大。

6.3.1.1　双球模型烧结驱动力和机理

$$r=\frac{x^2}{2a\left[1-\left(\frac{x}{a}\right)\sin\frac{\phi}{2}-\cos\frac{\phi}{2}\right]}\approx\frac{x^2}{2a\left(1-\cos\frac{\phi}{2}\right)} \tag{6.9}$$

烧结的驱动力主要来源于由于颗粒表面曲率的变化而造成的体积压力差、空位浓度差和蒸汽压差。对于图 6.15 中的模型示意，体积压力差 ΔP 为：

$$\Delta P=P_{\mathrm{a}}-P_{\mathrm{r}}=\gamma_{\mathrm{s}}\left(\frac{2}{a}+\frac{1}{r}-\frac{1}{x}\right)\approx\frac{\gamma_{\mathrm{s}}}{r} \tag{6.10}$$

空位浓度差为：

$$\Delta C_v=C_v\infty\frac{V'_{\mathrm{m}}\gamma_{\mathrm{s}}}{RTr}(a\geqslant x\geqslant r) \tag{6.11}$$

蒸汽压差为：

$$\Delta p=p\infty\frac{V_{\mathrm{m}}\gamma_{\mathrm{s}}}{RTr} \tag{6.12}$$

式中，γ_{s} 为固相的表面能；V'_{m}为空位摩尔体积；V_{m} 为固相的摩尔体积。

上述体积压力差、空位浓度差和蒸汽压差的存在促使物质扩散。表 6.2 列出了物质扩散的机理及相关参数。图 6.16 给出了表 6.2 中各种传输机理所对应的物质扩散路径。每种机理的建立依照图 6.16 中所示的颗粒的尺寸、颈部半径、烧结温度和保温时间等参数。

表 6.2　烧结中的物质传输机理

物质扩散机理		材料部位	接触部位	相关参数
晶格扩散		晶界	颈部	晶格扩散率 D_{l}
晶界扩散		晶界	颈部	晶界扩散率 D_{b}
黏性流动		整体晶粒	颈部	黏度 η
表面扩散		晶粒表面	颈部	表面扩散率 D_{s}
晶格扩散		晶粒表面	颈部	晶格扩散率 D_{l}
气相传输	蒸发-凝聚	晶粒表面	颈部	蒸汽压差 Δp
	气相扩散	晶粒表面	颈部	气相扩散率 D_{g}

颗粒间距离的缩进主要靠晶界处物质的扩散和原子运动及物质的黏性流动等作用来实现。物质从颗粒表面扩散到颈部对于颗粒间距离的减小并没有贡献，但是可以增大颈部尺

寸。所以，陶瓷坯体在致密化过程中，对致密化做主要贡献的物质扩散主要是在晶界处进行的。

6.3.1.2　双球模型晶粒生长机理

对于双球模型的烧结动力学可能因上述讨论的机理模型不同而有所区别。一般讨论烧结初始阶段的颈部长大过程，首先假设颈部尺寸要比颗粒尺寸小很多（$x/a<0.2$ 图 6.15 中），其次假设颈部中心到颈部表面间夹角 θ 远远小于 1（$\theta \ll 1$）。当物质从颗粒表面扩散到颈部时，那么在颈部附近的颗粒表面将向颗粒内部缩小，这种现象称为颗粒削平现象（under-cutting）。它的发生会降低烧结的驱动力。具体的晶粒生长过程分为以下几个过程。

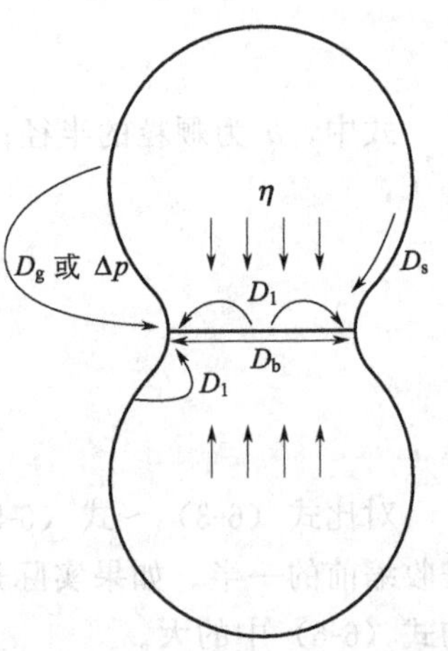

图 6.16　烧结中物质扩散路径

（1）晶界处的晶格扩散（interfacial lattice diffusion）　原子从晶界到颈部发生的晶格扩散，在界面处形成了空位泯灭源。此过程中界面的作用与 Nabarro-Herring 屈服理论中界面的作用相类似，在该理论中，认为原子的运动一般从压应力状态的晶界向拉应力的晶界移动，而空位的移动方向刚刚相反。如果原子的晶格扩散是从晶界向颈部扩散，则颈部区域必须是处于拉应力状态，而晶界处于压应力状态。因此，在界面处从颈部中心到颈部表面就存在压力梯度。根据此烧结机理，无论是颈部的长大还是相邻两颗粒间距离的缩小（收缩）的进行，都是接触部分物质的迁移造成的。颈部长大和收缩动力学方程分别为：

颈部长大方程：

$$dV/dt = JAV_m$$

根据图 6.15（b）的示意的各个几何参数，收缩动力学方程为：

$$x^4 = \frac{16D_1\gamma_s V_m a}{RT}t \tag{6.13}$$

$$\frac{\Delta l}{l} = \frac{r}{a} = \frac{x^2}{4a^2} = \left(\frac{D_1\gamma_s V_m}{RTa^3}\right)^{1/2} t^{1/2} \tag{6.14}$$

式中，J 为扩散通量；R 为气体常数；T 为温度；t 为反应时间；D_1 为晶格扩散系数；γ_s 为固相的表面能；V_m 为固相样品的摩尔体积；a 为颗粒半径；r 为颈部曲率半径；A 为颈部面积；l 为样品尺寸。根据晶格扩散机理，物质既从晶界处向颈部扩散，又从颗粒表面向颈部扩散。但是，从颗粒表面向颈部的扩散对收缩没有贡献。

（2）晶界处的晶界扩散（interfacial boundary diffusion）　物质通过晶界扩散从晶界扩散到颈部的机理与晶界的扩散蠕变机理类似。颈部长大方程：

$$\frac{dV}{dt} = \frac{\pi x^3}{a}\frac{dx}{dt} = \frac{D_b\gamma_s}{RT}\frac{1}{r}\frac{1}{x}2\pi x\delta_b V_m \tag{6.15}$$

所以

$$x^6 = \frac{48D_b\delta_b\gamma_s V_m a^2}{RT}t \tag{6.16}$$

样品收缩：

$$\frac{\Delta l}{l} = \frac{r}{a} = \left(\frac{3D_b\delta_b\gamma_s V_m}{4RTa^4}\right)^{1/3} t^{1/3} \tag{6.17}$$

式中，D_b 为晶界扩散系数；δ_b 晶界扩散的扩散厚度。

在晶界扩散中，扩散到颈部表面的物质会重新分布，那么，如果物质的重新分布速度小于晶界扩散速度的话，则其就成为控制颈部长大的主要步骤。

(3) 黏性流动（viscous flow）　首先提出黏性流动理论的是 Frenkel，他认为烧结过程中物质会向玻璃态物质一样发生黏性流动。如果物质流动特征遵循 Newtonian 液体流动规律的话，则颈部长大和收缩动力学可以表示如下。

颈部长大方程：

$$x^2=\frac{4\gamma_s a}{\eta}t \tag{6.18}$$

收缩方程：

$$\frac{\Delta l}{l_0}=\frac{h}{a}\approx\frac{\gamma_s}{\eta a}t \tag{6.19}$$

式中，η 为物质的黏度；h 是一个颗粒镶入另外一个颗粒的深度。

(4) 颗粒表面的表面扩散（surface diffusion）　颗粒发生的表面扩散从颗粒表面扩散到颈部的表面。在这个过程中，假设在颈部表面，长度约为颈部曲率半径大小的区域内存在一个应力梯度，这个应力梯度是由颈部表面毛细管压力造成的（此假设中提高的应力梯度与晶格和晶界扩散的应力梯度不同）。也就是说，在超出颈部曲率半径大小相等的距离之外，并不存在应力梯度，并且这区域内的颈部的长大主要是靠原子通过表面扩散传输作用进行的。此理论中谈到的物质传输对收缩没有贡献。

颈部长大方程：

$$x^7=\frac{56D_s\delta_s\gamma_s V_m a^3}{RT}t \tag{6.20}$$

式中，D_s 为表面扩散系数；δ_s 为表面扩散的厚度。

(5) 颗粒表面的晶格扩散（lattice diffusion）　颗粒表面发生的晶格扩散对于收缩并没有贡献，只对颈部长大有贡献。

颈部长大方程：

$$x^5=\frac{20D_l\gamma_s V_m a^2}{RT}t \tag{6.21}$$

(6) 蒸发-凝聚（evaporation-condensation）　蒸发-凝聚过程中，原子首先从颗粒表面蒸发，然后在颈部凝聚。当蒸发区域与凝聚区域间的距离小于气相原子平均自由程时，蒸发-凝聚机理主要是气相传输机理。当此距离远大于平均自由程，蒸发-凝聚机理主要是气相扩散机理，除非气相原子在界面处的反应速率小于气相的扩散速率。气相原子的平均自由程 λ 与系统中的蒸汽压成反比，$\lambda=(\sqrt{2}\pi d^2 n)^{-1}$，其中 n 为单位体积内原子的总数，d 为原子半径。因为实际烧结过程中，气相也可能从颗粒表面迁移到烧结腔体的内壁，因此在烧结过程中的气相传输更适合称为物质传输机理而不是烧结机理。

因为物质的蒸发和凝聚受表面原子间的相互作用控制，因此，蒸发-凝聚理论涉及的烧结动力学同样由蒸发或者凝聚的原子决定。颈部长大动力学分为两阶段：Langmuir 方程和气相吸收方程。Langmuir 方程主要描述凝聚原子控制颈部长大的动力学过程。

关于 Langmuir 方程，单位面积和单位时间内沉积的物质质量为：

$$m=\alpha\Delta p\left(\frac{M}{2\pi RT}\right)^{1/2} \tag{6.22}$$

其中，m 单位时间内沉积的物质质量；为 α 为黏附系数，M 为材料的总摩尔重量。假设沉积的原子不再蒸发，则 $\alpha=1$，所以有：

$$\frac{\mathrm{d}x}{\mathrm{d}t}=\frac{m}{d}=\left(p\infty\frac{\gamma_s}{r}\times\frac{V_m}{RT}\right)\left(\frac{M}{2\pi RT}\right)^{1/2}\Big/d \tag{6.23}$$

其中，$d(=M/V_m)$ 为材料密度。

所以有：
$$x^3=\sqrt{\frac{18}{\pi}}\times\frac{p\infty\gamma_s}{d^2}\left(\frac{M}{RT}\right)^{3/2}at \tag{6.24}$$

(7) 气相扩散（vapor diffusion）　当气相扩散速度小于界面反应速率时，颈部的长大就主要由气相扩散控制，气相原子扩散主要从颗粒表面扩散到颈部表面。假设气相在颈部表面的浓度梯度范围扩展大于颈部曲率半径，则颈部长大方程为：

$$x^5=20p\infty D_g\gamma_s\left(\frac{V_m}{RT}\right)^2a^2t \tag{6.25}$$

式中，D_g 为气相原子的扩散系数；p 为固相的蒸汽压。

气相原子的扩散速率可以表示为：$D_g=\lambda\bar{c}/3$，其中，λ 为气相原子的平均自由程；$\bar{c}$ 为平均速率。因为$\bar{c}$为 $[8RT/(\pi M)]^{1/2}$，其中 M 为气相原子的摩尔物质，D_g 与系统总气压成反比。

6.3.2　晶粒过渡生长现象

晶粒的异常长大是指在生长速率较慢的细晶基体内有少部分区域快速长大，形成粗大晶粒的现象。存在晶粒异常长大的晶粒粒度分布呈现双峰特征。图 6.17 为典型的晶粒异常长大的显微照片，图中可以明显看出有几个尺寸超过基体晶粒尺寸几十甚至上百倍的晶粒。在单相和复相材料中如果混料不均匀，就很容易造成晶粒异常长大，通常情况下，在烧结过程中发生异常长大与以下主要因素有关：

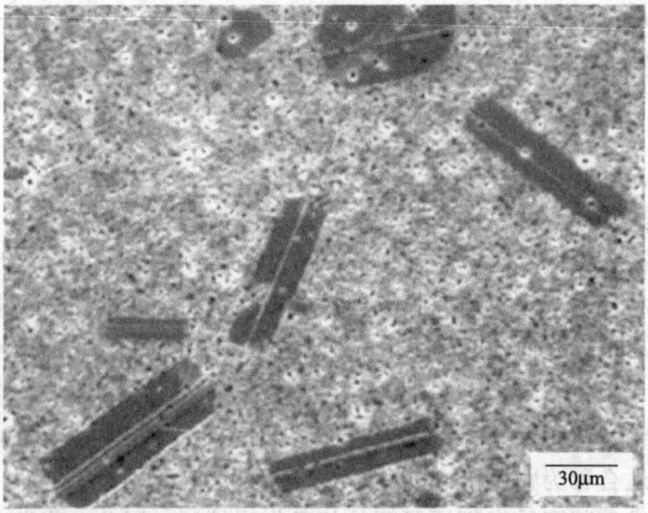

图 6.17　$BaTiO_3$ 陶瓷中晶粒异常长大的显微结构

① 材料中含有杂质或者第二相夹杂物；

② 材料中存在高的各向异性的界面能，例如固/液界面能或者是薄膜的表面能等；

③ 材料内存在高的化学不平衡性。

晶粒异常长大与保温时间关系呈直线变化规律：

$$\overline{G}_{a,t}-G_{a,t_0}=\frac{2D_{\frac{1}{b}}\gamma_b V_m}{\beta RT\overline{\overline{G}}_m\omega}t \tag{6.26}$$

式中，$D_{\frac{1}{b}}$ 为原子在晶界的扩散系数；γ_b 为晶界处的压力；V_m 为固相样品摩尔体积；β 为常数；R 为气体常数；T 为温度；ω 为晶界厚度；$\overline{G}_m$ 为长大晶粒平均尺寸；t 为时间。

烧结过程中的晶粒异常长大同样会降低烧结驱动力，对烧结样品的结构均匀性和性能均匀性都不利，通常提高原始材料的纯度及混料均匀性等方法均能避免晶粒异常长大现象的发生。

6.4　液相烧结过程与机理

液相烧结（liquid phase sintering，简写为 LPS）是指在烧结包含多种粉末的坯体时，烧结温度至少高于其中的一种粉末的熔融温度，从而在烧结过程中而出现液相的烧结过程。虽然大多数陶器及瓷器等古代陶瓷也是采用复杂的 LPS 过程制造的，但都是以手工业方式进行的。目前采用 LPS 制造的技术陶瓷包括氧化铝和 AlN 电子基片、氧化铝和 SiC 机械密封件、氧化铝和 Si_3N_4 电热塞、氮化硅/sialon 结构部件、ZnO 压敏电阻、$BaTiO_3$ 电容器、PLZT［(Pb，La)(Zr，Ti)O_3］压电元件以及各种复合材料。LPS 作为致密化过程的主要优点是提高烧结驱动力。采用比固态烧结（solid state sintering，SSS）低的温度，通常 LPS 可以容易地烧结难以采用 SSS 烧结的固体粉末。LPS 的另一个主要优点为：LPS 是一种制备具有控制的微观结构和优化性能的陶瓷复合材料的方法，如一些具有显著改善断裂韧性的氮化硅复合材料。

6.4.1　液相烧结的阶段

LPS 烧结致密化过程根据 3 种速率机理，传统上划分为三个明显的阶段（Kingery，1950），在图 6.18 中，示意性表示为阶段 1、2、3。但明显致密化之前，发生一些重要的物理化学过程，如熔化、浸润（或液相流动）以及固相和液相之间的反应；在图 6.18 中表示为 0 阶段。0 阶段为过渡阶段，只产生可忽略的致密化。随着密度增加，致密化机理逐渐从重排（阶段 1）到溶解-沉淀（阶段 2），最后的气孔（或气相）排出（阶段 3）。表 6.3 给出了不同的致密化机理和典型的致密化（体积收缩）速率。但在实际粉末体中，如图 6.18（b）所示，交接阶段之间存在明显的重叠。一般来说，随着烧结的进行，致密化速率显著减小，一般从 10^{-3}/s 变为 10^{-5}/s。如图 6.18（b）所示，随着烧结时间的延长，在 LPS 烧结的后期，会出现明显的反致密化（或反烧结），即致密度下降。

表 6.3　液相烧结的不同阶段和相对应的致密化速率

LPS 阶段	致密化速率①		LPS 阶段	致密化速率①	
	竞争的致密化速率②	典型的致密化速率②		竞争的致密化速率②	典型的致密化速率②
阶段 0：熔化和润湿			阶段 2：溶解-淀析	$\rho_r \ll \rho_s$	$\rho_s = 10^{-4}s^{-1}$
阶段 1：重排	$\rho_r \gg \rho_s$	$\rho_r > 10^{-3}s^{-1}$	阶段 2/3：过渡阶段	$\rho_s = \rho_p$	
阶段 1/2：过渡阶段	$\rho_r = \rho_s$		阶段 3：气孔排除	$\rho_r \gg \rho_p$	$\rho_p < 10^{-5}s^{-1}$

① 由氧化铝-玻璃体系的 LPS 动力学数据算得。

② ρ_v、ρ_s、ρ_p 分别是重排、溶解-淀析和气孔排除的致密化速率。

为了定量描述烧结的 3 个阶段，Kwon 和 Messing 提出了三元液相烧结相图（图 6.19）。LPS 烧结的各阶段和主导烧结机理作为固相（V_s）、液相（V_l）和气孔（V_p）的相对体积分数的函数，画在图中。致密化过程中，固态烧结（SSS）、LPS 烧结、黏滞复相烧结（viscous

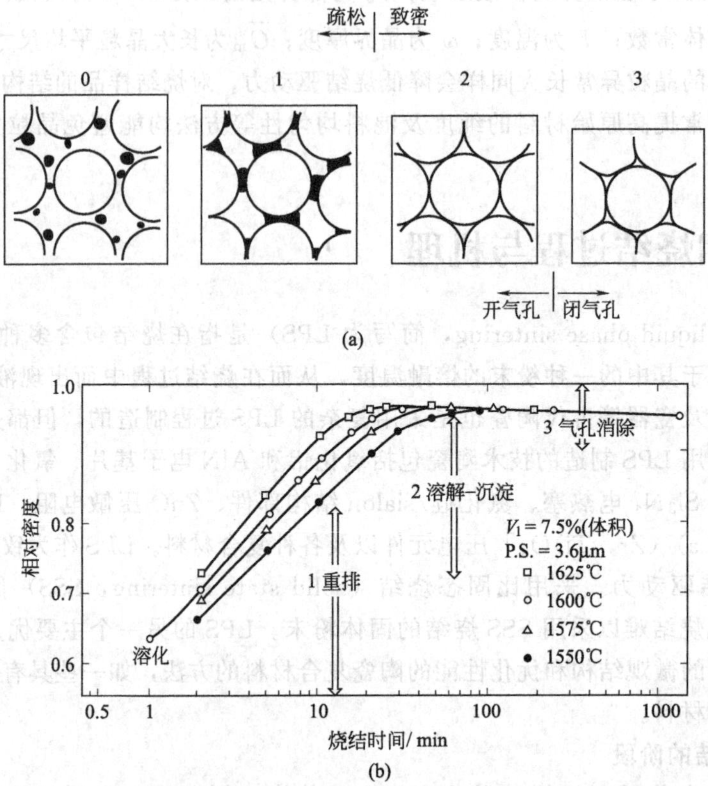

图 6.18 液相烧结致密化过程

(a) 液相烧结不同阶段的示意（0 代表熔化；1 代表重排；2 代表溶解-沉淀及 3 代表气孔排除）。(b) 在不同温度下，氧化铝-玻璃体系中，实际致密化作为烧结时间的函数所示意的不同 LPS 阶段

composite sintering，简写为 VCS）和黏滞玻璃相烧结（viscous glass sintering，简写为 VGS）的相对体积分数的变化可表示为致密化方向。对于 LPS 烧结，在 O 点的多孔粉末压制体顺序通过 3 个烧结机理区域（图 6.19 中Ⅰ，Ⅱ，Ⅲ区域），沿着箭头到 Q 点而致密。3 个区域之间的两边界可通过压制体的几何结构分析而确定。假设单一尺寸球形颗粒，当达到密堆结构 $V_s=0.74$ 时，颗粒的重排将停止。在图 6.19 中，溶解沉淀的致密化边界可保守地确定为三角形 DEF。

$$0.74<V_s<0.92;0<V_l<0.20;0.08<V_p<0.26 \qquad (6.27)$$

在溶解沉淀末期，当气孔封闭后，即当 ρ（$=V_s+V_l$）>0.92 时，最终烧结阶段（气孔排除）会立即开始。具有过量液相粉末体［20%～100%(体积分数)；在图 6.19 中 VCS 和 VGS］的烧结行为与 LPS 差别很大。VCS 和 VGS 不必需要溶解沉淀作为致密化机理。因此，不要把这两个过程与 LPS 混淆。

6.4.2 液相烧结过程的致密化机理

6.4.2.1 颗粒重排（particles re-arrangement）

在 LPS 烧结初期，会发生一些连续的、同时发生的过程，包括熔化、浸润、铺展和再分布。由于固相颗粒周围局部毛细管力呈随机方向，固相和液相都会经历显著的重排过程。局部的重排由颗粒接触方式和弯液面几何形状所控制，产生颗粒切向和旋转运动。在 LPS

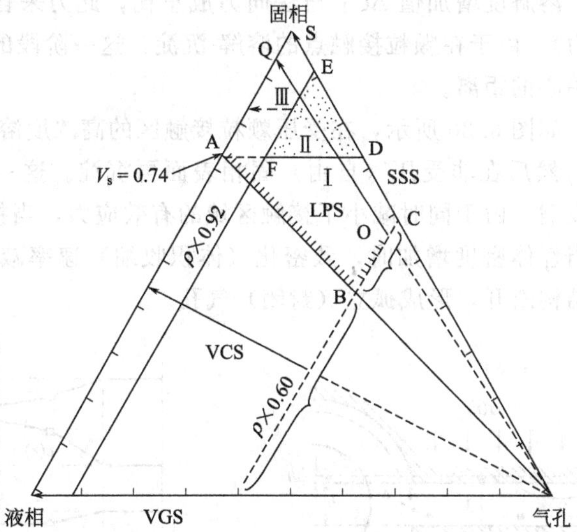

图 6.19　三元相图表示由 SSS、LPS、黏滞复相烧结（VCS）以及黏滞玻璃相烧结（VGS）时的相的体积分数关系。箭头表示初始密度为 60%时，各相体积分数变化方向。在 LPS 烧结区域 ABCS，表示出此烧结机理的不同分阶段 Ⅰ：重排，Ⅱ：溶解-沉淀，Ⅲ：气孔排除（Kwon 和 Mcssing，1991）

烧结过程中，颗粒间的液相膜起润滑作用。颗粒重排向减少气孔的方向进行，同时减小系统的表面自由能。当坯体的密度增加时，由于周围颗粒的紧密接触，颗粒进一步重排的阻力增加，直至形成紧密堆积结构。

重排的驱动力来自毛细管力（capilarity force）的不平衡，这种不平衡来自颗粒和颗粒尺寸的分布，颗粒的不规则形状，坯体中局部密度波动以及材料性质的各向异性。对于各种颗粒形状和接触几何形状，若颗粒接触几何形状是已知的，可计算出重排的驱动力。颗粒堆积的随机性导致颗粒的局部运动：推拉、滑动和转动。

模型表明，固相颗粒间层状液相的黏滞流动对颗粒重排过程有限制作用。假设两颗粒间有一牛顿型液体，形变速率与施加在颗粒上的剪切应力成正比。因此，所得到的致密化速率如式（6.28）：

$$\frac{d(\Delta\rho/\rho_0)}{dt}=A(g)\frac{\gamma_{lv}}{\eta r_a} \tag{6.28}$$

式中，ρ 为相对密度；ρ_0 为初始坯体密度；$\Delta\rho$ 为密度差；t 为时间；A(g) 为几何常数；它是 V_1，ρ 和接触几何形状的函数；η 是液相的黏度；r_a 是固相颗粒半径。A(g) 随固相和液相的体积分数增大而增大，随相对密度增大而减小。对于经压制成型的陶瓷坯体，在约 30%～35%（体积）液相时，只通过重排，就可达到完全致密化。

具有过量液相的颗粒重排行为与 LPS 过程中的行为差别很大。相反，在固态烧结中（SSS），由于缺少液相毛细管作用和颗粒之间的润滑膜，颗粒重排现象不明显。

6.4.2.2　溶解-沉淀（disolvation-precipitation）

当颗粒重排现象逐渐减弱时，为了达到进一步致密化，其他致密化机理必须起作用。如表 6.3 所示，在颗粒重排阶段的末期，与重排相比，由于溶解-沉淀，使致密化速率变为很显著。在晶粒接触处，溶解度增加值 ΔC_1 与法向力成正比，此力来自于使固相颗粒靠近的毛细管力（拉普拉斯力）。由于在颗粒接触点的溶解-沉淀，这一阶段的体积收缩主要来自于相邻颗粒间的中心至中心的距离。

对于多组分系统，如图 6.20 所示，在受压颗粒接触区的高浓度溶解物，通过液相扩散，向晶粒非受压区迁移，然后在非受压（自由）固相表面再沉淀。这一物质迁移使接触点变平，坯体产生相应线收缩。由于同时减小了接触区域的有效应力，当接触区增大时，固相溶解速率降低。因此，当坯体密度增加时，致密化（体积收缩）速率减小。在溶解-沉淀的后期，相互联结的气孔结构断开，形成孤立（封闭）气孔。

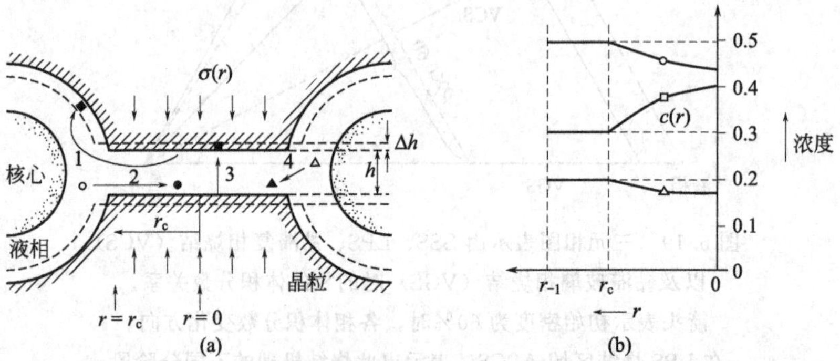

图 6.20　(a) LPS 烧结溶解-沉淀阶段的两晶粒接触示意图［物质迁移的 3 个路径，1—溶质的外扩散（□），2 和 4—溶解物组分（○和△）向晶粒接触区域流动；3—在接触区域的溶解-再沉淀］；(b) 三个组分液相所对应浓度梯度作为 r 的函数，其中 r_c 是接触半径，h 是液相膜厚度

对于某一系统，测定晶粒尺寸指数是一种确定致密化机理的简单方法。进一步的分析可以预测，小颗粒更倾向于晶界反应控制。为了实现致密化，较大晶粒需要更长的扩散路程从晶粒接触点扩散到气孔处。在这一 LPS 烧结阶段，若晶粒生长很快，反应机理可能从界面反应变为扩散控制。

对于 LPS 烧结的溶解-沉淀阶段控制致密化的机理，几乎没有严格的研究分析，这主要是因为早期过于简化的模型以及对于理想模型很难进行严密的实验验证。对于氧化铝-玻璃体系，通过不同颗粒尺寸的气流分级得到原始原料粉体，采用等温 LPS 烧结实现致密化。通过确定基于上述模型的颗粒尺寸对致密化速率的依赖关系，确定过程的活化能，从而确定了控制机理。微观结构的观察是另一种确定溶解-沉淀出现的方法。为了检测溶解-沉淀过程中微观结构的变化，如图 6.21 所示，氧化铝 MAS 玻璃抛光断面被深腐蚀，使晶粒结构显露出来。如图 6.21（a）所示，在溶解-沉淀的初期，颗粒的接触相对较窄。而在溶解-沉淀的后期，如图 6.21（b）所示，颗粒接触显著变平，说明广泛的溶解-沉淀已起作用。

6.4.2.3　气孔排除

在烧结中期，相互连续的气孔通道开始收缩，形成封闭的气孔，根据材料体系的不同，密度范围为 0.9～0.95。实际上，LPS 烧结比 SSS 烧结可以在较低的密度发生这种气孔封闭。气孔封闭后，LPS 烧结进入最后阶段。封闭气孔通常包含来源于烧结气氛和液态蒸气的气体物质。气孔封闭后，致密化的驱动力为：

$$S_D=\left(\frac{2\gamma_{lv}}{r_p}\right)-\sigma_p \tag{6.29}$$

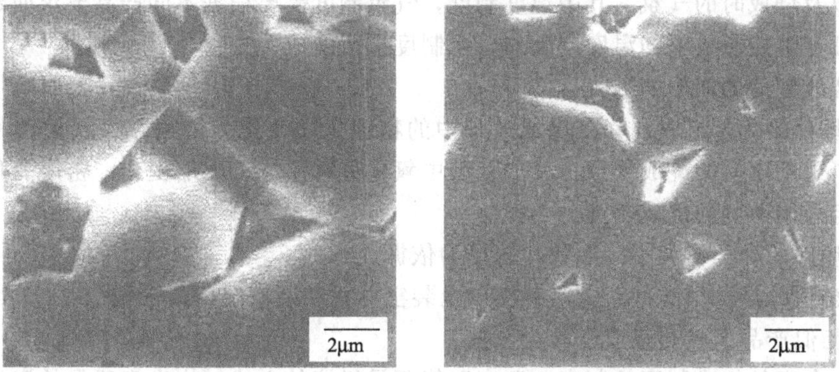

(a) 初期溶解–沉淀　　(b) 后期溶解–沉淀

图 6.21　氧化铝 MAS 玻璃深度腐蚀试样的晶粒结构表示
（注意随着致密化，晶粒接触明显变平）

式中，σ_p 为气孔内部的气压；r_p 为气孔半径。若 r_p 和 σ_p 保持很小（即 $S_D>0$），致密化将进行。当固相颗粒间的接触变平时，溶解-沉淀过程决定的致密化速率将减小。但如果由于晶粒生长和/或气孔粗化使 r_s 增大，以及由于内部反应而引起气体放出（例如金属氧化物还原核参与碳的氧化）使 σ_p 增大，致密化驱动力可以是负值，某些情况下，引起反致密化。

在 LPS 烧结末期，几个过程可以同时发生，包括晶粒和气孔的生长和粗化（coarsening），液相组分扩散进固相，固相、液相及气相间反应产物的形成。缺少这些同时发生过程的关键性实验和模型，影响了 LPS 烧结末期致密化的预测，如最终密度和微观结构。

6.4.3　晶粒生长和粗化

LPS 烧结的晶粒生长与 SSS 烧结有很大不同。若固相可被液相很好浸润，晶粒间的物质中迁移只通过液相发生。取决于系统的不同，液相可以促进，也可阻碍晶粒生长。在某些情况下，由于通过液相具有较高的物质迁移速率，LPS 烧结晶粒生长速率要比 SSS 烧结快得多。在另一些情况下，液相也能起晶粒生长抑制剂作用。

一般在大量液相中，球形颗粒的晶粒生长由式（6.30）给出：

$$(r_s)^n-(r_s^0)^n=kt \tag{6.30}$$

式中，r_s 为在时间 t 时的晶粒平均半径；r_s^0 为在时间为 0 时的晶粒平均半径；k 为晶粒生长速率常数；n 为半径（或晶粒尺寸）指数，其取决于晶粒生长机理，$n=3$ 和 $n=2$ 分别为扩散控制和相界面反应控制。

当固相在液相的溶解促进致密化时，不同形状和尺寸颗粒的不同溶解度，将导致通过 Ostwald 熟化的晶粒生长。从颗粒尖角处溶解的溶质趋向于在较粗大颗粒表面再沉淀。因此，当细小颗粒消失时，粗大颗粒长大。当液相量是晶粒生长决定性变量时，液相中很小浓度的添加物会极大地影响晶粒生长的动力学和形貌。例如，在烧结氧化铝/玻璃时，当 CaO 作为烧结助剂同 SiO_2 一起加入到氧化铝时，与加入 MgO 相比，产生更快的晶粒生长及更多的小晶面。

6.5　最佳烧成制度的确定

烧成制度包括温度制度、气氛制度和压力制度，影响产品性能的关键是温度及其与时间的关系，以及烧成时的气氛。其中温度制度，气氛制度需要根据不同产品要求而定，而压力制度是保证窑炉按照要求的温度制度与气氛制度进行烧成。

制定烧成制度的依据如下。

① 以坯釉的化学组成及其在烧成过程中的物理化学变化为依据。如氧化铁和氧化钛的含量决定了采用不同的烧成气氛；又如坯釉中氧化分解反应、收缩变化、密度变化以及热重变化等决定采用不同的烧成制度。

② 以坯件的种类、大小、形状和薄厚为依据。

③ 以窑炉的结构、类型、燃料种类以及装窑方式和装窑疏密为依据。

④ 以相似产品的成功烧成经验为依据。

正确、合理的烧成制度的制定，还应以能用最经济的方式，烧出高质量的瓷件为原则。

6.5.1 温度制度的确定

温度制度包括升温速率、烧成温度、保温时间及冷却速率等参数，并最终制定出适宜的烧成曲线。一般通过分析坯料在加热过程中的性状变化，初步得出坯体在各温度或时间阶段可以允许的升、降温速率等。这些是拟定烧成制度的重要依据之一。具体可利用现有的相图、热分析资料（差热曲线、失重曲线、热膨胀曲线）、高温相分析、烧结曲线（气孔率、烧成线收缩、吸水率及密度变化曲线）等技术资料。

烧成曲线的内容包括以下 4 个部分。

6.5.1.1 各阶段的升温速率

通常温度上升速率与烧窑所需的全部时间成反比，而各阶段时间的长短又与窑的容积大小、坯体的物理性能、坯的厚度、所含杂质的种类和数量以及燃料的质量等有密切的关系。

① 低温阶段（室温～300℃） 此阶段实际是干燥的延续，其升温速率主要取决于进窑坯体的含水量、厚度、窑内实际温差和装坯量。当坯件进窑水分高、装窑量大或坯件较厚时，若升温过快将引起坯件内部水汽压力的增高，可能产生开裂现象。

② 氧化分解阶段（300～950℃） 此时坯体尚未烧结，也没有收缩，结晶水和分解气体的排除可自由进行，所以可作为快速升温阶段。但升温速率的范围仍取决于原料的纯度和坯体的厚度。

③ 高温阶段（950℃～烧成温度） 此阶段升温速率取决于窑的体积、温差大小、装窑密度以及坯体收缩情况和烧结范围等因素。当窑的容积大、温差大、装窑密度高或坯体内黏土和容积含量多、收缩值大、烧结范围窄时，都应缓慢升温。

一般而言，中等升温速率为 30～50℃/h；慢速升温为 10～20℃/h；快速升温可达 100℃/h 或更快些。

6.5.1.2 烧成温度（止火温度）与保温时间的确定

烧成温度与保温时间两者之间有一定的相互制约特性，可以一定程度地相互补偿。通常烧成温度与保温时间之间是可以相互调节的，以达到一次晶粒发展成熟、晶界明显、没有过分两次晶粒长大、收缩均匀、气孔少、瓷体致密而又耗能少为目的。

烧成温度的高低，取决于坯料的组成、坯料所要达到的物性指标，坯料开始软化的温度和烧成速度的快慢等因素。

通常把烧结至开始软化变形的温度区间称为“烧结温度范围”。在此范围内，烧成制品的体积密度和收缩都无显著变化。对于烧结范围宽的坯料，可选在上限温度，以较短的时间进行烧成；对于烧结范围窄的坯料，宜选在下限温度，以较长的时间进行烧成。烧成温度的确定一般可参考其有关相图，辅助热分析等具体实验数据确定。

保温时间一般在氧化阶段结束转入还原期之前，须进行一次保温（中火保温），至将近止火时又须进行一次保温（高火保温）。保温的目的是拉平窑内温差，使全窑产品的高温反应均匀一致。保温时间的长短决定于窑的结构、大小、窑内温差情况、坯料厚度与大小以及制品所要达到的玻化温度。

6.5.1.3　冷却速率

冷却是把坯体从高温时的可塑状态降至常温呈岩石般状态的凝结过程。冷却制度是否正确，对制品性能同样有很大影响。对于厚而大的坯件，如冷却太快，由于内外散热不均匀，会造成应力而引起开裂。但高温快速冷却不仅可缩短生产周期，提供大量余热，还对釉层的白度有利。

6.5.2　气氛制度的控制

陶瓷根据坯料性能的不同，烧成时可采用氧化气氛、中性气氛或还原气氛。按烧成时的焰性也称作氧化焰、中性焰、还原焰。

陶瓷制品各阶段的烧成气氛必须根据原料性能和制品的不同要求来确定。

坯体水分蒸发期（室温～300℃）对气氛没有特殊要求。

在氧化分解与晶型转变期（300～950℃），为使坯体氧化分解充分，要求采用氧化气氛。

在玻化成瓷期（950℃～烧成温度），陶器、炻器均采用氧化气氛烧成，而瓷器的烧成可分为两种气氛。北方制瓷原料大多采用二次高岭土与耐火黏土，含铁较少而有机物含量较多，坯体黏性和吸附性较强，适宜于氧化气氛烧成。南方制瓷原料多采用原生高岭土与瓷石，含铁较多而有机物含量较少，坯体黏性和吸附性较小，适宜于还原气氛烧成。

采用还原气氛烧成的瓷器，还原开始前须有一个中火保温的强氧化阶段。此时要采用强氧化气氛。还原初期要采用强还原气氛，烧成后期改用弱还原气氛。

6.5.3　压力制度及系数

压力制度起着保证温度和气氛制度的作用。全窑的压力分布根据窑内结构、燃烧种类、制品特性、烧成气氛和装窑密度等因素来确定。

倒焰窑中，最理想的是在烟道内形成微负压，窑底处于零压。

一般情况，隧道窑的预热带都为负压，使排烟通畅，吸入少量二次空气，保证转换气幕前都为氧化气氛。窑头压力最好控制在 0～－10Pa。若窑头负压过大，窑头密封不好，会吸入过多冷风，增大预热带前段上下温差。预热带中部压力一般控制在－10～－40Pa，遇热带末端为 0～－30Pa。

烧成带保持微正压，使外界冷空气难以入窑，以稳定窑内气氛和高温。高火保温区保持正压，以利于保证弱还原气氛，防止制品二次氧化。氧化气氛烧成时，零压位控制在烧成带与冷却带之间。还原气氛烧成时，零压位控制在预热带与烧成带之间。零压位要尽量维持不变，便于分隔焰性，使气氛转换分明。零压位的移动会影响烧成气氛。零压位前移说明烧成带压力增大，造成制品氧化不足；零压位后移说明烧成带压力减小，会延长氧化时间缩短还原，造成制品还原不足。

冷却带一般处于正压下操作，要求正压不宜过大、急冷和窑尾的最大正压力在 15Pa 以下。其压力分布趋向是冷却带两端正压较大，向中间逐渐减小。

车下压力要求与窑内车面压力相适应，以防止车下冷空气进入窑内增大上下温差，或车面高温气体漏入车下烧坏窑车。一般要求车面压力略高于车下压力。

6.6 传统烧结设备

烧结是在热工设备中进行的，这里热工设备指的是先进陶瓷生产窑炉及其附属设备。烧结陶瓷的窑炉类型很多，同一种制品可在不同类型的窑内烧成，同一种窑也可烧结不同的制品。本节将介绍常用的间歇式窑炉、连续式窑炉和辅助设备，如电炉、电隧道窑以及电发热元件等。

6.6.1 间歇式窑炉

先进陶瓷生产所用窑炉，其发展过程是由低级到高级，由产量、质量低，燃料消耗大，劳动强度大，烧成温度低，不能控制气氛，发展到产量、质量高，燃料消耗低，烧成温度高，能控制气氛，以及机械化和自动化。间歇式窑炉按其功能新颖性可分为电炉、高温倒焰窑、梭式窑和钟罩窑。

6.6.1.1 电炉

电炉（electric furnace）是电热窑炉的总称。一般是通过电热元件把电能转变为热能，可分为电阻炉、感应炉、电弧炉等。

(1) 电阻加热炉（electric resistance heating） 当电源接在导体上时，导体就有电流通过，因导体的电阻而发热的一种电热设备。根据炉膛形状可分为箱式电阻炉和管式电阻炉。

① 箱式电阻炉 其具体设备和装置示意图如图 6.22 所示。这种电炉的炉膛为长六面体，在靠近炉膛的内壁放置电热体，通电后发出的热量直接辐射给被加热的制品。当电炉的最高使用温度在 1200℃以下时，通常采用高电阻电热合金丝（或带）作电热体；最高温度为 1350～1400℃时，采用硅碳棒作电热体；最高温度为 1600℃时，采用二硅化钼棒作电热体。主要用于单个小批量的大、中、小型制品的烧成。

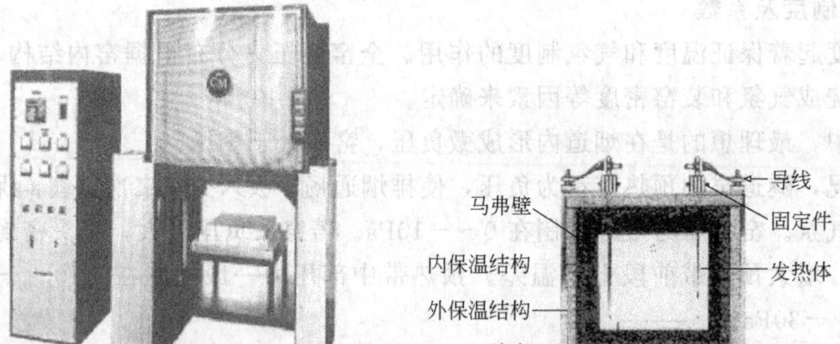

图 6.22 箱式电阻炉实物（a）和炉体结构示意（b）

马弗式（muffle）电阻炉也是箱式电阻炉的一种形式，以电热合金丝作电热体，穿绕在马弗炉炉膛砖的圆孔中，借传导及辐射的方式加热马弗壁，然后马弗壁通过辐射再把热量传给制品。马弗炉的优点是保护电热体免受炉内有害气体的侵蚀或避免电热体玷污制品，并使炉内温度较为均匀。但是，正因为隔了一层马弗壁，故炉膛内的温度会比相应的非马弗式电炉低一些，升温速率也慢一些。

② 管式电阻炉（pipe furnace） 其具体设备和装置示意如图 6.23 所示。炉膛为一根长度大于炉体的管状体，其原材料可以是致密的陶瓷管、石英管，也有金属管。发热体通常布

置在管子的周围。

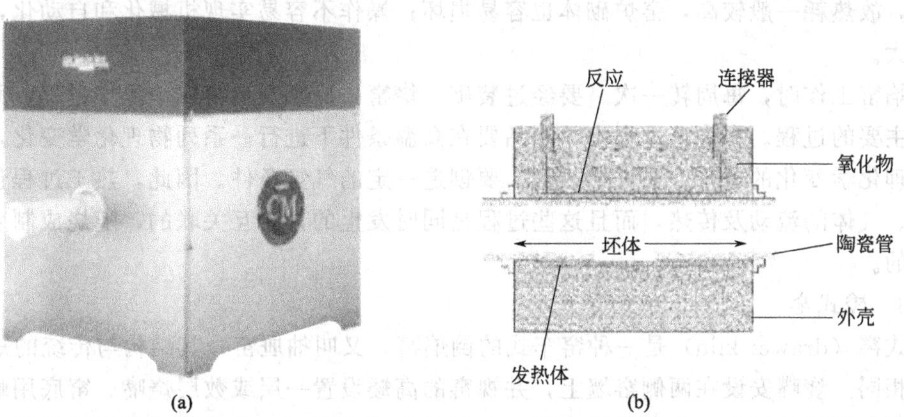

图 6.23　管式电阻炉实物（a）和炉体结构示意（b）

（2）电磁感应加热炉（magnetic induction heating）　由于电磁感应作用在导体内产生感应电流，而这种感应电流因为导体的电阻而产生热能的一种电炉。它又可分为感应熔炼炉和感应加热炉，常利用感应炉研制氮化硅等。

（3）电弧感应加热炉（arc induction heating）　热量主要由电弧产生的电加热炉，用于人工合成云母、生产氧化铝空心球及硅酸铝耐火纤维优质保温材料等。

6.6.1.2　高温倒焰窑

倒焰窑（reverse flame kiln）主要是以煤和油为燃料，这些燃料燃烧而获得能量。它的结构包括 3 个主要部分：窑体（有圆窑和矩形窑）、燃烧设备和通风设备，其工作流程如图 6.24 所示。将煤加进燃烧室的炉栅上，一次空气由灰坑穿过炉栅，经过煤层与煤进行燃烧。燃烧产物自挡火墙和窑墙所围成的喷火口喷至窑顶，再自窑顶经过窑内制品倒流至窑底，由吸火孔、支烟道及主烟道向烟囱排出。在火焰流经制品时，其热量以对流和辐射的方式传给制品。因为火焰在窑内是自窑顶倒向窑底流动的，所以称为倒焰窑。倒焰窑的特点是：最初设备费用低；容易调节烧成制度，能烧制不同种类及不同形状的特异形制品以及小批量的产

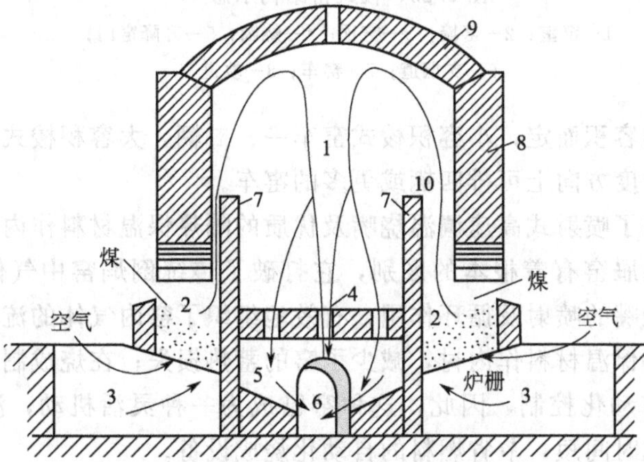

图 6.24　倒焰窑工作流程

1—窑室；2—燃烧室；3—灰坑；4—窑底吸火孔；5—支烟道；6—主烟道；7—挡火墙；8—窑墙；9—窑顶；10—喷火口

品，由于间歇操作窑炉砌体的体热散热量大，废气余热、制品及窑具冷却时放出的热量不便于利用，故热耗一般较高，窑炉砌体也容易损坏；操作不容易实现机械化和自动化，劳动强度也较大。

倒焰窑工作时，每周转一次，要经过装砌、烧窑、冷窑及出窑四个操作过程，而烧窑是其中最主要的过程。在烧窑过程中，制品要在高温条件下进行一系列物理化学变化，为保证这些物理化学变化的进行，要供给热量，要创造一定的气氛条件。因此，热工过程包括燃料的燃烧、气体的流动及传热，而且这些过程是同时发生的，相互关联的，随烧成制度的要求而变化的。

6.6.1.3　梭式窑

梭式窑（drawer kiln）是一种窑车式的倒焰窑，又叫抽屉窑，其结构与传统的矩形倒焰窑基本相同。烧嘴安设在两侧窑墙上，并视窑的高矮设置一层或数层烧嘴。窑底用耐火材料砌筑在窑车钢架结构上，即窑底吸火孔，支烟道设于窑车上，并使窑墙下部的烟道和窑车上的支烟道相连接，利用卷扬帆或其他牵引机械设备，使装载制品的窑车在窑底部轨道上移动，窑车之间以及窑车与窑墙之间设有曲封和砂封。梭式窑结构如图 6.25 所示。

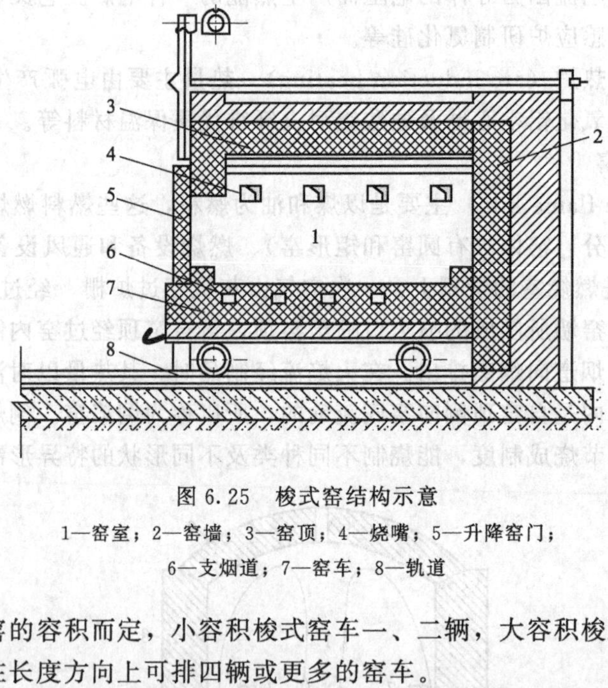

图 6.25　梭式窑结构示意

1—窑室；2—窑墙；3—窑顶；4—烧嘴；5—升降窑门；6—支烟道；7—窑车；8—轨道

窑室内车数视窑的容积而定，小容积梭式窑车一、二辆，大容积梭式窑在宽度方向上可并排放两辆窑车，在长度方向上可排四辆或更多的窑车。

先进的梭式窑采用了喷射式高速调温烧嘴及优质的隔热保温材料作内衬。这种窑的工作原理与传统的倒焰式抽屉窑有着根本的区别，它打破了传统倒焰窑中气体以自然流动的状态，利用了高速调温烧嘴的喷射及循环作用，有效地组织了窑内气体的流动，强化了传热过程；同时它以优质隔热保温材料作内衬，减少了窑的蓄热损失；在烧成制度的稳定方面，它比隧道窑更容易实现自动化控制，因此，这种窑已成为一种灵活机动，温度均匀，调节精确，产品质量高，烧成时间短，节省燃料的自动化烧成设备。

6.6.1.4　钟罩窑

钟罩窑（bell kiln）是一种窑墙、窑顶构成整体像一个钟罩，并可移动的间歇窑，故称为钟罩窑。其结构基本上与传统的圆形倒焰窑相同。烧嘴沿窑墙圆周安设一层或数层，每个烧嘴的安装位置都是火焰喷出方向与窑横截面的圆周成切线方向。钟罩窑常备有两个或数个窑底，在每个窑底上都设有吸火孔以及与主烟道相连接的支烟道。窑底的结构分窑车式和固定式两种。窑车式钟罩窑在使用时，先通过液压设备将窑罩提升到一定的高度，然后将装载制品的窑车推入窑罩下，降下窑罩，严密砂封窑罩和窑车之间的结合处，即可开始烧窑。固定底式钟罩窑在使用时，利用起吊设备将窑罩提起，移至装载好制品的一个固定窑底上，密封窑罩的窑底，即可烧窑。制品将烧成并冷却至一定温度之后，便将窑罩提升，推出窑车，再推入另一装好制品的窑车；或将窑罩吊起，移至另一固定窑底上，继续烧另一窑制品。

钟罩窑是在窑外装卸制品的，与传统的倒焰窑比较，大大地改善劳动条件和减轻劳动强度。同时，与梭式窑一样，使用高速调温烧嘴以提高传热速率，缩短烧成时间，提高产品质量，节省燃料消耗量，尤其是使用轻质耐高温的隔热材料为窑衬，不但减少窑体向外散热和蓄热量，而且大大地减轻窑罩的金属钢架结构和起吊设备的负担，并且可以像梭式窑一样采用程序控制系统，实现窑炉升温各阶段的自动控制。

还有一种可以变更窑室高度的钟罩式窑，窑墙、窑顶可以利用起吊设备单独吊起，并且窑墙是分圈砌筑的，可根据焙烧制品的高度需要而灵活地装拆，以变更窑室的高度。因为窑墙的结构就像一个个蒸笼一样，故又称这种窑为蒸笼窑。

6.6.2 连续式窑

连续式窑炉的分类方法有多种，下面按制品的输送方式可分为隧道窑、高温推板窑和辊道窑。与传统的间歇式窑相比较，连续式窑具有连续操作性，易实现机械化，大大地改善了劳动条件和减轻了劳动强度，降低了能耗等优点。

6.6.2.1 隧道窑

隧道窑（tunnel kiln）与铁路山洞的隧道相似，故得名。目前先进陶瓷用得最多的是电热隧道窑。隧道窑的特点是：因连续操作窑炉砌体，无体积热损失，而且余热可充分利用，故热耗较低；制品烧制均匀，温度和气氛可较准确地控制，故产品质量较好；操作易于实现机械化和自动化，可节省人力，减轻劳动强度；窑炉的使用寿命较长；最初设备费用大，耗用钢材较多，因不易变动烧成制度，只适于大规模生产，适于烧制同一类产品。

在陶瓷工业中广泛使用隧道窑始于 20 世纪 40 年代，而隧道窑从结构、驱动和控制方面的重大改造则是 60 年代以后开始的。我国在新中国成立前，全国只有一两座隧道窑，新中国成立后，随着科学技术和国民经济的迅速发展，到 70 年代，仅陶瓷工业所建造的隧道窑就达 400 座以上。早期的隧道窑以煤作为燃料，以后逐渐发展到以煤、煤气、重油及液化石油气等作燃料，电热隧道窑也得到发展。随着筑炉材料、燃烧和控制系统的不断改进，隧道窑结构日趋完善，形式已多种多样，并朝着快速烧成、生产连续化和自动化方向发展。

隧道窑可按窑的主要尺寸大小分为微型（长度小于 12m，横截面积小于 $0.05m^2$）、小型（长度小于 40m，横截面积小于 $0.5m^2$）、中型（长度小于 120m，横截面积小于 $2.5m^2$）、大型（长度大于 120m，横截面积大于 $2.5m^2$）四种；按窑道的多少可分为单通道与多通道两种；按加热方式可分为明焰式和隔焰式两种；按热源及所使用燃料可分为烧煤、烧油、烧煤气及电热四种；按输送制品的方式可分为窑车式、推板式、辊底式等。

任何隧道窑都可划分为三带：预热带、烧成带、冷却带。干燥至一定水分的坯体入窑，首先经过预热带，受来自烧成带的燃烧产物（烟气）预热，然后进入烧成带，燃料燃烧的火焰及生成的燃烧产物加热坯体，使达到一定的温度而烧成。燃烧产物自预热带的排烟口、支烟道、主烟道经烟囱排出窑外。烧成的产品最后进入冷却带，将热量传给入窑的冷空气，产品本身冷却后出窑。被加热的空气一部分作为助燃空气，送去烧成带，另一部分抽出去作坯体干燥或气幕用。隧道窑最简单的工作系统如图 6.26 所示。电热隧道窑在窑体预热带、烧成带安置电热元件；装好制品的窑具在传动机构的作用下，连续地经过预热带、烧成带和冷却带。

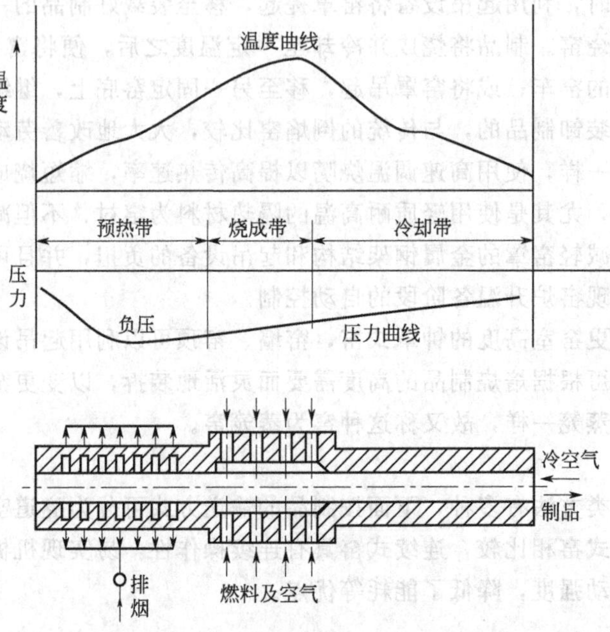

图 6.26　隧道窑最简单的工作系统

隧道窑内窑车的运动借推车机来完成。窑车可以是连续运动，也可以是间歇运动。由于隧道窑能利用烟气来预热坯件，使废气排出温度降至 200～300℃左右；又能利用制品、窑具及窑车冷却时放出的热量来加热空气，使制品离窑温度可降至 80℃左右，而热空气又可充分地得到利用；另外，由于连续操作，窑墙和窑顶无蓄热损失。因此，用隧道窑烧制陶瓷时的单位产品的热耗比其他窑具要少得多。

6.6.2.2　高温推板窑

推板式电热隧道窑的通道由一个或数个隧道所组成，通道底由坚固的耐火砖精确砌成滑道，制品装在推板上由顶推机构推入窑炉内烧成。

6.6.2.3　辊道窑

辊道窑（roller kiln）是电热式隧道窑的一种，只是传递烧结样品的传递系统不是传统的窑车、推板，而是同步转动的陶瓷或金属辊棒。每条辊子在窑外传动机构的作用下不断地转动；制品由隧道的预热端放置在辊子上，在辊子的转动作用下通过隧道的预热带、烧成带和冷却带。

6.6.3　窑炉辅助设备

窑炉的工作离不开能源、控制系统及相关附属设备。下面介绍窑炉的常用发热元件以及热工测量。

电炉按炉温的高低可以分为低温（工作温度低于 700℃）、中温（工作温度为 700～1250℃）和高温（工作温度大于 1250℃）三类。炉温在 1200℃以下，通常采用镍铬丝、铁铬钨丝；炉温为 1350～1400℃时，采用硅碳棒；炉温为 1600℃，可采用二硅化钼棒作为电热体。

6.6.3.1 镍铬合金

镍铬合金也称为镍基合金，其熔点随合金成分而定，约为 1400℃。在 1100℃以下的炉子均使用镍铬合金，高温下不易氧化，不需气体保护。比体积电阻约为 1.11Ω·mm²/m，电阻温度系数为（8.5～14）$\times 10^{-6}$/℃，所以当温度升高时，电功率极稳定。不同成分的镍铬合金，其电阻系数及电阻温度系数不同。高温强度较高，有较好的塑性和韧性，适应统制各种类型的电热元件。电热元件经高温使用后一般会变脆，不能再加工，而镍铬电热元件如果没有过烧仍然是较软的。

6.6.3.2 铁铬铝合金

铁铬铝合金的熔点比镍铬合金高，约为 1500℃，加热后在其表面生成一层氧化铝，此层氧化铝的熔点比镍铬合金高并不易氧化，起保护作用。国产的高温铁铬铝最高使用温度达到 1200～1400℃。铁铬铝合金强度不太高，比镍铬合金低得多，如果过烧容易造成变形倒塌，造成短路，缩短使用寿命。性能硬脆，加工性差；经加热或使用过的铁铬铝合金性能更硬脆，不能再加工。可焊性差，要求快速焊接。在高温下与酸性耐火材料和氧化铁反应强烈，在炉里或支撑用时，要考虑使用比较纯的氧化铝耐火材料。

6.6.3.3 硅碳棒

硅碳棒的主要成分为 SiC 94%、SiO_2 6%，还有少量的铝、铁、氧化钙等。硅碳棒低温时，其电阻与温度成反比，但在 800℃左右时，电阻-温度特性曲线由负变正，这时注意控制电压。空气与碳酸气在高温时对硅碳棒起氧化作用，阻值会增加。在使用 60～80h 后，阻值增加 15%～20%，以后逐渐缓慢，这种现象称为“老化”，要注意控制功率。在正常的气氛下，炉温在 1400℃时，硅碳棒连续使用寿命可达 2000h 以上，间断使用为 1000h 左右。这类加热元件应用时间长，且应用范围广泛。在一般情况下，在空气中加热到 1550℃时，应用仍然很好，在某些特殊条件下可以加热至 1650℃。硅膜层在表面的形成抑制 SiC 的氧化，在加热与冷却的过程中，这层硅膜将会断裂，在下次的循环过程中将会重新形成。但是，如果下次循环过程的温度不足以使膜形成的话，SiC 元件将会被氧化。介于 600～1000℃的温度范围将会降低 SiC 元件的使用寿命。元件的电阻率将会随着温度的升高而降低，控制器应该适应这一环境，可以得到合适的控制步骤。

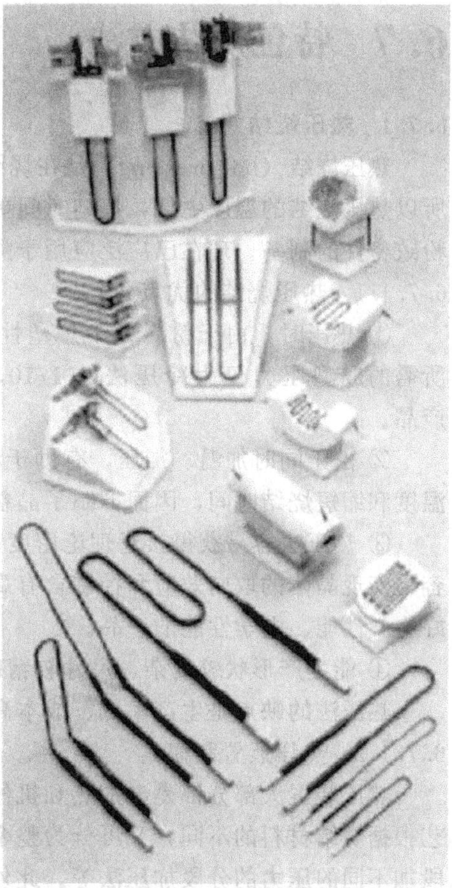

图 6.27 常见硅化钼加热元件的形状

对于一组不平衡电阻器来说，在末端的电接触与连接器易于氧化，电阻率增加且需要日常维修是一个问题，随着老化的进行，电阻率增加，旧元件与新更换的元件不匹配，一些组件变热而一些组件却很凉。最糟糕的情况是我们需要替换整个组件，这是很昂贵的。重要的是按照制造商的说明来安装。其中的一点就是在电阻器与墙壁、器皿之间预留 5～8cm 的空隙。这能够帮助避免热量聚集，减少热碰撞导致脆性的加热元件断裂。

6.6.3.4 硅钼棒

硅钼棒是用金属粉末 Mo 与 Si 粉通过直接合成的方法制备的，硅钼棒的电阻率随温度的升高几乎以直线关系迅速上升，在恒定电压下，功率在低温时是高的，随着温度上升，则功率减小。这类加热器应用范围十分广泛，常规类型在 1600℃时性能较好，高级类型的加热器加热温度可以超过 1900℃，但是这对它的破坏性比较大。在高温下使用将会缩短元件的使用寿命，但是有时这是不可避免的。这类元件可以做成各种尺寸和形状。图 6.27 描述一些硅化钼加热元件的形状。

常避免使用小直径元件，由于其脆性和弯曲性，像 SiC，在烧结过程中形成硅膜来保护元件。当安装的时候如果不按照安装说明进行的话，更换元件将提高价格，且浪费时间，硅化钼元件简化能量供应，不像 SiC 元件一样，随着温度改变，电阻率发生变化，但是硅化钼元件易碎，需要足够的空间以避免碰撞。像 SiC 元件，需要清洗难熔物及炉子底座以避免热聚集。但是最大的失误可能是买的炉子太小不能够供普通实验用，给装置及元件一些空间，避免使用最小直径（3mm）元件。

元件的寿命取决于以下 3 个因素：正确的安装，控制合理的升温降温速率，元件的碰撞。

6.7 特色烧结方法

6.7.1 热压烧结

热压烧结（hot pressing）是在烧结过程中同时对坯料施加压力，加速了致密化的过程。所以热压烧结的温度更低，烧结时间更短。热压技术已有 70 年历史，最早用于碳化钨和钨粉致密件的制备。现在已广泛应用于陶瓷、粉末冶金和复合材料的生产。

6.7.1.1 热压烧结的优点

① 热压时，由于粉料处于热塑性状态，形变阻力小，易于塑性流动和致密化，因此，所需的成型压力仅为冷压法的 1/10，可以成型大尺寸的 Al_2O_3、BeO、BN 和 TiO_2 等产品。

② 由于同时加温、加压，有助于粉末颗粒的接触、扩散、流动等传质过程，降低烧结温度和缩短烧结时间，因而抑制了晶粒的长大。

③ 热压法容易获得接近理论密度、气孔率接近于零的烧结体，容易得到细晶粒的组织，容易实现晶体的取向效应和控制含有高蒸气压成分的系统的组成变化，因而容易得到具有良好力学性能、电学性能的产品。

④ 能生产形状较复杂、尺寸较精确的产品。

热压法的缺点是生产率低、成本高。

6.7.1.2 热压装置和模具

热压装置大部分都是电加热和机械加压，图 6.28 为几种典型的加热方式。加压操作工艺根据烧结材料的不同，又可分为整个加热过程保持恒压、高温阶段加压、在不同的温度阶段加不同的压力的分段加压法等。此外热压的环境气氛又有真空、常压保护气氛和一定气体压力的保护气氛条件。

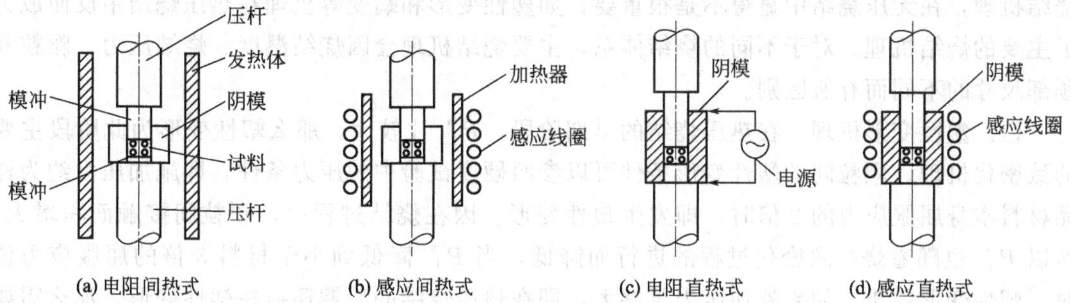

图 6.28　热压的加热方法

陶瓷热压用模具材料有石墨、氧化铝。石墨是在 1200℃ 或 1300℃ 以上（常常达到 2000℃左右）进行热压最合适的模具材料，根据石墨质量不同，其最高压力可限定在十几至几十兆帕，根据不同情况，模具的使用寿命可以从几次到几十次。为了提高模具的寿命，又利于脱模，可在模具内壁涂上一层六方 BN 粉末。但石墨模具不能在氧化气氛下使用。氧化铝模具可在氧化气氛下使用，氧化铝模可承受 200MPa 压力。

6.7.1.3　热压烧结的驱动力

热压烧结的驱动力不但与烧结压力有关，而且还与颗粒间的接触面积/颗粒截面积的比值有关。在热压烧结的初始阶段，假设所有粉体都是规则的球形颗粒立方堆积在一起，则作用在颗粒接触面积上的有效压力为：

$$P_1^* \approx \frac{4a}{\pi x^2} P_{\mathrm{appl}} + \frac{\gamma_s}{r} \tag{6.31}$$

式中，a 为颗粒半径；x 为颈部半径，r 为颈部曲率半径。

在烧结的最终阶段，假设坯体中的气孔成均匀分布状况，则作用在颗粒接触面积上的有效压力为：

$$P_2^* \approx \frac{P_{\mathrm{appl}}}{\rho} + \frac{2\gamma_s}{r} \tag{6.32}$$

式中，ρ 为坯体的相对密度。

6.7.1.4　热压烧结的致密化过程

热压烧结的致密化过程大致可分成三个阶段。

(1) 微流动阶段　热压初期颗粒发生相对滑移、破碎和塑性变形，类似常压烧结的颗粒重排。这个阶段的特点是密度的快速增长，大部分气孔都在这一时期消失掉，致密化速率最大，致密化速率与粉料粒度、形状、材料的屈服强度以及烧结温度和压力有关，一般烧结温度越高，压力越大，则致密化速率越大。但随着密度的增加，粉粒接触面显著加大，单位表面分配到的作用力大为下降，粒界滑移不易，转而大量出现挤压粒界，致密化速率随之减小。

(2) 塑性流动阶段　类似常压烧结后期闭孔收缩阶段，以塑性流动传质为主，致密化速率减慢。

(3) 扩散阶段　趋近终点密度，以扩散控制的蠕变传质为主。

上述热压烧结的三个阶段，不是截然分开的，彼此都有一定的重叠。

6.7.1.5　热压烧结机理

无压烧结的烧结机理，例如晶格扩散、晶界扩散在热压烧结方式中同样存在，除了以上烧结机理，在无压烧结中显得不是很重要，如塑性变形和蠕变等机理在热压烧结中反而成为了主要的烧结机理。对于不同的烧结体系，主要烧结机理会因烧结温度、烧结压力、颗粒和颈部尺寸的不同而有所区别。

(1) 塑性变形机理　在热压烧结的早期阶段，P_1^* 比较大，那么塑性变形为此阶段主要的致密化机理。颗粒间的塑性变形条件可以参照硬度试验中的压力条件，即施加压力约为样品材料本身屈服应力的 3 倍时，即发生塑性变形。因在烧结过程中，颗粒间接触面积增大，所以 P_1^* 也随着烧结致密化过程的进行而降低，当 P_1^* 降低到小于材料 3 倍的屈服应力值时，塑性变形停止。如果外加压力足够大，即在热压烧结的后期还存在塑性变形，那么需要满足的条件是：

$$P_2^* \geqslant \frac{2}{3}\sigma_s \ln\left(\frac{1}{1-\rho}\right)(\rho > 0.9) \tag{6.33}$$

式中，σ_s 为烧结材料的屈服应力。

(2) 蠕变机理　粉体蠕变也是热压烧结中的主要机理，那么在热压初期，根据材料的蠕变特性，坯体的致密化速率为：

$$\frac{d\rho}{dt} = f(\rho, geo)\frac{x}{a}\dot{\varepsilon}_0 \left(\frac{P_1^*}{3\sigma_0}\right)^n \tag{6.34}$$

式中，$\dot{\varepsilon}_0$、σ_0 和 n 是和烧结材料有关的参数，其中 n 取值在 3～8 之间，$f(\rho, geo)$ 为烧结体致密度和颗粒几何形状的函数。

(3) 扩散机理　颗粒尺度对塑性变形机理和蠕变机理作用的致密化过程影响不是很大，但扩散机理作用的致密化过程中，颗粒尺寸和压力的影响比较大。颗粒尺寸对扩散机理作用的致密化速率的影响如下。

晶格扩散：

$$\frac{d\rho}{dt} \propto \frac{1}{t} \propto \frac{D_l V_m P^*}{RTa^2} \tag{6.35}$$

晶界扩散：

$$\frac{d\rho}{dt} \propto \frac{D_b \delta_b V_m P^*}{RTa^3} \tag{6.36}$$

6.7.2 热等静压

热等静压工艺（hot isostatic pressing，简写为 HIP）是将粉末压坯或装入包套的粉料装入高压容器中，使粉料经受高温和均衡压力的作用，被烧结成致密件。热等静压技术是 1955 年由美国 Battelle Columbus 实验室首先研制成功的。其基本原理是：以气体作为压力介质，使材料（粉料、坯体或烧结体）在加热过程中经受各向均衡的压力，借助高温和高压的共同作用促进材料的致密化。最开始，HIP 工艺应用于硬质合金的制备中，主要对铸件进行处理。经历了近 50 年的发展，其在工业化生产上的应用范围得到了不断地拓展。在过去 10 年里，通过改进热等静压设备，生产成本大幅度降低，拓宽了热等静压技术在工业化生产方面的应用范围，并且其应用范围的扩展仍有很大潜力。目前，热等静压技术的主要应用有：金属和陶瓷的固结，金刚石刀具的烧结，铸件质量的修复和改善，高性能磁性材料及靶材的致密化。

热等静压与传统的无压烧结或热压烧结工艺相比，有许多突出的优点：

① 采用 HIP 烧结，陶瓷材料的致密化可以在比无压烧结或热压烧结低得多的温度下完

成，可以有效地抑制材料在高温下发生很多不利的发应或变化，例如晶粒异常长大和高温分解等；

② 通过 HIP 烧结工艺，能够在减少甚至无烧结添加剂的条件下，制备出微观结构均匀且几乎不含气孔的致密陶瓷烧结体，显著地改善材料的各种性能；

③ 通过 HIP 后处理工艺，可以减少乃至消除烧结体中的剩余气孔，愈合表面裂纹，从而提高陶瓷材料的密度、强度；

④ HIP 工艺能够精确控制产品的尺寸与形状，而不必使用费用高的金刚石切割加工，理想条件下产品无形状改变。

6.7.2.1　热等静压装置

热等静压装置主要由压力容器、气体增压设备、加热炉和控制系统等几部分组成。其中压力容器部分主要包括密封环、压力容器、顶盖和底盖等；气体增压设备主要有气体压缩机、过滤器、止回阀、排气阀和压力表等；加热炉主要包括发热体、隔热屏和热电偶等；控制系统由功率控制、温度控制和压力控制等组成。图 6.29 是热等静压装置的典型示意。现在的热等压装置主要趋向于大型化、高温化和使用气氛多样化，因此，加热炉的设计和发热体的选择显得尤为重要。目前，HIP 加热炉主要采用辐射加热、自然对流加热和强制对流加热等三种加热方式，其发热体材料主要是 Ni-Cr、Fe-Cr-Al、Pt、Mo 和 C 等。由于热等静压有如此优越的特性，热等静压装置逐年在迅速增加，据资料报道，1983 年全世界拥有热等静压装置 350 台，1984 年约 450 台，1988 年达到 800 台，特别是日本 1980～1989 年的十年中，其热等静压装置由 15 台猛增到 190 台。我国在热等静压方面的发展也较快。由于起步较晚，国内的热等静压设备大多进口。通过不断的积累使用和研究经验，学习、解剖国外的同类设备，由原冶金部北京钢铁研究总院等静压工程技术中心成功开发了 SIP300-Ⅰ大型卧式烧结热等静压炉和 SIP300-Ⅱ型立式烧结等静压炉，并于 1996 年 5 月通过技术鉴定。

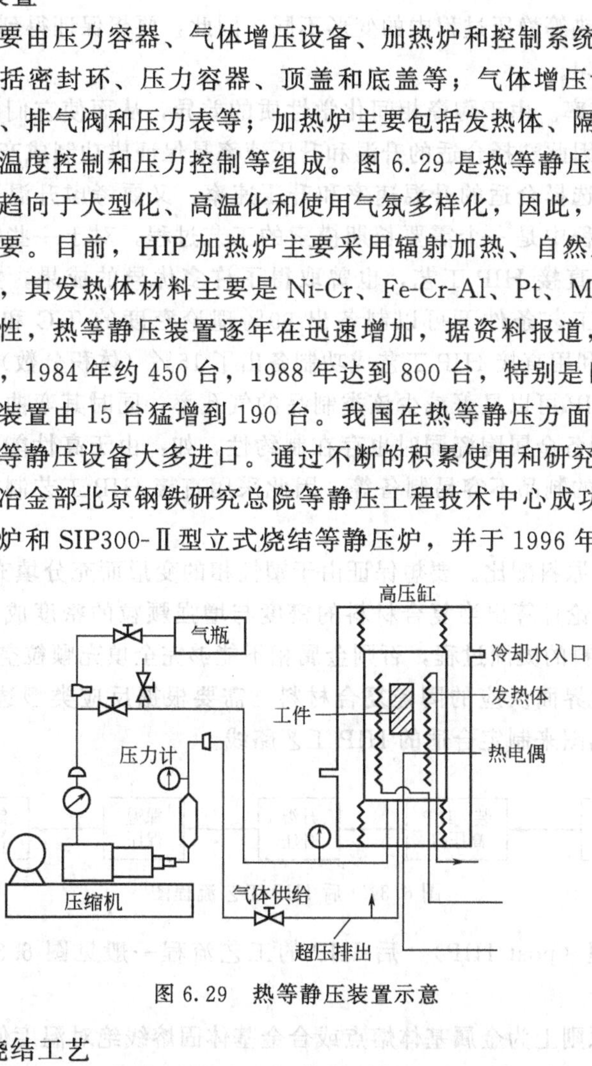

图 6.29　热等静压装置示意

6.7.2.2　热等静压烧结工艺

热等静压工艺通常分为直接 HIP 和后 HIP 处理。

(1) 直接 HIP 烧结　直接 HIP 的工艺流程如图 6.30 所示。直接 HIP 工艺制备陶瓷一般需先制备好烧结粉末，然后选择合适的包套材料进行包套，之后进行脱气处理，再经历预烧处理，目的在于控制烧结过程中的晶型转变，根据陶瓷相的不同，此工艺阶段也可省略。最后控制升温、升压速率进行热压烧结。其直接 HIP 工艺的技术关键有如下几点。

① 包套质量。包套质量对最终制品的性能影响较大，包套内粉末的初始分布及密度基

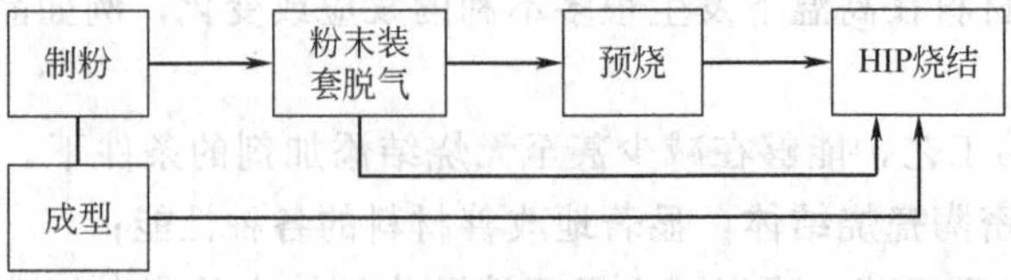

图 6.30 直接 HIP 工艺流程

本上决定了包套在热等静压过程中的收缩方式。在包套中尽量提高粉末的装填密度，从而减少烧结过程中的体积收缩。

② 体均匀性以及陶瓷相配比也是影响最终烧结制品性能的主要因素。由于陶瓷相自身不同特性决定了其在热等静压过程中的变形不同，因此，要想保证得到足够致密的制品，必须保证陶瓷相分布均匀。

③ 升温与升压速率。由于陶瓷相间化学性质的差异，从而使它们的性能随着温度和压力的变化也不相同，因此选择合适的升温和升压速率是保证成功制成产品的又一个关键工艺参数。在此方面既要选择合适的升温速率和升压速率，又要考虑升温速率与升压速率的关系，这在实际生产过程中是一个需要长期摸索的工艺过程，对于一些特殊制品，建议使用 HIP 图做参考。经过直接 HIP 工艺，也曾取得了许多优异的成果，如 1180℃，100MPa，保温保压 3h 的 HIP 工艺条件下可以制备出 99%理论密度的 TiC 和铁合金的复合材料；H. V. Atkinson 也曾利用直接 HIP 工艺成功制备出了 15%（体积分数）SiC 增强 A357 铝合金复合材料，通过 HIP 可以显著减少该类制品的气孔率，同时其弯曲强度也得到提高。但采用直接 HIP 工艺制备金属陶瓷同时也存在制约性，如：由于高性能、净尺寸的制品受到限制；大比例陶瓷相的制品不容易制备等，因此采用直接 HIP 工艺制备陶瓷材料还需注意以下事项。

a. 制粉阶段保证原料配比。要想保证由于塑性相的变形而充分填充陶瓷颗粒间的间隙，LANG 曾根据分形理论计算出当复合材料的密度与增强颗粒的密度成线形关系的话，则陶瓷相不会影响复合材料的凝固过程，否则金属相不能够完全填充颗粒空隙。

b. 对于容易发生界面反应的陶瓷复合材料，需要根据反应类型选择合适的压力制度，必要时需参照 HIP 相图来制定合适的 HIP 工艺路线。

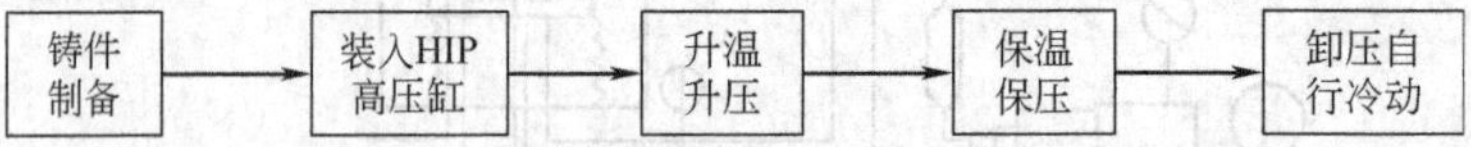

图 6.31 后 HIP 工艺流程图

(2) 后 HIP 处理（post HIP） 后 HIP 的工艺流程一般见图 6.31，技术关键有如下几点。

① 温度的选择原则上为金属基体熔点或合金基体固熔线绝对温度值的 0.6～0.9 倍。温度的高低或均匀性是很重要的，它对制品的质量起着关键作用。如果温度过低，则金属基不易产生蠕变流动去填充各种缺陷；如温度过高，又会使坯体局部熔化而损坏制品。

② 压力选择既能使材料产生塑性流动，又能保证增强颗粒不被压碎，如 Q. F. Li 制备 Al_2O_3/Al 复合材料的 HIP 热处理压力选择为 200MPa。压力选择一般参照金属相的屈服强度和蠕变强度及陶瓷相的强度。一般选择 100～200MPa。

③ 保温保压时间选择应使坯体内的蠕变充分进行，又不至于造成晶粒长大等不利现象

出现，一般选择1～2h。经过 HIP 工艺对铸件坯体进行热处理之后，铸件坯体的气孔率将大大减少。如图 6.32 所示，HIP 处理前后的 TiC/TiNi 复合材料显微结构有明显差别，其大部分气孔在经历了 HIP 过程后闭合，大大提高了复合材料的致密度及力学性能，曾取得了许多优异的成果。如 Q. F. Li 制备 Al_2O_3/Al 复合材料，将预先铸造得到的 Al_2O_3/Al 铸件在 520℃，200MPa 压力下保温保压 1h 经过 HIP 处理后得到的成品的 0.2 屈服强度 $\sigma_{0.2}$ 提高了 20%；我国的熊计等在制备超细 $TiC_{0.7}N_{0.3}$ 金属陶瓷中将样品经 HIP 处理后，材料的密度、硬度、横向断裂强度均有所提高，特别是经 1350℃，1.5h，70MPa 下经 HIP 处理后，制品的密度提高了 0.5%，硬度提高了 1.1%，而横向断裂强度则提高了将近 1 倍。

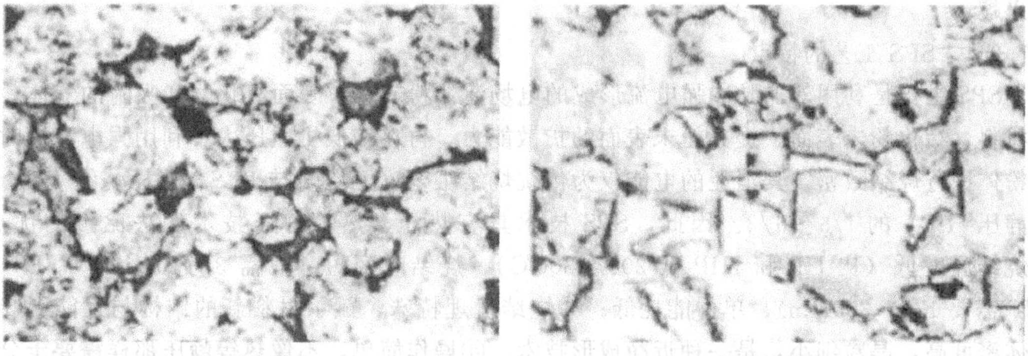
(a) HIP前结构 (b) HIP后结构

图 6.32 等静压前、后 TiC/TiNi 的显微结构

虽然 Post-HIP 工艺在经过了十几年的研究历程后已经取得了诸如以上突出的成绩，但是由于受其工艺自身的限制，在工业化过程的研究进程中进展很慢，如果要想快速实现 Post-HIP 工艺制备陶瓷的工业化，必须注意以下事项。

① 由于 HIP 处理铸件坯体时一般不需要加包套，所以对于铸件表面的气孔等缺陷需进行封闭处理。

② 必须保持高压介质洁净，否则会污染制品。

③ 选用的 HIP 工艺参数不合适会引起不良结果。

6.7.2.3 HIP 机理模型

在微观力学方法中，粉末致密化行为的速率方程由诸如单个晶粒、颗粒及周围环境的蠕变、扩散等物理方面而决定。HEll 等（1985）提出了致密化速率方程，画出了 HIP 机理图，通常称为 HIP 图。提出的方程在相对密度低于和高于 0.9 是不同的，这个机理考虑了晶界扩散、晶格扩散、蠕变指数，后一种情况还考虑了晶界扩散。Li 等（1987）研究了 HIP 期间形状的改变，在常温常压下 HIP 的致密化能够令人满意的模拟。但是，实际上加热到选定 HIP 温度的瓷体的热流很慢，在正常的 HIP 条件下，温度梯度是不可避免的。如果粉体密度前沿是压力下快速加热形成的，会产生大的形状改变。致密化速率高于特征的热流速率，致密化前沿的行为采用一维热流场模拟。有限的试验确认了这些规律。

在宏观力学方法中，粉体被视为连续体。粉末致密化行为模拟的基本方程建立在对多孔材料塑性理论进行修改的基础上。孔隙率或相对密度通常作为内部变量。采用有限元热传导法来进行温度计算，其中将比热容及热传导率的变化看做是相对密度和温度的函数。

6.7.3 放电等离子体烧结

放电等离子体烧结工艺（spark plasma sintering，SPS）是近年来发展起来的一种新型材料制备工艺方法。又被称为脉冲电流烧结。该技术的主要特点是利用体加热和表面活化，实现材料的超快速致密化烧结。可广泛用于磁性材料、梯度功能材料、纳米陶瓷、纤维增强陶瓷和金属间化合物等系列新型材料的烧结。SPS 技术的历史可追溯到 20 世纪 30 年代，当时“脉冲电流烧结技术”引入美国，后来日本研究了类似但更先进的技术——电火花烧结，并于 60 年代末获得专利，但没有得到广泛的应用，1988 年，日本井上研究所研制出第一台 SPS 装置，具有 5t 的最大烧结压力，在材料研究领域获得应用。SPS 技术于 20 世纪 90 年代发展成熟，最近推出的 SPS 装置为该技术的第三代产品，可产生 10～100t 的最大烧结压力，可用于工业生产，能够实现快速、低温、高效烧结，已引起各国材料科学与工程界的极大兴趣。

6.7.3.1　SPS 工艺的特点

SPS 主要是利用外加脉冲强电流形成的电场清洁粉末颗粒表面氧化物和吸附的气体，净化材料，活化粉末表面，提高粉末表面的扩散能力，再在较低机械压力下利用强电流短时加热粉体进行烧结致密。其消耗的电能仅为传统烧结工艺（无压烧结 PLS、热压烧结 HP、热等静压 HIP）的 1/5～1/3。因此，SPS 技术具有热压、热等静压技术无法比拟的优点：①烧结温度低（比 HP 和 HIP 低 200～300℃）、烧结时间短（只需 3～10min，而 HP 和 HIP 需要 120～300min）、单件能耗低；②烧结机理特殊，赋予材料新的结构与性能；③烧结体密度高，晶粒细小，是一种近净成形技术；④操作简单，不像热等静压那样需要十分熟练的操作人员和特别的模套技术。

6.7.3.2　SPS 烧结装置

SPS 烧结的基本结构类似于热压烧结，如图 6.33 所示。

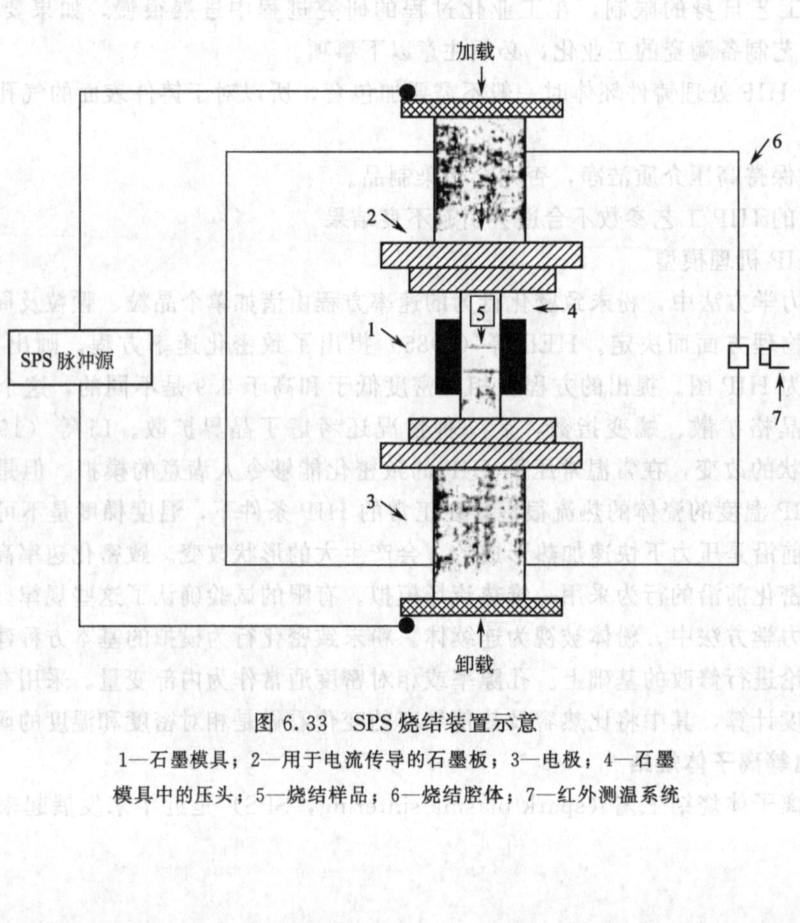

图 6.33　SPS 烧结装置示意

1—石墨模具；2—用于电流传导的石墨板；3—电极；4—石墨模具中的压头；5—烧结样品；6—烧结腔体；7—红外测温系统

SPS 烧结系统大致由 4 个部分组成：真空烧结腔（图中 6），电极（图中 3），测温系统（图中 7）和控制反馈系统。

6.7.3.3　SPS 的烧结机理

导电与非导电粉料的 SPS 机制有很大的区别，有学者研究认为导电性粉体中存在焦耳热效应和脉冲放电效应，而非导电粉体的烧结主要源于模具的热传导。具体就导电粉体的 SPS 定性分析为：由压头流出的直流脉冲电流分成几个流向，经过石墨模具的电流，产生大量焦耳热；经过粉体的电流，诱发粉末颗粒间产生放电，激发等离子体，随着等离子体密度不断增大，高速反向运动的粒子流对颗粒表面产生较大冲击力，使其吸附的气体逸散或氧化膜破碎，从而使表面得到净化和活化，有利于烧结。同时放电也会瞬时产生高达几千度至几万度的局部高温，在晶粒表面引起蒸发和熔化，并在晶粒的接触点形成“烧结颈”，由于是局部发热，热量立即从发热中心传递，晶粒表面和向四周扩散，因此所形成的烧结颈快速冷却，使得颈部的蒸气压低于其他部位，气相物质凝聚在颈部而达成物质的蒸发-凝固传递。通过重复施加开关电压，放电点（局部高温）在压实颗粒间移动而布满整个样品，使得样品均匀地发热和节约能源。在 SPS 过程中，晶粒受脉冲电流加热和压力的作用，体扩散、晶界扩散都得到加强。加速了烧结致密化的过程。对于非导电性材料，在 SPS 烧结过程中，由于脉冲电流在压头前端发生偏转，产生感应脉冲电磁场，在脉冲电磁场的激发下，产生高频二次电磁波。二次电磁波在传播方向的电磁波动使烧结体内产生规律性局部高温。这种局部高温能对控制烧结过程中长程扩散及烧结热效率产生影响，能使烧结试样中产生成分偏析或造成裂纹。

图 6.34 显示了 SPS 烧结过程中直流开关电流对材料的具体影响。

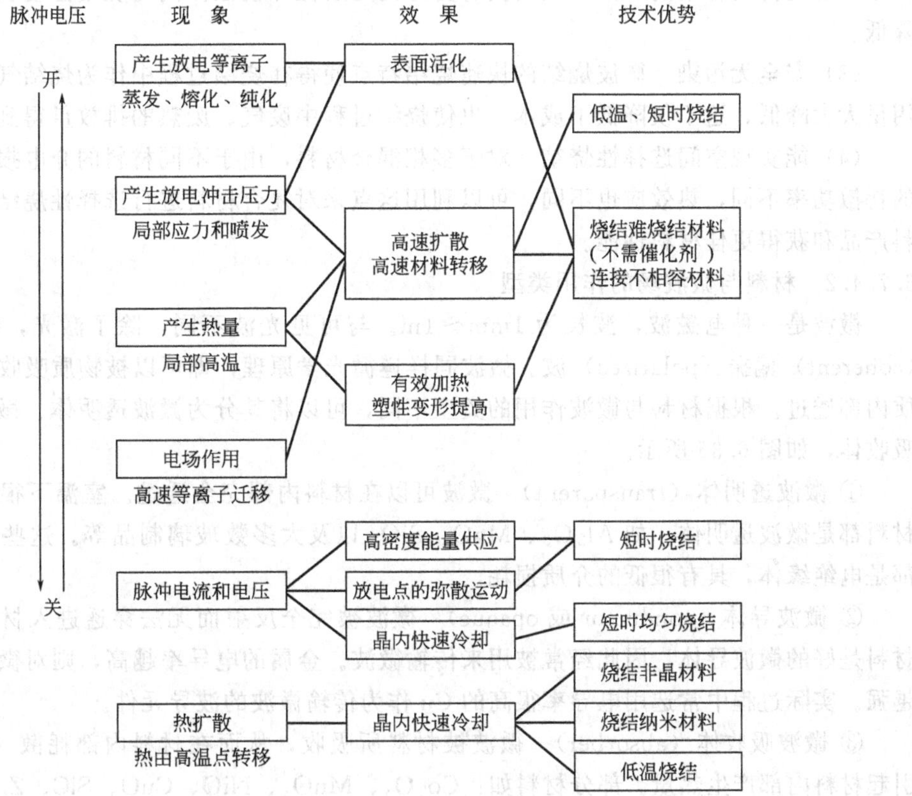

图 6.34　SPS 中直流开关脉冲电流的作用

6.7.4 微波烧结

微波烧结（microwave sintering）是利用微波具有的特殊波段与材料的基本细微结构耦合而产生热量，材料在电磁场中的介质损耗使材料整体加热至烧结温度而实现致密化的方法。微波是一种高频电磁波，其频率范围为0.3～300GHz。但在微波烧结技术中使用的频率主要为915MHz和2.45GHz两种波段。微波烧结是自20世纪60年代发展起来的一种新的陶瓷研究方法，微波烧结和常规烧结根本的区别在于：常规烧结是利用样品周围的发热体加热，而微波烧结则是样品自身吸收微波发热。根据微波烧结的基本理论，热能是由于物质内部的介质损耗而引起的，所以是一种体积加热效应，同常规烧结相比具有：烧结时间短、烧成温度低、降低固相反应活化能、提高烧结样品的力学性能、使其晶粒细化、结构均匀等特点，同时降低高温环境污染。然而，微波烧结的详细机理以及微波烧结工艺的重复性问题都是该新技术进一步发展的关键。目前，微波烧结技术已经被广泛用于多种陶瓷复合材料的试验研究。

6.7.4.1 微波烧结的技术特点

(1) 微波与材料直接耦合导致整体加热　由于微波的体积加热，得以实现材料中大区域的零梯度均匀加热，使材料内部热应力减小，从而减小开裂和变形倾向。同时由于微波能被材料直接吸收而转化为热能，所以能量利用率极高，比常规烧结节能80%以上。

(2) 微波烧结升温速率快，烧结时间短　某些材料在温度高于临界温度后，其损耗因子迅速增大，导致升温极快。另外，微波的存在降低了活化能，加快了材料的烧结进程，缩短了烧结时间。短时间烧结晶粒不易长大，易得到均匀的细晶粒显微结构，内部孔隙很少，孔隙形状也比传统烧结的要圆，因而具有更好的延展性和韧性。同时烧结温度也有不同程度的降低。

(3) 安全无污染　微波烧结的快速烧结特点使得在烧结过程中作为烧结气氛的气体的使用量大大降低，这不仅降低了成本，也使烧结过程中废气、废热的排放量得到降低。

(4) 能实现空间选择性烧结　对于多相混合材料，由于不同材料的介电损耗不同，产生的耗散功率不同，热效应也不同，可以利用这点来对复合材料进行选择性烧结，研究新的材料产品和获得更佳材料性能。

6.7.4.2 材料与微波场的作用类型

微波是一种电磁波，波长为1mm～1m。与可见光波不同，除了激光，微波都是干涉(coherent)偏振（polarized）波。微波同样遵循光学原理，即可以被物质吸收、反射及在物质内部透过。根据材料与微波作用的类型不同，可以将其分为微波透明体、微波导体和微波吸收体，如图6.35所示。

① 微波透明体（transparent）　微波可以在材料内部完全透过。室温下很多种陶瓷复合材料都是微波透明体。如Al_2O_3、MgO、SiO_2以及大多数玻璃制品等。这些物质在室温下都是电绝缘体，具有很低的介质损耗。

② 微波导体（conductor 或 opaque）　微波被完全反射而无法穿透进入材料内部。金属材料是好的微波导体，因此经常被用来传输微波。金属的电导率越高，则对微波的反射能力越强。实际过程中常选用电导率很高的Cu作为传输微波的波导元件。

③ 微波吸收体（absorber）　微波被材料所吸收，从而在材料内部耗散（dissapation)，引起材料内部产生热量。部分材料如：Co_2O_3、MnO_2、NiO、CuO、SiC、ZrO_2、$BaTiO_3$、Si_3N_4等室温下具有较高的介质损耗，因此可以显著吸收微波。而对于微波透明体，随着温

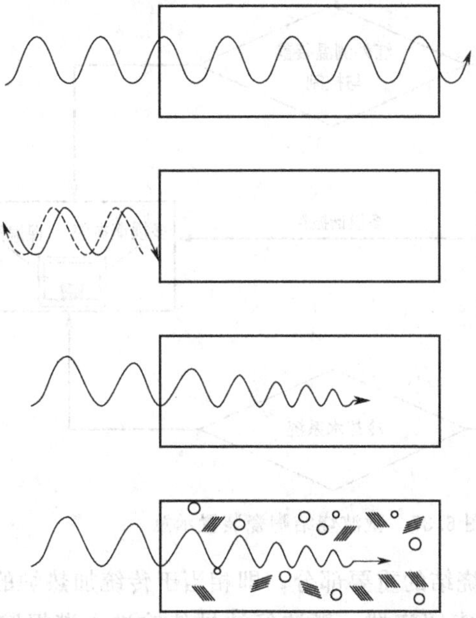

图 6.35　材料与微波的作用方式示意

度的升高，其自身的损耗增加，可以成为微波吸收体。此外，通过在低损耗基体材料内添加具有导电性或磁性的纤维、颗粒，使微波在复合材料内部不断被反射、吸收，可以大大提高与微波的耦合（coupling）能力，在室温下即可显著吸收微波，被加热。因此，复合材料更适宜采用微波烧结工艺烧成。

6.7.4.3　微波烧结系统

对于微波烧结，合理的微波烧结系统是实现有效微波烧结的基础。一般来说，微波烧结系统主要包括三部分：微波发生器（微波源，microwave generator）；微波传输系统（波导，waveguide）；微波谐振腔（烧结腔体，resonance chamber）。图 6.36 是其中的微波发生器和波导传输系统示意图。图 6.37 是微波烧结装置示意。其中包括几个主要部分：微波发生器、烧结谐振腔、测温系统等。

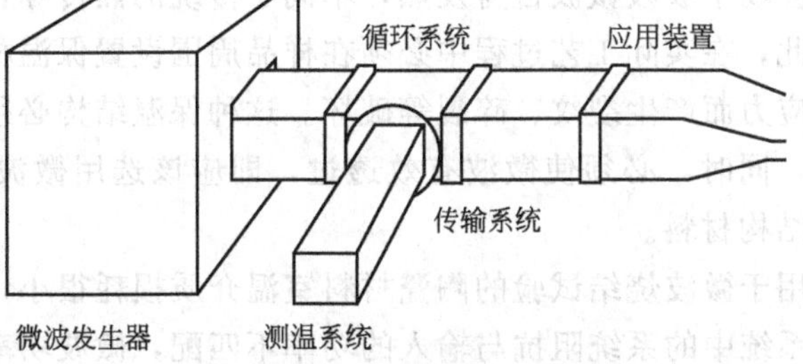

图 6.36　微波源及微波传输系统

微波发生器是微波源，利用电流的高频振荡原理，产生一定频率的微波。用于微波烧结或微波加热（家用微波炉）的微波发生器产生的微波频率只可能是两种，即：915MHz 或 2450MHz。根据实际需要，微波源的功率大小不同。家用微波加热炉的功率一般都小于 1kW；而微波烧结试验用微波源最大功率多为 5kW，特殊情况下功率达到几十甚至几百千瓦。

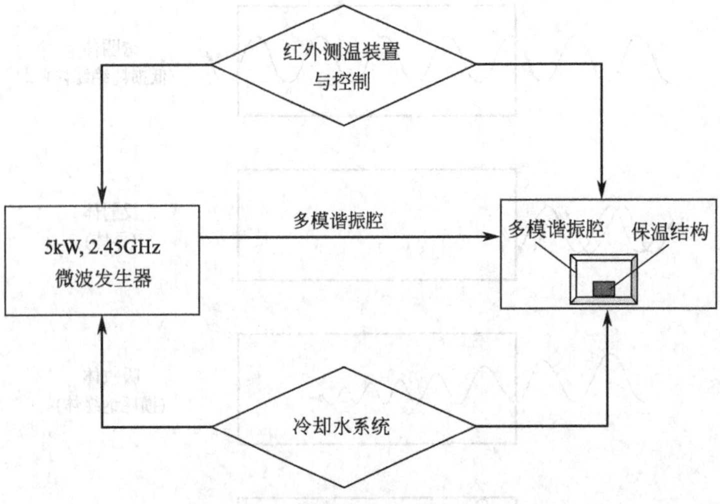

图 6.37 微波烧结陶瓷装置示意

烧结谐振腔是样品实现高温烧结的重要部分，即相当于传统加热炉的炉体部分。它是由高电导率的金属（Cu）板组成的密闭容器，微波经波导传输进入谐振腔后，在三维空间内被反射，反射微波与入射微波相互之间产生固定的相位差，从而使谐振腔内的空间微波场出现固定的谐振模式，谐振点场强密度高，成为烧结区。谐振腔可以是圆柱形，微波从侧面进入时沿轴向发生谐振，在轴心区域形成高场强区，这种谐振模式称为单模谐振，腔体则为单模谐振腔；而对于方形腔体，由于微波沿三个方向出现谐振波，在空间范围内形成多个驻点（谐振点），在驻点处电流密度高，场强高。这种谐振模式称为多模谐振模式，因此，方形谐振腔可以形成多模谐振腔。其中的谐振模式与谐振腔体的各边尺寸有关，一般来讲，各边长度是微波半波长的整数倍时可以形成多模谐振，以 TE_{hkl} 表示，其中 h、k、l 分别表示沿长度、宽度、高度方向微波的谐振模数。如谐振模式 TE_{333} 表示沿三个方向上都出现 3 个谐振驻点，即谐振腔的长度、宽度和高度大小都是微波波长的 3/2，也就是 3 个半波长。

一般来讲，单模谐振腔加热集中，但样品受热不均匀，不适宜大尺寸样品；而多模谐振腔相对较均匀，是用于烧结大尺寸（大批量）陶瓷样品的主要结构。

由于是样品在微波场中吸收微波自身发热，不同于传统的热传导，样品与周围环境之间的温度梯度很大，因此，在实际工艺过程中必须在样品周围设置保温材料，以防止样品在降温过程中因巨大的热应力而产生裂纹、碎裂等破坏。这种保温结构必须具备很好的隔热、保温、抗热冲击等性能，同时，必须使微波有效透过，即应该选用微波透明体。多孔结构的 Al_2O_3 是理想的保温结构材料。

在多数情况下，用于微波烧结试验的陶瓷材料室温介质损耗很小，无法自身有效吸收微波被加热，使得烧结系统中的系统阻抗与输入的功率不匹配，微波功率因此被反射，一方面使加热效率降低，更主要的是可能造成微波源的老化破坏。因此，在烧结有损耗的介质材料时，通常在保温结构内部增设辅助加热体，辅助加热体的室温介质损耗（电导损耗）很高，因而可以提高系统阻抗。辅助加热体在低温下吸收微波发热，通过热辐射、传导等方式对烧结样品进行加热，当达到临界温度时，烧结样品的损耗剧烈增大，从而自身吸收微波，完成高温烧结。SiC 半导体发热体通常被用作保温结构中的辅助加热体。辅助加热体的性能、尺寸、数量、在保温结构中的分布等都直接影响着微波烧结的加热效果。

微波烧结测温系统中的温度准确测定也是该领域研究和解决的主要难点技术之一。与传统烧结不同，金属热电偶在微波场中容易引起打火，同时影响谐振腔内的微波谐振模式。因此，实际工艺过程中多采用红外光导纤维测温系统。光导纤维视窗的位置、样品结构的改变等都会对温度的测定产生影响。

6.7.4.4　微波烧结机理

在微波电磁场作用下，陶瓷材料会产生一系列的介质极化，如电子极化、原子极化、偶极子转向极化和界面极化等。参加极化的微观粒子种类不同，建立或消除极化的时间周期也不一样。由于微波电磁场的频率很高，使材料内部的介质极化过程无法跟随外电场的变化，极化强度矢量 P 总是滞后于电场 E，导致产生与电场同相的电流，从而构成材料内部的耗散，在微波波段，主要是偶极子极化和界面极化产生的吸收电流构成材料的介质耗散。在绝热环境下，当忽略材料在加热过程中的潜能（如反应热、相变热等）变化时，单位体积材料在微波场作用下的升温速率为：

$$dT/dt=2\pi f\varepsilon_0\varepsilon' E^2/C_p\rho \tag{6.37}$$

式中，f 为微波工作频率；ε'为材料介电损耗；ε_0 为空间介电常数；E 为微波电场强度；C_p 为材料热容；ρ 为材料密度。

上式给出了微波烧结陶瓷材料时微波炉功率与微波腔内场强的关系以及微波场强的大小对加热速率的影响。微波烧结的功率决定了微波烧结场场强的大小，升温速率与烧结场场强、材料热容和材料密度密切相关。

6.7.5　反应烧结

反应烧结（reaction-bonded sintering）是让原料混合物发生固相反应或原料混合物与外加气（液）体发生固-气（液）反应，以合成材料，或者对反应后的反应体施加其他处理工艺，以加工成所需材料的一种技术。同其他烧结工艺比较，反应烧结有如下几个特点。

① 反应烧结时，质量增加，普通烧结过程也可能发生化学反应，但质量不增加。

② 烧结坯件不收缩，尺寸不变，因此，可以制造尺寸精确的制品。普通烧结坯件发生体积收缩。

③ 普通烧结过程，物质迁移发生在颗粒之间，在颗粒尺度范围内，迁移过程发生在长距离范围内，反应速率取决于传质和传热过程。

④ 液相反应烧结工艺，在形式上，同粉末冶金中的熔浸法类似，但是，熔浸法中的液相和固相不发生化学反应，也不发生相互溶解，或只允许有轻微的溶解度。

反应烧结技术的成功实例主要有反应烧结氮化硅（reaction-bonded silicon nitride，RBSN），反应烧结碳化硅（reaction-bonded silicon carbide，RBSC）。反应烧结氮化硅（RBSN）是把 Si 的微细粉末的成型体在氮气中加热，通过反应 $3Si+2N_2 = Si_3N_4$，得到 Si_3N_4 的烧结体。若在预成型体中引入其他相，就可获得各种复合材料。如在 Si 预形体中加入 C 或 SiC，氮化后即获得 Si_3N_4-SiC 复合材料。反应烧结碳化硅（RBSC）是利用含 C 粉和 SiC 粉的成型体与 Si 气相或液相在高温下反应得到 SiC 的烧结体。原料中的 C 与外部来的 Si 反应，一方面生成 SiC，一方面引起致密化：反应烧结后烧结体的气孔进一步由 Si 填充，所以可以得到致密且收缩极小的烧结体，可应用于各个领域。

6.7.6　爆炸烧结

爆炸粉末烧结（explosion sintering）是利用炸药爆轰产生的能量，以冲击波的形式作用于金属或非金属粉末，在瞬态、高温、高压下发生烧结的一种材料加工或合成的新技术。作为一种高能量加工的新技术，爆炸粉末烧结具有烧结时间短（一般为几十微秒左右）、作用压力大（可达 0.1～100GPa）的特征。与常规烧结方法相比，有着其独特的优点。

① 具备高压性，可以烧结出近乎密实的材料。

② 具备快熔快冷性，有利于保持粉末的优异特性。由于冲击波加载的瞬时性，爆炸烧结时颗粒从常温升至熔点温度所需的时间仅为微秒量级，这使温升仅限于颗粒表面，颗粒内部仍保持低温，形成“烧结”后将对界面起冷却“淬火”作用，这种机制可以防止常规烧结方法由于长时间的高温造成晶粒粗化而使得亚稳合金的优异特性（如较高的强度、硬度、磁学性能和抗腐蚀性）降低。因此，爆炸烧结迄今被认为是烧结微晶、非晶材料最有希望的途径之一。

③ 可以使 Si_3N_4、SiC 等非热熔性陶瓷在无需添加烧结助剂的情况下发生烧结。在爆炸烧结的过程中，冲击波的活化作用使粉体尺寸减小并产生许多晶格缺陷，晶格畸变能的增加使粉体储存了额外的能量，这些能量在烧结的过程中将变为烧结的推动力。除上述特点外，与一般爆炸加工技术一样，爆炸粉末烧结还具备经济、设备简单的特点。

6.7.6.1　爆炸烧结装置及方法

根据炸药与粉末的相对位置，爆炸烧结可分为间接法和直接法。

(1) 间接法　间接法是将炸药与被压粉末模具分开，根据炸药、压片及粉体装填位置不同，可分为单面飞片，单活塞和双活塞装置，其装置如图 6.38 所示。

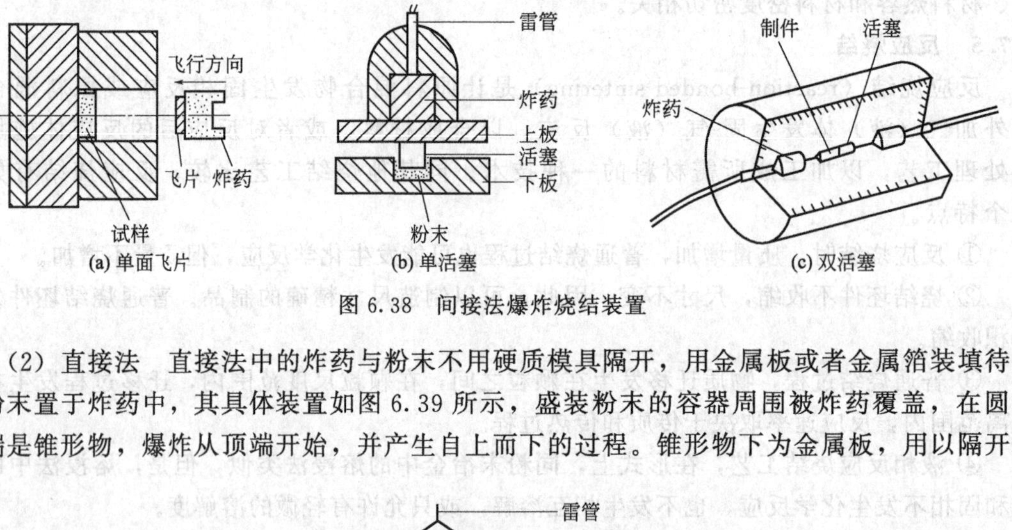

图 6.38　间接法爆炸烧结装置

(2) 直接法　直接法中的炸药与粉末不用硬质模具隔开，用金属板或者金属箔装填待烧结粉末置于炸药中，其具体装置如图 6.39 所示，盛装粉末的容器周围被炸药覆盖，在圆柱顶端是锥形物，爆炸从顶端开始，并产生自上而下的过程。锥形物下为金属板，用以隔开粉

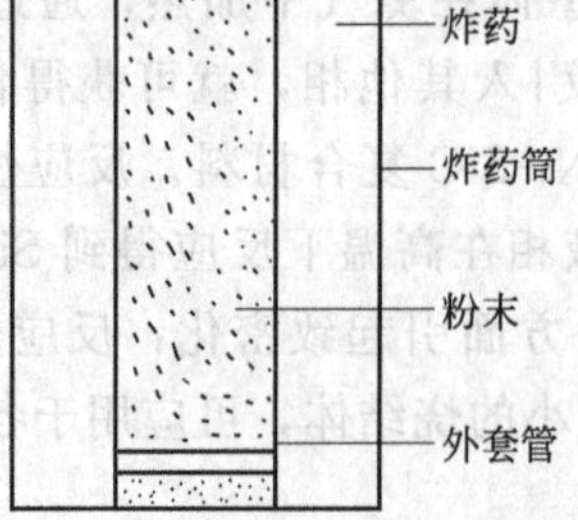

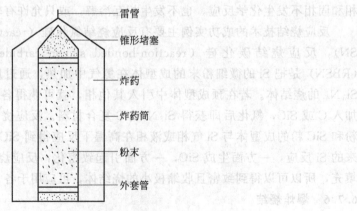

图 6.39　直接法爆炸烧结装置

末。此装置简单，成本较低，可产生大于 2.2kN 的力，且圆柱筒可无限加长，所以足以产生尺寸较大的试样。

6.7.6.2 爆炸烧结机理

爆炸粉末烧结的宏观机理在于冲击波在多孔介质中的传播过程。关于宏观机理的研究，对于轴对称爆炸压实的情况，冲击波在向试件中心传播的过程中可能出现 3 种情况：压力向中心降低、压力在界面上不变、压力向中心增加，与之相对应，圆柱体试样的界面将出现 3 种情况：压制不完全、压制正确与压制过度。前者和后者的出现将严重影响烧结体的质量。对爆炸粉末烧结的细观机理的研究最初的研究认为粉末在冲击波压缩下的升温在粉末颗粒的内部和界面上是均匀一致的。但随着对爆炸烧结的大量研究逐步认识到，粉末颗粒的升温和熔化首先发生在颗粒的边界上，热能急剧在颗粒界面积聚，并导致表层的熔融和结合。关于爆炸粉末烧结中的颗粒界面的沉能机制长期以来是个有争议的问题。Linse 认为固结是由于颗粒发生变形、流动，填充了空穴和裂缝，从而使颗粒间结合，因而颗粒变形、发热和软化热熔的过程是主要机制。Wilkins 认为在高压状态下，许多材料均呈现相当高的韧性，从而在动态荷载的高压下发生塑性流动和升温，并使相邻颗粒发生局部焊接口。Morris 在较早时候认为粉末的冲击波固结过程类似于板-板之间的爆炸结合口。Lotrich 等人还认为空穴或颗粒之间裂缝中的空气绝热压缩是颗粒发生熔化的根源。以上机制都是假设粉粒尺寸均匀，可认为比较适合均匀粒子的熔合过程。对非均匀粒子，特别是粒子尺寸相差悬殊的情况，可综合考虑微尺度力学与微尺度传热的“颗粒尺寸效应”机理来解释。希腊学者 Mamalis 又对多年来关于爆炸烧结的细观机理的研究进行了总结指出，冲击波通过疏松介质时基本的烧结机理主要与以下两个因素有关：①颗粒的塑性变形以及颗粒间的相互碰撞、孔隙塌缩、颗粒表层的破坏导致颗粒表面的沉热和熔化——发生焊接；②颗粒的破碎、孔隙的填充、颗粒表面由于热量的沉积而发生部分熔焊或固态扩散结合。需要说明的是上述第一种机理主要是针对金属类塑性材料来说的，而第二种机理主要适用于陶瓷等脆性材料。

6.7.7 闪烧结

闪烧结（flash sintering）是在强电场的辅助作用下，实现陶瓷材料快速、低温烧结的一种新型烧结技术。该烧结技术是由美国科罗拉多大学教授 Rishi Raj 和 Marco Cologna 发现和应用的，他们的最新研究发现，在电场辅助下，即便在 850℃下，通过加大电场强度，YSZ 陶瓷居然可以在几秒钟内闪烧结（flash sintering）。与其他烧结方法相比，闪烧结具有其独特的优点，即烧结速度快，烧结温度低，高效节能。

如图 6.40 所示，对于 YSZ 陶瓷材料，采用闪烧结技术烧结，相对于传统烧结（conventional sintering）、热压烧结（hot press）和放电等离子体烧结（SPS）等技术，闪烧结技术可以在更短的时间内和更低的温度下实现 YSZ 陶瓷的致密化烧结。其中，快速烧结可以提高生产效率，简化生产工艺；低温烧结可以降低生产成本和设备投资，尤其是在 1000℃以下完成烧结，更容易设计炉膛结构，并能保证烧结设备的长期使用，减少了设备检修和维护成本，

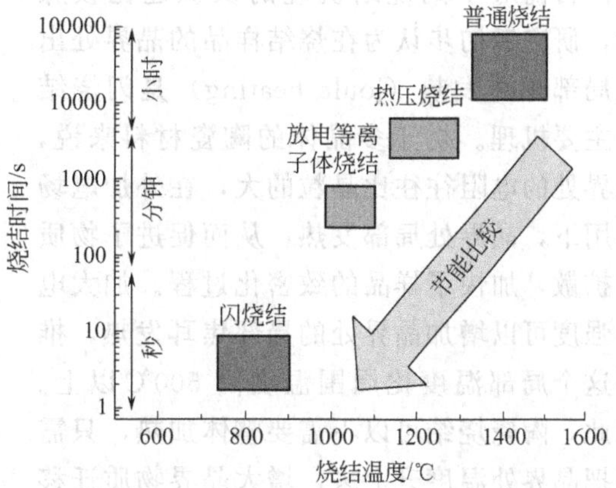

图 6.40 闪烧结与其他烧结方式的比较

从而大大节省了生产成本，同时，又能节约能源，保护环境。

6.7.7.1 闪烧结装置及方法

闪烧结的设备示意图如图 6.41 所示。闪烧结可以选择无压和有压辅助两种模式。无压辅助模式的烧结是在常规烧结设备基础上改进，在烧结样品的两端连接两个电极，电线要保证能够固定烧结样品，使其处于烧结腔体的加热区域。采用 CCD 相机通过烧结腔体一端的观察孔实时观察样品在烧结过程中的变化过程，并通过计算机记录下烧结样品的变化情况。样品在烧结过程中的收缩变形由下面公式计算所得：

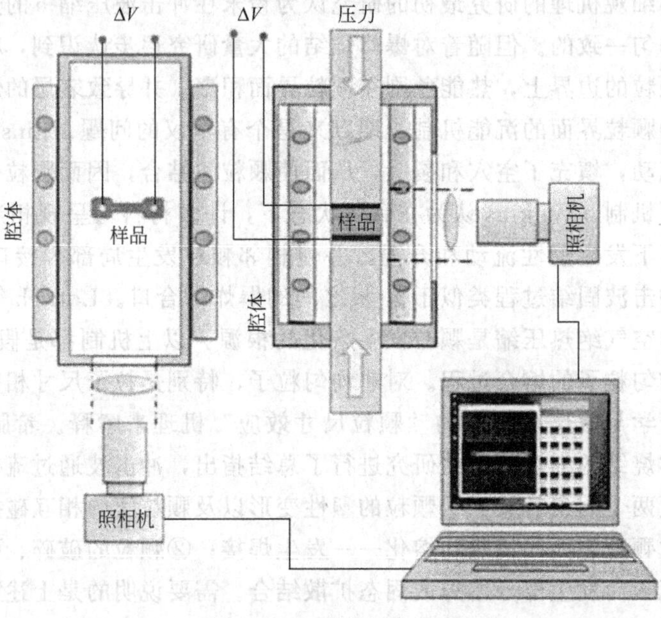

图 6.41 闪烧结设备示意

$$\varepsilon = In(l/l_0) \tag{6.38}$$

式中，ε 是收缩变形量；l 是实时测定的样品长度；l_0 是样品的初始长度。

有压辅助模式是在热压烧结设备基础上改进，同样在烧结样品的两端连接两个电极，以保证样品在烧结过程中能够附加上电场。

6.7.7.2 闪烧结机理

目前对于闪烧结机理的认识还比较朦胧，研究者初步认为在烧结样品的晶界处出现局部焦耳发热（joule heating）是闪烧结的主要机理。对于多晶体的陶瓷材料来说，晶界处的电阻往往比晶粒的大，在外加电场作用下，晶界处局部发热，从而促进了物质的扩散，加快了样品的致密化过程。加大电场强度可以增加晶界处的局部焦耳发热，推测这个局部温度比周围温度高 500℃以上。如此，陶瓷烧结可以不需要整体加热，只需要把晶界处温度升上去，增大晶界物质迁移率，在短短 5s 以下就可以实现陶瓷致密烧

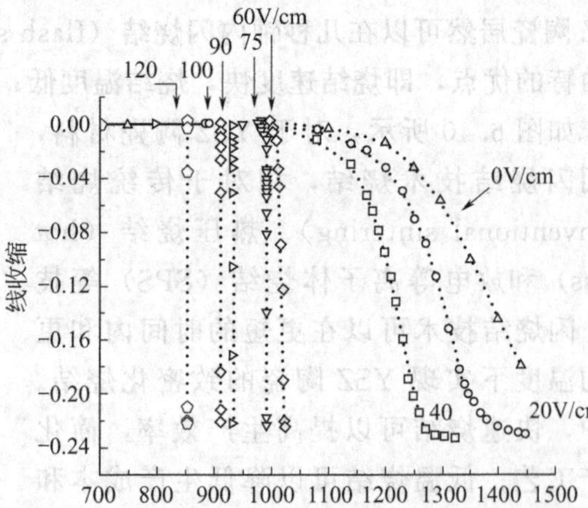

图 6.42 外加电场强度对于 YSZ 陶瓷烧结性能的影响

结。施加电场强度越大，晶界处的局部焦耳发热效应越强，因此，陶瓷也越容易实现快速、低温烧结（如图 6.42 所示）。同样，采用粒度更细的原料，增加晶界数量，也可以促进闪烧结。另外，外加电场与界面处的空间极化电场直接的相互作用也是促进闪烧结的机理之一。界面处的空间极化电场场强高达 10～1000V/cm，在与外加电场的相互促进下，可以极大地促进晶界处的扩散。

虽然目前对于闪烧结机理的认识还不是非常清楚，但是晶界烧结途径极大降低了陶瓷烧结需要的能量，因此是一项节能、环保的新兴绿色技术，有望引发陶瓷烧结动力学基础研究的革新，并在未来的 10～20 年内将会掀起陶瓷烧结技术革新的新篇章。

习题与思考题

1. 如果对烧结材料的原始粉体材料进行细化，则其对烧结是否会有促进作用？为什么？其烧结机理主要有哪些？
2. 烧结过程中出现晶粒长大现象可能与哪些因素有关？其对烧结是否有利？为什么？
3. 假设某一材料主要靠蒸发-凝聚机理烧结，根据式（6.23），解释影响其烧结的主要因素。
4. 讨论一下粉体形貌分别对无压烧结和热压烧结过程的影响。
5. 假设在高气相分压的环境中烧结氮化硅，那么可以通过哪些途径提高氮化硅的烧结性能，为什么？
6. 二硼化锆是一种高熔点（约 3000℃）的材料，在超高温环境下具有广泛的应用前景，但其不易烧结，结合本章所学内容，在不影响其高温性能的前体下，设计一种可行的烧结制备二硼化锆块体的工艺。
7. 在固相烧结中的物质传送过程有哪些？
8. 向碳化硅中添加一定量的 B 和 C 粉，或者添加 Al_2O_3 和 Y_2O_3 都能促进碳化硅的烧结，分别解释添加剂的作用机理。

参 考 文 献

[1] 金志浩. 工程陶瓷材料. 西安：西安交通大学出版社，2000.

[2] Suk-Joong L. Kang. Sintering Densification，Grain Growth，and Microstructure. Oxford：Elsevier Butterworth-Heinemann，2005.

[3] Alan G.. King. Ceramic Technology and Processing. New York：Noyes Publications/William Andrew Publishing，2002.

[4] 李家驹，廖松兰，马铁成等. 陶瓷工艺原理. 北京：中国轻工业出版社，2001.

[5] 刘康时. 陶瓷工艺原理. 广州：华南理工大学出版社，1990.

[6] 刘维良，喻佑华等. 先进陶瓷工艺学. 武汉：武汉理工大学出版社，2004.

[7] 刘景森等. 陶瓷设计制作与工艺实验教程. 北京：冶金工业出版社，2004.

[8] 张锐. 无机复合材料. 北京：化学工业出版社，2005.

[9] 华南工学院 清华大学编，硅酸盐工业热工过程及设备. 北京：化学工业出版社，1982.

[10] Wang H，Wang C-A，et al.，Processing and mechanical properties of zirconium diboride-based ceramics prepared by spark plasma sintering [J]. J. Am. Ceram. Soc.，2007，90（7）：1992.

[11] 李晓杰，王金相，闫鸿浩. 爆炸粉末烧结机理的研究现状及其发展趋势 [J]. 稀有金属材料与工程，2004，33（6）：566.

[12] 逢婷婷，傅正义，张东明，放电等离子烧结（SPS）技术 [J]. 材料导报，2002，16（2）：31.

[13] 董明. 粉末材料的爆炸烧结 [J]. 材料开发与利用，1995，10（3）：29.

[14] 佘继红，江东亮，郭景坤. 热等静压工艺在工程陶瓷领域中的应用与发展 [J]. 无机材料学报，1996，11（3）：396.

[15] 李江，黄智勇，宁金威，潘裕柏. 陶瓷的微波烧结及进展 [J]. 综述与述评，陶瓷工程 2001，8：35.

[16] 张玉珍，王苏新. 陶瓷微波烧结的发展概况 [J]. 佛山陶瓷，2004，11：31.

[17] 林枞，许业文，徐政. 陶瓷微波烧结技术研究进展 [J]. 硅酸盐通报，2006，25（3）：132.

[18] 易健宏，唐新文，罗述东，李丽娅，彭元东. 微波烧结技术的进展及展望 [J]. 粉末冶金技术，2003，21 (6)：351.
[19] 范景莲，黄伯云，刘军，吴恩熙. 微波烧结原理与研究现状 [J]. 粉末冶金工业，2004，14 (1)：29.
[20] 裴新美，中外反应烧结制备陶瓷材料研究进展 [J]. 国外建材科技，2001，22 (2)：9.
[21] Cologna M，Rashkova B，Raj R. Flash sintering of nanograin zirconia in <5 s at 850℃ [J]. J. Am. Ceram. Soc.，2010，93 (11)：3557.
[22] Raj R，Cologna M，Francis JSC. Influence of externally imposed and internally generated electrical fields on grain growth，diffusional creep，sintering and related phenomena in ceramics [J]. J. Am. Ceram. Soc.，2011，94 (7)：1941.
[23] Gedye R，Smith F，Westanay K. The use of microwave ovens for rapid organic synthesis [J]. J. Tetrahedron Lett.，1986，27 (3)：279.

第7章 陶瓷的加工及改性

7.1 施釉

陶瓷的施釉（glazing）是指通过高温的方式，在陶瓷体表面上附着一层玻璃态层物质。施釉的目的在于改善坯体的表面物理性能和化学性能，同时增加产品的美感，提高产品的使用性能。

7.1.1 釉的作用与分类

（1）釉的作用　釉的作用可归纳如下。

① 釉能够提高瓷体的表面光洁度，因为釉是一种玻璃体，在高温下呈液相特性，在表面张力的作用下，具有非常平整的表面，其光洁度可达到0.01μm或更高，可满足日用瓷及特种陶瓷对表面光洁度的要求。

② 釉可提高瓷件的力学性能和热学性能，玻璃状釉层附着在瓷件的表面，可以弥补表面的空隙和微裂纹，提高材料的抗弯及抗热冲击性，施以深色的釉，如黑釉等，可以提高瓷件的散热能力。

③ 提高瓷件的电性能，如压电、介电和绝缘性能。

④ 改善瓷体的化学性能，平整光滑的釉面不易黏附脏污、尘埃，施釉可以阻碍液体对瓷体的透过，提高其化学稳定性。

⑤ 釉使瓷件具有一定的黏合能力，在高温的作用下，通过釉层的作用使瓷件与瓷件之间，瓷件与金属之间形成牢固的结合。

⑥ 釉可以增加瓷器的美感，艺术釉还能够增加陶瓷制品的艺术附加值，提高其艺术欣赏价值。

（2）釉的分类

① 按釉中主要助熔物划分　釉有多种，习惯以主要熔剂的名称命名釉料，如铅釉、石灰釉、长石釉等。

a. 铅釉　包括$PbO-SiO_2$、$PbO-SiO_2-Al_2O_3$、$PbO-R_2O-RO-SiO_2-Al_2O_3$、$PbO-B_2O_3-SiO_2-Al_2O_3$系统的釉料。铅釉的成熟温度一般较低，熔融范围较宽。釉面具有较强的光泽度，质地较软，釉层清澈透明。这些特点主要是由于铅釉的折射率比较高、高温黏度和表面张力较小，流动性比较大的原因。

b. 石灰釉　主要熔剂为CaO，不含或少含其他碱性氧化物。其特点为：透明性好、光泽好、硬度大，但熔融温度范围窄，在还原焰下容易烟熏。传统石灰釉是由釉灰和釉果（一种氧化钾和氧化钠含量很高的瓷石）组成，釉灰由石灰石和凤尾草加工而成。

c. 长石釉　即以长石中的氧化钾和氧化钠为主助熔剂。其特征为：光泽好、硬度大、烧成温度范围较宽，也是透明釉。表7.1为长石釉的典型配方。

d. 镁质釉　主要MgO为助熔剂的釉。

② 按釉的制备方法划分

表 7.1　长石釉的典型配方

成分	长石	烧滑石	石灰石	石英	黏土
百分率/%	55	13	5	22	5

a. 生料釉　即指釉料配方组成中未使用熟料－熔块的釉。

b. 熔块釉　即指由熔块与一些生料按配比制作而成的釉料。

③ 按照釉的烧成温度划分

a. 易熔釉或低温釉　指熔融温度一般不超过 1150℃的釉，如玻璃制品釉、釉面砖釉等。

b. 中熔釉或中温釉　指熔融温度一般在 1150～1300℃的釉，如部分艺术陶瓷釉或陶艺作品釉。

c. 难熔釉或高温釉　指熔融温度一般达 1300℃的釉，多用于日用瓷釉。

④ 按釉烧成后外观特征和具有的特殊功能划分　透明釉、乳浊釉、颜色釉、画釉、结晶釉、纹理釉、无光釉、蜡光釉、荧光釉、变色釉、香味釉、金属光泽釉、闪光釉、彩虹釉、抗菌釉、自洁釉等。

⑤ 按釉的用途划分　装饰釉、电瓷釉、化学瓷釉、面釉、底釉、餐具釉、黏结釉、商标釉、丝网印花釉、钧釉等。

7.1.2　釉的特点和性质

(1) 釉的熔融性能

釉的熔融温度范围如下。

a. 定义　由于釉是由多种原料组成的混合物，因此，它和玻璃一样没有固定的熔点，加热过程中由固态转变为液态时，在一定的温度范围内逐渐熔化。我们把随着温度的升高，釉料从开始出现液相的始熔温度到完全成为液相的流淌温度之间的温度区域范围称为釉的熔融温度范围。

b. 釉的始熔温度和流淌温度的测定　釉的熔融性质通常用高温显微镜测定。首先，将待测釉料制作成高度和直径均为 3mm 的圆柱体，并置于高温电炉中加热升温，升温速率为 8～10℃/min，对釉料受热变化的行为照相记录，如图 7.1。加热时，当试样升温到 t_2 温度（釉的始熔温度，又称初熔温度），圆柱体棱角变圆，说明此温度下釉料内部已开始产生液相；随着温度的升高，圆柱体开始变为大半个圆球，球的高度为原圆柱体高度的 2/3 时，此时温度（t_3）称为熔融温度（或全熔温度）；当试样随着温度升高变为半球态时对应的温度称为该釉料的始流温度；当随着温度进一步升高，试样高度降至原始高度的 1/3 时对应的温度即为流淌温度（t_4）。

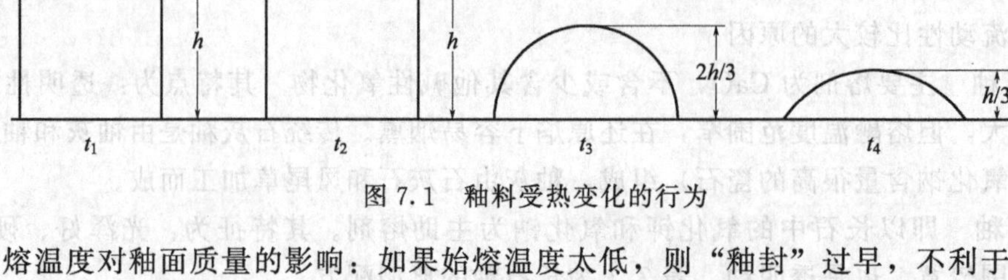

图 7.1　釉料受热变化的行为

始熔温度对釉面质量的影响：如果始熔温度太低，则“釉封”过早，不利于坯体中分解气体 CO_2 和 SO_3 气体的排出，容易引起釉面气泡和针孔；同时，过早熔融的釉容易被坯体吸收而引起“干釉”。如果釉的始熔温度过高会导致釉的熔融温度范围变窄。

(2) 釉的高温黏度　釉料熔融后能否在坯体表面流动铺展成光滑平坦的釉面，与釉面融化后的高温黏度 (viscosity) 即釉的高温流动性有关。

① 釉的高温黏度对釉面质量的影响：如果黏度过小，釉会从产品上流下，引起堆釉、流釉或干釉等缺陷，使用黏度过小的釉，易使装饰纹样模糊或消失；如果黏度过大，会使釉面出现桔釉或光泽度差等缺陷。

② 影响釉高温黏度的主要因素：配方中助熔剂种类及含量，如 Li、Na、K、Ca、Mg 等的金属氧化物和配方中难熔物如 Al_2O_3、SiO_2、ZrO_2 等的种类及含量；烧成温度升高则黏度降低，反之则黏度增大。

③ 釉的高温黏度测定：首先用 5g 釉粉加工成圆球或小圆柱体，然后将该釉粉试样置于以 45 度角放置的瓷质黏度测定板的圆槽中，试样在高温炉中升温至成熟温度，然后冷却并取出试样测定其在流动槽中的流动长度 L，它即代表着釉的黏度大小。

(3) 釉的膨胀系数及坯釉膨胀系数的适应性

① 坯釉膨胀系数互不适应时的两种表现。

a. 当 $\alpha_{釉} > \alpha_{坯}$ 时　冷却时釉层会受到坯体所给予的拉伸应力作用，即在釉层中产生张应力，当此张应力超过釉层的抗张应力极限时，釉层被拉断形成釉裂。

b. 当 $\alpha_{釉} < \alpha_{坯}$ 时　冷却时坯层收缩大于釉层，使釉层受到压应力作用，当此压应力超过一定极限时即发生釉层的剥落现象，即剥釉。

② 膨胀系数的选择确定：对于有釉面的陶瓷制品，一般希望釉的膨胀系数比坯体的略小（两者差值为 $1.0\times10^{-6}/℃$ 左右较佳）。

(4) 釉的力学性能

① 釉层的强度　釉面机械强度与釉、坯之间的应力分布有很大关系。釉面的抗压强度要比抗拉强度大很多，故釉面保存一定的压应力比较好。

② 釉的弹性　弹性表征材料抵抗变形的能力，通常用弹性模量来表征材料的弹性。弹性模量即指单位长度、单位面积的试样受到拉伸作用时伸长一倍所需的拉力。弹性为弹性模量的倒数，即弹性与弹性模量成反比关系，弹性模量大的，弹性均小。

釉的弹性对釉面质量的影响：如果釉的弹性很小，尽管坯与釉的膨胀系数接近，但仍难免有裂纹产生；相反，釉的弹性大可以缓解机械外应力的破坏作用。

釉的组成对弹性的影响：配方中引入离子半径较大、电荷较低的金属氧化物（如 Na_2O、K_2O 等）可使弹性模量减少，而弹性值增大；反之，引入离子半径小、极化能力强的金属化合物（BeO、MgO、Li_2O 等）则提高了釉的弹性模量，使釉的弹性值减小。

③ 釉面硬度　釉面硬度的表示方法有莫氏硬度和显微硬度。

影响釉面硬度的因素：釉的组成，在釉层中适当增加 Al_2O_3、B_2O_3、ZrO_2、CaO、ZnO、MgO 的含量有利于增加釉的硬度；K_2O、Na_2O 的增加会降低其硬度；适当提高烧成温度，使其充分熔融，可使其硬度得到提高。

(5) 釉面光泽度

光泽度 (glossiness) 是表示釉面对入射光作镜面反射的能力。釉面光泽度与釉面的折射率、烧成制度有关。反射率 R 提高，则光泽度越大；釉面平整度越好，则釉面的镜面反射越强，釉面光泽越好，反射率 $R=(n-1)^2/(n+1)^2$，式中 R 为反射率，n 为折射率。

显然 n 越大，则 R 越大。在釉中增加高折射率的金属氧化物，如 PbO、ZnO 有利于使折射率增大，同时可以提高釉面的密度，从另一方面来提高釉面的光泽度。

7.1.3 施釉工艺

施釉前生坯体或素烧坯体均需进行表面的清洁处理，除去积存的尘垢或油渍以保证釉的良好黏附。清洁处理的办法：以压缩空气在通风柜进行喷扫，或者是用海绵浸水后进行湿抹，或以排笔蘸水洗刷。

(1) 基本施釉方法　基本的施釉方法有浸釉、喷釉、浇釉和刷釉四种。

① 浸釉法　浸釉法普遍用于日用瓷器皿的生产，以及其他便于用手工操作的中小型制品的生产。即将产品用手工全部浸入釉料中，使之附着一层釉浆，附着的厚度由浸釉时间长短来决定。随着我国日用瓷生产的机械化与半自动化，有些过去采用浸釉法施釉的已改成淋釉法施釉，以便于自动化，有些则采用机械方法的浸釉法。

② 喷釉法　喷釉法是利用压缩空气将釉浆喷成雾状，黏附于坯体上。喷釉时坯体转动，以保证坯体表面得到厚薄均匀的釉层。这种施釉法对于器壁较薄及小件易脆的生坯更为合宜。因为这样的坯体如果采用浸釉法，则可能因坯体吸入过多釉浆而造成软塌损坏。喷釉采用喷釉器或喷枪。

静电喷釉法也在某些日用瓷厂采用，方法是将制品放置在 8 万～10 万伏的电场中，并使坯体接地，喷出的雾状釉点进入电场时即变为电的粒子，而全部落于坯体表面。这种施釉法速度较高。

③ 浇釉法　是将釉浆浇到坯体上以形成釉层的方法，对大件器皿的施釉多用此法。施釉时可将圆形日用瓷坯体放在旋转的辘轳车上，釉浆浇在坯体中央，釉浆立即因旋转离心力的作用往盘的外缘散开，而使制品的坯体上施上一层厚薄均匀的釉。甩出多余的釉浆，可收集循环使用。

④ 刷釉法　刷釉法不用于大批量的生产，而多用于在同一坯体上施几种不同釉料。在艺术陶瓷生产上采用刷釉法以增加一些特殊的艺术感。刷釉法也经常用于补釉。

(2) 新型施釉方法　近年来，随着陶瓷工业的发展，施釉也向着高效率、低能耗、高质量方向发展。

新型施釉方法有以下几种。

① 流化床法　利用压缩空气设法使加有少量有机树脂的干釉粉在流化床内悬浮而呈现流化状态，然后将预热到 100～200℃坯体浸入到流化床中，与釉粉保持一段时间的接触，这种施釉方法为干法施釉，釉层厚度与坯体气孔率无关。该种施釉方法对釉料的颗粒度要求较高。颗粒过小容易喷出，还会凝集成团；而大颗粒的存在会使流化床不稳定。釉料粒度比一般浆料粒度稍大，预热温度通常控制在 100～200℃、气流速度在 0.15～0.3m/s 为宜，釉料中加入的有机树脂一般控制在 5%左右，可以是环氧树脂和硅树脂。

② 热喷施釉法　这是一种在一条特殊设计的隧道窑内将坯体素烧和釉烧连续进行的方法。先进行坯料的素烧，后在炽热状态的素烧坯体上进行喷釉，这种方法坯釉结合好，且有节能效果。

③ 干压施釉法　干压施釉法是将成型、上釉一次完成的一种方法。釉料和坯体均通过喷雾干燥来制备。釉粉含水量为 1%～3%以内，坯体的含水量为 5%～7%，成型时，先将坯料装入模具加压一次，然后撒上少许有机结合剂，再撒上釉粉，然后加压。釉层在 0.3～0.7mm 之间。采用干压施釉，由于釉层上也施加了一定压力，故制品的耐磨性和硬度都有所提高，同时也减少了施釉工序，节省了人力和能耗，缩短了生产周期。

④ 机器人施釉　近年来，意大利、德国、日本陆续在施釉线上采用了机器人施釉。东

陶机器（北京）有限公司在生产TOTO牌卫生陶瓷中采用机器人施釉工艺方法。施釉机器人系统及其配套装置由陶坯输送线、喷涂转台、陶坯和托盘位置检测、机器人和系统控制5个部分。机器人由电脑控制，能模拟喷釉时人的动作。机器人施釉可全天、全月连续工作，施釉质量比较稳定，合格率较高，施釉失误少，劳动人员可远离粉尘点。缺点是设备价格高，生产成本中的设备折旧费高。另外，对釉浆性能要求高，当釉浆性能波动时，调整性差，对不同品种、型号产品的适应性可通过改变施釉操作的程序来完成，但要事先储存程序。

7.1.4 烧釉

(1) 烧成制度的制定 釉的烧成制度所包括温度制度、气氛制度和压力制度，压力制度服务于温度制度和气氛制度。

① 制定烧成制度的依据

a. 以坯釉的化学组成及其在烧成过程中的物理化学变化为依据。如氧化铁和氧化钛的含量决定了采用不同的烧成气氛；又如坯釉中氧化分解反应、收缩变化、密度变化以及热重变化等决定采用不同的烧成制度。

b. 以坯件的种类、大小、形状和薄厚为依据。

c. 以窑炉的结构、种类、燃料种类以及装窑疏密等为依据。

d. 以相似产品的成功烧成经验为依据。

② 温度制度及其控制 温度制度包括：升温速率、烧成温度（止火温度）、保温时间和冷却速率等。

a. 升温速率的确定

ⓐ 室温（20℃）～300℃。该阶段升温速率确定的依据：烧成窑炉类型、坯体入窑水分、坯件大小、厚薄以及装窑密度等。传统煤烧隧道窑为100～150℃/h。

ⓑ 300～950℃。该阶段升温速率确定依据为：窑炉类型、窑内温差、坯体组成、坯件大小以及装窑密度等。传统煤烧隧道窑为80～120℃/h。

ⓒ 950℃～烧成温度（即止火温度）。此阶段包括950～1050℃和1050℃～止火温度。升温速率确定的依据：坯体内剧烈的氧化分解反应，故该阶段应以最慢的速率升温。传统隧道窑为40～80℃/h。1050℃～止火温度阶段升温速率确定的依据为：由于坯体中已出现大量液体相（趋向40%～60%），故应当缓慢升温，传统隧道窑为50～80℃/h。

b. 烧成温度的确定

ⓐ 烧成温度确定的依据 坯料的化学组成、坯料的粉料细度（即粒度）、通过实验所获得的坯体的烧结温度和烧结温度范围。

ⓑ 开始烧结温度 即指随着温度的升高，陶瓷坯体中开始出现液相时坯体呈现出的气孔率明显降低，收缩率明显增大时的温度。

ⓒ 烧结和烧结温度 即指随着温度的进一步的升高，坯体中气孔率几乎为零，线收缩率达到最大，坯体达到几乎完全致密时的状态叫烧结，有时误称为“瓷化”或“玻化”，该种状态时所对应的温度叫做烧结温度。

ⓓ 过烧膨胀现象 当坯体达到烧结后，随着温度的进一步升高，坯体中反而呈现出气孔率增大、体积膨胀的现象即“过烧膨胀”。

ⓔ 烧结温度范围 我们习惯把坯体达到烧结到开始出现软化变形或过烧膨胀的温度区间叫做烧结温度范围。

c. 保温时间的确定　保温的目的是通过保温缩短窑内上下温差和水平温差，同时使坯体尤其是大件壁厚制品内外得到均一受热反应。保温时间确定的依据一是坯体烧结温度范围的宽窄，通常越宽越短，越窄越长；二是升温速率，升温速率越快则保温时间越长。

d. 冷却速率　烧成温度～800℃：宜采用“急冷”工艺，普通隧道窑的冷却速率为150～300℃/h。400℃～常温：此时瓷体已完全固化，热应力较小，可通过适当提高冷却速率来缩短烧成周期。

③ 气氛制度及其控制

a. 气氛类型　氧化气氛，源自氧化焰，其中氧气为8%～10%（体积百分比）属于强氧化气氛，O_2 为4%～5%属于普通氧化气氛；还原气氛，源自还原焰，CO和 H_2 等为1%～2.5%为弱还原气氛；中性气氛源自中性焰，O_2 为1%～1.5%。

b. 烧成气氛的选择依据　烧成气氛的选择主要是看对产品的性能要求如何，我们可依据坯料的化学组成，尤其是着色化合物的种类和含量选择合适的窑炉气氛。氧化气氛下：因着色化合物的种类和含量的不同而变化，如因铁含量的不同可呈现浅黄、黄、棕红以及褐色等；氧化铜在氧化焰下呈绿色。还原气氛下：因着色化合物的种类和含量的不同而变化，如FeO呈淡青色，但 TiO_2 在还原气氛下会被还原为深色（蓝紫色的 Ti_2O_3）甚至为黑色；CuO在还原焰下成铜红色。

(2) 一次烧成、二次烧成与多次烧成　普通陶瓷的生产流程有一次烧成和二次烧成之分。所谓一次烧成又称本烧，是指经成型、干燥或施釉后的生坯，在烧成窑内一次烧成陶瓷产品的工艺。二次烧成是指经过成型、干燥的生坯先在素烧窑内进行素烧——第一次烧成，然后经检选、施釉等工序后再进入釉烧窑内进行釉烧——第二次烧成，这是经过二次烧成的工艺路线。

① 一次烧成的特点　干生坯直接上釉，入窑烧成，工艺流程简化，坯体周转次数减少，为生产过程全联动、实现自动化操作创造了条件；劳动强度下降，操作人员减少，劳动生产率可提高1～4倍；由于减少了素烧窑、素检及其附属设施，占地面积小，在建投资减少，烧成设备投资及占地可减少1/3～2/3；因坯体只需烧成一次，故燃料消耗和电耗大幅度下降，若再和低温烧成工艺结合，则节约能源效果更好。如釉面砖类产品过去多用二次烧成，据报道某厂采用低温一次快速烧成工艺制造釉面砖，比原来二次烧成节约能耗86.5%，而采用二次低温快速烧成，一般只能节省40%的能源。因此现在有不少人认为一次低温快速烧成是釉面砖的发展方向。

② 二次烧成的特点　素烧时坯体中已进行氧化分解反应，产生的气体已经排除，可避免釉烧时出现“桔釉”、“气泡”等缺陷，有利于提高釉面光泽度和白度；素烧时气体和水分排出后，坯体表面含有大量细小孔隙，吸水性能改善，容易上釉，且釉面质量好；经素烧后坯体机械强度进一步提高，能适应多种施釉、印花等工序的机械化，降低半成品的破损率；素烧时坯体已有部分收缩（烧成收缩），故釉烧时收缩较小，有利于防止产品变形；素烧后要经过检选（素检），不合格的素坯一般可返回到原料中，故提高了釉烧的合格率，减少了原料损失。

究竟是一次烧成好还是二次烧成好？不能笼统而论。一般来说，对于批量大，工艺成熟，质量要求不是很高的产品，可以进行一次烧成，但一次烧成要求坯、釉必须同时成熟，如果处理不好，则原料、釉及窑具损失大，而且由于质量下降对经济效益影响极大，在这种情况下采用二次烧成为宜。我国生产的瓷器，如卫生瓷和锦砖，一般采用一次烧成工艺。但在国外，瓷器绝大多数是二次烧成，近年来也有人主张采用国外二次烧成的经验以提高日用瓷的档次。

近年来，意大利又兴起了釉面砖三次烧成工艺，即把经过一般装饰（喷、淋釉或丝网印）的二次烧成面砖，通过再次施釉彩饰和三次烧成。其产品高贵华丽、精美无比，其价格可达普通面砖的 30～50 倍，可见三次烧成工艺也很有发展前途。

7.2 陶瓷表面金属化

随着材料科学和工艺的发展，现代陶瓷材料已从传统的硅酸盐材料，发展到涉及力、热、电、声、光等诸方面以及它们的多种组合。将陶瓷材料表面金属化，使它成为既具有陶瓷的特性又具有金属性质的一种复合材料，同时，陶瓷的表面金属化还可以应用于陶瓷-金属封接方面。目前，对它的应用与研究越来越引起人们的重视。

7.2.1 陶瓷表面金属化的用途

陶瓷表面金属化的用途主要有下几个方面。

(1) 制造电子元器件　通过化学镀、真空蒸镀、离子镀和阴极溅射等技术，可使陶瓷片表面沉积上 Cu、Ag、Au、Pt 等具有良好导电性和可焊性金属镀层，这种复合材料常用来生产集成电路、电容器等各种电子元器件。陶瓷表面金属化已成为高技术产业特别重要的工艺技术，如陶瓷基印制电路板、多层芯片封装、微电子和精密机械制造等。它赋予电子元器件以高密度、高性能和严酷工作环境下的高稳定性。

(2) 用于电磁屏蔽　电子仪器的辐射和干扰不仅妨碍其他电子设备的正常工作，而且危害人体健康。在陶瓷片上化学镀 Co-P 和 Co-Ni-P 合金，沉积层中含磷量 0.2%～9%，其矫顽磁力在 200～1000Oe，常作为一种磁性镀层来应用，由于其抗干扰能力强，作为最高等级的屏蔽材料，可用于高功率和非常灵敏的仪器，主要用于军事工业产品，用来生产防电磁波的屏蔽设施。

(3) 应用于装饰方面生产美术陶瓷　我国的陶瓷生产有着悠久的历史，尤其在陶瓷装饰艺术方面有很高的技艺与艺术造诣。随着科学技术的发展和时代的进步，对美术陶瓷提出了更高的要求。把陶瓷表面金属化技术应用于陶瓷装饰，可以开创全新的产品，使陶瓷工业焕发出新的生命力。

除此之外，陶瓷表面金属化有利于材料的焊接、封装、散热等。

7.2.2 陶瓷表面金属化的方法

陶瓷的金属化方法很多，在电容器、滤波器及印刷电路等技术中，常采用被银法。此外还有采用化学镀镍法、烧结金属粉末法、活性金属法、真空气相沉积和溅射法等。

(1) 被银法　被银法又名烧渗银法。这种方法是在陶瓷的表面烧渗一层金属银，作为电容器，滤波器的电极或集成电路基片的导电网络。银的导电能力强，抗氧化性能好，在银面上可直接焊接金属。烧渗的银层结合牢固，热膨胀系数与瓷坯接近，热稳定性好。此外烧渗的温度较低，对气氛的要求也不高，烧渗工艺简单易行。因此它在压电陶瓷滤波器、瓷介电容器、印刷电路及装置瓷零件的金属化上用得较多。但是被银法也有缺点，例如金属化面上的银层往往不匀，甚至可能存在孤独的银粒，造成电极的缺陷，使电性能不稳定。此外在高温、高湿和直流（或低频）电场作用下，银离子容易向介质中扩散，造成介质的电性能剧烈恶化。因此在上述条件下使用的陶瓷材料，不宜采用被银法。

① 瓷件的预处理　瓷件金属化之前必须预先进行净化处理。清洗的方法很多，通常可用 70～80℃的热肥皂水浸洗，再用清水冲洗。也可用合成洗涤剂超声波振动清洗。小量生产时可用酒精浸洗或蒸馏水蒸洗。洗后在 100～110℃烘箱中烘干。当对银层的质量要求较高时，可放在电炉中煅烧到 550～600℃，烧去瓷坯表面的各种有机污物。对于独石电容，则可在轧膜、冲片后直接被银。

② 银浆的配置　用于电子陶瓷的电极银浆，除了通常要求的涂覆性能、抗拉强度、易焊性外，有时更强调电容器的损耗角正切值（$\tan\theta$）不大于某一值，以及电容器的耐焊接热性能更好。

银浆的种类很多，按照所含银原料的不同，可分为碳酸银浆、氧化银浆及分子银浆（又称粉银浆）。按照用途的不同，可分为电容器银浆、装置瓷银浆及滤波器银浆等。几种电子陶瓷银浆的配方如表 7.2 所示。从表中可以看出，银浆的配方主要是由含银的原料、熔剂及胶黏剂组成。

表 7.2　几种电子陶瓷银浆配方

银浆主要成分	碳酸银浆	氧化银浆			粉银浆		
		Ⅰ类瓷介电容器用	Ⅱ类瓷介电容器用	独石电容器用	瓷介电容器用	独石电容器印刷用	独石电容器端头用
碳酸银	100						
氧化银		100①	100	100			
银粉					100	100	100
含银量/%		70	66	67		71.4	67.8
Bi_2O_3	1.32	2.0	1.53	1.56	6.0		3.9
硼酸铅		1.0	1.45				
LiF			0.58				
蓖麻油		6.3	6.7	6.3			3.9
大茴香油					57ml		
松香松节油②	150	22	19.7	20			
松节油		9.0	18.3	17.5	34ml		
硝化纤维					30		
乙基纤维素						1.4	2.3
松油醇						38.6	28.3
邻苯二甲酸二丁酯					49ml		9.1
环已酮					275ml		适量
烧渗温度/℃	550±20	860±20	850±10	840±10	840±20	840±20	840±20

① 表中除注明者外，数据单位为 g。

② 松香松节油的配比为特级松香：松节油＝1：(1.8～2.0)（质量比），松香加入松节油中，加热至 90～100℃，待熔化后趁热过滤。

a. 含银原料　含银原料主要有碳酸银（Ag_2CO_3），氧化银（Ag_2O）及金属银粉（Ag）。碳酸银可由硝酸银与碳酸钠或碳酸氨的水溶液作用而得到，其反应式为：

$$2AgNO_3 + Na_2CO_3 \longrightarrow Ag_2CO_3\downarrow + 2NaNO_3 \tag{7.1}$$

$$2AgNO_3 + (NH_4)_2CO_3 \longrightarrow Ag_2CO_3\downarrow + 2NH_4NO_3 \tag{7.2}$$

碳酸银在烧渗中放出大量 CO_2 及 O_2，易使银层起泡或起鳞皮。又由于它易分解成氧化银，使银浆的性能不稳定，因此用得不多，常用于云母电容器的制造中。氧化银可由碳酸银加热分解而得到。碳酸银分解反应为：

$$Ag_2CO_3 \longrightarrow Ag_2O\downarrow + CO_2\uparrow \tag{7.3}$$

氧化银较碳酸银稳定，为了提高银浆中的含银量，便于一次涂覆或丝网印刷，同时为了在烧渗过程中没有分解产物，可采用分子银浆。分子银可直接用三乙醇胺还原碳酸银而得。其反应式为：

$$6Ag_2CO_3 + N(CH_2CH_2OH)_3 \longrightarrow N(CH_2COOH)_3\uparrow + 12Ag + 6CO_2\uparrow + 3H_2O \tag{7.4}$$

也可用硝酸银加入氨水后，用甲醛或甲酸还原而得。其反应式为：

$$AgNO_3 + NH_4OH \longrightarrow AgOH\downarrow + NH_4NO_3 \tag{7.5}$$

$$2AgOH \longrightarrow Ag_2O\downarrow + H_2O \tag{7.6}$$

$$Ag_2O + CH_2O \longrightarrow HCOOH + 2Ag \tag{7.7}$$

$$Ag_2O + HCOOH \longrightarrow 2Ag + CO_2\uparrow + H_2O \tag{7.8}$$

b. 助熔剂　为了降低烧银温度并促进银的烧渗过程，使金属银在低于 850℃时就与瓷件表面紧密而牢固地结合，需要加入适量的玻璃相熔剂，一般采用氧化铋、硼酸铅或特制的熔块。熔剂的含量不足、烧银的温度增高、银层黏附不牢、含水量过多都会降低银层的导电能力。银浆的用途不同，熔剂的种类及含量也各异。对于用作独石电容丝网印刷的分子银浆，甚至可以不加熔剂。

硼酸铅熔剂是取 PbO 及 H_3BO_3 在 600～620℃熔融合成的。其反应式：

$$PbO + 2H_3BO_3 \longrightarrow PbB_2O_4 + 3H_2O \tag{7.9}$$

合成的溶液倾入冷水中淬冷，用蒸馏水煮沸 3～6h，去除未反应完全的 H_3BO_3。洗净后烘干，再研磨过筛备用。装置瓷银浆所用的铅硼熔块配方为：二氧化硅 26%，铅丹 46%，硼酸 17%，二氧化钛 4.3%，碳酸钠 6.7%，混合研磨后在 1000～1100℃熔融。另有铋镉熔块，配方组成为氧化铋 40.5%，氧化镉 11.1%，二氧化硅 13.5%，硼酸 33.0%，氧化钠 1.9%，混合研磨后在 800℃熔融。这些熔块水淬后，要洗净，粉磨过万孔筛备用。

c. 黏结剂　黏结剂的作用是使银浆具有良好的润湿性、流平性和触变性，以便能很好地黏附在瓷件的表面。但黏结剂并不参与银的烧渗过程，要求它在低于 350℃的温度下烧除干净，并且最好不残余任何灰分。黏结剂的组成很复杂，可根据需要进行调节，它主要包括树脂、溶剂和油三大类。树脂影响银浆的黏合力，常用的有松香、乙基纤维素及硝化纤维素等。溶剂主要影响银浆的稀稠及干燥速率，常用的有松节油、松油醇及环己酮等。为了使银浆涂布均匀、致密、光滑，以得到光亮的烧渗银层，还要加入一些油类，常用的有蓖麻油、亚麻仁油、花生油及大茴香油。有的单独加入，也有制成混合油加入。目前，为了提高银浆的涂覆性能，使浆料的分散体系稳定的同时，并改善银浆的流平性和润湿性以及增加补强性等，在有机载体中添加有机硅（含量 0.11%～0.18%）促进银浆的流平性和填料的分散；添加钛酸酯偶联剂（含量 0.15%～1%）后在联结无机填料和有机基体树脂方面有明显效果。

③ 银电极浆料的制备　通常银浆由银或其化合物、黏结剂和助熔剂等组成，这些原料应该有足够的细度和化学活性。将制备好的含银原料、助熔剂和胶黏剂按一定配比进行配料后，在刚玉或玛瑙磨罐中球磨 40～90h，使粉体粒度<5μm 并混合均匀。制备好的银浆不宜长期存放，否则会聚集成粗粒，影响质量。一般，银浆有效贮存期冬天为 30 天，夏天为

15天。

④ 涂覆工艺　涂银的方法很多，有手工、机械、浸涂、喷涂或丝网印刷等。涂敷前要将银浆搅拌均匀，必要时可加入适量溶剂以调节银浆的稀稠。由于一次被银，银层的厚度只有2.5～3μm，并且难以均匀一致，甚至会产生局部缺银现象，因此生产上有时采用二被一烧，二被二烧和三被三烧等方法。一般二次被银可得的厚度达10μm的银层。下面主要介绍一下丝网印刷技术。

丝网印刷基本原理是用感光照相技术在约200目左右的尼龙网上制成模板，使用丝网印刷机在陶瓷上印刷银浆。随着电子器件的小型化、功率化，对陶瓷金属化的要求也越来越高，丝网印刷工艺在陶瓷金属化中的应用越来越广泛。丝网印刷具有以下特点：可以适用于不同形状、不同面积、不同材料的印刷，例如，可以用于平面，也可以用于形状特殊的凹凸体，在玻璃、陶瓷、塑料等材料上均适用；丝网印刷版面柔软，富有弹性，所以不仅能在柔软的薄面体上进行印刷，也可在易碎的脆性物体上进行；印刷层的厚度容易调节，立体感强；适用于各种不同的浆料印刷；丝网印刷设备成本低，容易形成规模化生产。

丝网印刷用的材料主要有以下几种。a. 丝网，目前常用的丝网是尼龙丝网，尼龙丝网具有表面光滑、浆料通透性能好、使用寿命长、耐酸和耐有机溶剂性好等优点。丝网的目数一般在120～300目之间。b. 绷网，一般网框选用铝框，绷网工序直接影响制版的质量，绷网的质量要点是控制好张力。绷网时丝网要有一定的张力，张力要求均匀。c. 丝网感光胶，丝印制版对感光胶材料的主要求是制版性能好，易于涂布，有确定的感光光谱范围（紫外线），显影性能好，分辨率高。感光胶的主要成分是成膜剂、感光剂和助剂。d. 刮板材料，刮板材料有聚酯化合物、橡胶、PVC等。e. 底版，它是丝网印刷制版的依据，来源于设计原稿。目前，原稿的设计均采用CAD方法设计，底版的材料一般用软片。

印刷的浆料为W(Mo)-Mn浆料。它由三部分组成：导电成分为W或Mo粉；活化，SiO_2，MnO和Al_2O_3；有机载体，通常采用氢化蓖麻油、乙基纤维素，松油醇或邻苯二甲酸二丁酯，它们的比例5∶95。将导电粉料、有机载体和瓷球按照适当的比例配比，放入振磨机中振磨几小时后，制成浆料。

现用的丝网印刷属于手动或平面印刷，主要涉及手动式或平面印刷机，它的工作原理如图7.2所示。浆料经过网孔转移，沉淀到基片上，此时，在丝网印刷过程中，瓷片吸附在平台上，刮版挤压浆料和丝网，印版使丝网印版与基片形成一条接压印线，丝网具有张力N_1和N_2，对刮板产生F_2力，回弹力使丝网印刷除压印线外不与基板接触，浆料在刮板的挤压力F_1的作用下，通过网孔从运动着的压印线转移和沉淀到基片上，产生了所需的图形。

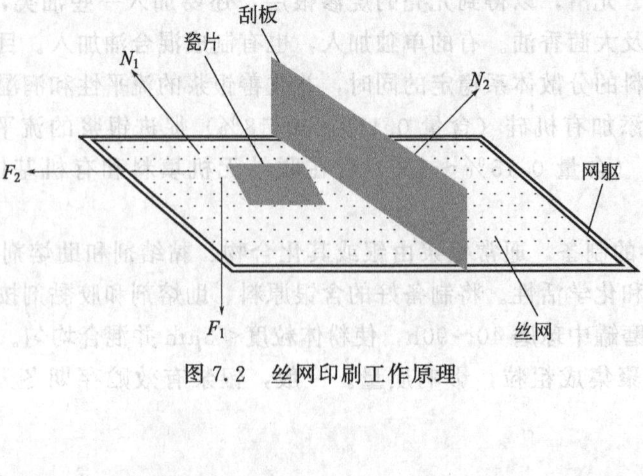

图7.2　丝网印刷工作原理

在印刷过程中，丝网印版和刮板进行相对运动，挤压力 F_1 和弹力 F_2 也随之移动，丝网在回弹力作用下，及时回位与基片脱离接触，也就是说丝网在印刷过程中，不断处于变形和回弹之中。手工印刷时，操作工人的熟练程度直接影响压印线的形成，印刷时刮板直线前进，不能左右晃动，不能前慢后快，刮板的倾斜角要保持一致。

⑤ 烧银　烧银的目的是在高温作用下使瓷件表面上形成连续、致密、附着牢固、导电性良好的银层。烧银前要在60℃左右的烘箱内将银浆层烘干，使部分溶剂挥发，以免烧银时银层起鳞皮。烧银设备可用箱式电炉或小型电热隧道窑。银的烧渗过程可分为四个阶段。

第一阶段由室温～350℃，主要是烧除银浆中的黏结剂。溶剂首先挥发，200℃左右，树脂开始熔化，使银膏均匀地覆盖在瓷件表面。温度继续升高，所有的黏结剂碳化分解，全部烧除干净。这一阶段因有大量气体产生，要注意通风排气，并且升温速率每小时最好不超过150～200℃，以免银层起泡或开裂。

第二阶段 350～500℃，这一阶段主要是碳酸银及氧化银分解还原为金属银，升温速率可稍快，但因仍有少量气体逸出，也应适当控制。其反应式为：

$$Ag_2CO_3 \longrightarrow Ag_2O + CO_2\uparrow \tag{7.10}$$

$$2Ag_2O \longrightarrow 4Ag + O_2\uparrow \tag{7.11}$$

第三阶段由 500℃到最高烧渗温度。在 500～600℃，硼酸铅先熔化成玻璃态。随着温度的升高，氧化铋等也相继熔化。它们和还原出来的银粒构成悬浮态的玻璃液，使银粒晶体彼此黏结。又由于玻璃态与瓷件表面的润湿性，能够渗入瓷件的表层。而瓷件的表层也部分融入玻璃液中，形成中间层，从而保证了银层与瓷件之间牢固的黏结。银的熔点为 960℃左右，烧银的温度最高不要超过 910℃，否则银的微粒将互相熔合在一起聚成银滴。此外，玻璃液的黏度也会过度降低，造成所谓的飞银现象。最佳的烧渗温度视银浆中熔剂的熔点，含量，及瓷件的性质而顶定，大多数瓷介电容器的最终烧结温度在（840±20）℃。为了保证有较好的效果，高温保温 10～30min。这一阶段的升温速率，每小时最好不要超过 300℃。如果升温速率过高，可能出现“飞银”，即在陶瓷表面形成银珠；温度过低，银层的附着力和可焊性不好。

第四阶段为冷却阶段。从缩短周期及获得结晶细密的优质银层来看，冷却速率越快越好。但降温过快要防止瓷件开裂，因此降温速率要根据瓷件的大小及形状等因素来决定，一般每小时不要超过 350～400℃，通常采用随炉冷却，以防止瓷件炸裂。

烧银的整个过程都要求保持氧化气氛。因为碳酸银及氧化银的分解是可逆过程，如不及时把二氧化碳排出，银层会还原不足，增大了银层的电阻和损耗，同时也降低银层与瓷件表面的结合强度。对于含钛陶瓷，当在 500～600℃的还原气氛下，TiO_2 会还原成低价的半导体氧化物，使瓷件的电气性能大大恶化。

除烧渗银作电极外，对于高可靠性的元件，有时还要求烧渗其他贵金属，如金、铂、钯等，方法类似被银，只是烧渗温度可以提高。

(2) 化学镀镍法　电子陶瓷表面传统的金属化工艺通常采用镀银法，由于该工艺复杂、设备投资大、成本高，而且镀银层的可焊性较差，因此，提出了以化学镀镍代替镀银的工艺。其优点：①镀层厚度均匀，能使瓷件表面形成厚度基本一致的镀层；②沉积层具有独特的化学、物理和机械性能，如抗腐蚀、表面光洁、硬度高、耐磨良好等；③投资少，简便易行，化学镀不需要电源，施镀时只需直接把镀件浸入镀液即可。

化学镀镍法适用于瓷介电容器，热敏电阻几种装置零件。化学镀镍是利用镍盐溶液在强还原剂（次磷酸盐）的作用下，在具有催化性质的瓷件表面上，使镍离子还原成金属，次磷酸盐分解出磷，从而获得沉积在瓷件表面的镍磷合金层。次磷酸盐的氧化，镍还原的反应式为：

$$Ni^{2+}+[H_2PO_2]^-+H_2O \longrightarrow [HPO_3]^{2-}+3H^++Ni\downarrow \quad (7.12)$$

次磷酸根的氧化和磷的析出反应式为：

$$3[H_2PO_2]^-+H^+ \longrightarrow 3H_2\uparrow+[HPO_2]^{2-}+2P\downarrow \quad (7.13)$$

由于镍磷合金有催化活性，能构成自催化镀，使得镀镍反应得以继续进行。上述反应必须在与催化剂接触时才能发生。瓷件表面均匀地吸附一层具有催化活性的颗粒，这是表面沉镍工艺的关键。为此，先使瓷件表面吸附一层 $SnCl_2$ 敏化剂，再把它放在 $PbCl_2$ 溶液中，使贵金属还原并附在瓷件表面上，成为诱发瓷件表面发生沉积镍反应的催化膜。

化学镀的工艺流程为：陶瓷片→水洗→除油→水洗→粗化→水洗→敏化→水洗→活化→水洗→化学镀→水洗→热处理。

① 表面处理　它是为了除掉瓷件表面的油污和灰尘，以增加化学镀层和基体的结合强度。经过高温煅烧的新瓷件，如果没有受到油污染，一般是用蒸馏水超声波清洗 3 次，每次 15～30min。如果受到油污染，可用汽油，氯仿等油溶剂浸泡，或用 OP 液清洗除油，最后用蒸馏水洗净。下列除油脱污液配方仅供参考：碳酸钠 25g，磷酸三钠 15g，OP 乳化剂 3g，水 1000ml。在温度 70～80℃浸泡 10min。

② 粗化　粗化的实质是对陶瓷表面进行刻蚀，使表面形成无数凹槽、微孔，造成表面微观粗糙以增大基体的表面积，确保化学镀所需要的“锁扣效应”，从而提高镀层与基体的结合强度；化学粗化还可去除基体上的油污和氧化物及其他的黏附或吸附物，使基体露出新鲜的活化组织，提高对活化液的浸润性，有利于活化时形成尽量多的分布均匀的催化活性中心。粗化是要求瓷件表面形成均匀的粗糙面，但不允许形成过深的划痕。粗化有机械、化学、机械-化学法。机械用研磨、喷砂等，化学法可将瓷件浸泡在弱腐蚀性的粗化液中。下列粗化液配方供参考：氢氟酸 100ml，硫酸 10ml，铬酐 40g，水 100ml，粗化温度为 20℃，时间为 5～20min。

③ 敏化和活化（催化）　催化操作使陶瓷粉体表面具有活性，使化学镀反应能够在该表面进行。催化的好坏影响反应的进行，更会影响镀覆的质量，尤其是镀覆的均匀性。一般催化溶液为贵金属盐如银盐和钯盐，该处理方法一般分为敏化和活化两步。

敏化一般是将样品在氯化亚锡中浸渍，使陶瓷表面形成一层含 Sn^{2+} 的胶体粒子。敏化通过把瓷件浸泡在由氯化亚锡和中间介质组成的敏化液中实现的，它的组成为：$SnCl_2$ 5g，HCl 3g 和水 1000ml，浸泡时间约 15min。

活化是将敏化处理后的瓷件迅速浸泡于活化液中防止锡的氧化，通过置换反应在陶瓷表面形成贵金属的催化核，这是化学镀成功与否的关键。如在陶瓷表面沉积一层铅，形成诱发镍沉积反应的具有催化剂层，其活化液的组成为：$PbCl_2$ 0.2g，HCl 2.5g，水 1000ml，浸泡时间约 5min。在吸附 $SnCl_2$ 的瓷件表面上发生 Pb^{2+} 的还原和 Sn^{2+} 的氧化反应如下：

$$SnCl_2+PdCl_2 \longrightarrow Pb\downarrow+SnCl_4 \quad (7.14)$$

④ 预镀　预镀是在瓷件表面形成很薄的均匀的金属镍膜，并清洗掉多余的活化液的过程。预镀液的组成为：次亚磷酸钠 30g，硫酸镍 0.048g，水 1000ml，预镀 3～5min。

⑤ 终镀　终镀是指在瓷件表面形成均匀的一定厚度的镍磷合金层。镀液有酸性和碱性两种，碱性镀液在施镀过程中逸出氨，使镀液的 pH 值迅速下降，为维持一定的沉积速率必

须不断地添加氨水。碱性镀液的配方为：氯化镍 50g，氯化铵 40g，次亚磷酸钠 30g，柠檬酸三钠 45g，氨水适量，水 1000ml，pH 值 8～10，沉积温度 80～84℃。pH 值升高，会使反应速率过快，影响镀层光泽；pH 过低，镀层含磷量增加，镀层与瓷件结合变坏。终镀温度一般控制在 60～80℃。温度过低，镀层含磷量较高，镀层光亮，但与瓷件结合强度低；镀层温度过高，反应速率过快，引起镀液自然分解，镀液浑浊。酸性镀液的配方：硫酸镍 50g，无水乙酸钠 10g，次亚磷酸钠 10g，水 1000ml（用镁镧钛瓷）。

适用于 95％氧化铝陶瓷的镀镍参考配方：硫酸镍 25g/L，次亚磷酸钠 30g/L，柠檬酸钠 10g/L，pH 值 8.5～9.5，镀液温度为 70～80℃，终镀时间为 15min。适用于石英玻璃的镀镍参考配方为：硫酸镍 40g/L，柠檬酸钠 50g/L，pH 值 5～6，温度为 50～55℃，终镀时间为 10min。对于各种电子陶瓷，如压电陶瓷，PTC 热敏陶瓷等，适当调整镀液配方，都能获得良好的镀层和欧姆接触的效果。

⑥ 热处理　由于化学镀镍后形成的金属镍层（由超细的镍微粒组成）与瓷件的结合强度较低，表面易氧化，镍层松软。经热处理后，晶粒长大，结晶程度趋于完全，机械强度和瓷件的结合强度大大提高，但可焊性略有降低。热处理条件为升温速率 400℃/h，400℃，保温 1.5h，炉内自然冷却。为防止镍层氧化，在整个热处理过程中，都通入氨气流速 0.5～0.8L/min。

影响陶瓷表面化学镀的因素很多。首先是镀液中各组元浓度的影响，镀液中金属离子浓度、还原剂浓度增大会提高氧化还原电位差，加快金属沉积速度。自由金属离子浓度过高，特别是在碱性条件下，易生成金属化合物的沉淀。必须加入络合剂以减少自由离子的浓度，防止沉淀和镀液分解。络合剂与金属离子配比适中时，能提高沉积速度，而太高时沉积速度线性下降。第二是镀液温度的影响，温度升高也会提高氧化还原电位差，加快化学反应，提高镀速。也有学者认为，在较低温度时，催化表面有吸附层形成，使催化反应具有较高的活化能，所以反应速率较慢。第三是镀液 pH 值的影响，用作络合剂的有机酸或有机酸盐在镀液中存在电离（有机酸）或水解（有机酸盐）平衡，两者都受到溶液 pH 值的严重影响。pH 值对络合剂的存在形态有明显影响，氧化还原的难易程度随 pH 值变化发生改变，镀速也随之发生改变；另外，无论采用何种还原剂，在氧化还原反应过程中都有 OH^- 的消耗或 H^+ 生成，使溶液 pH 值发生改变。反过来，pH 值会严重影响反应速率，在碱性条件下，pH 值越高，镀速越快。

(3) 真空蒸发镀膜（vacuum evaporation coating）　真空蒸发镀膜又称真空蒸镀，它是在功能陶瓷表面形成导电层的方法，如镀铝、金等，具有镀膜质量较高、简便实用等优点。该方法配合光刻技术可以形成复杂的电极图案，如叉指电极等。用真空溅射方法（如阴极溅射、高频溅射等）可形成合金和难熔金属的导电层，以及各种氧化物、钛酸钡等化合物薄膜。

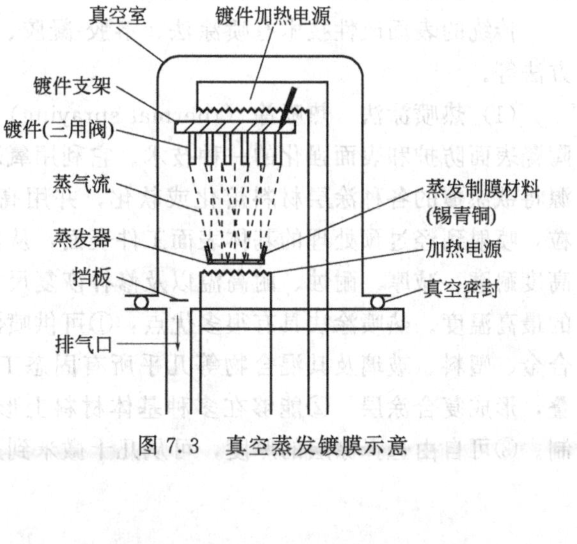

图 7.3　真空蒸发镀膜示意

真空蒸发镀膜是以加热镀膜料使之气化的一种镀膜技术，真空蒸发镀膜原理如图 7.3 所示。在真空状态下将待镀材料加热后，达到一定的温度即可蒸发，这时待镀材料以分子或原子的形态进入空间，由于其环境是真空，因此，无论是金属还是非金属，在这种真空条件下蒸发要比常压下容易得多。一般来说，金属及其他稳定化合物在真空中，只要加热到能使其饱和蒸气压达到 1.33Pa 以上时，均能迅速蒸发。

常用的有电阻加热法和电子束加热法。电阻加热法是用高熔点金属（钨、钼）做成丝或舟型加热器，用来存放蒸发材料，利用大电流通过加热器时产生的热量来直接加热膜料。电子束加热法由一个提供电子的热阴极、加速电子的加速极和阳极（膜料）所组成，其特点是能量高度集中，能使膜料源的局部表面获得极高的温度；通过电参数的调节，便能方便地控制汽化温度，且可调节的温度范围大，即对高、低熔点的膜料都能加热气化。真空镀膜室是使镀膜材料蒸发的蒸发源，支撑基材的工作架是真空蒸发镀膜设备的主要部分。

7.3 陶瓷表面改性新技术

材料的表面改性处理是改变材料性能和制备新材料的重要手段，陶瓷材料的表面改性是目前材料科学最活跃的领域之一。

陶瓷材料不仅具有高硬度、高强度、良好的耐磨性能，而且还具有优异的化学稳定性及高温力学性能。但是，陶瓷材料脆性大、延展性小，在使用过程中容易发生脆性断裂，且有些如氮化硅、碳化硅等非氧化物陶瓷在高温时容易氧化，使制品表面出现溶洞、裂纹等缺陷，造成材料晶界强度下降、磨损速度增加等，从而影响其可靠性，限制了它的广泛应用。利用表面改性技术可以克服陶瓷材料的这些缺陷，使陶瓷材料能够以其优良的物理、化学性能。表面改性技术可以用极少量材料起到大量、昂贵的整体材料难以达到的效果，以最经济、最有效的方法改善材料表面及近表面区的形态、化学组成、组织结构，赋予材料新的性能并提高材料的综合性能。在航天、航空、电力、电子、冶金、机械等工业，甚至现代生物医学中得到广泛的应用。

传统的陶瓷表面改性技术有渗氮、阳极氧化、化学气相沉积、物理气相沉积、离子束溅射沉积等。随着人们对材料表面重要性认识的提高，在传统的表面改性技术和方法的基础上，研究了许多用于改善材料表面性能的技术，诸如离子注入技术、等离子体技术、激光技术及粉体表面包裹改性等。

7.3.1 陶瓷材料传统的表面改性技术

传统的表面改性技术有喷涂法、溶胶-凝胶、化学气相沉积、物理气相沉积及高能物理方法等。

(1) 热喷涂法　热喷涂（thermal spraying）作为表面工程学的一个重要组成部分，是陶瓷表面防护和表面强化的一种技术。它利用氧乙炔（丙烷）火焰、电弧或等离子等高温热源将欲涂覆的各种涂层材料熔化或软化，并用高速射流使之雾化成微细颗粒液滴或高温颗粒，喷射到经过预处理的基体表面工件表面，从而与基体形成一层牢固的涂层的技术，达到高度耐磨、减摩、耐蚀、耐高温以及修补恢复尺寸等目的，表 7.3 列出了热喷涂用不同热源的最高温度。热喷涂法具有很多优点：①可供喷涂的材料范围广泛，包括各种陶瓷、金属及合金、塑料、玻璃及其混合物等几乎所有固态工程材料，也可以将不同材料组成的涂层重叠，形成复合涂层。②能够在多种基体材料上形成涂层，同时，被喷涂的构件尺寸不受限制。③可自由选择涂层的厚度，可从几十微米到几毫米，甚至厚度可达 20mm。④采用高温火焰喷射，对被涂构件的热影响和热变形小。⑤喷涂设备简单，可直接将设备搬至现场进行喷涂，操作工序少，沉积效率高，涂层形成速度快。当然，热喷涂法也有一定的缺点，由于热喷涂涂层与基体的结合主要为物理机械结合，结合强度不高，同时存在喷涂作业环境差，粉尘污染严重，喷涂材料利用率低等缺点。常见的热喷涂方法有：火焰喷涂、爆炸喷涂、等离子喷涂、电弧喷涂、超音速喷涂等。

表 7.3 热喷涂用不同热源的最高温度 单位：℃

热源种类	氧-煤气	空气-乙炔	氧-丙烷	氧-煤油	氧-乙炔	氧-乙炔（爆炸）	氢原子	电弧	等离子弧
最高温度	2000	2325	2700～2800	3027	3100～3200	3300	4000	6000～6600	8000～30000

（2）冷喷涂法 近年来发展起来的冷喷涂工艺（cold spraying），可以实现低温状态下的金属涂层沉积。这种工艺过程对金属粉末几乎无热影响，仅通过颗粒获得的超音速实现涂层的沉积。冷气动力喷涂法是基于空气动力学原理的一项喷涂技术，其原理是利用高压气体携带粉末颗粒从轴向进入喷枪产生超音速流，粉末颗粒经喷枪加速后在完全固态下撞击基体，通过产生较大的塑性变形而沉积于基体表面形成涂层。例如，金属与 PTC 陶瓷表面接触总存在一界面吸附氧层或界面层，导致接触电阻增高，影响 PTC 元件的使用。采用冷气动力喷涂的方法制备 PTC 陶瓷欧姆接触电极，在金属与 PTC 陶瓷表面形成欧姆接触，既能消除瓷片表面的吸附氧层，又能防止电极在制备过程中的氧化。这样可以避免 Al 或 Ag 在制备电极过程中的氧化，使 Al 或 Ag 粒子能有效地消除界面吸附氧层，在金属层下形成欧姆接触区。该方法能够在一般的热敏材料上形成涂层，而不影响基体材料的性能，为制备高性能欧姆接触电极提供一种有效的工艺方法。

（3）溶胶-凝胶法 溶胶-凝胶（sol-gel）涂层技术是由湿化学派生出来的一种方法。它是利用易水解的金属醇盐（即金属烃氧化物）或无机盐，在某种溶剂中发生水解反应，经水解缩聚形成均匀的溶胶，将溶胶涂覆在金属的表面（涂覆的方法有浸涂、旋转涂覆、喷涂和辊涂等），再经干燥、热处理（焙烧）后形成涂层。溶胶-凝胶法制备陶瓷涂层的特点是：①反应可在较低的温度下进行；②制备的涂层纯度高、厚度均匀；③可通过简单的设备在体积较大、形状复杂的衬底表面形成涂层；④可制备别的方法不能制备的材料，如有机-无机复合涂层；⑤可获得狭窄粒径分布、纳米级粒子尺寸的涂层；⑥很容易均匀定量的掺入一些微量元素，实现分子水平的均匀掺杂；⑦可通过多种方法改变薄膜的表面结构和性能；⑧所需设备简单，操作方便。

（4）物理-化学气相沉积法（physical-chemical vapor deposition） 气相沉积是指以材料的气态（或蒸汽）或气态物质化学反应的产物在工件表面形成涂层的技术，前者称为物理气相沉积（PVD），后者称为化学气相沉积（CVD）。物理气相沉积有溅射法、离子镀法、真空蒸镀法等，对于陶瓷基体来说，用得较多的是溅射法。溅射法是通过待镀材料源和基板一起放入真空室内，然后利用正离子轰击作为阴极的靶，以动量传递的方法使靶材中的原子、分子溢出并在基板表面上凝聚成膜。例如，为改善 Al_2O_3 陶瓷材料的耐磨性，利用磁控溅射法在 Al_2O_3 材料的表面上沉积 WC/C，研究表明，涂覆后的 Al_2O_3 比未涂覆的 Al_2O_3 的磨损速率降低 10 倍以上，耐磨性的改进是由于表面 WC/C 涂层的柔软性决定的。溅射不易使基体表面变质，并相对无副污染物生成。离子镀法就是用电子束使作为蒸发源的阳极材料蒸发成原子，被在基体周围的等离子体离子化后，在电场作用下以更大的动能飞向基体表面，成核、长大而形成镀膜的方法。真空蒸镀就是将待镀材料和被镀基板置于真空室内，加热待镀材料，使之蒸发或升华并飞向被镀基板表面凝聚成膜的一种工艺。在真空条件下成膜可减少蒸发材料的原子、分子在飞向基板过程中与分子间的碰撞，减少气体中的活性分子和蒸发材料与蒸发源材料间的化学反应，以及减少成膜过程中气体分子进入薄膜中成为杂质的量，从而提高薄膜的致密度、纯度、沉积速率和与基板的附着力。通常真空蒸镀要求成膜室内压力等于或低于 10^{-2}Pa，对于蒸发源与基板的距离较远和薄膜质量要求很高的场合则要求其压力更低。

化学气相沉积是指在相当高的温度下，混合气体与基体的表面相互作用，使混合气体中的某些成分分解，并在基体表面形成一种金属或化合物的固态薄膜或镀层。CVD 是一种较好生产硬质膜的方法，广泛应用于切削刀具。传统的 CVD 涂层有 TiC、TiN 和 Al_2O_3 涂层，进而发展到 Al_2O_3 与 TiCN 的复合涂层。Suzuki 等采用 CVD 方法在 1200℃下，对 WC26%Co 金属陶瓷刀片进行沉积，获得 3～4μm 的 TiC 涂层。CVD 的特点为：可以形成多种金属、合金、陶瓷和化合物涂层；可以控制晶体结构、结晶方向的排列，可以控制镀层的密度、纯度；可获得梯度沉积物和混合镀层；能够在复杂形状的基体以及颗粒上镀层；涂层均匀，组织致密，纯度高，涂层与基体结合紧密。

随着现代科技的发展，CVD 与 PVD 的界限越来越不明显，CVD 技术中引入了等离子活化等物理过程，而 PVD 技术中也可以引入反应气体产生化学过程。两者相互补充，从而更加完善了这两种技术。

(5) 熔盐反应法　熔盐反应方法（molten salt reaction）是一种新型的表面金属化技术，该方法能够使熔质相在远低于其熔点的温度下进行晶粒生长。其原理是利用过渡金属在熔盐里歧化反应，在陶瓷表面沉积金属薄膜和涂层，从而改善陶瓷表面的润湿性能。该方法工艺简单设备低廉，是一种低成本可行性高的陶瓷连接技术，例如，利用熔盐反应法可在陶瓷表面上制备 Ti 金属化薄膜。

7.3.2 陶瓷表面改性新技术

(1) 离子注入技术　离子注入技术（ion implanting technology）是 20 世纪 70 年代发展起来的一种新型表面改性技术。它是将所需的元素（气体或金属蒸汽）通入电离室电离后形成正离子，将正离子从电离室引出进入几十至几百千伏的高压电场中加速后注入材料表面，在零点几微米的表层中增加注入元素的浓度，同时产生辐照损伤，从而改变材料的结构和各种性能。在高能离子束的作用下，被轰击的表面或界面区会在较低的温度下发生一系列的物理、化学、显微结构以及应力状态的变化，生成一层传统工艺难以得到的功能奇特的材料。

随着科学技术的发展，离子注入技术的应用范围在不断扩大。它除了广泛应用于半导体、金属材料的表面改性外，在加工绝缘材料（如玻璃、陶瓷和高分子聚合物等）方面也表现出一定的发展潜力，有可能在光的传导、铁电陶瓷、光敏陶瓷、高温陶瓷、表面导电聚合物和表面催化等方面发挥作用。

① 离子注入技术原理及装置　离子注入是指从离子源中引出离子，经过加速电位（通常是 0～30kV）加速，然后使离子获得一定的初速度后进入磁分析器，使离子纯化，从磁分析器中引出所需要注入的纯度极高的离子。加速管将选出的离子进一步加速到所需的能量，以控制注入的深度。聚焦扫描系统将粒子束聚焦扫描，有控制地注入陶瓷材料表面。离子注入装置如图 7.4 所示，经过两次加速的离子接触固体表面时，会与固体晶格内的原子或电子发生反应。

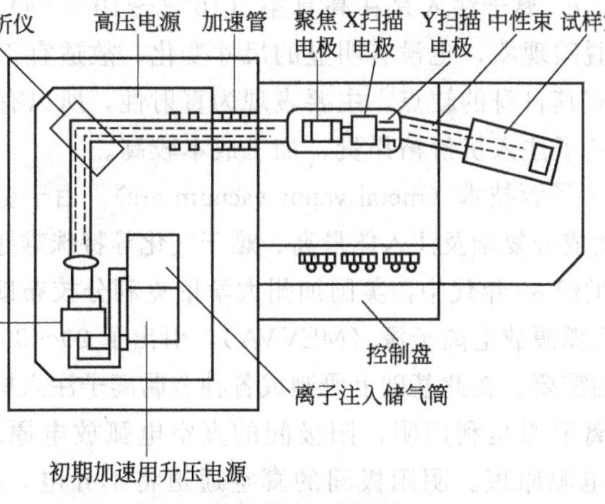

图 7.4 离子注入机示意

离子注入机按能量的大小区分：低能注入机（5～50keV）；中能注入机（50～200keV）；高能注入机（300～5000keV），虽然某些注入机能量可高达 4000keV，但多数能量范围是 30～200eV。若按离子束电流强度区分，小束流机电流在 100μA 以内，中束流机在100μA～1mA，强束流机可达 1mA 以上。

陶瓷的特点是结构为共价键或离子键，具有比金属材料更高的熔点、硬度、强度和更好耐热、耐腐蚀性能，并且宏观的导电能力一般较差。因此，和金属、半导体材料相比，入射离子和陶瓷的作用具有不同的特点。当研究离子注入陶瓷材料的微观过程时，必须考虑两个或两个以上相互嵌套的具有不同原子移位阈能的亚点阵形成的碰撞级联，并且由于陶瓷表面的电荷效应，使入射离子方向产生偏离，能量发生分散，从而增加了问题的复杂性。另外，电离激发和原子移位碰撞造成的缺陷的种类强烈地受着邻近区域电中性的需要、邻近的化学组分及组元的化学键性质等因素的影响；同样的，注入杂质的邻近区域的结构对杂质的化学性质又有敏感的作用。再者，由于陶瓷材料中原子的激发态寿命比较长（达 10～12s 量级），使得在电离损伤过程中原子间的相互作用有足够长的时间产生扰动而形成移位原子。由此可见，通过离子注入对陶瓷材料的改性远比金属、半导体材料改性复杂，这方面的研究工作也相对开展得较晚。近年来，人们把注意力集中在离子注入改善陶瓷材料的力学和电学性能方面。注入离子的种类、能量和剂量，注入的温度和靶材料的键和性质，这些都是决定注入后材料的结构和性能的重要参量。例如，对于在半导体工业中广泛使用的 SiO_2 陶瓷材料，EerNisse 和 Norris 曾较早地对离子注入 SiO_2 产生的结构效应进行了研究。入射离子作用于 SiO_2 时，通过电离激发和原子间的碰撞两种形式，把离子的动能传递给 Si 原子和 O 原子，从而产生了结构的缺陷。注入后的宏观效果是注入层横向收缩，这是由注入层中的横向应力引起的，并且这种横向应力的产生对材料的改性起着重要作用。点阵缺陷的迁移能力和物理性质以及注入材料性质的时间稳定性等都和产生的横向应力有直接关系。一个重要的例子是利用离子注入来控制材料的光学性质，制造各种波导和光耦合器。

离子注入相对于其他表面改性技术主要有如下优点：a. 离子注入是一个非平衡过程，注入元素不受扩散系数、固溶度和平衡相图的限制，理论上可将任何元素注入任何基体材料中去。b. 离子注入是原子的直接混合，注入层厚度为 0.1μm，但在摩擦条件下工作时，由于摩擦热作用，注入原子不断向内迁移，其深度可达原始注入深度的 100～1000 倍，使用寿命延长。c. 离子注入元素是分散停留在基体内部，没有界面，故改性层与基体之间的结合强度很高，附着性好。d. 离子注入是在高真空（$10^{-5}\sim10^{-4}$ Pa）和较低的温度下进行的，因此工件不产生氧化脱碳现象，也没有明显的尺寸变化，故适宜工件的最后表面处理。但是离子注入表面改性也有其自身的缺点，主要表现为直射性，所以有时无法处理复杂的凹面和内腔；注入层较薄；离子注入机价格昂贵，加工成本较高。

② 金属蒸气真空离子源技术（metal vapor vacuum arc） 由于金属的熔点一般比较高，注入离子繁多、组织结构成分复杂及注入能量高、难于气化等特殊难题，因此对金属离子的注入还受到较大限制。20 世纪 80 年代中，美国加州大学伯克利分校布朗博士（L. G. Brown）等研制开发了金属蒸气真空弧源放电离子源（MEVVA），引出了 20～30 种金属离子，基本上满足了强的金属离子束流的需要。在此基础上研制成各种金属离子注入机。

金属蒸气真空弧离子源是利用阴、阳极间的真空电弧放电原理来建立等离子体的，图 7.5 为 MEVVA 源的电源原理。阴阳极间的真空通道将不导电，阴极一经触发，在其表面就会产生少量的阴极材料的等离子体。这些等离子体离开阴极并达到阳极，主弧电路在这种中性等离子体介质的连接下构成回路，形成真空电弧放电，并在阴极表面形成阴极斑点，斑点内的材料被大量蒸发和电离，而使等离子体密度迅速提高，在阴极和阳极之间形成一条高导电的等离子通道，维持了真空放电现象，在主弧电压的脉冲持续时间里，真空弧放电现象等一直进行下去，当下一个触发脉冲到来时，又将重复这一过程。

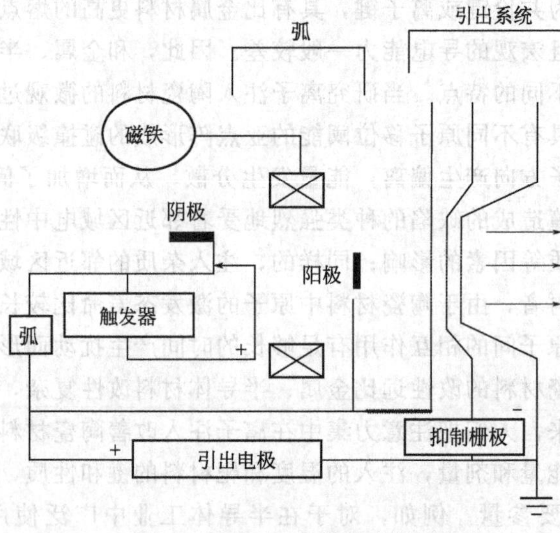

图 7.5 MEVVA 源的电源原理

金属蒸气真空弧离子源的主要优点有以下几点：a. 能给出的离子种类多，可引出 Ca、Mg、Al、Ti、Zr、Mo、Ce、La、Y、Ta、W 及 TiC 等几十种元素或化合物的离子束离子束流强。b. 其脉冲束流达安培数量级，比通常注入机引出的金属束流大 1～2 个数量级，这会大大提高注入效率。对通常的注入剂量为 3×10^{17}离子/cm^2，注入时间仅为 10min。c. 离子电荷态高，一般来说，由这种源引出的离子的平均电荷态 1.5～3，因而只需要在较高的电压下引出，不经过加速就可获得上百 keV 的能量，这样就可以较低的加速电压来实现高能量的注入，大幅度地降低注入机的制造成本。d. 离子束纯度高，只要用高纯材料作为阴极，它的有用离子占总引出束的比例一般能达 95%以上，从而不用笨重的磁分析器，进一步降低注入机的制造成本。e. 可同时注入几种金属元素，可实现多种元素的离子在相同条件下的注入和掺杂，并省去重复抽真空的时间。

③ 离子注入对陶瓷材料表面力学性能的影响

a. 离子注入对陶瓷材料断裂韧性的影响　陶瓷材料的致命缺陷是脆性大，利用离子注入可以在一定程度上提高陶瓷的断裂韧性。对 SiC 进行离子注入，不管是否形成非晶层，断裂韧性都将增加 30%～49%，MgO 和 TiB_2 在离子注入后增韧值可达 80%以上。PSZ 用 400keV、Ti^+ 注入时，随注入剂增加，其断裂韧性下降，直至形成非晶层时保持常数；但全稳定 ZrO_2 用 Ti 离子和 Al 离子注入量小于形成非晶层的剂量时，断裂韧性是增加的。研究人员研究了离子注入陶瓷表面残余应力对其断裂韧性的影响。当 Mo 离子注入 Al_2O_3 陶瓷表面时能产生很大的残余压应力，大剂量的注入会使注入层产生非晶化，表面残余应力明显释放；若继续增加注入剂量，因受射束热影响非晶化，表面残余应力又有新的提高。因此，可以通过对注入剂量及能量控制，来改善 Al_2O_3 陶瓷表面裂纹敏感性。

b. 离子注入对陶瓷抗弯强度的影响　陶瓷表面抗弯强度的变化归因于表面残余压应力，表面残余压应力又与温度有关，所以注入温度和表面无定型化均对抗弯强度有影响，100keV 时增加效果最明显。在相同条件下，重离子比轻离子更强烈地辐射硬化，因此 Ni 离子注入 ZTA 陶瓷后，其表面的力学性能有较大改变，抗弯强度增幅达 10%。当把 800keV 氩离子和 400keV 氮离子注入单晶和多晶 Al_2O_3 陶瓷表面上时，离子注入明显增加了单晶 Al_2O_3 的强度，在低剂量时 Ar 离子提高的幅度更大，对多晶 Al_2O_3 注入后强度增加的幅度较小。因为离子注入使材料表面产生辐照损伤，体积膨胀，产生表面压应力，这是材料强度增加的主要原因，但是如果材料表面的裂纹尺寸超过了注入引起的表面压应力的厚度，其增强效果会减小，这就可能是导致多晶强度增加幅度小的原因。

c. 离子注入对陶瓷硬度的影响　一般来说，低剂量注入时，离子束引起表面硬化，使得材料硬度增大，但是剂量增到一定程度时，当陶瓷表面呈无定形后，硬度就会急剧下降。例如，Ni 离子注入 ZTA 陶瓷时，在注入剂量增大的初期，硬度增加得很快；在剂量达到无定型化临界值 5×10^{16} 离子/cm^2 时，应力出现峰值，硬度的增加也达到最大值的 30%。

d. 离子注入对陶瓷摩擦性能的影响　摩擦是接触表面之间的相互作用，陶瓷材料的摩擦损失常与表面性能有密切关系。离子注入可以改善材料的表面性能，从而提高材料表面的抗磨损性能。研究表明，离子注入 Al_2O_3 和 Na_2O-CaO-SiO_2 玻璃时，由于离子注入产生的压应力通过闭合径向裂纹可以防止划痕处平行裂纹到达表面，这样极大地限制了移动颗粒的数量，减少了粗糙摩擦和划痕周围裂纹。所以在高应力时，离子注入可降低摩擦系数。在这项研究中还建立了辐射损伤、硬度及表面应力之间的相互关系模型，并研究了其摩擦学行为。B^+ 注入 CVD 技术沉积的 Si_3N_4 陶瓷薄膜后，显著改善其摩擦性能，摩擦系数降低 0.22，这可能是由于形成了硼的氮化物第二弥散相并减轻了黏着。利用 LBM 方法（即离子束混合法）在 Si_3N_4 表面涂覆一层 Mo 膜，之后将其放在一台往复式摩擦试验机上进行湿摩擦试验，对其摩擦学性能改善的机制进行讨论。有人进行了离子注入对材料表面耐摩擦性、抗氧化腐蚀性能影响的研究，得出的结论是：为提高材料表面耐摩擦性而注入氮离子时，最适合的能量范围是 30～100keV。从上述研究中可以看到：利用不同剂量的不同离子注入，能够使金属和陶瓷材料的摩擦系数降低 0.2～0.6，耐磨性可以提高几倍至几百倍。磨损率降低和耐磨性提高可归因于：第二弥散相的形成提高了断裂强度；离子注入使涂层表面产生大量的间隙原子，减少了空位缺陷，起到了钉扎位错网络与裂纹的作用，减少了黏着磨损；离子注入使表层具有较大的压应力，对磨损过程中裂纹的扩展具有抑制作用；离子注入材料后，可以增强表面的内聚性能，降低其与对工件表面的黏着，因而耐磨性得到提高。

(2) 等离子体喷涂（plasma spraying） 等离子体是一种电离的气态物质，称为物质第四态。在一定的压力下，宏观物质随温度升高由固态变成液态，再变为气态（有的直接变成气态）。随着温度继续升高，气态分子热运动加剧。当温度足够高时，分子中的原子由于获得足够的动能，便开始彼此分离。若进一步升高温度，原子的外层电子会摆脱原子核的束缚成为自由电子。失去电子的原子变成带电的离子，这个过程称为电离。发生电离（无论是部分电离还是完全电离）的气体称之为等离子体（或等离子态）。根据温度不同，等离子体可分为高温等离子体和低温等离子体。

① 等离子体与表面的相互作用 低温等离子体中存在具有一定能量分布的电子、离子和中性粒子，通过它们与材料表面的撞击，会将自己的能量传递给材料表面的原子或分子，产生解析、溅射、刻蚀、蒸发等各种物理、化学过程。一些粒子还会注入材料表面引起级联碰撞、散射、激发、重排、异构、缺陷、晶化或非晶化，从而改变材料表面的组织和性能。因此低温等离子体法成为材料表面改性和异质薄膜合成沉积的重要手段之一，并在陶瓷材料的生产加工中有广泛的应用，包括：合金材料为基体的陶瓷涂层的形成；陶瓷为基体的材料表面改性；超细陶瓷粉体的合成；超细陶瓷粉体的表面改性；陶瓷坯体的烧结及陶瓷材料成分分析。

② 脉冲等离子沉积（pulse plasma deposition） 近 20 年来，人们发展了许多现代的表面处理技术，主要是通过各种电磁波束（激光、微波、紫外线等）和荷能离子（分子、原子、离子、电子等）束等辐照处理，在材料表面产生物理变化、化学变化和机械变化，达到改性的目的。

用于薄膜合成、表面改性技术中的脉冲能量束一般为脉冲激光束、脉冲电子束、脉冲等离子束。与脉冲电子束、脉冲激光束相比，脉冲等离子体具有电子温度高、等离子体密度高、定向速度高、功率大等特点。脉冲等离子体应用于材料表面改性具有设备简单、处理温度可以在室温进行、沉积速率高、薄膜与基底黏结力强等优点，并兼有激光表面处理、电子束处理、冲击波轰击、离子注入、溅射、化学气相沉积等综合性特点。在制备薄膜时可在室温下合成亚稳态相和其他化合物材料。

③ 脉冲高能量密度等离子体 脉冲高能量密度等离子体（pulsed high energy density plasma，PHEDP）是一种脉冲能量束。脉冲高能量密度等离子体具有很高的电子温度（约 10～100eV）和等离子体密度（$10^{14}\sim10^{16}/cm^3$），以及相对较高的定向运动速度（10～100km/s），能量密度可达 $1\sim10J/cm^2$。高能脉冲等离子体沉积是一项全新的等离子体材料表面处理和薄膜制备技术。脉冲高能量密度等离子体对材料表面进行改性时，兼具气相沉积、激光表面处理、电子束处理、溅射、冲击波轰击和离子注入的共同特点。

脉冲高能量密度等离子体的基本构思是，将高能量密度等离子体，瞬间地作用在材料表面，可以导致材料表面出现局部急剧熔化，紧接着急剧冷却凝固，加热或冷却速率可达 $10^8\sim10^{10}K/s$。因此可以在基材表面形成一层微晶或非晶薄膜，从而达到改善材料表面性能的目的。通过改变同轴枪内、外电极材料，工作气体种类及工艺参数，可以获得不同种类和比例的等离子体束，从而可以在室温下制备各种稳态和亚稳态相的薄膜。当脉冲高能量密度等离子体束轰击材料表面时，可以有单一的沉积薄膜效应，也可以有表面溅射、离子注入、冲击波压力和强的热效应等综合效应。脉冲高能量密度等离子体的产生装置是根据同轴等离子体加速器的概念设计的，装置如图 7.6 所示。它是由等离子体枪、真空室、充放电回路等组成。同轴等离子体枪主要由两个同轴内外电极组成，外电极一般为石墨或铜电极，内电极

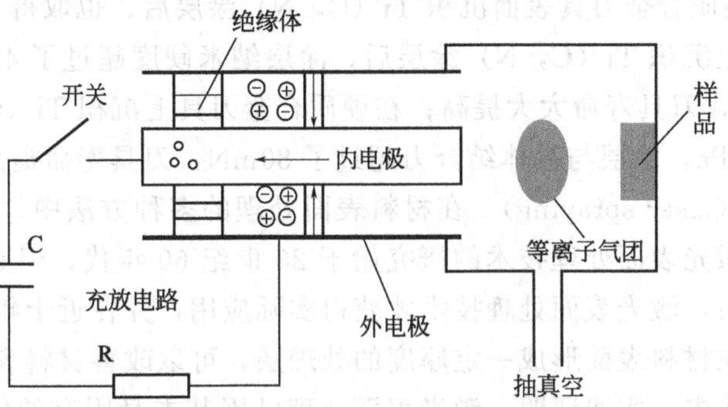

图 7.6 脉冲高能量密度等离子体同轴枪原理

材料随实验要求不同而改变，可以是金属或非金属。内外电极之间为真空。通过电容对内、外电极充上适当的电压，当脉冲气体由枪的尾部快速冲入时，则气体产生自击穿而电离，而产生等离子体鞘。枪尾部的气体击穿电离后，使内外电极与放电回路闭合起来，同时产生大的回路电流。该电流沿着内电极流动时，将产生一个磁场强度为 H 的磁场。等离子体鞘因此受到电磁作用力的加速作用而被快速的推出枪口。

同时，巨大的脉冲电流使内、外电极材料表面蒸发、溅射，形成电极材料组成的等离子体。因此等离子体是由工作气体和内、外电极材料等离子体组成的。由放电电流本身产生的洛仑兹力将所产生的等离子体加速向同轴枪出口处推进，同时电极材料不断地被溅射出来，形成等离子体，在到达电极出口处的瞬间，等离子体团自动收缩，称作“致密等离子体聚焦”。可以说，在等离子体运动过程中，工作气体产生的等离子体量由于与内外电极不断碰撞而不断减少，而电极溅射产生的等离子体量则不断增加。等离子体中最终的成分比例将主要依赖于电极间的电压降。在有些情况下，气体还作为反应物，与电极材料发生化学反应，合成所需薄膜材料，沉积到基体表面。

④ 脉冲高能量密度等离子体表面改性

a. 脉冲高能量密度等离子体技术用于陶瓷表面金属化。陶瓷表面金属化在超大规模集成电路及其他工业领域具有重要的作用，氧化铝和铝分别用作集成电路的基底和金属材料，但是在超微器件应用方面，由于铝的电阻率较高，难以克服其电子流动性差的问题，因此，通常用铜代替铝作为金属材料。目前的铜薄膜主要通过 CVD、PVD 及化学镀的方法沉积得到，但是由于铜与氧化铝基底的润湿性很差，造成金属膜与基底结合不牢。而脉冲高能量密度等离子体在处理材料时，等离子体能够与基底材料直接发生反应，这样，制备薄膜及膜/基混合可同步实现，能够有效提高膜/基结合力。例如，利用 PHEDP 技术在氧化铝陶瓷基底上沉积铜膜，同轴枪的内外电极都用铜，工作气体选用 Ar 气，内外电极之间电压介于 600～1000V，枪样距 30mm，每个样品处理 60 次，所制备铜膜最大厚度约为 5μm。

b. 脉冲高能量密度等离子体技术用于刀具表面改性方面。陶瓷刀具表面沉积 TiC 涂层后，涂层与基体的结合力很好，纳米划痕实验临界载荷达 80mN 以上，TiC 涂层具有很高的硬度和杨氏弹性模量，分别达到 28GPa 和 350GPa 以上，涂层刀具用于 HB 达 220～230 的 HT250。切削实验表明，刀具耐磨损能力强，寿命明显提高。在硬质合金刀具表面沉积 TiN 涂层后，涂层纳米划痕实验临界载荷达到了 90mN 以上，涂层的硬度及杨氏模量分别达到了 27GPa 和 450GPa，刀具可用于 HRC 高达 58～62 的 Cr-W-Mn 钢切削，与未处理的硬质合金刀具相比，刀具磨损量降低，寿命显著提高。利用脉冲高能量密度等离子体技术在

Si_3N_4 陶瓷刀具和硬质合金刀具表面沉积 Ti（C，N）涂层后，也取得了明显的效果，其中，在 Si_3N_4 陶瓷刀具上沉积 Ti（C，N）涂层后，涂层纳米硬度超过了 45GPa，涂层与基体结合力超过了 100mN，刀具寿命大大提高；在硬质合金刀具上沉积 Ti（C，N）涂层后，涂层纳米硬度超过了 5GPa，涂层与基体结合力超过了 80mN，刀具寿命提高了 5 倍。

（3）激光技术（laser spraying）　在材料表面处理的多种方法中，激光对材料实施处理也是一门新技术。激光表面处理技术的研究始于 20 世纪 60 年代，但是直到 70 年代初研制出大功率激光器之后，激光表面处理技术才获得实际应用，并在近十年内得到迅速发展。激光表面处理技术是在材料表面形成一定厚度的处理层，可以改善材料表面的力学性能，以满足各种不同的使用要求。实践证明，激光表面处理已因其本身固有的优点而成为发展迅速、有前途的表面处理方法。

① 激光表面处理技术的原理及特点　激光是一种相位一致、波长一定、方向性极强的电磁波，激光束由一系列反射镜和透镜来控制，可以聚焦成直径很小的光（直径只有 0.1nm），从而可以获得极高的功率密度（$10^4 \sim 10^9 W/cm^2$）。激光具有单色性好、方向性好、相干性好和高亮度等特点。激光与材料之间的互相作用按激光强度和辐射时间分为几个阶段：吸收光束、能量传递、材料组织的改变、激光作用的冷却等。它对材料表面可产生加热、熔化和冲击作用。随着大功率激光器出现，以及激光束调制、瞄准等技术的发展，激光技术进入金属材料表面热处理和表面合金化技术领域，并在近年得到迅速发展。

激光表面处理采用大功率密度的激光束、以非接触性的方式加热材料表面，借助于材料表面本身传导冷却，来实现其表面改性的工艺方法。它在材料加工中具有许多优点，是其他表面处理技术所难以比拟的：

a. 能量传递方便，可以对被处理工件表面有选择地局部强化。

b. 能量作用集中，加工时间短，热影响区小，激光处理后，工件变形小。

c. 可处理表面形状复杂的工件，而且容易实现自动化生产线。

d. 激光表面改性的效果比普通方法更显著，速度快，效率高，成本低。

e. 通常只能处理一些薄板金属，不适宜处理较厚的板材，但可以作为建筑卫生陶瓷的表面修补。

激光表面处理的缺陷是由于激光对人眼的伤害性会影响工作人员的安全，因此要致力于发展安全设施。

激光表面处理包括激光表面硬化、激光冲击硬化、激光表面熔化、激光表面合金化和激光表面涂覆等。激光表面涂覆经常用来提高材料的耐磨性、耐蚀性和耐高温性能。激光表面涂覆工艺按涂层材料的加入方式可分为预先置入法、同步吹送法、和激光辅助沉积法等。预先置入法采用热喷涂、电镀、电沉积或直接黏结等方法，将涂层材料预先黏附在基体材料表面，然后采用激光扫描辐照，使涂层材料与基体材料实现结合。同步吹送法是在激光辐照基体表面形成熔池的同时，连续输入涂覆粉末，同时输送保护气体（N_2 或 Ar 气）到激光辐照形成的熔池，迅速凝固后形成一层新涂层。激光辅助沉积是利用激光束的高能量密度，来辅助各种沉积过程，从而提高沉积速率，改善镀层性能。激光辅助沉积技术包括激光辅助电沉积、激光辅助化学气相沉积、激光诱导化学沉积、激光溅射沉积、激光外延生长薄膜及超晶格等几种。

② 激光表面喷涂　图 7.7 为激光表面喷涂喷嘴示意图。该装置有激光发生器、喷涂材料供给装置、高压气体供给装置组成。该方法属于同步吹送法，它的特点是利用高温度、高

能量密度的激光作为光源，使喷涂材料和喷涂气氛的气体反应来制作非金属涂层。

③ 脉冲激光沉积镀膜　20 世纪 60 年代，人们就发现激光与固体作用时，在固体表面附近区域会产生一个由该固体成分粒子形成的发光的等离子体区，如果这些处于等离子体状态的物质离子向外喷射，并沉积于衬底上，就会形成薄膜，这就是激光沉积薄膜技术。脉冲激光沉积（pulsed laser deposition，PLD）是 80 年代出现的一种全新的镀膜技术。它是将准分子脉冲激光器所产生的高功率脉冲激光束聚焦作用于靶材料表面，使靶材料表面产生高温及熔蚀，并进一步产生高温高压等离子体（$T \geqslant 10^4$K），这种等离子体定向局域膨胀发射并在衬底上沉积而形成薄膜。典型的 PLD 沉积装置主要由激光扫描系统、真空室制膜系统、监测系统组成（图 7.8）。激光扫描系统由激光器和必要的光学元器件组成，研究结果表明，短波长激光制备出的薄膜质量较好，这是因为吸收系数随着光波长的变短而趋于增加，大多数用于薄膜沉积的材料在此光谱区间都表现出了强烈的吸收特性，而使激光进入靶材的穿透深度变小，靶材被溅射的表面层厚度也将变小。同时，在短波段的强烈吸收还有助于溅射流阈值的降低，因而目前激光器多用短波长的准分子激光器。准分子激光器的发射波长几乎都在 200～400nm 之间，光子能量大都符合薄膜沉积的需要。准分子激光器的工作气体为 ArF、KrF、XeCl 和 XeF，其波长分别为 193nm、248nm、308nm、351nm，光子能量相应为 6.40eV、5.00eV、4.03eV、3.54eV。目前使用较多的是工作气体为 KrF、波长为 248nm 的准分子激光。

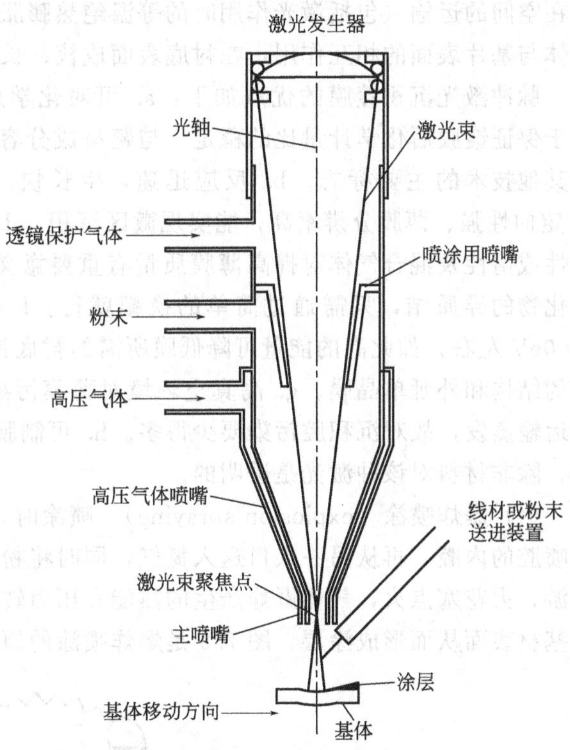

图 7.7　激光喷涂喷嘴示意

脉冲激光沉积的整个过程具体分为：①激光与钯材料相互作用产生等离子体。②等离子

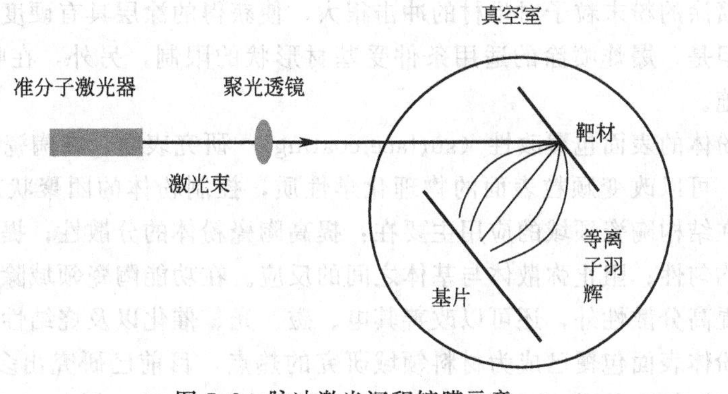

图 7.8　脉冲激光沉积镀膜示意

体在空间的运输（包括激光作用时的等温绝热膨胀和激光结束后的绝热膨胀）。③激光等离子体与基片表面的相互作用，在衬底表面成核、长大凝结成膜。

脉冲激光沉积镀膜的优点如下：a. 可对化学成分复杂的复合物材料进行全等同镀膜，易于保证镀膜后化学计量比的稳定。与靶材成分容易保持一致是PLD的最大优点，是区别于其他技术的主要标志。b. 反应迅速，生长快，通常情况下1h可获1μm左右的薄膜。c. 定向性强、薄膜分辨率高，能实现微区沉积。d. 生长过程中可原位引入多种气体，引入活性或惰性及混合气体对提高薄膜质量有重要意义。e. 易制多层膜和异质膜，特别是多元氧化物的异质结，只需通过简单的换靶就行。f. 靶材容易制备不需加热，离子能量高达1000eV左右，如此高的能量可降低膜所需的衬底温度，易于在较低温度下原位生长取向一致的结构和外延单晶膜。g. 高真空环境对薄膜污染少，可制成高纯薄膜；余灰只在局部区域运输蒸发，故对沉积腔污染要少得多。h. 可制膜种类多，几乎所有的材料都可用PLD制膜，除非材料对该种激光是透明的。

(4) 爆炸喷涂（explosion spraying）　喷涂时，首先将定量的乙炔和氧由供气口送入水冷喷腔的内腔，再从另一入口送入氮气，同时将粉末从供料口送入，这些粉末在燃烧气体中浮游，火花塞点火，气体爆炸产生的热能和压力转化成动能，使粉末达到熔融状态并高速撞击基材表面从而形成涂层，图7.9是爆炸喷涂的原理示意。

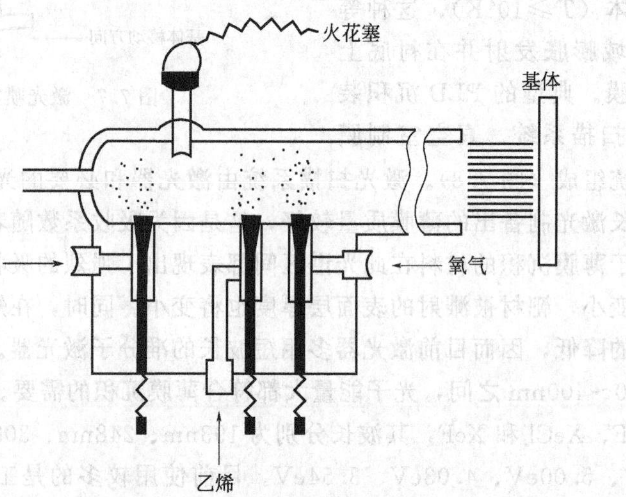

图7.9　爆炸喷涂原理示意

由于爆炸喷涂的粉末粒子对母材的冲击很大，使获得的涂层具有硬度高、强度高和气孔率小的特点。但是，爆炸喷涂的适用条件受基材形状的限制，另外，在喷涂时还应采用隔音、防尘等措施。

(5) 陶瓷粉体的表面包覆改性（surface coating）　研究表明，在陶瓷粉体颗粒表面包覆一层其他物质，可以改变颗粒表面的物理化学性质，控制粉体的团聚状态，改善其分散特性。包裹粉体在结构陶瓷领域的应用主要在：提高陶瓷粉体的分散性；提高烧结助剂或弥散相在粉体中的均匀性；阻止弥散体与基体之间的反应。在功能陶瓷领域除可以降低粉体表面的缺陷浓度、提高分散性外，还可以改善其电、磁、光、催化以及烧结性能。

陶瓷材料粉体表面包覆已成为材料领域研究的热点，目前已研究出多种表面包覆方法，并用之制备出许多性能优异的结构陶瓷和功能陶瓷材料，例如SiC/Cu、Al_2O_3/Cu、

Al_2O_3/SiC 等材料。从粉体包覆改性过程中颗粒表面发生的物理化学变化的角度，有以下几种包覆改性方法。

① 表面吸附改性（surface adsorption）　表面吸附改性是利用物理或化学吸附原理，使包覆材料均匀附着在陶瓷粉体上，以形成连续完整的包覆层。在此过程中，包覆材料多是有机物，这些有机物选择性地吸附在陶瓷粉体表面，定向排列，使粉体的性能得到改善。例如，在液相法制备纳米陶瓷粉体或湿法球磨陶瓷粉体时，加入一些低分子量的高分子聚合物或表面活性物质，使其均匀吸附在被分散的陶瓷颗粒表面，利用位阻作用减少粉体颗粒的团聚性。在陶瓷的塑性成型工艺中，如流延、轧膜和注浆成型时，利用硬脂酸、已二酸、油酸等包覆陶瓷粉体，可改善粉体的极性，提高粉体的流动性。

以 Y-TZP 粉体为例(图 7.10)，利用已二酸($C_6H_{10}O_4$)、硬脂酸[$CH_3(CH_2)_{16}COOH$]的羟基与 Y-TZP 粉体颗粒表面吸附的水并解离出的羟基发生化学反应，在其表面形成单分子膜。粉体表面吸附单分子膜后降低了粉体之间的作用力（包括分子的作用力和机械铰合力)，即降低了粉体之间的摩擦阻力，提高了其流动性，从而解决了干压、挤出成型时密度不均匀的问题。

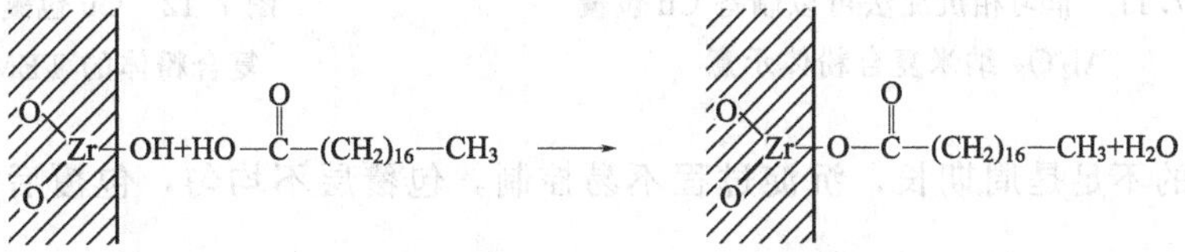

图 7.10　硬脂酸在 Y-TZP 表面的吸附

② 非均相成核法（heterogeneous nucleation）　陶瓷粉体的包覆技术已发展有许多种，其中大部分与陶瓷粉体的化学制备工艺相似。不过用化学工艺制备陶瓷粉体时，总是控制沉淀反应为均匀成核生长；但对于制备包覆陶瓷粉体，均匀成核生长的自由沉淀则是不希望发生的。最理想的包覆工艺是控制沉淀反应为非均匀成核生长，即控制包覆层物质以被覆颗粒(晶须）为成核基体进行生长，从而实现包覆陶瓷颗粒（晶须）的目的。

非均匀形核法是利用改性剂微粒在被包覆颗粒基体上的非均匀形核并生长来形成包覆层。这种包覆技术的关键在于控制溶液中改性剂的浓度，使其介于非均匀形核所需的临界浓度与均相成核所需的临界浓度之间，在此浓度范围下改性剂微粒满足非均匀形核条件，从而以被包覆物颗粒为形核基体，优先在该基体外表面形核、生长，对颗粒进行包覆。由于非均匀成核所需的动力要低于均匀成核，因此包覆层微粒优先在被包覆基体上成核，通过控制溶液的 pH 值、被包覆粒子浓度、包覆层前驱体浓度、包覆温度与时间等影响因素，可在颗粒表面形成一层均匀的包覆层先驱体，分离煅烧后，可得到具有氧化物包覆层的复合粉体。例如将纳米 SiC 用蒸馏水配成浆液，不断搅拌加入 $Al(NO_3)_3$ 溶液，混合均匀后，利用氨水调节 pH 值，在纳米 SiC 粉体表面形成 $Al(OH)_3$ 沉淀前驱体，经 1050℃煅烧后获得 Al_2O_3/SiC 纳米复合粉体。

同样，利用非均相沉淀法可以制备 Cu 包覆 Al_2O_3 纳米复合粉体，具体过程如图 7.11。首先将不同比例的 $CuSO_4 \cdot 5H_2O$ 配置成饱和溶液，将纳米 Al_2O_3 粉体超声分散后加入溶液中。在强烈的磁力搅拌下 30min 后 Al_2O_3 形成均匀的悬浮液，然后加入相应摩尔数的纳米 Al 粉，调整到适当的反应温度，使 Al 粉和 $CuSO_4$ 发生置换反应，随着反应的进行，置换出的纳米 Cu 颗粒将沉积在 Al_2O_3 表面，将混合沉淀物真空抽滤，放入真空干燥箱于

70℃干燥 12h 后获得 Cu 包覆 Al_2O_3 复合粉体。图 7.12 为透射电镜观察到的 5%Cu 包裹 Al_2O_3 粉体（其中深色颗粒为纳米 Cu 颗粒）。

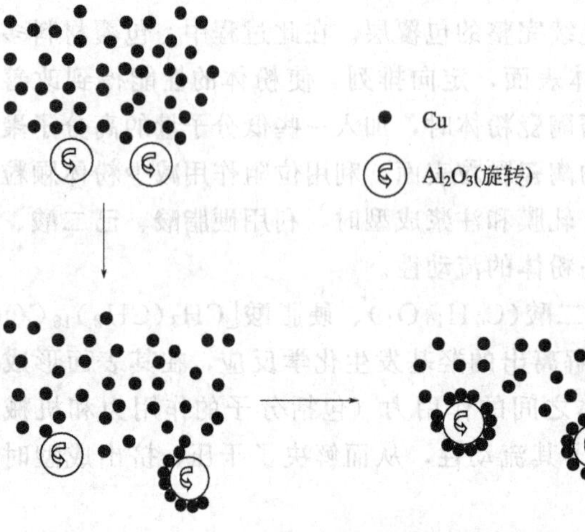

图 7.11 非匀相沉淀法可以制备 Cu 包覆 Al_2O_3 纳米复合粉体示意

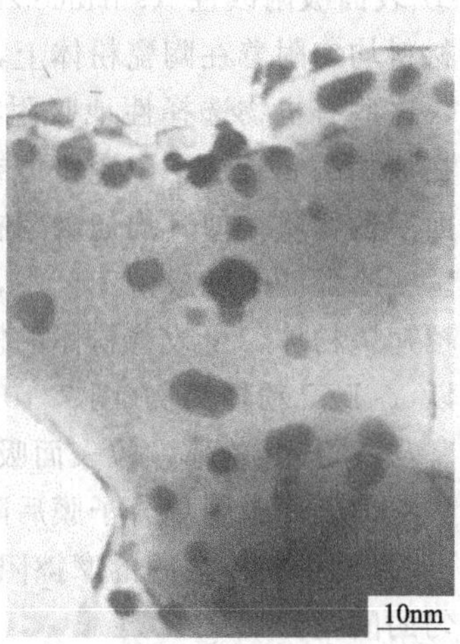

图 7.12 Cu 包裹 Al_2O_3 复合粉体的 TEM 图像

这种方法的不足是周期长，沉淀过程不易控制，包覆层不均匀，包覆后的粉体易形成团聚。

7.4 陶瓷的机械加工方法

前面的章节已经介绍，陶瓷材料是由粉末成型后经高温烧结而成，由于烧结收缩率大，无法保证烧结后瓷体尺寸的精确度。同时，传统陶瓷以及作为工程部件的特种陶瓷都有尺寸和表面精度要求，烧结后需要再加工，但由于包括工程陶瓷在内的所有陶瓷，晶体结构几乎都是离子键和共价键组成，这类材料具有高硬度、高强度、脆性大的特性，属于难加工材料。因此，对于陶瓷制品的加工已成为一个新兴的工艺技术，涉及许多相关的先进理论与方法。

根据加工能量的供给方式可将陶瓷加工方法分类，具体分类方法如表 7.4。

7.4.1 陶瓷的切削加工

(1) 陶瓷材料的切削加工（cutting）特点

①陶瓷材料具有很高的硬度、耐磨性，对于一般工程陶瓷的切削，只有超硬刀具材料才能够胜任。②陶瓷材料是典型的硬脆材料，其切削去除机理是刀具刃口附近的被切削材料易产生脆性破坏，而不是像金属材料那样产生剪切滑移变形。陶瓷材料的加工表面不会由于塑性变形而导致加工变质，但切削产生的脆性裂纹会部分残留在工件表面，从而影响陶瓷零件的强度和工作可靠性。③陶瓷材料的切削特性由于材料种类、制备工艺不同而有很大差别。

(2) 陶瓷材料的切削加工 陶瓷与金属材料在切削加工方面存在着显著的差异，由于工程陶瓷材料硬度高、脆性大，车削难以保证其精度要求，表面质量差，同时加工效率低，加工成本高，所以车削加工陶瓷零件应用不多。陶瓷材料的切削首先应选择切削性能优良的新型切削刀具，如各种超硬高速钢、硬质合金、涂层刀具、陶瓷、金刚石和立方氮化硼

(CBN) 等。金刚石是自然界最硬的材料，其显微硬度高达10000Hv，多晶金刚石刀具难以产生光滑的切削刃，一般只用于粗加工。对陶瓷材料进行精车时，必须使用天然单晶金刚石刀具，采用微切削方式；其次，车削陶瓷时，在正确选择刀具的前提下，还要考虑选择合适的刀具几何参数，由于切削陶瓷材料时，刀具磨损严重，可适当加大刀具圆弧半径，以增加刀尖的强度和散热效率；第三，切削用量的选择，也影响加工效率和刀具的耐用度，根据切削条件和加工要求，确定合理的切削速度、切削深度和进给量。同时，陶瓷零件必须装夹在特别设计的专用夹具上进行车削，并且在零件的周围垫橡胶块以缓冲冲击振动，防止破裂。正确实施冷却润滑，减少陶瓷零件与刀具之间的摩擦和变形，对提高切削效率、降低切削力和切削温度都是有益的。

表 7.4　陶瓷材料的加工方法

分类方式	加工方法		
机械	磨料加工	固结磨料加工	磨削
			珩磨
			超精加工
			纱布砂纸加工
		悬浮磨料加工	研磨
			超声波加工
			抛光
			滚筒抛光
		刀具加工	切削加工 切割
化学	蚀刻 化学研磨 化学抛光		
光化学	光刻		
电化学	电解研磨 电解抛光		
电学	电火花加工 电子束加工 离子束加工 等离子体加工		
光学	激光加工		

7.4.2　陶瓷的机械磨削加工

(1) 磨削加工机理　所谓磨削加工 (grinding)，就是用高硬度的磨粒、磨具来去除工件上多余材料的方法。在磨削过程中，大体可分为三个阶段：弹性变形阶段（磨粒开始与工件接触）、刻画阶段（磨粒逐渐地切入工件，在工件表面形成刻痕）、切削阶段（法向切削力增加到一定程度，切削物流出）。在磨削陶瓷和硬金属等硬脆材料时，磨削过程及结果与材料剥离机理紧密相关。材料剥离机理是由材料特性、磨料几何形状、磨料切入运动以及作用在工件和磨粒上的机械及热载荷等因素的交互作用决定的。陶瓷属于硬质材料，其磨削机理与金属材料的磨削机理有很大的差别。通常情况下，陶瓷磨削过程中，材料脆性剥离是通过空隙和裂纹的形成或延展、剥落及碎裂等方式来完成的，具体方式主要有以下几种：晶粒去除、材料剥落、脆性断裂、晶界微破碎等。在晶粒去除过程中，材料是以整个晶粒从工件表面上脱落的方式被去除的。陶瓷和金属的磨削过程模型如图 7.13。金属材料依靠磨粒切削刃引起的剪切作用产生带状或接近带状的切屑，而磨削陶瓷时，在磨粒切削刃撞击工件瞬间，材料内部就产生裂纹，随着应力的增加，导致间断的裂纹逐渐增大、连接，从而形成局部剥落。因此，从微观结构设计的角度来看，可加工陶瓷材料的共同特点是：在陶瓷基体中引入特殊的显微结构，如层状、片状、孔形结构等，在陶瓷内部产生弱结合面，偏转主裂纹，耗散裂纹扩展的能量，使扩展终止。间断的微裂纹连接并交织形成网络层，使材料容易去除，最终提高了陶瓷的可加工性。

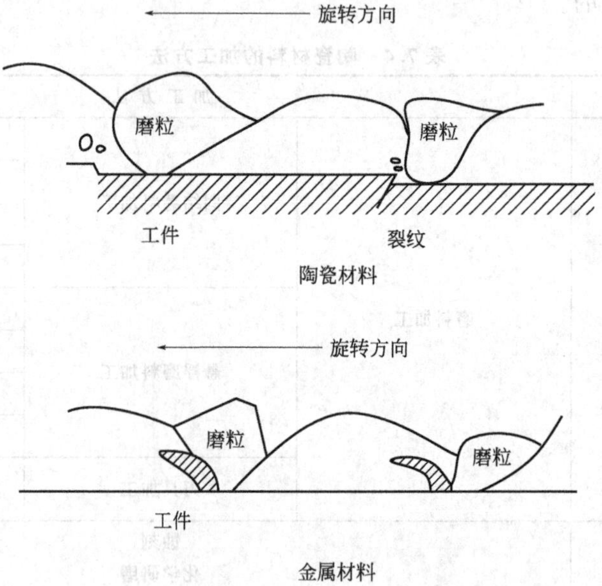

图 7.13 陶瓷材料和金属材料的磨削机理

(2) 磨削加工设备

① 砂轮（grinding wheel）和磨料（abrasives）的选择 陶瓷的磨削加工一般选用金刚石砂轮。金刚石砂轮磨削剥离材料是由于磨粒切入工件时，磨粒切削刃前方的材料受到挤压，当应力值超过陶瓷材料承受极限时被压碎，形成碎屑。另一方面，磨粒切入工件时由于压应力和摩擦热的作用，磨粒下方的材料会产生局部塑性流动，形成变形层。当磨粒划过后，由于应力的消失，引起变形层从工件上脱落形成切屑。

对于磨料的选择，就粒度的标准而言，依精磨和粗磨的要求不同而不同。磨料粒度越大，研磨后工件表面粗糙度越大，磨料滚动嵌入工件并且切削的能力越强，研磨量也越大，而过细的颗粒在研磨中不起作用。粗磨时金刚石的粒度为 80～140 目；精磨时的粒度为 270～400 目。选择球形颗粒的金刚石微粉研磨效果较好。

就结合剂而言，当加工的材料很脆而且出现大量磨屑和砂轮磨损影响工件质量时，采用金属结合剂；对于 Si_3N_4 和 SiC，使用树脂结合剂。加工表面粗糙度要求很高时也用树脂结合剂。就硬度而言，对于平形砂轮，选择硬度高一些的；对于杯形砂轮，选择硬度低一些的。

② 磨削工艺及条件的选择

a. 砂轮磨削速度（grinding speed） 随着磨削速度的增大，法向磨削力和切向磨削力均减小，但趋势逐渐变缓。这主要是因为随磨削速度的增大，一方面使磨粒的实际切削厚度减小，降低了每个磨粒上的切削力；另一方面产生高温，增加了塑性变形，提高了陶瓷材料的断裂韧性。因此，适当地增大磨削速度，既可以增强磨削砂轮的自锐能力，获得较高的去除率，又可以增加塑性变形，改善工件的表面质量。但是磨削速度不能太大或太小，太大会加剧砂轮的热磨损，引起砂轮黏结颗粒的脱落，并且还会引起磨削系统的振动，增大加工误差；太小则会增大每次切削刃上的切深，导致磨粒碎裂和脱落。

加工陶瓷材料比加工金属材料的转速要适当低一些。如果采用冷却液，使用树脂黏结的砂轮，转速范围为 20～30m/s。应该避免无冷却液磨削的情况，但有特殊情况非采用不可时，这种情况砂轮的转速要比有冷却液磨削的转速低很多。

b. 工件给进速度（feeding speed）　随着工件给进速度的增加，法向磨削力和切向磨削力均增大，可大大提高磨削效率，但趋势逐渐变缓。而工件给进速度较高时，磨削力总的增加幅度不大，比磨削刚度增大。国内有学者指出：在一定条件下加工 Al_2O_3 和 Si_3N_4 时，随着工件给进速度的提高，磨削力有明显的增大，但随后当继续增大工件给进速度时，由于磨粒实际切削厚度增大，脆性剥落增多，故磨削力减小。

总的来讲，工件给进速度对磨削力的影响并不显著，而且影响比较复杂，不同的陶瓷材料以及在不同的磨削条件下，工件给进速度对磨削力的影响也不完全相同。

c. 冷却液的选择（cooling media）　由于磨削加工速度高，消耗功率大，其能量大部分转化为热能。在磨削加工中，磨削液的适当选用有利于降低磨削温度、减小磨削力、提高工件的表面质量、延长砂轮的使用寿命。研究表明，不同种类的磨削液对磨削力有很大的影响，而磨削液的渗透能力越强，磨削力越小。在陶瓷磨削加工中，采用煤油作为磨削液比较好，因为煤油不仅是良好的冷却液，而且具有防止设备生锈的特点，但煤油的气味大，价格高，而且易起火不安全。所以，目前一般采用水溶性冷却液进行冷却，水性磨削液又可分为乳化油、微乳液和合成液等。

d. 磨削深度 a_p（rubbing depth）　研究表明，法向切削力 F_n 与磨削砂轮的实际磨削深度 a_p 存在如下的关系：

$$F_n = F_0 + C_a a_p \tag{7.15}$$

式中，C_a 是由磨削条件所决定的常数，F_0 是当实际切削深度 a_p 为零时的值。从式中可以看出，当增大切削深度时，磨削力和力比均增大。当磨削深度很微小时，由于陶瓷发生显微塑性变形，磨削力很小。增大磨削深度，使得参与磨削的有效磨粒数增多，同时接触弧长增大，磨削力将呈线性增加。当达到临界切深、出现脆性断裂时，该磨削力有所下降并不断波动，这表明绝大多数陶瓷材料的去除是由于脆性断裂作用，而磨削力随着塑性变形而增大。在实际的磨削加工中，由于其他磨削条件如砂轮转速、工件给进速度等的影响，使得切深的变化呈现出一定的随机性。

e. 磨削方式（rubbing way）、方向及机床刚性（machine rigidity）　磨削方式不同导致磨削特性不同，如平磨时，采用杯式砂轮一般比直线砂轮磨削的表面粗糙度要好，效率高，可以降低成本。

磨削过程中会产生裂纹，对材料的强度产生影响，但这种影响的程度与磨削的方向有关。磨削方向如果是顺材料成型时所施加压力的方向运动比逆材料成型时施加压力的运动造成的断裂程度少得多，但在实际中，如果没有某种形状或结构上的标记，烧结后的陶瓷材料一般很难判断其成型时所施加压力的方向。不过应当尽可能地使磨削方向与成型压力一致，以便减少磨削时，因方向的选择不对而造成对工件的损坏。

另外，在进行磨削加工时，机床磨削盘的刚性和磨床的稳定程度对磨削效果也有很大的影响，采用刚性好（特别是主轴刚性）的磨削盘或磨床的稳定不容易发生振动，对加工材料的表面粗糙度和精度是有好处的。

7.4.3 陶瓷的研磨、抛光加工

(1) 陶瓷的研磨　研磨（lapping）加工是介于脆性破坏与弹性去除之间的一种精密加工方法。它是利用涂覆或压嵌游离磨粒与研磨剂的混合物在一定刚性的软质研具上，研具与工件向磨粒施加一定压力，磨粒作滚动与滑动，从被研磨工件上去除极薄的余量，以提高工件的精度和降低表面粗糙度的加工方法，研磨加工示意如图 7.14。研磨加工一般使用较大粒径的磨粒，磨粒曲率半径较大，在研磨硬脆材料时，通过磨粒对工件表面交错的进行切削、挤压划擦，从而使工件表面产生塑性变形和微小裂纹，生成微小碎片切屑。工程陶瓷材料韧性差，其强度很容易受表面裂痕的影响，但加工过程中往往造成加工表面有微裂纹，且裂纹会引起应力集中，使裂纹末端应力更大。当该处应力超过裂纹扩展临界值时，裂纹就会扩展引起工件的破坏。加工表面愈粗糙，表面裂纹愈大，愈易产生应力集中，工件强度愈低。因此，研磨不仅是为了达到一定的表面粗糙度和高的形状精度，而且也是为了提高工件的强度。

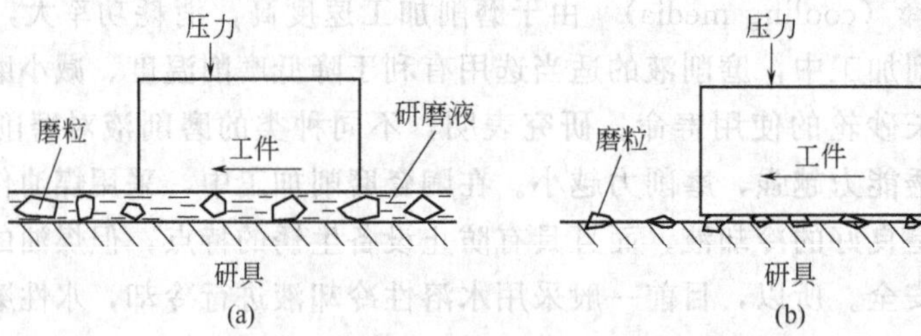

图 7.14　研磨加工示意

研磨过程材料剥离的机理主要是以滚碾破碎为主。磨粒越粗，材料剥离率越大，研磨效率越高，但表面粗糙度增大；磨粒硬度越高，研磨效率越高，但却容易使球面出现机械损伤，导致表面粗糙度相对较低。所以，在粗研时，一般选用磨粒较粗、硬度较高的磨料以提高效率，而在精磨时选用磨粒较细，硬度较低的磨料以提高表面质量。同时，磨料必须具备良好的粒形和均匀的粒径，以避免出现强力滚碾或长距离推铲造成难以消除的深磨痕。

研磨工程陶瓷用的磨料一般采用 B_4C 和金刚石粉，磨料粒度范围为 250～600 目，冷却液可选用煤油或机油。但对于较大尺寸的制品，不适合采用端面研磨机加工，通常采用研磨砂布进行加工。所使用的研磨砂布（纸）带有衬布（纸）感应性胶黏剂，由聚酯软片、硬脂软片、硬质磨料和胶黏剂组成的，因为这种方法具有可挠性，可以随着加工物的形状运动，从而对制品进行加工。在研磨加工中，研磨参数选择合理时可以达到 1μm 的表面精度和 $R_a < 0.3\mu m$的粗糙度。

(2) 陶瓷的抛光　抛光（polishing）是使用微细磨粒弹塑性的抛光机对工件表面进行摩擦使工件表面产生塑性流动，生成细微的切屑，材料的剥离基本上是在弹性的范围内进行。抛光的方法很多，一般的抛光使用软质、富于弹性或黏弹性的材料和微粉磨料。如利用细绒布垫，磨料镶嵌或粘贴于纤维间隙中，不易产生滚动，其主要作用机理以滑动摩擦为主，利用绒布的弹性与缓冲作用，紧贴在瓷件表面，以去除前一道工序所留下的瑕疵、划痕、磨纹

等加工痕迹，获得光滑的表面。抛光加工是制备许多精密零件如硅芯片、集成电路基板、精密机电零件等的重要工艺。抛光加工基本上是在材料的弹性去除范围内进行，抛光时在加工面上产生的凹凸，或加工变质层极薄，所以尺寸形状精度和表面粗糙度比研磨高。

7.5　陶瓷的特种加工技术

随着高性能陶瓷材料的不断涌现，现代高科技产业对陶瓷材料的加工效率和加工质量提出了更高的要求，特别是在航空航天、化工机械、陶瓷发动机、生物陶瓷、微波介质、超大规模集成电路等领域，对工程陶瓷提出了越来越高的要求。如超高的机械强度，平整光洁的表面，精确的几何尺寸等，对其加工提出了更为苛刻的要求。由于受其自身化学键和微观结构的影响，陶瓷的脆硬性导致了其加工效率低、成本高，这对机械加工技术提出了新的要求。因此，一些先进的特种加工技术应运而生，如电火花加工、电子束加工、激光加工、超声波加工、等离子体加工等。

7.5.1　电火花加工

电火花加工又称为放电加工（electrical discharge machining，简写为 EDM），从 20 世纪 40 年代开始研究并逐步应用于生产。该加工方法使浸没在工作液中的工具和工件之间不断产生脉冲性的火花放电，依靠每次放电时产生的局部、瞬间高温把金属材料逐次微量蚀除下来，进而将工具的形状反向复制到工件上。英国、美国、日本等国称之为放电加工，而俄罗斯则称之为电蚀加工。近年来，电火花加工已广泛应用于我国各工业部门，其中，在我国模具行业中，90％以上的冷冲模、40％以上的型腔模都是采用电火花加工艺完成的；在特殊材料加工和精密零件加工领域，电火花加工工艺也逐步显示出其优越性。

电火花加工的原理是基于工件和工具（正、负电极）之间脉冲性火花放电时的电腐蚀现象来蚀除（corrosion removing）多余的金属，以达到对零件的尺寸、形状以及表面质量预定的加工要求。电火花加工过程中电极和工件之间必须存在一个放电间隙，同时电极和工件分别联结在一个脉冲电源的正极和负极，并且都处在有一定绝缘性的液体介质中，图 7.15 为放电加工示意。当两极间的电压大到击穿两极间间隙最小处或者绝缘强度最低的介质时，便在该局部发生火花放电，瞬时高温使电极和工件表面都蚀除掉一小部分金属，各自形成一个凹坑；当脉冲放电结束后，经过一个脉冲间隔时间工作液恢复绝缘后，下一个脉冲电压又在电极和工件之间的绝缘强度最弱或者最近处发生击穿放电，这样持续的击穿放电便形成了整个的加工过程。

电火花加工采用在空间上和时间上相互分开的、不稳定或准稳定的一系列脉冲放电来进行材料蚀除加工。具体来说电火花加工必须具备以下几个条件。

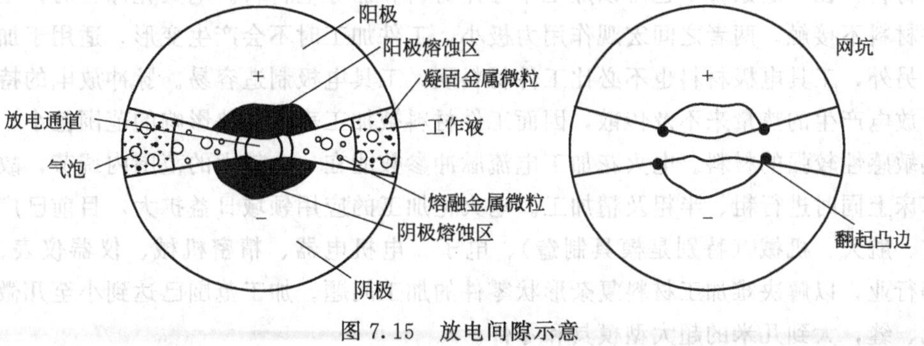

图 7.15　放电间隙示意

① 放电必须是瞬时的脉冲性放电。脉冲宽度一般为 $10^{-3} \sim 10^{-1}$s，脉冲间隔因加工条件而异，但必须满足电离和散热条件，以保证加工能够稳定连续地进行。

② 火花放电必须在有较高绝缘强度的介质中进行。传统的电火花加工认为液体介质是必不可少的，但近年来的研究表明，气体介质中的电火花加工是绿色电火花加工的一个研究热点。

③ 要有足够的放电强度，以实现金属局部的熔化和汽化。

④ 工具电极与工件被加工表面之间要始终保持一定的放电间隙。

绝缘陶瓷的电火花放电加工原理示意如图 7.16 所示，在绝缘陶瓷表面紧贴一块金属板作为辅助电极，辅助电极和工具电极分别与脉冲电源的正、负极相连，以煤油之类的碳氢化合物做工作液，用机械力夹紧的方法在绝缘工件表面上方压上一张薄铜板或金属网，作为加工开始阶段的一个放电极，称为辅助电极（aided electrode）。工具电极、辅助电极以及加工工件都浸入煤油中，将辅助电极与脉冲电源的正极相连，然后利用电极和辅助电极之间电火花放电使煤油工作液产生热分解，分解后生成的碳沉积物在绝缘陶瓷加工表面上形成导电膜，使绝缘陶瓷的加工表面具有导电性，这样就能实现对绝缘陶瓷的电火花放电加工。

高速电火花穿孔机的工作原理与电火花加工的工作原理基本相同，其工作原理如图 7.17 所示。工具电极采用金属管，管中通入高压的工作液（去离子水、蒸馏水、乳化液等）。加工时，工件和工具电极分别接脉冲电源的正、负极，工具电极作高速旋转和进给运动，同时高压工作液从电极管中喷出，迅速将电蚀产物排除。电火花小孔主要用于线切割零件的预穿丝孔，喷嘴及特种陶瓷等难加工材料的小孔的加工。

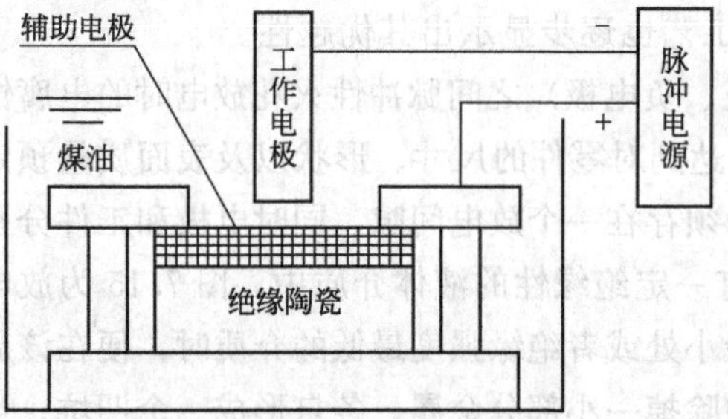

图 7.16　电火花加工示意

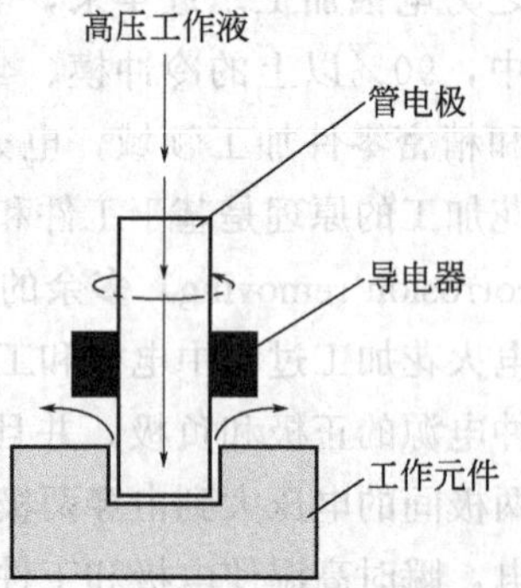

图 7.17　高速电火花穿孔机原理示意

电火花加工具有许多传统切削加工所无法比拟的优点。由于电火花加工是基于脉冲放电时的电腐蚀原理，其脉冲放电的能量密度很高，因而可以加工任何硬、脆、韧、软、高熔点的导电材料，在一定条件下也可以加工半导体材料和非导电材料。电火花加工时，工具电极与工件材料不接触，两者之间宏观作用力极小，工件加工时不会产生变形，适用于加工薄壁工件。另外，工具电极材料也不必比工件材料硬，工具电极制造容易。脉冲放电的持续时间很短，放电产生的热量来不及传散，因而工件材料被加工表面受热影响的范围甚小，适应于加工热敏感性较强的材料。电火花加工电流脉冲参数能在一个较大的范围内调节，故可以在一台车床上同时进行粗、半粗及精加工。电火化加工的应用领域日益扩大，目前已广泛应用于航空、航天、机械（特别是模具制造）、电子、电机电器、精密机械、仪器仪表、汽车、轻工等行业，以解决难加工材料复杂形状零件的加工问题。加工范围已达到小至几微米的小轴、孔、缝，大到几米的超大型模具和零件。

7.5.2　电子束加工

电子束加工（electron beam machining）是在真空的条件下，利用聚焦后能量密度极高（$10^6 \sim 10^9 W/cm^2$）的电子束，以极高的速度冲击到工件表面极小的面积上，在极短的时间（几分之一微秒）内，其能量的大部分转变为热能，使被冲击的大部分的工件材料达到数千度以上的高温，从而引起材料的局部熔化或汽化。图7.18为电子束加工工作原理示意。

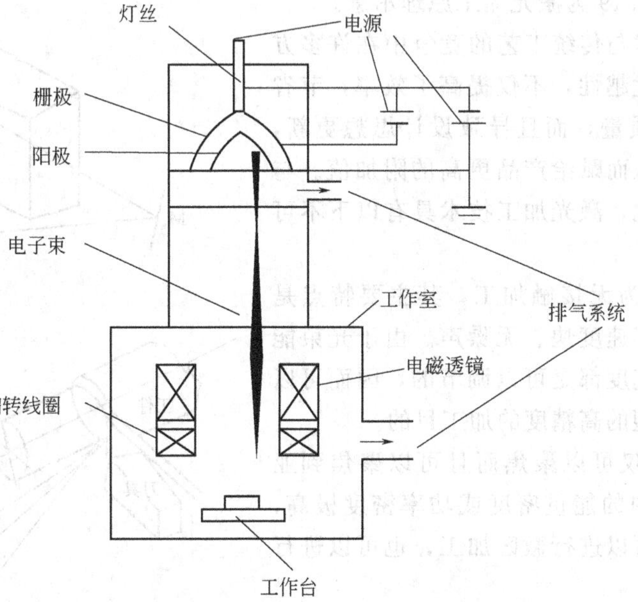

图7.18　电子束加工工作原理示意

电子束加工具有工件变形小、效率高、清洁等特点。控制电子束能量密度的大小与能量注入时间，就可以达到不同的加工目的，如热处理、焊接、打孔、切割等加工，还可以进行光刻加工，并在工业中得到应用，促进了先进加工技术的发展。

7.5.3　激光加工

激光是20世纪人类的重大科技发明之一，它对人类的社会生活产生了广泛而深远的影响。作为高技术的研究成果，它不仅广泛应用于科学技术研究的各个前沿领域，而且已经在人类生产和生活的许多方面得到了大量的应用。激光的亮度高、方向性好的特点使光能可以集中在很小的区域内，因此，自第一台激光器诞生以后，人们就开始探索激光在加工领域中的应用。随着激光技术的发展，激光与材料相互作用研究的深入，激光加工已经成为加工领域中的一种常用技术。激光加工（laser machining）作为一种非接触、无污染、低噪声、节省材料的绿色加工技术还具有信息时代的特点，便于实现智能控制，实现加工技术的高度柔性化和模块化，实现各种先进加工技术的集成。

激光加工是利用能量密度极高的激光束照射到被加工陶瓷工件表面上，工件局部表面吸收激光能量，使自身温度上升，从而能够改变工件表面的结构和性能，甚至造成不可逆的破坏。例如，光能转变为热能使局部温度迅速升高，产生熔化以至汽化并形成凹坑。随着能量的继续吸收，凹坑中的蒸汽迅速膨胀，相当于产生了一个微小爆炸，把熔融物高速喷射出来，同时产生一个方向性很强的冲击波。这样材料就在高温、熔融、汽化和冲击波的作用下被蚀除，从而进行打孔、画线、切割以及表面处理等加工。

当前用于激光加工的激光器主要有三类：CO_2、Nd：YAG和准分子（Kr、ArF）激光器，另外还有光纤激光器、飞秒激光器及半导体激光器等新型激光器。一般加工工程陶瓷使用的激光是 CO_2 激光，CO_2 激光有高的可用功率和长脉冲时间，可以进行高速加工。但 CO_2 激光易被工程陶瓷吸收且其工作焦点大，往往对工件易产生较大的热影响区，易使脆性高的工程陶瓷破裂。在激光加工过程中，光斑的功率密度要达到 $10^4 \sim 10^7 W/cm^2$，而一般的激光器的输出功率为 $10^3 W/cm^2$ 左右，因此，必须将激光光束进行聚焦，以获得足够的功率密度。图 7.19 为激光加工原理示意。

激光加工技术与传统工艺的竞争中在许多方面显示出独特的优越性，不仅提高了效率，节省了材料，提高了质量，而且导致设计思想更新，工艺流程改进，从而赋给产品更高的附加值。与普通加工技术相比，激光加工技术具有以下不可比拟的优点。

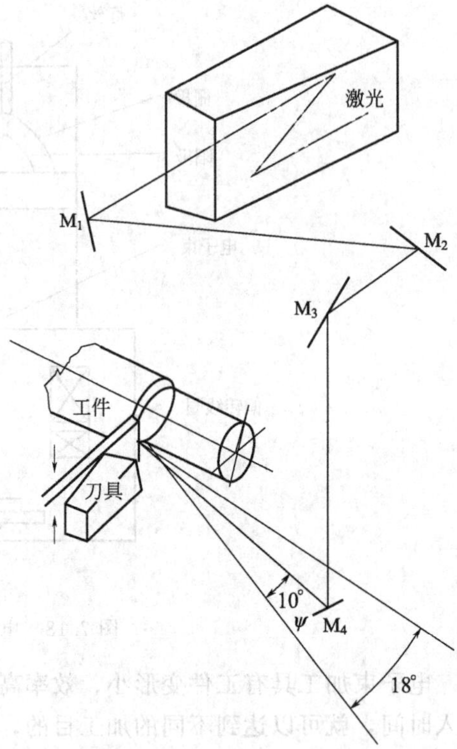

图 7.19　激光加工原理示意

① 激光加工为无接触加工，其主要特点是无惯性，因此加工速度快、无噪声。由于光束能量和光束的移动速度都是可以调节的，因而可以实现各种复杂面型的高精度的加工目的。

② 激光束不仅可以聚焦而且可以聚焦到亚微米量级，光斑内的能量密度或功率密度极高，用这样小的光斑可以进行微区加工，也可以进行选择性加工。

③ 由于光束照射到物体表面是局部的，虽然加工部位的热量很大温度很高，但移动速度快，对非照射部位没有什么影响，因此其热影响区很小。

④ 激光加工不受电磁干扰，与电子束加工相比，其优越性就在于可以在大气中进行，在大工件加工中使用激光加工比使用电子束加工要方便很多。

⑤ 激光易于导向聚焦和发散，根据加工要求可以得到不同的光斑尺寸和功率密度，通过外光路系统可以使光束改变方向，因而可以和数控机床机器人连接起来构成各种加工系统。

目前，激光在金刚石拉丝模和手表钻石的加工、金刚石和工程陶瓷的切割、发动机陶瓷缸体绝热板打孔等方面的应用取得了较大的进展。随着集成电路集成度不断提高，印刷电路板上的元器件数以几何指数增加，印刷电路的线间距离已小到 0.15mm 以下，为了提高电路板布线密度，要使用多层电路板。因此，互连多层板的微通道技术显露出越来越高的重要性。然而通道的直径一般为 25～250μm，用传统的机械钻孔工艺不仅难以大批量加工 250μm 以下的通孔，更不可能加工盲孔。用激光不但能快速地加工出高质量的小孔，而且可以加工盲孔和任意形状的孔，还能完成电路板外形轮廓切割。因此激光微孔加工技术目前已成为多层电路板加工的主流，美国在 1996 年印刷电路板激光打孔占 43%，到 2000 年已超过 93%。但由于激光加工是一种瞬时、局部熔化、汽化的热加工，影响因素很多，因此在精微加工时，受聚焦和控制技术的限制，激光加工难以保证较高的重复精度和表面粗糙度。此外，激光加工设备复杂昂贵，加工成本高。

7.5.4 超声波加工

(1) 基本原理　超声波加工（ultrasonic machining）是在加工工具或被加工材料上施加超声波振动，在工具与工件之间加入液体磨料或糊状磨料，并以较小的压力使工具贴压在工件上。加工时，由于工具与工件之间存在超声振动，迫使工作液中悬浮的磨粒以很大的速度和加速度不断撞击、抛磨被加工表面，加上加工区域内的空化作用，从而产生材料去除效果。超声波与其他加工方法结合形成了各种超声复合加工方式，其中超声磨削较适用于陶瓷材料的加工，其加工效率随着材料脆性的增大而提高。

超声波磨削加工是利用工具端面做超声频振动，通过磨料悬浮液加工硬脆材料的一种加工方法，加工原理如图 7.20 所示。加工时，在工具和工件之间加入液体（水或煤油等）和磨料悬浮液，并使工具以很小的力 P 轻轻压在工件上。超声换能器产生 17～25kHz 以上的超声频纵向振动，并借助于变幅杆把振幅放大到 0.05～0.1mm，驱动工具端面作超声振动，迫使工作液中的磨粒以很大的速度和加速度不断地撞击，抛磨被加工表面，把加工区域的材料粉碎成很细的微粒，而被打击下来。与此同时，工作液受工具端面超声振动作用而产生的高频、交变的液压冲击波和“空化”作用，促使工作液钻入被加工材料的微裂纹处，加剧了机械破坏作用。所谓空化作用，是指当工具端面以很大的加速度离开工件表面时，加工间隙内形成负压和局部真空，在工作液体内形成很多微空腔，当工具端面以很大的加速度接近工件表面时，空泡闭合，引起极强的液压冲击波，以强化加工过程。

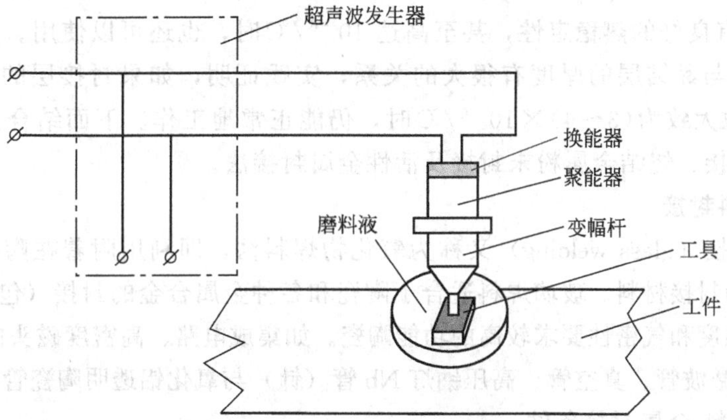

图 7.20　超声波加工机理

(2) 超声波加工特点

① 适合加工各种硬脆材料，特别是不导电的非金属材料，例如玻璃、陶瓷、石英、金刚石等。

② 加工设备结构相对简单，操作、维修方便。

③ 工件表面的宏观切削力很小，切削应变、切削应力、切削热很小，不会在表面引起新的损伤层，可以得到高质量的表面，而且可以加工薄壁、窄缝零件。

7.6 陶瓷-金属封接技术

陶瓷与金属的封接（bonding of ceramics with metals）在现代工业技术中有着十分重要的意义，陶瓷-金属封接广泛用于真空电子技术、微电子技术、激光和红外技术、宇航工业、化学工业等领域。由于陶瓷固有的物理和化学特性，许多适用于金属的连接方法用于陶瓷连接时将存在很大困难或根本无法实现。因此，在陶瓷与金属的连接过程中，应选用适当的连接方法。陶瓷与金属的连接方法有多种，如机械连接、黏结剂粘接、熔焊、固态扩散连接、热等静压连接、摩擦焊、玻璃封接、过渡液相连接、自蔓延高温合成连接、离子注入技术、活性钎焊技术以及陶瓷表面金属化后的间接钎焊等，每种方法有各自的优缺点。作为陶瓷-金属的连接，不管采用哪种类型的封接工艺，都必须满足下列性能要求：

① 电气特性优良，包括耐高电压，抗飞弧，具有足够的绝缘，介电能力等；

② 化学稳定性高，能抗耐适当的酸、碱清洗，不分解，不腐蚀；

③ 热稳定性好，能够承受高温和热冲击作用，具有合适的线膨胀系数；

④ 可靠性高，包括足够的气密性，防潮性和抗风化作用等。

其中前两项为一般电子器件的共同要求，它主要决定于原材料的选择，后两项乃是陶瓷金属封接所应具有的特殊要求，既有材料问题，也有大量的工艺问题。从物性和结构角度来看，主要是黏结和膨胀两类问题。

要想得到致密和牢固的黏结，首先封接剂与金属及陶瓷间应有良好的润湿作用，并且在其间应有一定的化学反应机制，能形成一层连续的、化学结合型的过渡性组织层。既不是单纯的物理吸附，又不会过分熔蚀而丧失各自的功能。其次，相互黏结的陶瓷和金属的热膨胀系数 α 应尽可能地接近。不过，由于陶瓷的机械强度和热冲击稳定性通常都比玻璃高，所以和金属玻璃封接相比，金属与陶瓷间允许有较大的 α_1 之差，一般认为其差值在 $\pm 2\times 10^{-7}/℃$ 时，具有良好的热稳定性，甚至高达 $10^{-6}/℃$ 时，也还可以使用。其实两者之间的 α_1 允许差值，还与黏结层的厚度有很大的关系，实践证明，如果封接层的厚度减薄至 2～10μm，膨胀系数大致为 $(3\sim4)\times10^{-6}/℃$ 时，仍能正常地工作。下面结合具体的工艺主要讲述玻璃焊料封接、烧结金属粉末封接及活性金属封接法。

7.6.1 玻璃焊料封接

玻璃焊料封接（glass welding）又称为氧化物焊料法，即利用附着在陶瓷表面的玻璃相（或玻璃釉）作为封接材料。玻璃焊料适合于陶瓷和各种金属合金的封接（包括陶瓷与陶瓷的封接），特别是强度和气密性要求较高的功能陶瓷。如集成电路、高密度磁头的磁隙、硅芯片、底座、传感器、微波管、真空管、高压钠灯 Nb 管（针）与氧化铝透明陶瓷管的封接等。

（1）玻璃焊料-金属封接条件

① 两者的膨胀系数接近　一般来讲，在从室温到低于玻璃退火温度上限的温度范围内，玻璃和金属的膨胀系数尽可能一致，以便于制得无内应力的封接体。如果玻璃和金属的膨胀系数差别过大，则会受热胀冷缩的影响，在封接体中产生不应有的应力，当应力值超过玻璃的强度极限时，封接界面处就会出现开裂或封接强度急剧减弱，导致元件损坏和失效。即使在短时间内没有开裂，但随着使用时间的延长，由于玻璃体受不了应力的作用，也会逐渐产生微裂纹，这就是人们常说的慢性漏气。尤其当电子器件受到振动和碰撞时，微裂纹会迅速蔓延和扩展，导致封接件损坏。

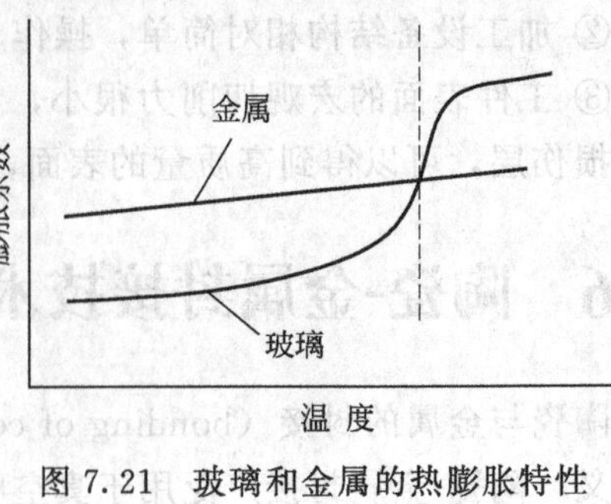

图 7.21　玻璃和金属的热膨胀特性

当然，要使两种材料的膨胀系数完全一致是不可能的，由图 7.21 可知，金属的膨胀系数在没有物相变化的情况下几乎是个常数，而玻璃的膨胀系数在超过退火温度后会急剧上升。当温度超过软化点后，玻璃因处于黏滞状态，故应力会自动消失而使膨胀系数又趋于稳定。如果玻璃和金属的膨胀系数在整个温度范围内其差值不超过10%，应力便可控制在安全范围内，玻璃就不会炸裂。玻璃或玻璃釉的膨胀系数，随成分和结构不同而异。为了降低熔点，提高低温流动性，又要确保电气、化学性能，可用高 PbO 配方的玻璃或玻璃釉，但 PbO 本身的膨胀系数比较大，故关键问题是如何调整成分以减小膨胀系数，如在玻璃或玻璃釉中能自然析出锂霞石或直接加入这种成分，则使其膨胀系数降低。

② 玻璃能润湿金属表面　润湿角的几何作法是以液滴与基板的交界线作为润湿角的一边，在液滴边缘与基板相联结的地方作切线，便构成润湿角的另一边，这两条边之间的夹角 θ 做润湿角，如图 7.22 所示。润湿角 θ 是液体对固体润湿程度的度量。当 θ 小于 90°时，发生浸润；当 θ 大于 90°时，不发生浸润。通常情况下，玻璃和纯金属表面几乎不润湿（润湿角 θ 很大），但在空气和氧气介质中，则润湿情况会出现明显改善，这是由于金属表面形成了一层氧化膜而促进润湿的缘故。衡量润湿性的优劣以润湿角表示。

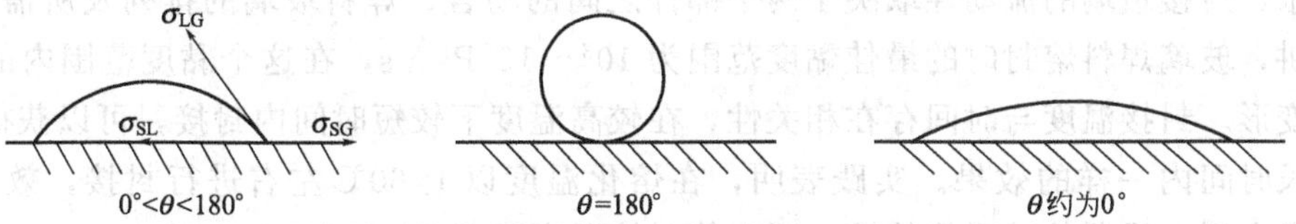

图 7.22　玻璃液滴在金属表面上的润湿

(2) 封接前金属的处理　要使玻璃-金属封接前有很好润湿性能，金属的处理就显得尤为重要。金属材料的处理包括两部分：清洁处理和热处理。

① 金属的清洁处理　金属材料在与玻璃封接前先要进行清洁处理，以除去金属表面的油脂、污物，一般清洁处理按下列步骤进行。

a. 机械净化是借助于机械摩擦来部分地除去材料表面的各种化合物及黏附着的污物。常用的办法是用砂纸擦，有时也用肥皂擦洗。

b. 去油：常用碱液和有机溶液去油，碱液有氢氧化钠和氢氧化钾，将之加热至与油脂发生皂化作用而达到去油的目的。

c. 化学清洗：利用金属材料表面的污物在化学液体中的溶解来达到清洗的目的，可得到高度清洁的表面。

d. 电化学清洗：是将金属材料浸入特别配置的溶液中通电，使零件表面的金属和金属化合物脱离零件，从而获得高度清洁的表面。

e. 烘干：将上述清洗的金属用蒸馏水冲洗烘干。

② 金属的预氧化　对金属清洁处理后，还需进行加温热处理，即将金属置于氢气（湿氢）或真空中进行高温加热使金属表面能形成一层氧化物而达到润湿的效果。玻璃一般不浸润金属，因而玻璃不能直接和金属封接。预热的金属表面会形成一层氧化膜，形成金属、金属氧化物、玻璃的连续过渡层，如图 7.23 所示。金属基体表面的低价氧化物从化学键类型角度来看，它接近于金属，因此能与金属牢固地结合，而氧化程度较高的外表层氧化物的化学键与玻璃相似，故能与玻璃结合。因此，这一过渡层对玻璃－金属封接至关重要。

(3) 玻璃焊料-金属封接的工艺参数　玻璃与金属封接的工艺参数包括温度、时间和气氛。根据玻璃焊料的黏温曲线、差热曲线及 Tamman 曲线，可选择合适的封接温度和时间。

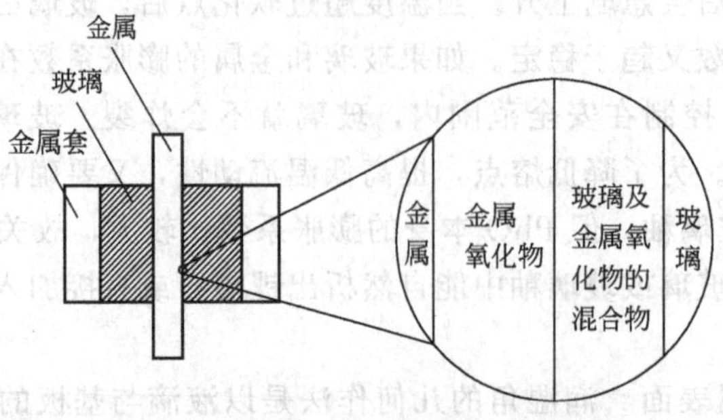

图 7.23　玻璃与金属封接界面示意

温度是玻璃-金属封接中最关键的参数之一，它根据封接类型及材料的选择而不同。封接温度低，焊料与焊件之间传质不够充分，润湿不好，封接材料难以进行有效充分的封接；封接温度高，可以增进传质，但温度过高，金属表面过分氧化，导致封接件质量降低。对于玻璃焊料来说，其最大的特性在于它有较低的软化点，封接温度相应低，封接时也就首先要考虑黏度要求，封接玻璃的流动性取决于两个部件之间的吻合、焊料玻璃的排列及所需的时间。一般来讲，玻璃焊料熔封时的最佳黏度范围为 $10^3 \sim 10^5$ Pa·s，在这个黏度范围内的封接体不发生变形。封接温度与时间存在相关性，在较高温度下较短时间内封接，可以获得较低温度下较长时间内一样的效果。实践表明，在熔化温度以上 60℃左右进行封接，效果良好。同时，考虑到电子器件的耐热特性，还应使封接温度降至 500℃以下。

玻璃焊料-金属封接件由于具有许多优良的性能：如密封性好、耐压、耐腐蚀、简单易行等特点而广泛用于电池、电子、汽车、家电、医疗、照明、仪器仪表及军工等行业。图 7.24 为集成电路封接装剖视图。由于集成电路本身的耐热能力不高，故封接最好在 400℃左右进行，因此要求玻璃釉的成分中，应具有较多的低熔点物质，目前最长用的是 B_2O_3-PbO-SiO_2 和 B_2O_3-PbO-Li_2O 系玻璃，但是为了确保足够的介电与化学稳定性，熔点较低的 B_2O_3 和碱金属氧化物含量也不宜过多，所以只能含比较多的 PbO，但由于铅蒸气具有较大毒性，不能过多使用。

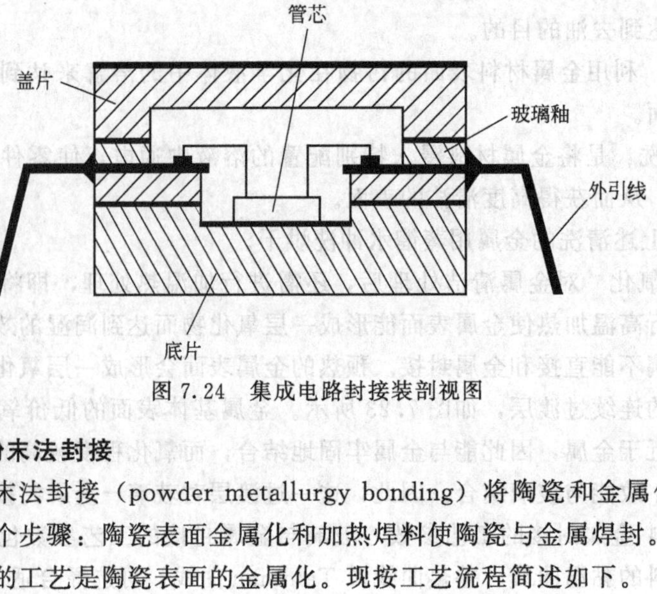

图 7.24　集成电路封接装剖视图

7.6.2　烧结金属粉末法封接

用烧结金属粉末法封接（powder metallurgy bonding）将陶瓷和金属件焊接到一起时，其主要工艺分为两个步骤：陶瓷表面金属化和加热焊料使陶瓷与金属焊封。

其中，最关键的工艺是陶瓷表面的金属化。现按工艺流程简述如下。

(1) 浆料制备　表面金属化用的浆料，其中主要成分为金属氧化物或金属粉末，还含有一些无机胶黏剂、有机胶黏剂。再加上适量的液体，就可置入球磨机中湿磨 12～60h，直到平均粒径到 1～3μm 为止。

(2) 刷浆　将上述制得的金属浆料，以一定方式涂刷于需要金属化的陶瓷表面上，这层金属浆料的厚度，以干后达到 12～26μm 为宜。

(3) 烧渗　这个工序通常是在还原性气氛中进行的，视所用浆料的成分与性能，根据金属化温度的高低，又可分为低温法（900～1200℃）、高温法（1200～1600℃）及特高温法（1600℃以上），常用的多是高温法，其中以钼-锰法金属为广泛。在高温及还原性气氛的作用下，一部分金属氧化物将被还原成金属，另一部分则可能熔融并添加到陶瓷的玻璃相中，或与陶瓷中之某些晶态物质，通过化学反应而生成一种新的化合物，形成一种黏稠的过渡层，并将陶瓷表面完全润湿。而在冷却过程中这黏稠的过渡层，则凝固为玻璃相，填充于陶瓷表面与金属粉粒之间。这种玻璃相应具有如下的性能：①对陶瓷应有很好的润湿性和极强的结合力，保证具有牢固的附着。②对金属有较弱的润湿性和结合力，主要填充于金属粉粒间的较大间隙之内，将金属粉粒黏结在一起，但又不会将金属粉粒表面全部润湿并在其外包裹一层玻璃相，这样才能保证金属粉粒相互间能直接接触，并在自由表面上有金属粉粒直接暴露，以便在下一工艺过程中，能顺利地在其上面淀积金属。

具有上述结构的陶瓷表面金属化薄层，本身就有相当良好的导电能力，当金属粉粒层厚度为 10μm 左右时，其方阻值为 0.1Ω/cm²。然后再在这种金属化的表面上淀积一层极薄约为 2.5～5μm 的镍或铜。其目的是加强表面粉粒之间的组织联系，使金属焊料能在其表面更好地流动和润湿。

(4) 将陶瓷金属化表面与金属进行焊接　这一工序通常是在还原性的气氛保护下进行的。焊料温度一般都是比较高的，视工件的耐热能力及焊料的种类而定。温度太低焊料虽可熔化但流动性不好，不能润湿和填充所有的封焊间隙，气密性不好，机械强度不高；而温度太高，则可能使熔融的焊料将金属化薄层熔解、侵蚀。甚至将金属件熔蚀，形成缺口或脱焊。合适的焊封温度，以能在焊封间隙中形成一层厚为 10～50μm 的，均匀而致密的焊封层为宜。对于半导体器件，一般应控制在 500℃以下，对于电子管的焊封常在 800～1000℃之间；个别硬质金属大件的焊封温度，可高达 1800℃。

采用应用上述工艺，可以得到抗张强度大于 0.7MPa，几乎是绝对密封的金属陶瓷封接。下面以 Al_2O_3 单晶及 Al_2O_3 陶瓷表面为例，采用 Mo-MnO-SiO_2 系浆料进行金属化的过程加以说明。

金属钼的线膨胀系数 α_l 比 Al_2O_3 瓷的要小，将钼加入金属浆料中，可用以调整金属化层的 α_l 值，烧渗是在潮湿的氢、氮混合气氛中进行的，当温度高达 1800℃时，单就熔融的 SiO_2 玻璃就能与钼粉形成合适的润湿，并能与 Al_2O_3 很好的结合，而且具有高度的气密性。不过，如果在玻璃形成剂 SiO_2 中，添加改性剂 MnO，则可使金属化温度进一步降低。

如果只使用金属钼粉，在高温作用下，虽然钼粒与钼粒，钼粒与 Al_2O_3 间有一定程度的烧结，但仍是疏松多孔的，机械强度和气密性均远不能满足要求。同时采用 Mo、MnO 时 MnO 将和 Al_2O_3 反应生成具有尖晶石结构的 $MnAl_2O_4$，它自成一独立晶相。虽然能够黏附在 Al_2O_3 及钼粒上，但流动性不大，仍旧存在不少结构间隙。同时采用 Mo、MnO、SiO_2 时，情况就要好得多。因为熔融态的 SiO_2 将润湿和填充这些结构间隙，并将 Mo、$MnAl_2O_4$、SiO_2 三者牢固地、致密地黏结在一起。形成良好的封接。

金属浆料中所含三种成分的合适比例，按重量计为 Mo 80%，MnO 15%，SiO_2 5%。在1200℃下进行烧渗，即可和 Al_2O_3 生成 Mo-MnO-Al_2O_3 系低共熔物，并和 SiO_2 组成玻璃状物质。在冷却时，$MnAl_2O_4$ 将从液态中析出，剩余的玻璃相则填充、黏结于烧结态钼粒、尖晶石相和 Al_2O_3 基片之间。

上面提到的是在单晶表面发生的情况，如果在含 Al_2O_3＞99%的陶瓷表面上进行金属化，则其过程和在单晶表面的情况几乎完全一样。不过，如果在陶瓷的结构中含有较多的玻璃相时，如含 Al_2O_3 95%～97%的陶瓷。从理论上说，在金属化浆料中，可以考虑去掉 SiO_2 的成分。但为使金属化温度不至于过高，通常都保留一定的玻璃成分。

如果与陶瓷相封接的金属件是由铜镍合金制成的，则可以采用铜作为焊料，因为在1100℃的焊接温度下，铜并不会侵蚀钼，故可得到比较理想牢靠的封接，尽管如此，如果操作时间过长，焊接也可能不成功，因为镍对钼有侵蚀作用，加热时间过长时，金属件铜镍合金中的镍将融入铜焊料中，如液态铜焊料中含有镍时，将有助于钼的融入，因而将金属薄层破坏，使封接结构疏松、泄气，故对于不同的金属件，不同的焊料，应严格控制其封接温度及时间，常用的焊料还有银、黄铜及其他铜合金。

采用这种封接工艺应遵循以下两个原则：一是金属的熔点比金属化的温度高 200℃以上、且焊料、金属件的成分不能和金属化中的金属形成合金；二是金属件与陶瓷件的膨胀系数尽可能接近。

7.6.3 活性金属封接法

活性金属焊接法（active metallic bonding）的封接属于压力封接，这种封接的特点是在直接焊封之前，陶瓷表面不需要先进行金属化，而采用一种特殊的焊料金属，直接置于需要焊接的金属和陶瓷之间，利用陶瓷-金属母材之间的焊料在高温下熔化，其中的活性组员与陶瓷发生反应，形成稳定的反应梯度层，从而使两种材料结合在一起。这种金属焊料可以直接制成薄层垫片状，或采用胶态悬浊浆涂刷。陶瓷-金属的连接多用钎焊，添加的活性金属元素有 Si、Mg、Ti、Zr、Hf、Pd 等。当活性金属钛与焊料接触，温度达到它们的共熔点时，便形成了含钛的液相合金。在更高的温度下，液相中的部分钛被陶瓷表面选择性吸附，降低了界面能，从而使合金更好地润湿陶瓷。一部分陶瓷中的成分，如 Al_2O_3、SiO_2、Mg_2SiO_4等发生反应，并还原其中的金属离子，形成钛的低价化合物如 TiO、Ti_2O_3。也有些钛离子扩散到瓷坯中与其主晶相形成固溶体，如 Ti-Al-O 固溶体。这样就将合金与陶瓷紧密地黏结在一起。而金属则以金属键与含钛合金紧密地联结。

在焊接时的高温作用下，这种焊料金属，能很好地使金属及陶瓷表面润湿，并对氧化物陶瓷表面起还原作用——活化作用。故称为活化金属焊接。例如，对于 Al_2O_3 瓷，将产生如下的反应：

$$M + Al_2O_3 \longrightarrow MO_x + 2Al + O_{3-x} \tag{7.16}$$

由于这种还原反应的关系，常常可在焊料与陶瓷表面的交界处，出现一层浅蓝色的过渡层。

活性钎焊是连接陶瓷/金属最常用的钎焊方法，高温活性钎焊是活性钎焊中较重要而又有待深入研究的一种，要获得具有优异高温性能的接头，对高温活性钎料合金提出了更高的要求，活性钎焊应用最成功的是在 Ag-Cu 共晶中添加 Ti 制成的 Ag-Cu-Ti 合金系钎料，加入活性元素钛能显著降低其对陶瓷的润湿角，Ag-Cu-Ti 活性焊料法由于具有被焊陶瓷与金属不需加压、在较低温度下（800～900℃）一次加热即可焊接成功的优点，被广泛用于 Al_2O_3，AlN，BN 和 Si_3N_4 等陶瓷与金属的接合中，如 Al_2O_3 绝缘套筒与不锈钢的封接、宝石与金属封接、AlN 陶瓷封装中陶瓷金属化及封接、CVDBN 输能窗的气密封接，以及 Si_3N_4 刀具与不锈钢刀架的封接等。其中的 Ti 可以以多种方式引入，如涂覆 Ti 粉、真空镀 Ti 膜、夹 Ti 箔，或直接制成 Ag-Cu-Ti 活性合金焊料，甚至直接以 Ti 材料为焊接金属。

复合钎料是在钎料中加入一定体积比的作为增强相的陶瓷颗粒或纤维，以提高钎料的强度，同时降低其热膨胀系数，实现陶瓷与金属接头的匹配，达到降低残余应力，提高接头强度的目的。研究表明，利用 Ag-Cu-Ti-$A1_2O_3$ 复合钎料对陶瓷进行钎焊连接，在合适的钎焊工艺条件下，钎料基体对陶瓷母体以及陶瓷颗粒增强相都能够很好的润湿，从而焊接出接合良好的钎焊接头；Ag-Cu-Ti 加 TiN 陶瓷颗粒作为复合钎料半固态连接陶瓷提高强度的方法，连接的 Si_3N_4 陶瓷接头强度可以提高加 20%。据报道，在碱蒸气蓝宝石灯泡中，可采用钒钛锆系焊料，在 1300℃下可熔成流体，得到较好的活化反应焊封。对 99.5%BeO 瓷和含 1%锆的金属铌之间的焊封，可以采用 76Zr-19Nb-6Be 系活化焊料，在 1085℃下进行焊封，此时，在 BeO 表面形成一层约为 50～70μm 厚的、软性的富锆过渡层，有利于缓和热冲击作用；而在靠近金属铌表面的一侧，则生成一层硬质的共熔物过渡层。

由于陶瓷表面粒界附近结构的活性特别大，故焊料金属的活化作用在那里必然反应特别灵敏。所以必须严格控制焊封的温度和时间，以防止焊料对瓷件的过分侵蚀，才能保证必要的焊封质量。同时，焊料金属是对氧特别活泼的金属，能从稳定的氧化物瓷中夺取氧，所以活化金属焊接工艺，必须在高度真空下进行，通常真空度必须高于 10^{-4}Pa。对于大型工件来说，是非常麻烦且难以实现的。因此，这种工艺至今未得到广泛的应用。

7.6.4　封接的结构形式

封接的结构形式（configuration）是应用于电子元件、器件中的陶瓷-金属的封接，虽然种类繁多，形式不一，但就基本结构而言，不外乎对封、压封、穿封三种，如图 7.25 所示。如果元件本身结构比较简单，则可以使用其中之一种，如小型密封电阻，电容，电路基片等。如元器件本身比较复杂，则可能有其中的 2～3 种形式组合而成，如穿心式电容器，陶瓷绝缘子，真空电容器等。

（1）对封　对封是通过焊封将金属直接平焊于金属化后的陶瓷端面上。如图 7.25（a）、（b）所示，这是一种工艺上最简单，最便当的封接方法。其实，图 7.25（b）是一种夹层封接法，应力是均衡的。图 7.25（a）瓷件在一边则不均衡，如金属件不太厚时，这样也能很好的工作；如金属件过薄，则不宜用直接对封，应改用如图 7.25（c）的方式。

（2）压封　由于陶瓷的抗压强度远大于其抗张强度，故当陶瓷与线膨胀系数大的金属（如银，铜，铁，镍等）焊封时，则应采用如图 7.25（c）所示的外压封，即金属件在外，瓷件在内，加热焊接时，金属套在瓷件外，冷却过程中金属能将瓷件箍紧，可保证足够的强度及气密性。图 7.25（d）是（c）的一种改进，这样做不仅可以大大降低焊接前后配合加工的精度要求，而且可以使金属件与瓷体间保持一定的弹性结合，使这种封接能在更大的温度范围内工作，并能承受更大的热冲击作用。

（3）穿封　当穿过瓷件的金属件的直径较细，例如，不大于 1cm 左右时，可以直接采用如图 7.25（e）所示的实心穿封。这是由于线径小，其膨胀累计值不大，金属有较好的形变能力，故不容易使瓷件炸裂；但金属件较粗，而与瓷件的线膨胀系数又相差较大时，则有将瓷件胀破之虑。所以应改用如图 7.25（f）所示穿封。瓷件孔径较大，与金属件之间留有空隙，如将金属压片制成波纹形，则还可以承受更大的热变化。

很明显，常见的穿心式电容器或绝缘套管等，其焊封方法，是由图 7.25(c)＋(e)或

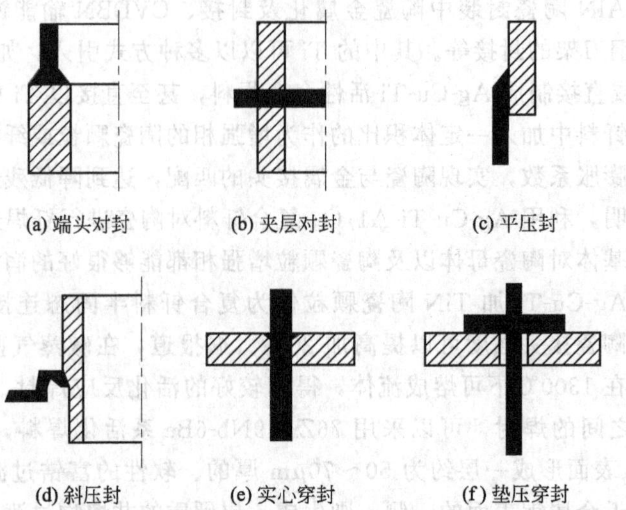

图 7.25 陶瓷-金属封接的主要结构形式
（黑色表示金属部分，斜线表示陶瓷）

(d)+(f)组合而成的。而在 Al_2O_3 瓷管绝缘的大功率真空可变电容器中，由于结构比较复杂，气密性要求高，还要使片距可调，故差不多 3 种焊封方式都已用上。

习题与思考题

1. 陶瓷施釉的作用？
2. 试论述烧银的过程。
3. 粉体包裹改性的作用是什么？有哪些主要方法？
4. 陶瓷材料和金属材料的磨削机理有什么不同？
5. 陶瓷材料的新型加工方法有哪些？
6. 陶瓷-金属封接的结构形式有哪些？

参 考 文 献

[1] 李家驹，廖松兰，马铁成等. 陶瓷工艺原理 [M]. 北京：中国轻工业出版社，2001.
[2] 刘康时. 陶瓷工艺原理 [M]. 广州：华南理工大学出版社，1990.
[3] 李标荣. 电子陶瓷工艺原理 [M]. 武汉：华中工学院出版社，1986.
[4] 刘维良，喻佑华等. 先进陶瓷工艺学 [M]. 武汉：武汉理工大学出版社，2004.
[5] 曾令可，王慧. 陶瓷材料表面改性技术 [M]. 北京：化学工业出版社，2006.
[6] 高陇桥. 陶瓷-金属材料实用封接技术 [M]. 北京：化学工业出版社，2005.
[7] 刘景森等. 陶瓷设计制作与工艺实验教程 [M]. 北京：冶金工业出版社，2004.
[8] 邓世钧. 高性能陶瓷层 [M]. 北京：化学工业出版社，2004.
[9] 曲远方等. 功能陶瓷材料 [M]. 北京：化学工业出版社，2003.
[10] 杜建华，刘永红，李小朋，苗春彦，洪能国，肖志明. 工程陶瓷材料磨削加工技术 [J]. 机械工程材料，2005，29 (3)：1-6.
[11] 徐文骥，方建成，卢毅申，周锦进，马骥才. 工程陶瓷的等离子弧加工技术 [J]. 中国机械工程，2003，14 (10)：868-871.
[12] 张凤莲，陈吉荣. 工程陶瓷的新加工方法 [J]. 机械制造，2003，472 (41)：42-44.
[13] 许琰，王贵成. 工程陶瓷磨削加工的研究及其发展 [J]. 工具技术，2004，38 (9)：53-55.
[14] 李小朋，刘永红，纪仁杰，于丽丽. 绝缘工程陶瓷的特种加工技术 [J]. 电加工与模具，2006，5：6-9.
[15] 白雪清，于爱兵，贾大为，陈垚. 可加工陶瓷材料机械加工技术的研究进展 [J]. 硅酸盐通报，2006，25 (4)：130-136.
[16] 章为夷，高宏. 可加工陶瓷的结构、性能和制备 [J]. 人工晶体学报，2005，34 (1)：169-173.

[17] 马廉洁. 可加工陶瓷切削加工的实验研究 [D]. 天津大学硕士论文，2004，12.
[18] 李向东. 磨削参数对陶瓷加工表面粗糙度影响的实验研究 [J]. 机械工程与自动化，2005，3：90-92.
[19] 赵梅，李长河. 陶瓷材料高表面质量磨粒加工技术 [J]. MC应用，2006，10：99-102.
[20] 潘立，谢伟东. 陶瓷材料磨削加工的技术研究与发展现状 [J]. 机械，2003，30 (6)：4-16.
[21] 郭春丽. 陶瓷零件的加工方法 [J]. 陶瓷. 2006，3：21-24.
[22] 李章东，刘传绍，赵波. 超声研磨 Al_2O_3 工程陶瓷的材料去除特性研究 [J]. 电加工与模具，2004，3：41-43.
[23] 郑家锦，吴明明，周兆忠. 高精度陶瓷球的研磨加工技术研究 [J]. 现代机械，2006，2：44-46.
[24] 王忠琪，陈锡让，于思远，赵万康，林梦霞. 工程陶瓷镜面加工的研磨与抛光技术 [J]. 天津大学学报，1996，3，29 (2)：292-297.
[25] 周海. 工程陶瓷研磨工艺研究 [J]. 盐城工学院学报，2001，14 (2)：13-21.
[26] 刘志国. 建筑陶瓷釉彩装饰及发展趋向 [J]. 佛山陶瓷，2003，2：38-39.
[27] 肖立阁. 砌墙陶瓷的新型施釉工艺 [J]. 河北陶瓷，2001，29 (2)：6-8.
[28] 侯海涛. 扫描欧洲陶瓷釉料新技术 [J]. 建材发展方向，2005，3：53-54.
[29] 杨守勇. 陶瓷施釉机器人 [J]. 四川建材，2005，1：45-45.
[30] 林其水. 陶瓷釉上贴花纸的网印技术（二）[J]. 网印工业，2005，7：44-47.
[31] 岳邦仁，王振班，郑建和. 卫生陶瓷两种成形方法与两种施釉工艺的比较. 陶瓷 [J]，2003，1：26-29.
[32] 刘志国. 现代建筑陶瓷釉彩装饰简介 [J]. 佛山陶瓷，2004，6：42-43.
[33] 颜鲁婷，司文捷，苗赫濯. 等离子体在陶瓷材料生产加工中的应用 [J]. 材料科学与工程学报，2003，21 (1)：99-103.
[34] 徐文骥，方建成，卢毅申，周锦进，马腾才. 工程陶瓷的等离子弧加工技术 [J]. 中国机械工程，2003，14 (10)：868-871.
[35] 李淑玉. 工程陶瓷电火花加工工艺 [J]. 机械工程师，2000，4：16-17.
[36] 王匀，许桢英. 工程陶瓷电火花切割 [J]. 加工控制技术，2006，增刊 (37)：814-816.
[37] 李小朋，刘永红，纪仁杰，于丽丽. 绝缘工程陶瓷的特种加工技术 [J]. 电加工与模具，2006，5：6-9.
[38] 郭永丰，白基成，刘海生，刘晋春，毛利尚武，福泽康. 绝缘陶瓷电火花磨削加工的研究 [J]. 电加工与模具，2006，1：54-64.
[39] 刘慧卿. 陶瓷—金属封接的化学镀镍工艺 [J]. 真空电子技术，2006，2：55-58.
[40] 葛宰林，江亲瑜. 现在陶瓷及表面超精密加工 [J]. 大连大学学报，2003，24 (6)：25-28.
[41] 沈伟，彭德全，沈晓丹. Al_2O_3 陶瓷表面金属化 [J]. 材料保护，2005，38 (3)：9-11.
[42] 唐利锋，曹坤，程凯，庞学满. 影响高精细丝网印刷质量的因素 [J]. 固体电子学研究与进展，2012，32 (2) 188-191.
[43] 阎学秀，彭小利. 丝网印刷工艺在氧化铝陶瓷金属化中的应用 [J]. 真空电子技术，2004，4：38-41.
[44] 卢红霞，陈昌平，杨会智，孙洪巍，胡行. 铜包裹氧化铝粉体增强铝基复合材料的研究 [J]. 机械工程材料，2005，29 (9)：28-30.
[45] 陈宏星，陈建文，邓宇，彭彬. 陶瓷丝网印刷金膏的研究 [J]. 陶瓷科学与艺术，2002，2：8-10.
[46] 武七德，王浩，王萍. 表面包覆改性技术在陶瓷技术中的应用 [J]. 现代技术陶瓷. 2000，4：18-21.
[47] 张勤河，孙家林，景辉. 超声波加工工程陶瓷孔的研究 [J]. 电加工，1998，1：19-23.
[48] 汪瑞峰，李雪飞，王龙. 超声波在机械研磨加工中的应用与研究 [J]. 机械工程师，2006，8：91-93.
[49] 任雪潭，曾令可，王慧，税安泽，刘平安，刘艳春，张海文，程小苏. 传统陶瓷的表面改性 [J]. 陶瓷学报，2006，27 (1)：126-134.
[50] 邹正军. 化学镀及其在粉体工程中的应用 [J]. 安徽化工，2006，4：10-12.
[51] 陈绮丽，黄诗君，张宏超. 激光技术在材料加工中的应用现状与展望 [J]. 机床与液压，2006，8：221-223.
[52] 黄宁康. 离子注入技术在 α-Al_2O_3 晶体中形成微颗粒的研究 [D]. 四川大学硕士论文，2005，5.
[53] 崔琳. 离子注入结构陶瓷表面改性技术的研究现状 [J]. 兵器材料科学与工程，1999，22 (2)：68-71.
[54] 冯文然，陈光良，顾伟超，张谷令，范松华，刘赤子，杨思泽. 脉冲高能量密度等离子体材料表面改性及其应用 [J]. 物理学与高新技术，2005，34 (12)：915-921.
[55] 唐亚陆，杜泽民. 脉冲激光沉积（PLD）原理及其应用 [J]. 桂林电子工业学院学报，2006，26 (1)：24-27.
[56] 郦剑，朱璋跃，胡雄，吴鸿轩. 陶瓷粉体表面化学镀技术 [J]. 热处理技术与装备，2006，27 (1) 23-27.
[57] 董笑瑜，周培章. 真空蒸发镀膜技术在大功率螺旋线行波管上的应用 [J]. 真空电子技术，2005，4：27-29.
[58] 俞康泰. 现代陶瓷色釉料与装饰技术手册 [M]. 武汉：武汉工业大学出版社，2002.